WESTEND

Janek Schumann
Master of Wine

Dr. Wolfgang Staudt

New Wine Wave

Europas Winzer für die Zukunft

Mit Fotos von
Anja Prestel

WESTEND

Weinberg Europa

Was gibt es Neues in Europa? Wir wollten es wissen. Fast ein Jahr lang waren wir im größten Weinberg der Welt unterwegs, um jene Winzerinnen und Winzer zu treffen, die nach Alternativen zur standardisierten und industriell geprägten Weinproduktion suchen. Uns interessierten vor allem deren persönliche Geschichten. Was motiviert und inspiriert diese Menschen? Welche Wertvorstellungen und Ideale haben sie? Mit welchen Hindernissen müssen sie zurechtkommen und was erhoffen sie sich, wenn sie in die Zukunft blicken? Hunderte Stunden haben wir mit ihnen verbracht. Wir haben ihre Weinberge und Keller besichtigt, über Ziele, Sichtweisen und Einstellungen diskutiert und unzählige Weine probiert.

Die Essenz dieser Reise findet sich in diesem Buch. 101 Weingüter, die das neue Europa reflektieren. Sie stehen stellvertretend für eine täglich größer werdende Bewegung, die Winzerinnen und Winzer in allen Ländern erfasst hat. Oft sind es Menschen, die mit dem Winzerberuf einen alternativen Lebensentwurf verbinden, entgegen dem Größenwahn und der Geschwindigkeit unserer Zeit. Authentizität und Nachhaltigkeit sind ihnen wichtiger als das schnelle Geld. Sie hinterfragen die Versprechungen von Technik und Chemie, erproben neue Denkansätze und Konzepte und bedienen sich dabei nicht selten verloren gegangenem Wissen und vergessenen Praktiken. Denn häufig zeigt der Blick zurück neue Wege in die Zukunft. Keineswegs im Sinne einer »Früher war alles besser«-Mentalität, sondern mit dem Bewusstsein, dass Tradition und kulturelles Erbe unverzichtbare Bestandteile wirklich authentischer Weine sind.

Für diese Winzerinnen und Winzer ist Wein mehr als nur ein Produkt, das durch das Zusammenspiel aus Natur und Technik entsteht. Für sie ist der Wein Ausdruck einer inneren Haltung. In der Art und Weise, wie sie mit ihren Reben arbeiten und ihren Wein bereiten, manifestieren sich Werte und Grundüberzeugungen, aber auch ihre Leidenschaften, Sehnsüchte und Träume. Der Wein ist ihr Leben. Und doch denken sie in größeren Zusammenhängen. Sie reflektieren ihr Tun im Kontext globaler Umwelt- und Klimaentwicklungen und orientieren ihre weinbauliche Praxis an Kriterien der Nachhaltigkeit. Winzer sein heißt für sie, Verantwortung zu übernehmen. Heute und auch für die nachfolgenden Generationen.

Freiheit für die eigene Ästhetik. Abseits eines idealisierten Marktkalküls formen diese Winzerinnen und Winzer ein neues Geschmacksuniversum, getragen vom Grundsatz der Eigenständigkeit. Dabei stellen sie bewusst bestehende Normen infrage, erweitern das stilistische Spektrum und zwingen mittels ihrer Weine zu einer Auseinandersetzung mit gängigen Klischees, Definitionen und Bewertungsmechanismen.

Menschlicher, natürlicher, berührender – das sind Europas neue Weine. Unser Heimatkontinent wird lebendiger, diverser und reicher an Zwischentönen. All das ist das Ergebnis einer Aufbruchsstimmung, der Suche nach ehrlicheren Weinen. Ihre Macherinnen und Macher wagen Persönlichkeit und Handschrift. Auf unseren Reisen haben wir sie kennengelernt. Wir denken zurück an unvergessliche Momente, fesselnde Gespräche und faszinierend eigenständige Weine. Bei großartigen Menschen waren wir zu Gast. Ihr Weitblick, ihre Begeisterung und ihr Enthusiasmus haben uns oft sprachlos gemacht, manchmal die Tränen in die Augen getrieben. Wir sind dankbar, diese Winzerinnen und Winzer in unserem Buch zu vereinen. Einem Buch des europäischen Weines.

Janek Schumann MW
Dr. Wolfgang Staudt

WIJNFAKTORIJ

Antwerpen Calling | Patrick Nijs | *De Wijnfaktorij*

Antwerpen

Die Vleminckstraat in der Mitte von Antwerpen ist eingebettet in den hektischen Rhythmus der Großstadt. Schnelligkeit ist das Gebot der Stunde. Doch wer den Blick nach oben richtet, reibt sich ungläubig die Augen. Hinter den raumhohen Fenstern der Hausnummer 6 existiert eine andere, unerwartete Welt: *De Wijnfaktorij*. Tanks, Fässer, Paletten mit leeren Flaschen. Keine Distanz und keine trennenden Wände, jede Aktion und Bewegung sind sichtbar. Mittendrin in diesem Durcheinander aus Metall, Holz und Glas steht ein großer Tisch. Er ist die Brücke zwischen Produktion und Genuss und zugleich eine Insel des Verweilens.

Patrick hat all das erschaffen. Ein Weinverrückter. Eigentlich ist er Ingenieur, doch im Herzen trägt er eine andere Leidenschaft. Er trainiert Sommeliers und begeistert Newcomer sowie Quereinsteiger für die Welt des Weins. Irgendwann ist ihm auch das nicht mehr genug. Nach einem Kurs an der Rhône werden die ersten eigenen Reben gepflanzt und weitere kleine Parzellen erworben oder gepachtet. Bald schon stellt sich Frage: Wohin mit der Produktion? Ein Keller in den Weinbergen? Nein, am besten in der Stadt. Der Vorteil liegt auf der Hand: kurze Wege nicht nur für Patrick, sondern auch für jeden Konsumenten. »Mein Hauptmarkt ist Antwerpen. Für mich ist die *Wijnfaktorij* gelebte Regionalität. Sicherlich, die Weinberge sind eine Stunde weg. Aber letztendlich gehen die Trauben nur einmal den Weg in die Stadt. Hätte ich meinen Keller auf dem Land, wäre der mobile Fußabdruck wesentlich größer, denn jeder müsste sich ins Auto setzen oder ich müsste die Weine versenden«, erklärt Patrick.

Ein paar Weine verkauft Patrick mittlerweile auch außerhalb von Antwerpen. Denn es hat sich herumgesprochen, dass seine Weine mehr als nur eine Kuriosität sind. Längst ist aus der anfänglichen Leidenschaft ein Fulltime-Job geworden. »I like to do everything by hand.« Das bedeutet im Umkehrschluss rund 2.000 Arbeitsstunden je Hektar im Jahr. In den Weinbergen von Patrick werden weder Herbizide noch Pestizide verwendet. Der notwendige Pflanzenschutz gegen Pilzkrankheiten ist auf ein Minimum begrenzt und Patrick versucht den Attacken von Oidium und Peronospora vor allem präventiv zu begegnen. »Aeration is the most important friend.« Durch einen, dem individuellen Wachstum angepassten Rebschnitt, Triebausdünnung und ein durchlässiges Blattwerk schafft Patrick ein luftiges Umfeld und bietet den Pilzen weniger Angriffsfläche.

Die ersten 300 Flaschen produziert Patrick noch im Keller seines Hauses, 2019 zieht er dann in die Vleminckstraat Nr. 6 um. Von Beginn an setzt Patrick auf Low-Tech und außer einer kleinen Presse und einem Entrapper ist nichts zu finden. Alle wesentlichen Arbeitsschritte werden per Schwerkraft durchgeführt, um den Energieaufwand möglichst gering zu halten. Auch Wasser wird nur sehr sparsam verwendet. Da die *Wijnfaktorij* gleichzeitig Verkostungsraum und Boutique ist, entfällt die in vielen Kellereien übliche großflächige Reinigung mit Wasser aus dem Schlauch ohnehin. Beim Weinmachen sieht sich Patrick eher als ein Guide, Manipulationen jeglicher Art sind nicht sein Ding. Patrick sieht sich in der Nähe zur Naturweinbewegung, allerdings mit einem entscheidenden Unterschied: »Für mich symbolisiert Naturwein eher den Weg und nicht das finale Produkt. Außerdem stört mich die ideologische Komponente dieser Bewegung. Zu oft sehe ich in der Szene, das Naturwein nur bedeutet, gegen alles zu sein.«

Jede Lesepartie wird zunächst separat spontan vergoren. Nach einigen Tagen werden dann verschiedene Partien zusammengelegt und gemeinsam bis zum Ende vergoren. »Das minimiert zum einen das Risiko von Gärstockungen und Fehlaromen, auf der anderen Seite bekomme ich damit mehr Komplexität in meine Weine«, erklärt Patrick seine Herangehensweise. Je nach Style verwendet er Edelstahl oder gebrauchtes Holz zur Reife. Ungeschönt und unfiltriert kommen die Weine auf die Flasche. Erst zum Schluss wird moderat geschwefelt, Sauerstoff ist den gesamten Prozess über ausdrücklich gewünscht. »Meine Weine werden dadurch stabiler und reifen besser. Außerdem bekomme ich eine andere Art an Vielschichtigkeit.«

An die Auswahl der Rebsorten geht er ohne Vorurteile. Von Klassikern bis hin zu Piwis ist alles zu finden, selbst der unter Kennern so gefürchtete Dornfelder findet sich in Patricks Weinbergen wieder. Dass er den Weinkosmos aus dem Effeff kennt, ist ohne weiteres an der farbenfrohen Palette an Weinen zu erkennen. Ob Pet Nat, Orange oder aufgespritet, Patrick kennt keine Grenzen, probiert aus, wo es nur geht. Warum auch nicht? Tradition gibt es ohnehin keine und wenn, würde Patrick ihr mit Sicherheit kritisch gegenüberstehen.

De Wijnfaktorij
Vleminckstraat 6–12, 2000 Antwerpen
Belgien | Antwerpen
www.wijnfaktorij.be

Einzellagen: Neerinckveld, Steenkuyl, Kraetenbergh, Vaerenbergh
Rebsorten: Acolon, Bacchus, Chardonnay, Dornfelder, Gouais Blanc, Orion, Pinot Blanc, Pinot Gris, Pinot Noir, Phoenix, Räuschling, Regent, Riesling, Solaris, Sirius, Syrah
Rebfläche: 2,5 ha *Alter der Reben*: 1 bis 20 Jahre
Mitgliedschaften: Belgische Wijnbouwers VZW

Chansaar

Chansaar umfasst alle drei Grundfarben, seit kurzem gibt es auch einen Pet Nat. In dieser Range findet sich ein Großteil der angebauten Rebsorten wieder. Die Weine strahlen einen zeitgemäßen Charakter aus, Frucht und Zugänglichkeit stehen im Vordergrund, ohne es jedoch an Struktur vermissen zu lassen. Der Weißwein ist meistens ein Blend der Piwi-Sorten Johanniter, Phoenix und Orion. Er zeigt mit dem kühlen Aromenspiel und einem feinen Säurefaden unverkennbar seine Herkunft. Rosé und Rot reflektieren in ihrer Assemblage das breite Spektrum von Pinot Noir bis Dornfelder, von knalliger Frucht bis ätherischer Würze ist alles dabei.

Kontreir

Kreativatelier und Reserve-Linie zugleich, ausschließlich den besten Trauben vorbehalten. Jeder Wein ist anders, illustriert die Ideenwelt und den Freigeist von Patrick. Trotz des unkonventionellen Ansatzes sind die Weine ausgereift und zeigen, dass Patrick sein Handwerk beherrscht. Die Editionen werden fortlaufend mit römischen Ziffern nummeriert. Der kürzlich releaste Kontreir IV ist aus acht weißen Sorten assembliert, beeindruckt mit üppiger Exotik, cremiger Textur und balancierter Fülle. Das Kontrastprogramm dazu gibt es im Folgewein, ein auf der Maische vergorener und im Holz gereifter Solaris.

Miljaar

Die Kollektion für alles Schräge. Der Miljaar I ist ein Passillerage-Wein vom Regent, die Nummer II ein aufgespriteter Solaris von botrytisierten Trauben. Spätestens jetzt sprengt Patrick alle Grenzen, es gibt keine Limits.

»Tradition limitiert oft die Kreativität«, so seine provokante Meinung. Kein Wunder also, dass Patrick seine Spitzenweine KONTREIR nennt. Der Wein Nr. 1 aus dieser Reihe ist ein wilder Blend aus Dornfelder, Acolon und Pinot Noir, den so mancher limitierte Weintrinker kopfschüttelnd von sich weisen würde.

In kurzer Zeit hat es Patrick geschafft, sich in Antwerpen einen Namen zu machen. Die Spitzenweine sind bereits vor Erscheinen so gut wie ausverkauft, ohne Reservierung sind sie kaum zu bekommen. Das urbane Weingut – ein Konzept mit Zukunft? Kommt darauf an. Für Patrick macht das urbane Weingut nur dann Sinn, wenn die Weine trotzdem eine Identität haben und klar ist, woher die Trauben stammen. Auf Wunsch nimmt Patrick seine Kunden auch mit zu den Reben, zeigt ihnen, wo der Wein entsteht und erklärt die Grundlagen im Weinberg. Die Komplexität des Weinmachens wird so für den Stadtmenschen auf einen Schlag sichtbar. Am Tisch in der Vleminckstraat Nr. 6, der Insel des Verweilens, hat er dann ganz andere Bilder im Kopf.

Belgien meets Bulgarien

Kontrastreicher geht es in Europa wohl kaum. Newcomer trifft Klassiker. Streng genommen hat auch Belgien eine lange Tradition im Weinbau. Bereits in grauen Vorzeiten gibt es Weingärten beidseits der Maas, schließlich brauchen die dort ansässigen Mönche etwas zu trinken. Viel mehr als ein Strohfeuer ist das allerdings nicht und bekanntermaßen übernimmt danach das Bier die Oberhand. Seit der Jahrtausendwende hat sich jedoch rasant eine kleine Szene im Land entwickelt und die Rebfläche ist kontinuierlich gewachsen.

Mittlerweile tummeln sich über 150 Winzerinnen und Winzer in den belgischen Weingärten, zunehmend auch im Haupterwerb. Die wichtigsten Anbaugebiete sind Limburg und Flämisch-Brabant in Flandern sowie Namur und Hainaut in der Wallonie. Neben den klassischen Cool Climate Rebsorten wie Riesling, Müller-Thurgau und Spätburgunder werden auch pilzwiderstandsfähige Rebsorten angebaut, im maritim geprägten Klima sicher eine zukunftsfähige Alternative. Schaumweine und Weißweine dominieren das Geschehen, aber durch die gestiegenen Temperaturen im Zuge des Klimawandels ist auch das Potential für sehr gute Rotweine da. Noch macht der belgische Weinbau dem Bier keine Konkurrenz, aber jeder fängt einmal klein an.

Dagegen ist Bulgarien mit seiner uralten Weinkultur das Schwergewicht im Ring und blickt auf viele Höhen und Tiefen im Weinbau zurück. Wobei in der zweiten

Hälfte des vergangenen Jahrhunderts eher die Tiefen überwiegen. Infolge der Anti-Alkohol-Kampagne von Hauptabnehmer Sowjetunion beginnt der freie Fall und innerhalb weniger Jahre reduziert sich die Weinproduktion auf ein Viertel der früheren Menge. Der Neubeginn nach der politischen Wende verläuft aufgrund von Geldmangel, Korruption und der teilweise recht willkürlichen Umverteilung von Weinbergen an private Besitzer zunächst sehr zäh und schleppend.

Mit Hilfe ausländischer Investments und dem Transfer von Wissen durch Flying Winemakers wie Michel Rolland, versucht Bulgarien an die alten Erfolge anzuknüpfen. Die qualitativen Verbesserungen sind unverkennbar, aber der Weg zu einer eigenen Identität ist noch lang. In diesem Findungsprozess spielen die einheimischen Rebsorten, die lange im Schatten französischer Sorten stehen, eine wesentliche Rolle. Gelingt es Bulgarien mit diesen in bisher unerreichte Höhen aufzusteigen, gibt das sicherlich einen Schub für das ganze Land.

Die Suche nach einer eigenen Weinidentität vereint beide Länder. In der heutigen Welt des Weines können qualitative Unterschiede – die finanziellen Mittel vorausgesetzt – ziemlich schnell durch Technologie ausgeglichen werden. Authentische Weine verlangen jedoch mehr als das. Sie involvieren natürliche und kulturelle Aspekte genauso wie die Leidenschaft und Seele ihrer Macher. Alle diese Faktoren sind in beiden Ländern zweifellos vorhanden. Es wird spannend sein, zu sehen, wie Belgien und Bulgarien ihr unbestritten sehr gutes Potential in Zukunft nutzen.

Das Vertrauen in die eigene Stärke | **Petar Georgiev & Radostin Milkov** | *Georgiev & Milkov* | *Plovdiv*

Die Mauer in den Köpfen zu überwinden, ist die größte Herausforderung für Petar und Rado. Das Bild des heimischen Weins ist zementiert und die Erwartungshaltung hauptsächlich auf einen Aspekt reduziert: Wein aus Bulgarien muss vor allem billig sein. Es fehlt an Profil und Glamour. Auch das von Kritikern und Journalisten immer wieder bescheinigte große Potential kann nicht darüber hinwegtäuschen, dass die Realität eine andere ist. Der teuerste Wein Bulgariens ist von den berühmtesten Weinen der restlichen Welt so weit entfernt wie die Milchstraße von der Erde. Lichtjahre. Das Land hängt noch immer am Tropf von Cabernet, Merlot und Co. »Der vorgebliche Stolz auf die einheimischen Rebsorten ist oft nur Gerede. Weine aus unseren

Sorten sind in vielen Betrieben nur eine Randerscheinung, genauso wie auf den Weinkarten der heimischen Restaurants«, beschreibt Petar die gegenwärtige Situation.

Nach Studium und Praktika im Ausland wollen Petar und Rado gemeinsam etwas machen. Die beiden produzieren 2014 ihre ersten Weine, noch in einer Miniauflage von nicht einmal tausend Flaschen. Ihr Fokus: Die Rebsorten ihrer Heimat. Das Feedback ist überwältigend und ermutigt sie, sich zu vergrößern. Sie investieren in eigenes Equipment, kaufen Presse, Tanks und Fässer. Sie haben noch keinen eigenen Keller, kommen zunächst in einem befreundeten Weingut unter. »Mit einem neuen Weingut zu starten, ist in Bulgarien alles andere als einfach. Die Bürokratie ist ein harter Brocken.« Verschiedene Genehmigungen sind notwendig, die entsprechenden Verfahren langwierig und undurchsichtig. Den 2021er wollen Petar und Rado eigentlich schon im eigenen Keller in einem Vorort von Plovdiv vinifizieren. Alles ist vorbereitet, doch wieder kommt die letzte noch fehlende Genehmigung nicht. »Eine Woche vor Beginn der Lese haben wir das gesamte Equipment wieder zurückgebracht. Mittlerweile produzieren wir knapp 25.000 Flaschen, jeder kann sich vorstellen, was das für ein zusätzlicher Aufwand ist.«

Für Petar und Rado ist die Bürokratie auch ein Hemmnis für neue Gesichter in der Weinszene und verhindert damit auch Innovation. »Es gibt einen großen Schwarzmarkt im Land, eine Menge wird unter der Hand produziert und verkauft. Ich bin überzeugt, dass bei weniger Bürokratie mehr Wein offiziell produziert würde. Wir würden mehr jüngere Winzer sehen, mehr Kreativität, mehr neue Ideen«, fasst Petar die derzeitigen Umstände zusammen. Petar und Rado kaufen ihre Trauben ausschließlich über Kontrakte mit regionalen Weinbauern. »Zum Glück haben wir zu allen ein sehr gutes Verhältnis und können daher unsere qualitativen Vorstellungen umsetzen, auch wenn wir nicht selbst die Bewirtschaftung der Weinberge in der Hand haben.« Die beiden haben langfristige Kontrakte, möchten aber perspektivisch auch eigene Flächen erwerben oder pachten.

Vor der beeindruckenden Kulisse des Zentralbalkan liegt das Rose Valley. Eher bekannt für die Produktion von Rosenöl, ist das Tal auch einer der historisch berühmten Herkünfte für die autochthone Red Misket. Die weiße Rebsorte mit pinkfarbener Haut gilt als eine der wertvollsten bulgarischen Sorten. Ungeachtet dessen ist die Rebfläche in den letzten Jahrzehnten deutlich geschrumpft. Für Petar und Rado ist es ein Glücksfall, den Zugang zu einem 50 Jahre alten Weinberg in der Nähe des Dorfes Prolom zu bekommen. Red Misket erbringt schlanke, mit feiner Textur und Frische versehene Weine, deren Aroma an Muskat erinnert, auch wenn es genetisch keine Verbindung gibt. Neben ihrem »Why not?« gibt es neuerdings auch eine schäumende Variante. Der Pet Nat kommt mit packender Nase daher. Eine dezente Phenolstruktur sorgt für einen Touch Ernsthaftigkeit, ohne jedoch den Spaß zu trüben. Die trendige Interpretation einer geschichtsträchtigen Rebsorte. Perfekt geeignet, um die jüngere Generation ins Boot zu holen und zu zeigen, das historisch und regional nicht zwingend altbacken sein müssen.

Ihre ersten Erfolge heimsen Petar und Rado mit dem roten Mavrud ein. »Ohne Frage, für uns ist Mavrud der Star der heimischen Szene. Komplexität, Tiefgang, Potential. Einfach alles bringt diese sehr alte thrakische Rebsorte mit«, schwärmen die beiden. Verbreitet sind heute vorwiegend zwei recht unterschiedliche Klone. Klon 1 ist eher spätreifend, die Weine erinnern an das nahe Griechenland, sind in ihrem Charakter nicht so weit weg von Xinomavro. Klon 2 reift früher, zeichnet sich durch eine dunklere Farbe, mehr Dichte und Tannin aus. Meistens stehen beide Varianten gemischt im Weinberg. Spontan vergoren, reift dieser Wein anschließend in Fässern aus bulgarischer und

französischer Eiche. Die Reifezeit ist auf ein Jahr begrenzt und es wird nur wenig neues Holz eingesetzt. Ungeschminkt sollen die Wesenszüge des Mavrud zu erkennen sein. Gern würden beide noch mehr bulgarische Eiche einsetzen, aber die Qualität der Fässer schwankt enorm. »Die besten Qualitäten gehen in die Holzindustrie. Was für die Fassproduktion übrigbleibt, ist dann oft nur die die B-Ware. Dabei besitzt die heimische Eiche eine gute Eignung für unseren Stil, ist im Wein mehr strukturell statt aromatisch spürbar.«

Die dritte bedeutende Rebsorte im Portfolio der beiden ist Rubin, ein Erbe der kommunistischen Nachkriegsära. Gekreuzt aus Nebbiolo und Syrah ergibt Rubin dichte Weine mit intensiver Frucht und viel Tannin, die im Vergleich zum athletischen Mavrud eher wie Bodybuilder wirken. Im Keller liegen bereits die ersten Mikrovinifikationen weiterer zukünftiger Weine aus dem weißen Dimyat und dem roten Pamid. »Wir wollen in unserem Portfolio die Diversität der einheimischen Sorten abbilden und zeigen, welches großartige Erbe unser

Georgiev & Milkov
Bulair 1 Street, 4000 Plovdiv
Bulgarien | Plovdiv
www.georgievmilkov.com

Einzellagen: Lagen in den Dörfern Brestovitsa, Prolom und Novi Izvor
Rebsorten: Dimyat, Red Misket, Mavrud, Pamid, Rubin
Rebfläche: 5 ha im Zukauf *Alter der Reben*: 40 bis 50 Jahre

Pet Nat Funky Mavrud

Komplett entrappt und spontan vergoren, wird im letzten Drittel der Vergärung in die Flasche gefüllt. Zartes Rosa, Johannisbeere, frische Kräuter, Frischekick im Finale. Reflektiert die Vielseitigkeit des Mavrud.

Pet Nat Skin contact

Red Misket aus Prolom. Rund 40 Tage auf der Maische gelegen, der Grundwein reift anschließend für ein Jahr in Akazienholz. Erneut vergoren mit Trauben des Folgejahrgangs, gegen Ende der Vergärung Abfüllung in Flaschen. Ausdrucksstarke Nase, balsamische Noten, die feine Phenolik sorgt für zusätzliche Frische.

Red Misket Why not?

Über 50 Jahre alte Reben auf sandigen Schwemmlandböden. Zurückhaltende, fein duftige Nase. Florale Noten, Quitte. Schlank, moderater Alkohol, harmonische Säure, alle Komponenten sind eingewoben in eine seidenweiche Textur.

Pink side of Rubin

Schnelles Abpressen der komplett entrappten Trauben, teilweise in 500 Liter Fässern aus Akazienholz vergoren. Zeigt die Fülle und cremige Textur des Rubin, das nur verhalten wahrnehmbare Holz sorgt für den richtigen Schuss Seriosität.

Rubin

Rubin aus Brestovitsa, über 40 Jahre alte Reben. Kaltmazeration für 5 bis 7 Tage, spontaner Start, aufgrund des für Rubin typischen hohen pH-Wertes mit Reinzuchthefen fertig vergoren. Ausbau in bulgarischer und französischer Eiche. Dicht und konzentriert, das integrierte Holz lässt der Frucht allen Freiraum.

Mavrud

Alte Reben in Novi Izvor, überwiegend Klon 2. Spontan vergoren, reift für ein Jahr in überwiegend gebrauchter Eiche. Konzentrierte Frucht und Würze. Urwüchsig und kernig, ohne rustikal zu sein. Ein Klassiker in modernem Gewand.

Land besitzt. Und gleichzeitig möchten wir beweisen, dass man langfristig damit Erfolg haben kann.« Bewusst haben sich Petar und Rado für den schwierigeren Weg entschieden. Sie wissen, dass eine breite Akzeptanz nicht von heute auf morgen kommt. Es wird dauern, die Mauern in den Köpfen zu überwinden. Doch ein anderer Weg kam für sie nie in Frage. Die beiden vertrauen ihren Stärken und setzen selbst auf die Stärken ihres Landes. Der Anfang ist gemacht.

Deutschland nimmt Fahrt auf

Noch nie hat es hierzulande eine junge Winzergeneration gegeben, die so gut ausgebildet und zugleich so divers, weltoffen und interessiert ist wie diejenige, die gerade die Geschicke ihrer Familienbetriebe zu lenken beginnt. Sie ist Teil einer internationalen Community, einander oft in Freundschaft verbunden, Inspirationsquelle und Mutmacher zugleich und setzt sich stets respektvoll mit den jeweiligen lokalen Gegebenheiten auseinander. Da sind viel Herzblut für das Winzerhandwerk sowie tiefe Demut vor besonderen Terroirs und alten Reben im Spiel. Ein hochspannender Mikrokosmos ist entstanden, der immer öfter auch Quereinsteiger anzieht und ihnen eine Perspektive eröffnet, wo alteingesessene Winzerfamilien aufgegeben haben.

Der Anteil biologisch zertifizierter Weinbaubetriebe ist inzwischen auf über 10 Prozent gestiegen – erfreulich, aber bei weitem noch nicht genug. Bemerkenswert ist jedoch, dass immer mehr Winzerinnen und Winzer über die Minimalanforderungen weit hinausgehen und echte Verantwortung für Natur, Umwelt und Gesundheit übernehmen. Während die große Mehrheit der deutschen Winzerinnen und Winzer unbeirrt den Versprechungen von Technik und Chemie vertraut, gewinnen bei diesem kleinen, aber wachsenden Kreis alte Verfahren und Techniken immer mehr Aufmerksamkeit. Das betrifft etwa die Mazeration weißer Trauben, die Spontangärung, den langen Fassausbau auf der Vollhefe und die ungeschönte und unfiltrierte Abfüllung. Flaschenvergorener Sekt erlebt eine grandiose Renaissance und Underdog-Regionen wie die Ahr, Franken, Württemberg und Baden reüssieren mit zunehmend eigenständigen und interessanten Abfüllungen.

Dabei werden lange unterschätzte Varietäten – wie Silvaner, Müller-Thurgau, Scheurebe oder Elbling – neu entdeckt und Neupflanzungen wieder vermehrt aus Massenselektionen generiert, so dass sich die Qualität und Vielfalt der Pflanzgenetik langsam verbessern kann. Historische Rebsorten, die eigentlich als ausgestorben gelten, werden wiederentdeckt, während pilzwiderstandsfähige Sorten – trotz ihrer ökologisch wertvollen Eigenschaften – weiterhin ein Schattendasein führen.

Viele Winzerinnen und Winzer beanspruchen für sich, Weine mit Herkunftscharakter zu erzeugen. Das ist vielversprechend, aber bleibt in vielen Fällen eben noch ein Versprechen. Während die breite Masse deutscher Weine immer noch auf vordergründige Fruchtigkeit setzt, mehren sich im Spitzensegment die Tendenzen, mehr Wert auf Struktur und Mundgefühl zu legen sowie Frische und Lebendigkeit über Alkohol und Konzentration zu stellen. So entstehen echte Herkunftsweine.

Spätestens seit der großen Flut, die das Ahrtal im Sommer 2021 heimsucht, ist klar, dass der Klimawandel dem Weinbau in Deutschland nicht nur zugutekommt. Einer zuverlässigeren Reife stehen unberechenbarere Witterungsverläufe mit Spätfrösten, Hagel und langen Trockenperioden gegenüber. Und schon jetzt deutet sich an, dass auch Deutschland im Zuge der globalen Erwärmung um eine Neubewertung seiner klassischen Terroirs nicht herumkommen dürfte.

Die Herausforderungen der Zukunft sind groß, doch scheint Deutschlands junge Winzergeneration besser vorbereitet zu sein und mit größerer Weitsicht zu Werke zu gehen als jede Generation vor ihr. Verantwortungsethische Positionen gewinnen gegenüber rein betriebswirtschaftlichem Kalkül an Bedeutung.

Die Burgund-Baden-Wasenhaus-Connection | **Alexander Götze & Christoph Wolber** | *Wasenhaus* | *Baden*

Die Architektur: einfach und doch stabil. Kein Skyscraper, kein Palast. Fundament, Wand, Dach. Fertig ist das *Wasenhaus*. Burgund ist das Fundament. Baden die sichtbare Hülle. Die Bewohner des *Wasenhauses*? Zwei Enthusiasten, deren Wege sich zufällig kreuzen. Der berühmte Flügelschlag des Schmetterlings bringt sie zusammen. Ihre Begeisterung für Wein führt Alex und Christoph auf verschiedenen Wegen nach Burgund, gemeinsam kehren sie nach Baden zurück. In der Tasche haben sie nicht viel und doch alles, was sie für die Zukunft brauchen. Leidenschaft.

Sie landen am Rande des südlichen Schwarzwaldes, in der Faust-Stadt Staufen, der Heimat von Christoph. Dieser Teil von Baden ist bis auf wenige Ausnahmen eher Niemandsland, die Stars der badischen Weinszene sind fast allesamt am Kaiserstuhl und dessen näherer Umgebung zu finden. Bewusst suchen Alex und Christoph hier nach Lagen, die zu ihren Vorstellungen passen. Sie suchen Parzellen mit besonderem Mikroklima und alten Reben, so wie im Burgund. Steillagen, die herausfordern, die

Wasenhaus
Rothofweg 2, 79219 Staufen im Breisgau
Deutschland | Baden
www.wasenhaus.de

Einzellagen: Ehrenstetter Ölberg, Kichhofener Kirchberg, Staufener Roter Berg
Rebsorten: Spätburgunder, Weißburgunder, Gutedel, Chardonnay, Riesling
Rebfläche: 3 ha in eigener Bewirtschaftung, 3 ha Zukauf *Alter der Weinberge:* 1 bis 70 Jahre

Gutedel
Ein Teil ist auf der Maische vergoren, was zusätzlich Struktur reinbringt. Verliert deswegen nicht an Subtilität, fast zarte Frucht. Meistert den Spagat zwischen Anspruch und Zugänglichkeit.

Weißburgunder
Kommt überwiegend von Lößböden. Nicht üppig, sondern schlank gehalten. Feine Textur, florale Frucht.

Weißburgunder Möhlin
Aus einer 1952 gepflanzten Parzelle, im Mischsatz stehen auch etwas Chardonnay und Weißburgunder. Klassisches Burgund Winemaking, Ausbau auf der Vollhefe im Holz. Linear, straff, trotzdem elegant. Kann definitiv gut reifen.

Weißburgunder Bellen
Etwas dichter und cremiger als der Möhlin, mit einem Hauch weniger Säure. Das »badische« Pendant zum »burgundischen« Möhlin.

Chardonnay Filzen
Gibt es nur in einer Kleinstauflage von einigen Hundert Flaschen. Kommt wie der »Bellen« vom Kirchberg. Ganztraubenpressung, Vergärung und Ausbau in gebrauchten Fässern. Besitzt locker das Potential für 10 Jahre Flaschenreife.

Spätburgunder
Die perfekte Interpretation eines Spätburgunders für jeden Tag. Zu 100 % entrappt. Charmant, lebendig, das dezente Tannin sorgt für die nötige Struktur.

Spätburgunder Vulkan
Rund 45 Jahre alte Freiburger Klone im Schlossberg in Achkarren. Teilweise mit Stielen vergoren. Bringt mit seiner Würze das Vulkan-Feeling gut rüber, zeigt Spannung und Biss.

Spätburgunder Am Kreuz
Aus einer Gneis-Lage am Roten Berg. Zwischen den Spätburgunder-Reben steht auch etwas Grauburgunder. Reife Frucht, schlank, erfrischend. Die Leichtigkeit des Seins.

Spätburgunder Bellen
Rund zwei Drittel Ganztrauben. Reife dunkle Frucht, dazu ätherische Noten. Dicht, geschmeidiges Tannin, viel Textur, saftige Frucht im Finale. Der expressivste Wein aus dem Spätburgunder-Clan.

Spätburgunder Möhlin
Zwei kleine Parzellen am Ölberg. Strukturiert, kräftigeres Tannin im Vergleich zum »Bellen«. Zeigt mit Luft seine elegante Seite. Tiefgründig, großes Potential. Spielt in einer eigenen Klasse.

nicht einfach zu bewirtschaften sind, dafür aber mit individuellen und ausdrucksstarken Weinen belohnen. Parzelle für Parzelle tragen sie zusammen. Die Reben am Ölberg in Ehrenstetten, am Kirchberg in Kirchhofen sowie am Staufener Rotenberg sind das Rückgrat der künftigen *Wasenhaus*-Weine. Zusätzlich werden Trauben von befreundeten Winzern gekauft, damit das gemeinsame Projekt am Ende auch wirtschaftlich aufgeht. Die einzige rote Rebsorte im *Wasenhaus*-Portfolio ist Spätburgunder, dazu kommen Weißburgunder, Gutedel sowie etwas Chardonnay und Riesling.

2016 ist die Premiere für die eigenen Weine. Schnell erarbeiten sich Alex und Christoph den Ruf, Weine zu erzeugen, die Baden so bisher kaum kennt. Erfahrung bringen sie reichlich mit. Mehrere Jahre haben sie in Burgund gelebt, dort das Einmaleins des Weinmachens gelernt. Großartige Domaines schmücken ihren Lebenslauf. Alex war in den letzten Jahren Chef de culture beim Traditionalisten *Hubert de Montille* in Volnay. »In Burgund lernt man vor allem Weine mit Low-Tech und ohne önologische Hilfsmittel herzustellen«, reflektiert Alex diese Zeit. »So natürlich wie möglich, aber immer mit dem Blick auf Stilistik, Ausdruck und Qualität der Weine.«

In Burgund haben beide auch die Grundlagen der ökologischen Bewirtschaftung erlernt, insofern war es keine Frage, dass sie auch in Baden sofort diesen Weg gehen. Der Einsatz von Kupfer und Schwefel ist auf ein Minimum reduziert und alternativ werden Molke und Backpulver eingesetzt. Als möglichen Ersatz für Kupfer experimentieren Alex und Christoph zurzeit mit aktiven Mikroorganismen. Je nach Zeitpunkt und Witterungsverlauf werden die Weinberge teilweise oder ganz begrünt. Die Laubwand wird so hoch wie möglich gehalten und anders als bei vielen Kollegen, wird kaum gegipfelt. »Wir versuchen, den Hormonhaushalt der Rebe so wenig wie möglich zu stören und für ausreichend Beschattung in der Fruchtzone

zu sorgen, was gerade in den vermehrt auftretenden Hitzeperioden immer wichtiger wird. Mit durchgekochten Beeren ist es unmöglich, Weine mit Spannung und Frische zu erzeugen.«

Im Staufener Stadtteil Wettelbrunn finden Alex und Christoph die passenden Räume. Das nötige Equipment, wie Fässer, kommt zum größten Teil aus Burgund. Viel brauchen sie ohnehin nicht, denn zu viel Technik versperrt nur den Blick für das Wesentliche. Raubt den

Fokus im Gefühl der scheinbaren Sicherheit, dass es die Technik schon richten wird. »Eigentlich ist es ganz einfach. Wir versuchen zum optimalen Zeitpunkt zu lesen und Trauben mit Balance in den Keller zu bringen. Dann geht es nur noch darum, diese Balance zu erhalten. Je nach Lage und Klonen variiert der Anteil an ganzen Trauben. Wir bevorzugen einen langsamen, kontrollierten Start. Außer etwas Remontage passiert in dieser Zeit nichts. In der zweiten Phase, wenn die Gärtemperatur langsam hochgeht, machen wir eine sanfte Pigeage mit den Füßen.« Insgesamt dauert die Vergärung bei den Spätburgundern durchschnittlich drei Wochen, danach reifen die Weine im gebrauchten Holz weiter. »Grundsätzlich greifen wir nur ein, wenn es ein Problem gibt, etwas aus dem Ruder läuft. Sonst passiert einfach nichts. Keine Schönung und Filtration nur in wenigen Ausnahmefällen.«

Die Schwefelung der Weine ist auf ein Minimum begrenzt, bei Gutedel und beim Grand Ordinaire wird ganz darauf verzichtet. Um Diskussionen bei der amtlichen Qualitätsweinprüfung aus dem Weg zu gehen, hat sich das *Wasenhaus*-Duo bewusst dafür entschieden, alle Weine als Badischen Landwein zu vermarkten. Problematisch dürfte es für die Weine allerdings in den wenigsten Fällen werden. Sicher sind sie einen Hauch volatiler als höher geschwefelte Weine, doch das ist eher positiv und trägt zur Lebendigkeit bei. Die Spätburgunder überzeugen allesamt mit feiner Frucht und Brillanz. »Klar, die florierende Vin-Nature-Szene in Frankreich war und ist eine große Bereicherung für uns.« Aber der Stil der Weine? Der Werdegang der beiden Winzer, ihre Vorbilder und die Weine selbst machen es schwer, einen Bezug zu einem Segment herzustellen, wo oxidative und flüchtige Noten durchaus akzeptabel sind. »Klassisch mit einem Hauch Nature«, wagt Alex den Versuch einer Kategorisierung.

Aber warum auch Schubladen bedienen? Am Ende ist es ihr Stil, der ganz eigene »*Wasenhaus*-Style«. Und der hat es in sich. Die Spätburgunder Möhlin und Bellen aus dem aktuellen Jahrgang 2019 sind eine faszinierende Abendbeschäftigung, zeigen erst nach Stunden im Glas ihr enormes Potential. Das Rote Kreuz vom Rotenberg vereint Gegensätze in sich. Die Wärme in der Nase – Kühle und Leichtigkeit im Geschmack. Das ist vielleicht das wesentlichste Merkmal der *Wasenhaus*-Weine, dass sie trotz Konzentration und Dichte ihre Leichtigkeit behalten und nie üppig oder erdrückend sind. Im Hintergrund sorgt ein feiner Säurefaden für das richtige Maß an Spannung, unterstützt von einer ebenfalls nie omnipräsenten Gerbstoffstruktur. Die Architektur der *Wasenhaus*-Weine? Einfach und stabil. Nicht überladen und ohne schmückenden Zierrat. Beschränkt auf das Wesentliche. In der Einfachheit liegt ihre Größe. Die Formel dafür?

Burgund, Baden, *Wasenhaus*.

Die Zufälle des Lebens | Alexandre Dupont de Ligonnès | *Weingut Dupont de Ligonnès* | *Sachsen*

Die Liebe und der Zufall führen Alexandre um die halbe Welt. Geboren in Paris, aufgewachsen überall. Dann Deutschland. Heidelberg, Augsburg und wieder Heidelberg. Schließlich Dresden, die Heimat seiner Frau.

Dort drückt er noch einmal die Schulbank und absolviert eine Lehre zum Winzer. Nach seiner Ausbildung lernt er die Welt des reellen Weinbaus kennen und arbeitet in einem Bio-Weingut in der Provence. Dann erreicht ihn ein Anruf. Die verschwägerte Familie seiner Frau erwirbt einen Weinberg im Dresdner Stadtteil Wachwitz und sucht nun jemanden zur Bewirtschaftung. Nur ein paar Tage hat Alex Zeit zum Überlegen. Er fackelt nicht lange, sitzt kurze Zeit später im Flugzeug und kommt zurück nach Dresden. Jetzt ist er endgültig angekommen, wird Winzer in Sachsen. Irgendwie auch wieder zufällig.

Der rund ein Hektar große Weinberg ist zu dieser Zeit ein typisches Abbild des sächsischen Weinbaus. Abgesehen von den beiden großen Betrieben *Schloss Wackerbarth* und *Schloss Proschwitz* sowie rund drei Dutzend Winzern im Haupterwerb, ist der Weinbau an der Elbe vielerorts sehr kleinstrukturiert. Eine fast endlose Anzahl an Kleinstwinzern bewirtschaftet viele Miniparzellen, manchmal sind es nur einige

sacre

Reihen. Die Trauben werden überwiegend an die Genossenschaft geliefert. Die Hobby-Vignerons sind ein wesentlicher Grund, warum sich der Weinbau an der Elbe trotz schwieriger Jahrzehnte gehalten hat. Mittlerweile sind jedoch viele im betagten Alter, so auch die meisten Winzer im neuerworbenen Weinberg der Familie. Ein guter Zeitpunkt, um die Bewirtschaftung in die eigene Hand zu nehmen. Sofort beginnt Alex, seine eigenen Vorstellungen umzusetzen.

»Ich versuche eine Balance im Ökosystem Weinberg zu finden, so wenig wie möglich einzugreifen. Es weitestgehend der Natur zu überlassen, was am Ende rauskommt.« Natürlich hat Alex konkrete Ideen, was er später in die Flasche füllen will. Aber der Weinberg gibt den Takt vor. Für ihn ist vor allem wichtig, zu verstehen, was draußen passiert. Das Weinjahr im gesamten Ablauf, das komplexe Zusammenspiel zwischen der Rebe, dem physischen Umfeld und den Variablen des Wetters zu begreifen, ist für ihn die größte Herausforderung. Und die Arbeitsschritte im Weinberg letztlich darauf abzustimmen. »Man muss es auch zulassen, Fehler zu machen. Die Perfektion ist sowieso eine Illusion«, so Alex' Überzeugung. Vielleicht ist das einer der Gründe, warum er schon nach wenigen Jahrgängen einige der eigenständigsten Weine in Sachsen produziert.

Seit der Übernahme des Weinbergs hat Alex vieles verändert. »Entgegen der in Sachsen meist

Weingut Dupont de Ligonnès
Konkordienstr. 68, 01027 Dresden
Deutschland | Sachsen
www.deligonnes.com

Einzellagen: Goldener Wagen, Pillnitzer Königlicher Weinberg
Rebsorten: Grauburgunder, Morio-Muskat, Müller-Thurgau, Riesling, Spätburgunder, Traminer, Weißburgunder, Zweigelt
Rebfläche: 1,6 ha *Alter der Reben*: 10 bis 50 Jahre

Tausendsassa

Der Wein für alles. Riesling und Traminer, gemeinsam gelesen und vergoren, Ausbau auf der Vollhefe in der Amphore. Getrocknete Früchte, Kräuter, florale Töne. Frankophile Struktur und sächsischer Esprit, das passt.

Marquis von Momue

Gegensätze ziehen sich an. Ungewöhnlicher Blend aus Müller und Morio. Prädikat: sehr gelungen. Fünf Wochen auf der Maische sorgen für einen markanten Grip, ohne dass es anstrengend wird. Schlank und belebend, aber nicht abgemagert. Duftige Nase, balsamischer Touch, wird mit Luft zum Chamäleon. Weit über dem Image der beiden Rebsorten.

Kesse Comtesse

Rotling aus den Burgundersorten. Der Grauburgunder liegt auf der Maische, die anderen beiden werden direkt abgepresst. Ein Teil reift anschließend im Holz. Heizt den vielen eindimensionalen, kaltvergorenen Kollegen seiner Art mächtig ein. Die dezente Tanninstruktur sorgt für die Statur, die Frucht ist animierend, fast verspielt und zeigt trotzdem Tiefe. Von wegen nur kess, die Comtesse hat auch eine ernsthafte Seite.

Sacrebleu!

Spätburgunder und Zweigelt aus Radebeul, 20 Jahre alte Reben. Zusammen vergoren, Ausbau im Beton-Ei. Keine Schönung und Filtration. In der Nase blitzt der Zweigelt durch, Sauerkirsche pur. Fester Kern, saftig, erfrischend. Zeigt die elegante Seite Sachsens.

praktizierten Halbbogenerziehung stelle ich seit drei Jahren auf Kordonerziehung um. Maximal vier Zapfen mit zwei Augen. Das Resultat sind kleinere Trauben, eine spätere Ertragsreduzierung ist nicht mehr notwendig«, erklärt er. Außerdem verzögert sich der Austrieb um einige Tage, was bei den immer wieder auftretenden Spätfrösten ein positiver Nebeneffekt ist. Durch einen individuellen Anschnitt versucht Alex ein effizientes Saftflusssystem in den Reben zu erhalten, um damit die Vitalität der Reben zu steigern. Bei der Laubarbeit experimentiert er unentwegt. »Mal mache ich die Arbeit nach Lehrbuch, mal mache ich nichts, teilweise mit verblüffenden Resultaten.« Bei der Bodenbearbeitung hält sich Alex weitgehend zurück. Nur wenn es notwendig ist, werden die Böden aufgebrochen. In Zusammenarbeit mit einem Schäfer aus Radebeul setzt er in diesem Jahr zum ersten Mal Schafe ein. Diese halten das Unkraut in Schach und sorgen zusätzlich für eine Auflockerung des Bodens, der durch die Bearbeitung in der Vergangenheit teilweise sehr verdichtet ist.

Nach den Schafen steht bereits das nächste Experiment an. Die Herstellung eines eigenen Bokashi Komposts. Bokashi ist ein organischer Dünger, der aus pflanzlichen Resten mit Hilfe effektiver Mikroorganismen entsteht. Im Gegensatz zur ursprünglichen Kompostierung läuft der Prozess ohne Sauerstoff ab. Während des Fermentationsprozesses entstehen wertvolle Stoffwechselprodukte wie Antioxidantien, Enzyme und Vitamine, welche sich bei der anschließenden Düngung positiv auf die Gesundheit von Boden und Reben auswirken. Bokashi regt das Wurzelwachstum an, hemmt das Wachstum von Unkraut und ist für qualitätssteigende Effekte bekannt. Alex ist gespannt, wie sich dies in seinen Weinbergen auswirken wird. Es ist für ihn der nächste Schritt zu einem geschlossenen Kreislauf, in den er nur noch wenig eingreifen muss.

Wabi-Sabi, das japanische Konzept der Ästhetik, begleitet Alex seit seiner Studienzeit in Heidelberg und umschreibt nicht nur seinen Ansatz im Weinberg, sondern auch im Keller. »Beschränke alles auf das Wesentliche, aber entferne nicht die Poesie. Halte die Dinge sauber und unbelastet, aber lasse sie nicht steril werden«, beschreibt der Schriftsteller Richard R. Powell das Konzept von Wabi-Sabi. Trauben und Zeit sind die Zutaten. Gesunde Trauben aus einem lebendigen Weinberg, geformt durch die Zufälle des Jahresverlaufes. Anschließend Zeit lassen für die Gärung, den Ausbau und die Ausbildung der Persönlichkeit des Weins. Möglichst ohne Eingriffe. »Von Jahr zu Jahr habe ich mehr weggelassen. Additive, Filtration, Schwefel. Mal ist etwas Restsüße dabei, mal ein kleines Bitzeln, mal ein Hauch flüchtige Säure«, so Alex. Der pure Ausdruck des Jahresverlaufs und des Werdens im Keller. Die Akzeptanz des Zufalls.

Bewusst stellt Alex in seinen Weinen keine einzelnen Rebsorten oder deren Charakteristik in den Vordergrund. In den kleinstrukturierten Parzellen ist dies auch schwierig, denn hier spiegelt sich die Geschichte des Weinbaus in Sachsen wider. Viele der Weinberge sind noch in den letzten Tagen der DDR angelegt worden und bestehen oft aus einem wilden Mix aus allen möglichen Rebsorten. Zu wenig um diese einzeln auszubauen und zu vermarkten. Alex überlegt, was zusammenpasst und Sinn macht, formt so das äußere Gesicht seiner Weine. Riesling mit Traminer, Müller-Thurgau und Morio-Muskat, ein Blend aus den Burgundersorten. Den Rest erledigt die Natur. Der Anteil der unterschiedlichen Rebsorten variiert mit jedem neuen Jahrgang. Und so sind seine Weine eine ständige Neuentdeckung mit immer wieder anderen Facetten. Das Fremde im Vertrauten. So soll es auch bleiben. Die Herausforderung für die Zukunft? »Keine Routine bekommen.« Der Zufall als Lebensprinzip.

Sehnsucht nach einem guten Leben | Andi Mann

Weingut Mann | Rheinhessen

Andi ist beseelt von einer großen Vision. Entgegen dem Trend hin zu immer ausgefeilterer Spezialisierung möchte er einen landwirtschaftlichen Mischbetrieb aufbauen. Zwar soll die Weinproduktion im Mittelpunkt stehen, aber nicht in Form eines klassischen Weinguts, sondern integriert in ein komplexes Ensemble aus Viehwirtschaft, Gemüse- und Obstanbau sowie einem bunten sozialen Miteinander.

Was ihm vorschwebt, ist eine Art Landkommune, in der Gleichgesinnte miteinander leben und arbeiten. Angedacht ist eine Form von Kreislauf- oder Subsistenzwirtschaft, die mit möglichst wenig Input von außen (wie zum Beispiel Pflanzenschutzmittel und Mineraldünger) auskommt und damit den Ressourcen- und Energieverbrauch schont. Das ist Andis Vision, seine Idealvorstellung von einem sinnerfüllten Leben, in dem die Arbeit und das soziale Miteinander nahtlos einhergehen. Resilienz und Biodiversität sind integraler Bestandteil dieses Modells.

Andi erklärt das so: »Umso mehr organische Verbindungen durch den innerbetrieblichen Kreislauf immer und immer wieder verstoffwechselt werden, desto umfassender bildet sich mit der Zeit eine ganz besondere hofeigene Individualität.« Wenn dann auch in die Prozesse der Weinbereitung nur wenig eingegriffen und auf den Einsatz von Zusätzen und Präparaten verzichtet werde, entstehen Weine, die maximal authentisch und echte Repräsentanten ihrer Herkunft sind, so Andis Überzeugung. Die Idee von Terroirweinen wird bei ihm tatsächlich radikal zu Ende gedacht. Wenn Andi über diese Dinge spricht, beginnen seine Augen zu leuchten und er versprüht so viel Energie und Lebensfreude, dass es leichtfällt, sich vorzustellen, dass er viele Menschen für sein Projekt begeistern wird.

Schon jetzt stehen Andis Türen weit offen und ein großer Tisch bereit, um Mitarbeiterinnen, Praktikantinnen und Besucherinnen willkommen zu heißen – auf ein Glas Wein, für gemeinsame Mahlzeiten oder, um einfach nur eine gute Zeit miteinander zu verbringen. Dabei kann sich Andi als Jugendlicher und junger Erwachsener ein Leben als Winzer auf dem Land noch gar nicht vorstellen. Erst das BWL-Studium in einer westdeutschen Großstadt erweckt in ihm die Sehnsucht nach einem Leben im Einklang mit der Natur und fördert den Wunsch zu Tage, in seine Heimat zurückzukehren und Winzer zu werden. Der erste Schritt in diese neue Perspektive ist die Immatrikulation in Geisenheim. »In Geisenheim zu studieren und zu leben, war das Inspirierendste, was mir passieren konnte. Die WG mit Andi Weigand, Max Dexheimer und Jason Gröbe war einfach nur genial. Wir haben unendlich viel Wein probiert, Winzer besucht und die Welt der Weine rauf- und runterdiskutiert. Und am Ende haben wir uns alle in die Naturweine verliebt«, erinnert sich Andi.

Naturbelassene Weine verkörpern für ihn Offenheit und Geschmacksintensität. Sie sind seines Erachtens sehr viel besser in der Lage, die Energie der Weinberge in Flaschen und auf den Tisch zu bringen. Auch die Naturwein-Community sprühe nur so vor Lebendigkeit und Offenheit, so seine Erfahrung. Wer sich einmal auf einer der zahlreichen Naturweinmessen (RAW WINE, La Dive Bouteille, Karakterre, Vini di Vignaioli oder Plopp) herumgetrieben habe, dürfte erfahren haben, wie locker, energetisch und von einem gemeinsamen Spirit getragen diese Szene sei. Andi erklärt: »Weine und Community gleichermaßen haben mich unwiderstehlich angezogen.« Noch während seines Studiums beginnt Andi zu Hause zu experimentieren und füllt seinen ersten »Naturwein« ab. Seit er 2017 die Regie im elterlichen Betrieb komplett übernimmt, produziert er konsequenterweise nur noch Weine dieser Machart.

Entgegen der freundlichen und ungemein warmherzig offenen Art, mit der Andi durchs Leben geht, sind seine Weine kühle Puristen. Sie sind von der Landschaft und den Böden der rheinhessischen Schweiz geprägt, dem höchst gelegenen und kühlsten Teilbereich des Anbaugebiets. Weder Löss noch Kalk dominieren hier die Szenerie, sondern die Erstarrungsgesteine vulkanischer Aktivität – schwarzer Melaphyr und rötlicher Porphyr. Insbesondere seine direkt gepressten, rebsortenreinen Abfüllungen vom Porphyr aus den Varietäten Chardonnay, Riesling und Weißburgunder bringen das Terroir regelrecht zum Klingen. Ihre niedrigen pH-Werte sorgen für Frische und gute Lagerfähigkeit, die eisenhaltigen Porphyrböden für eine kühle und nervige, salzige Mineralität.

Andis Cuvées sind dagegen regelrechte Freigeister. Sie sollen die Region zeigen und vor allem Trinkspaß vermitteln. Jedes Jahr anders konzipiert, bieten sie ihrem Schöpfer eine gute Möglichkeit, auf den Jahrgang zu reagieren. Die verwendeten Rebsorten können ebenso variieren wie die Machart. »Ich bin regelmäßig in meinen Weinbergen unterwegs und so sehr mit den Reben vertraut, dass sie mir schon Wochen vor der Ernte zurufen, welchen Wein ich aus ihnen machen soll«, erläutert Andi.

Seine Vision von einem sich selbst versorgenden, Ressourcen schonenden Hof, auf dem Gleichgesinnte Weinbau, Tierzucht und Gemüseanbau betreiben und solidarisch miteinander leben, trägt Andi über alle Mühen des Alltags hinweg. Er ist überzeugt, dass dieser Lebensentwurf der Stärkung von Resilienz dient – von Mensch und Tier, Pflanze und Ökosystem. Er ist der Typ Mensch, dem man so ein Projekt zutraut.

Weitblick | Andreas Schumann | *Odinstal* | *Pfalz*

Abgesehen von einer einzigen Ausnahme liegen die besten Weinberge Wachenheims auf gut gepflegten, leicht abfallenden Sandsteinböden zwischen 140 und 180 Metern über dem Meeresspiegel. Der Solitär ist *Odinstal*. Dieses Kleinod liegt zweihundert Meter höher an den Ausläufern des Haardtgebirges am Rande eines alten Vulkankraters und ist nur über eine kurvenreiche und teilweise unbefestigte Straße durch den Wald erreichbar. Wer den mühsamen Anstieg bewältigt hat, wird mit einem fantastischen Blick über die Rheinebene belohnt. Hier oben ist eins der einzigartigsten Weinterroirs Deutschlands beheimatet. Den Ort umgibt schon zu früheren Zeiten etwas Geheimnisvolles, doch bis Thomas Hensel gemeinsam mit Andreas Schumann dort Hand anlegt, ist er ein unbearbeiteter, ungeschliffener Rohdiamant. Das Potenzial dieses vom Rest der Pfälzer Weinbergslandschaft völlig isolierten Mikrokosmos ist lange umstritten. Nicht zuletzt, weil dort mehr als einmal in einem Jahrzehnt damit gerechnet werden muss, dass die Trauben nicht perfekt ausreifen können. Trotz der Auswirkungen des Klimawandels ist daraus nicht im Handumdrehen ein funkelnder Edelstein zu machen.

Es bedarf der finanziellen Mittel eines erfolgreichen und risikobereiten Immobilienmaklers und des visionären Charismas eines tatendurstigen Jungwinzers, um dem schlafenden Riesen auf die Beine zu helfen. Als die Pfälzer Kellermeisterlegende Hans-Günter Schwarz die beiden

Weingut Mann GbR
Hauptstraße 7-9, 55599 Eckelsheim
Deutschland | Rheinhessen
www.mann-wein.de

Einzellagen: Eckelsheimer Kirchberg, Eckelsheimer Eselstreiber, Siefersheim Heerkretz, Neu-Bamberg Kletterberg, Neu-Bamberg Kirschwingert
Rebsorten: Riesling, Weißburgunder, Spätburgunder, Grauburgunder, Chardonnay
Rebfläche: 12 ha *Alter der Reben*: 1 bis 45 Jahre

Cuvee Weiß
Frisch, wild und süffig. Der geniale Einstieg in Andis Weinwelt.

Cuvee Rötlich
Ein saftiger und leichter Rosé, der viel Spaß macht!

Cuvee Rot
Ein frischer, ungemein leichter Rotwein, der durch seine feine, zurückhaltende Aromatik seriöse Trinkfreude für unkomplizierte Anlässe bietet.

Spätburgunder Purpur x Calx
Vereint die Kraft der Kalkböden mit der kühlen Eleganz des Porphyr. Super frisch und elegant mit feinster Tanninstruktur.

Weißburgunder Purpur
Kommt mit allem Charme des Weißburgunders daher und ruft: »Hab mich lieb!«

Grauburgunder Calx
Ausbau über acht Monate auf der Hefe in gebrauchten Barriques. Die Nase zeigt sich kalkig, fast kreidig mit feinen Mandarinenzesten. Der Gaumenauftritt ist straff, strukturiert und endet auf vibrierender Säure.

Riesling Purpur
Schlank und pikant, zugleich komplex und intensiv am Gaumen, mit perfekt reifer und intensiv aromatischer Frucht. Das ist ein ausdrucksstarker trockener Riesling, der sich frisch und in perfekter Balance mit der charakteristischen Mineralität der vulkanischen Böden präsentiert.

miteinander bekannt macht, ist ein Dreamteam geboren. Bereits den 2004er, den ersten Jahrgang des neu firmierten Weinguts *Odinstal*, verantwortet Andreas in Weinberg und Keller. Im Rückblick gesteht er, dass er damals noch sehr technisch ans Weinmachen herangegangen sei. Möglichst keine Fehler zu machen, sei das Credo seiner Geisenheimer Professoren gewesen. Zwar habe er von seinem Lehrer Hans-Günter Schwarz gelernt, bei der Weinbereitung die Hände aus dem Spiel zu lassen und stattdessen der Bearbeitung der Böden und der Pflege der Reben maximale Aufmerksamkeit zu schenken, doch sei er damals, so erklärt er heute, zu ängstlich gewesen, um wirklich loszulassen und den natürlichen Rhythmen der Weinwerdung zu vertrauen.

Das ändert sich schon bald. Umso intimer und vertrauter Andreas mit den singulären Bedingungen des Odinstaler Naturraums wird, desto größer wird auch seine Wertschätzung, desto lebhafter seine Zuneigung. Der Wunsch, die Einzigartigkeit von Kleinklima, Lagen und Bodenvielfalt herauszuarbeiten und in seinen Weinen schmeckbar zu machen, wird zur Passion. Gemeinsam mit Thomas Hensel kommt er zu dem Schluss, dass die biologisch-dynamische Landwirtschaft diese Vielfalt am besten zur Entfaltung bringen kann. Die Insellage von *Odinstal* bietet beste Voraussetzungen, um nah am biodynamischen Ideal eine Art landwirtschaftlichen Organismus einzurichten. Störungen von außen sind so gut wie ausgeschlossen. Und so entwickelt sich *Odinstal* binnen weniger Jahre zu einem nationalen und internationalen Hotspot der Biodynamie, und Andreas avanciert über die Aufgaben in seinem Betrieb hinaus zu einem gefragten und viel beschäftigten Demeter-Berater für ganz Europa. »Es geht darum, den landwirtschaftlichen Betrieb als einen Kreislauf zu sehen, der möglichst ohne Input von außen zurechtkommt. Durch das Minimieren dieses Inputs maximieren wir die Authentizität und den Herkunftscharakter unserer Weine. Wir realisieren hier auf *Odinstal* den Terroir-Gedanken in seiner konsequentesten Form«, bringt Andreas die Philosophie seines Betriebs auf den Punkt.

Wo immer es möglich ist, wird mit Bordmitteln gearbeitet. Das gilt auch für die Herstellung der biodynamischen Präparate. Während die Kuhhörner und der fein gemahlene Quarz von lokalen Quellen besorgt werden, stammt der Kuhmist von Kühen, die direkt auf *Odinstal* wei-

Weingut Odinstal
Odinstalweg außerhalb, 67157 Wachenheim
Deutschland | Pfalz
www.odinstal.de

Einzellagen: Wachenheim Odinstal (Monopol), Wachenheim Schlossberg, Wachenheim Altenburg, Deidesheim Letten, Friedelsheim Bischofsgarten
Rebsorten: Riesling, Weißburgunder, Auxerrois, Rieslaner, Gewürztraminer, Silvaner
Rebfläche: 6,4 ha *Alter der Reben*: 7 bis 43 Jahre

Riesling Vulkan
Ein knochentrockener, frischer und eleganter Riesling mit viel Grip und einem herrlich saftig-salzigen Finale. Schwebend!

Riesling Muschelkalk
Ein ungemein raffinierter, salzig-pikanter und seidig texturierter Riesling mit bemerkenswerter Finesse, sehr feinen Gerbstoffen und einem langen, mineralischen Abgang.

Riesling Basalt
Ein ausdrucksstarker Riesling, bei dem sich Exotik mit rauchigen und salzigen Komponenten paart. Rockt den Gaumen!

Riesling Buntsandstein
Ein eleganter Tänzer, leichtfüßig und doch voller Spannung und Komplexität.

Weißburgunder 350 N.N.
Von Keuperböden kommt dieser runde, mundfüllende und gut strukturierte Weißburgunder mit feiner Tanninstruktur und anhaltender Salzigkeit.

Auxerrois 350 N.N.
Ein üppiger, runder Auxerrois mit intensiver Frucht, feinen Tanninen und einem langen und intensiven, anregend salzigen Abgang.

Gewürztraminer 350 N.N.
Von Basaltböden kommt dieser mit 15 % ganzen Trauben im Edelstahl vergorene Gewürztraminer. Ein charakerstarker, vollmundiger, ungemein dichter, pikanter und intensiver Wein.

Rieslaner Auslese Schlossberg
Mit 11 % Alkohol handelt es sich um eine süße, aber zugleich feine und kristalline, frische und geradlinige Auslese mit bemerkenswerter Salzigkeit.

den. Von denselben Kühen stammen auch Dünndarm, Schädel und Gekröse für die Kompostpräparate. Die hierfür benötigten Kräuter können rund um die Weinberge gesammelt werden und auch die Eichenrinde für das Präparat 505 findet sich in unmittelbarer Umgebung. Die Hirschblase bezieht Andreas von einem ortsansässigen Jäger.

Dieses Prinzip, mit Bordmitteln auszukommen, gilt selbstredend auch für die Prozesse der Weinbereitung. Die alkoholische Gärung erfolgt mit wilden Hefen und ohne Temperaturkontrolle. Bei den meisten Weinen werden rund zehn Prozent ganze Trauben samt Stiel mitvergoren. Dabei ist der Reifegrad der Stiele entscheidend. Kommen eher grüne Stiele zum Einsatz, steigt der Säureausdruck im Wein. Werden dagegen reifere Stile verwendet, wird die Tanninstruktur mehr betont. In der Ausbauzeit dürfen die Weine lange ungeschwefelt auf der Vollhefe verweilen, bevor sie minimal gefiltert und mit sehr wenig Schwefel abgefüllt werden. Andreas ist sich sicher: »Mit dieser Art der Weinbereitung finden die Weine selbst ihre Balance. Der eine früher, der andere später.« Der daraus resultierende Stil ist nicht extrovertiert und die Frucht steht nie im Vordergrund. Alle *Odinstaler* Weine leben von einer brillanten Frische, sind quicklebendig und zupackend.

Deutlich wilder wird es beim Silvaner Nakt. Bei diesem Wein ist Andreas ein paar Schritte weitergegangen. Seit 2012 hat er die Reben nicht mehr geschnitten, sondern wild wachsen lassen. »Der Weinberg reguliert sich selbst und liefert lockere Trauben mit kleinen Beeren, so wie es die Natur vorgesehen hat«, erklärt er. Ein Teil der Trauben wird in Amphoren gelagert, der andere Teil kommt in gebrauchte Holzfässer. Der Wein wird unfiltriert und ohne zugesetzten Schwefel abgefüllt. Der Verzicht auf jegliche Verzierung offenbart eine ganz und gar solitäre Silvaner-Charakteristik. Er wirkt herb-würzig und ausgesprochen kühl und seine schmucklose Ästhetik fordert auf, hinter die Kulissen zu schauen.

Weniger wild, jedoch enorm faszinierend präsentiert sich das Riesling-Portfolio – dynamisch vom Muschelkalk, tänzelnd vom Buntsandstein und barock vom Basalt. Der Vulkan-Riesling schließlich ist eine Komposition von Trauben vom Basalt und Buntsandstein (je 25 Prozent) sowie Muschelkalk (50 Prozent) und ist in dieser Konstellation 2018 entstanden. Er ist so etwas wie die Majestät unter den Rieslingen des Weinguts, der primus inter pares.

Auch die Zukunft verspricht auf *Odinstal* vielversprechend zu bleiben. Spannende Impulse werden sicherlich von der Aufnahme in den VDP ausgehen und mit dem berühmten Kallstadter Saumagen wird das Portfolio um eine Grand Cru-Lage erweitert. Sosehr Andreas auch den Rhythmen der Natur folgt und den Dingen die nötige Zeit gibt, die sie für ihre Entwicklung benötigen, das Tempo auf *Odinstal* ist hoch.

Frieden und Freiheit | Bianka & Daniel Schmitt

Ökologisches Weingut Schmitt | Rheinhessen

Die Liebesgeschichte von Bianka und Daniel beginnt am 10. September 2012. In Kopenhagen, London, Paris und Berlin hat gerade eine Zeitenwende begonnen. Der Wunsch nach unbehandelten Weinen wird stärker und in immer mehr Weinbars und einschlägigen Restaurants werden Weine ausgeschenkt, die im Einklang mit der Natur entstanden sind. In der ländlichen Idylle Rheinhessens und weit darüber hinaus überwiegen dagegen starre Konventionen. Wie ein Wein zu schmecken hat und wie er zu keltern ist, das haben die Winzer entweder bei ihren Eltern, in der Berufsschule oder während des Studiums in Geisenheim gelernt. Die Vorurteile gegenüber neuen, unkonventionellen und mitunter mutigen Alternativen scheinen zu dieser Zeit unüberbrückbar. Das merken auch Bianka und Daniel. Mit dem Tag, an dem sie einen anderen Weg der Weinbereitung beschreiten, werden sie von einigen ignoriert, von anderen belächelt und von manchen sogar bekämpft.

Frisch verliebt machen sich die beiden auf ins Elsass, um dort dem Biodynamiker Patrik Meyer einen Besuch abzustatten. Daniel hat gerade die Demeter-Zertifizierung für seinen Betrieb erhalten und will sich nun, bevor er seinen ersten Jahrgang im elterlichen Betrieb verantwortet, noch einmal mit einem erfahrenen Pionier besprechen. Es soll eine Begegnung

Ökologisches Weingut Schmitt
Lessingstraße 2, 67592 Flörsheim-Dalsheim
Deutschland | Rheinhessen
www.biankaunddaniel.de

Einzellagen: Flörsheimer Goldberg, Frauenberg, Monsheimer Silberberg
Rebsorten: Riesling, Chardonnay, Muskateller, Silvaner, Weißburgunder, Furmint, Müller-Thurgau, Septimer, Merlot, Blaufränkisch, Portugieser, Saint Laurent
Rebfläche: 17 ha *Alter der Reben*: 1 bis 50 Jahre

Frei.Körper.Kultur
Der Einstieg in die Weine von Bianka und Daniel in Weiß, Rot und Rosé bietet unbeschwerten Trinkgenuss. In der Regel mit minimalen Schwefelgaben unfiltriert abgefüllt.

Müller-Thurgau
50 % der Trauben direkt gekeltert, 50 % fünf Wochen auf der Maische. Holzfassausbau. Bewegt sich zwischen einem frischen Aperitif und einem Orangewein.

Riesling
Exzellente Version eines sauberen und leicht zu trinkenden Rieslings. Ungeschminkt, trocken und viel gutem Grip.

Riesling M
60 Stunden Maischestandzeit. Spontan vergoren und im gebrauchten Barriquefass ausgebaut. Mal Tänzer, mal Zehnkämpfer – ein komplexer, nachhaltiger und ganz wunderbarer Riesling.

Zöld
100 % Silvaner. Lange Holzfasslagerung. Die feine Gerbstoffstruktur bringt viel Frische und exzellenten Grip.

Wild Pony
Weiße Cuvée mit wechselnden Partnern. 6-wöchige Maischegärung. Gereift in gebrauchten Barriques mit Kahmhefe auf der Oberfläche. Grenzenlos und komplex. Mit genauso viel Friaul und Jura wie Rheinhessen.

Erdreich
Muskateller und Scheurebe getrennt spontan vergoren, vier Wochen auf der Maische gelagert. Bezaubernd frisch und quicklebendig. Trinkspaß auf hohem Niveau!

Feminin
Die 4-wöchige Maischegärung verleiht diesem Chardonnay gute Struktur und Rückgrat. Rein und fein und viel Grip im salzigen Finale.

mit enormer Nachwirkung werden. Bianka und Daniel kommen vor Ort mit einer Welt in Kontakt, von deren Existenz sie bislang keine Ahnung haben – der Welt der naturbelassenen Weine. Die Verkostung von Riesling und Silvaner, die lange auf der Vollhefe in Holzfässern gereift und dann unfiltriert und zum Teil ohne Schwefel abgefüllt worden sind, lässt ihre Welt mit für unverrückbar gehaltenen Wahrheiten plötzlich wie ein Kartenhaus in sich zusammenfallen. Sie sind begeistert darüber, wie genial und faszinierend anders Riesling und Silvaner schmecken können.

Der Weg zurück in die Heimat vergeht wie im Fluge, so aufgewühlt sind sie. Leidenschaftlich stricken sie an ihrer gemeinsamen Zukunft als Naturweinwinzer und Liebespaar. Doch schon bald stellt sich heraus, dass es für Bianka und

Daniel kein leichter Weg werden wird. Widerstände erfahren sie nicht nur aus der eigenen Familie, sondern auch aus dem Freundeskreis. Nicht nur die neue weinbauliche Ausrichtung sorgt für Anstoß, sondern auch die Beziehung des jungen Paares. Eine junge Ungarin als gleichberechtigte Weingutschefin an Daniels Seite – das kann doch nicht gut gehen.

Und wie gut es geht. Bereits ihre ersten Weine aus dem Jahrgang 2013 schlagen ein wie eine Bombe. Die Berliner Händler- und Gastroszene ist ob ihrer energiegeladenen, wilden und auf der Basis langer Maischestandzeiten oxidativ ausgebauten Weine aus dem Häuschen. Bianka und Daniel werden regelrecht gefeiert. Nur die verfügbaren Mengen enttäuschen ein wenig, denn sie können die Nachfrage bei weitem nicht bedienen. Das junge Winzerpaar ist verblüfft und ziemlich sprachlos. Mit diesen Reaktionen haben sie nicht gerechnet. Mit etwas Abstand realisieren sie, was für ein Glück sie gehabt haben, Weine ganz nach eigenem Gusto machen und sie problemlos bis hin in die Sternegastronomie vermarkten zu können. Mit der Naturweinmesse RAW, die 2015 in Berlin stattfindet, beschleunigen sich die Dinge noch einmal deutlich. Die Importeure aus der ganzen Welt stehen Schlange.

Wieder zurück in der rheinhessischen Provinz werden sie allerdings mit den altbekannten Themen konfrontiert. Es scheint so, als ob ihre Erfolge auf dem nationalen und internationalen Parkett die frostige und gereizte Stimmung ihnen gegenüber nur weiter befeuern. Doch mit der Zeit gewöhnen sie sich daran, manche Wogen werden geglättet und neue Freundschaften entstehen. »Jetzt nach neun Jahren bin ich angekommen – in Deutschland und auch hier in Flörsheim-Dalsheim. Ganz wichtig ist für mich die wunderbare Freundschaft mit der Familie Raumland. Aber die Zeit hat auch Narben hinterlassen«, gesteht Bianka.

Wer sich heute die Rebanlagen der beiden anschaut, speziell die Einzellagen in Flörsheim und Monsheim, kann einen Eindruck davon gewinnen, mit wie viel Leidenschaft und Engagement die beiden zu Werke gehen. Für immer mehr Parzellen haben sie die Dichtpflanzung eingeführt, nicht zuletzt, um die Wurzeln zu tieferem Wachstum anzuregen. Sie praktizieren den sanften Rebschnitt und halten die Zeilen begrünt. Nach der manuellen Lese achten Bianka und Daniel darauf, dass die Trauben so schonend wie möglich weiterverarbeitet werden. Alle Weine bleiben mindestens acht Monate auf der Vollhefe und werden unfiltriert und, wenn nötig, mit maximal 15mg/l Schwefel abgefüllt.

Nach wilden Anfangsjahren hat sich die Stilistik der Weine zunehmend verfeinert, ist erwachsener, vor allem aber reiner und eleganter geworden. Die längere Ausbauzeit auf der Vollhefe hat den Weinen nicht nur mehr Tiefe, sondern auch bemerkenswerte Klarheit und Brillanz verliehen. Von Jahr zu Jahr sprechen sie ein bisschen mehr die Sprache ihrer Herkunft, zeigen kreidig-hellen, kühlen Kalk-Einfluss mit markanter Struktur – einerseits dicht und cremig, andererseits knackig und fest. Es sind Weine voll innerer Spannung und Charakter, die auch höhere Alkoholwerte problemlos wegstecken.

Ganz sicher werden Bianka und Daniel noch einen Zahn zulegen, wenn im Herbst 2022 ihr Neubauprojekt zum Abschluss kommen wird – Kelterhalle, Amphorenkeller, unterirdischer Holzfasskeller, Vinothek mit Küche und Veranstaltungsraum sowie ein Wohnbereich für die junge Familie. Damit einher geht erstmals die Möglichkeit, eigenen Kompost anzulegen und die biodynamischen Präparate selbst herzustellen. Dazu gesellen sollen sich ein Gemüsegarten, Mangalica-Schweine und ein bunter Hühnerhaufen.

Es bleibt also spannend im Hause Schmitt. Dafür sorgen nicht zuletzt auch die gegensätzlichen Charaktere des jungen Paares. Der geerdete, realistische und eher vorsichtige Daniel und die überschwängliche, ungemein begeisterungsfähige und risikobereite Bianka ergänzen sich optimal. Davon profitiert nicht nur der Weinkosmos Flörsheim-Dalsheims, sondern ganz Rheinhessen ist um einen weiteren Hotspot reicher.

Klassisch oldschool | Carsten Saalwächter

Weingut Saalwächter | Rheinhessen

Für einen wie Carsten ist Ingelheim genau der richtige Ort für den Start gewesen. Krasse Tradition, aber verschüttet. Zwar haben seit ein paar Jahren eine Handvoll Betriebe dort Fahrt aufgenommen, sich was vorgenommen, aber vieles steckt noch in den Anfängen, geschieht im Verborgenen und bleibt weitgehend unbemerkt. Carsten hat früh erkannt, dass das natürliche Potenzial dieses Landstrichs im nördlichen Rheinhessen extrem spannend ist und mit seinen kargen Muschelkalkböden, dem vergleichsweise kühlen Klima und einer überwiegend unzerstörten Topografie exzellente Chancen für charaktervolle und markante Ursprungsweine bietet. Ganz anders als allgemein üblich in Deutschland haben die Ingelheimer Weinbergslagen tatsächlich keine Flurbereinigung über sich ergehen lassen müssen und können heute deshalb mit sehr viel Ursprünglichkeit, einem bunten Teppich unterschiedlichster Mikrolagen und überdurchschnittlich alten Rebbeständen aufwarten. Wahrlich burgundische Verhältnisse. Und es sind auch die Burgunder Rebsorten, die hier – vielleicht schon seit den Tagen Karls des Großen – dominieren: vor allem Pinot Noir und Chardonnay, daneben Weiß- und Grauburgunder und – von Carsten perfekt inszeniert – der so oft geschundene Silvaner.

Das in Ingelheim exzellente Weine entstehen können, zeigt auch ein Blick in die Weinkarten einiger der angesehensten Berliner Hotels zu

Beginn des 20. Jahrhunderts. Ingelheimer Spätburgunder werden damals im Adlon und Ritz Carlton zum selben Preis angeboten wie die feinsten roten Bordeaux und Burgunder. Und eine Flasche Assmannshäuser kostet damals sogar das Doppelte eines Petrus. Fast logisch, dass Carsten alles darangesetzt hat, neben seinen Ingelheimer Terroirs auch einige der besten Assmannhäuser Lagen in Besitz zu nehmen.

Noch keine 30 Jahre alt, zieht Carsten schon heute extrem Originelles von zwei der traditionsreichsten Pinot-Terroirs des Landes auf die Flasche: seidig-tänzelnd präsentieren sich die Abfüllungen vom Assmannhäuser Grauschiefer,

Weingut Saalwächter
Binger Straße 18, 55218 Ingelheim an Rhein
Deutschland | Rheinhessen
www.saalwaechter.de

Einzellagen in Ingelheim: Grauer Stein, Steinacker, Lottenstück
Einzellagen in Assmannshausen: Höllenberg
Rebsorten: Silvaner, Weißburgunder, Grauburgunder, Chardonnay, Spätburgunder, Frühburgunder
Rebfläche: 7 ha *Alter der Reben*: 3 bis 89 Jahre

Silvaner Alte Reben

Der Einstieg in die Weißweinwelt von Carsten beginnt gleich mit einem Paukenschlag. Von fast 50 Jahre alten Rebstöcken und kalkhaltigen Mergelböden kommt dieser saftige, dichte und gut strukturierte Silvaner.

Grauer Burgunder

Ein knackig-frischer, enorm temperamentvoller, zupackender Grauburgunder mit schöner Konzentration und viel Grip im Finale.

Weißer Burgunder

Subtile, kühle Nase, feingliedrig und zugleich richtig energetisch. Ein eleganter und spannungsreicher Weißer Burgunder mit viel Druck im Finale und echtem Entwicklungspotenzial.

Chardonnay

Dieser beeindruckende Chardonnay entsteht auf kargen Muschelkalk- und Kalkmergelböden. Er kommt üppig und reichhaltig, saftig-frisch und unverhohlen funky daher. Hat Größe!

Silvaner Grauer Stein

Von kargem, grauem Kalk kommt dieser Ausnahmewein. Er ist mit einer schier unglaublichen Spannung, Energie und Länge ausgestattet. Extrem tief und mehrdimensional. Ein spektakulärer Referenz-Silvaner!

Spätburgunder

Aus einer jüngeren Anlage kommt die Ouvertüre in Carstens Spätburgunderwelt. Frisch, saftig und trinkanimierend!

Spätburgunder Alte Reben

Kühle Frucht, viel Frische, leichtfüßig und seidig texturiert. Hier zeigt sich die Präzision des steinigen Kalksteinterroirs. Sehr delikat!

Spätburgunder R

Die beiden besten Fässer der »Alten Reben« ergeben einen feinfruchtigen, super eleganten und geschmeidigen Pinot mit eindrucksvoller Tiefe und Präzision und dem Potenzial für vieljährige Reife. Im Finale druckvoll und straff. Großartig!

Höllenberg Spätburgunder

Einer wundervoll komplexen Aromatik folgt ein raffiniert-verspielter Gaumenauftritt mit enormer Frische und einer super feinen Tanninstruktur. Strahlt hell und klar! Ein neuer Fixstern am Pinot-Himmel!

präzise und dicht gewebt die vom Ingelheimer Muschelkalk. So stark diese Pinots auch sind, was Carsten seinen alten Silvaner-Anlagen entlockt, ist das größere Wunder. So unfassbar fein und komplex, zugleich dicht und strukturiert – so frisch und lebendig wie ein quirliger Bergbach und so geheimnisvoll wie ein Märchen aus 1001 Nacht. Das ist ganz großes Kino mit einem Touch Funkyness.

Wie ist es dazu gekommen? Anders als viele Winzerinnen und Winzer der jüngeren Generation ist Carsten nicht zum Studium nach Geisenheim, sondern auf Wanderschaft gegangen. Carsten will von den Besten lernen. Neben Jean Stodden, Rainer Schnaitmann, Benedikt Baltes und Friedrich Becker ist das in Deutschland vor allem Hanspeter Ziereisen aus dem Markgräflerland. Wenn Carsten über seine Zeit bei ihm spricht, gerät er ins Schwärmen: »Seine energische Art, die Dinge anzupacken, hat mich

ziemlich geflasht. Aber noch beeindruckender waren die Tastings mit ihm. Jeden Abend stand da eine Batterie bemerkenswert spannender Weine. Hanspeter ist der beste Verkoster, dem ich je begegnet bin.« Ziereisen hat ihn gelehrt, was einen wirklich großen Wein ausmacht und, dass Größe nur möglich ist, wenn sowohl Herkunft als auch eine glasklare Handschrift des Winzers erkennbar sind.

Fortgesetzt und intensiviert hat Carsten seine praktischen Studien im Burgund. Zunächst bei der *Domaine des Lambrays* und ihrem damaligen Kellermeister, der Pinot-Koryphäe Therry Brouin, dann bei Jean Chartron in Puligny-Montrachet, der ihn in die Geheimnisse der Chardonnay-Bereitung eingeführt hat. Bevor er 2017 zurück nach Ingelheim geht, drückt Carsten noch einmal die Schulbank in Veitshöchheim, nicht ohne sich immer wieder zu wundern, wie entrückt Lernstoff und Lehrende sich dort allzu oft präsentieren. Statt sich von den Verlockungen der modernen Önologie verführen zu lassen, startet er im väterlichen Weingut ganz oldschool.

Carsten verbringt viel Zeit in seinen Rebanlagen und beherzigt, was Hanspeter Ziereisen und andere ihm beigebracht haben. Dass es Muße und Einfühlsamkeit braucht, um einen Weinberg zu lesen und seine Bedürfnisse zu erspüren, Stärken ebenso wie Schwächen. Eine seiner ersten Amtshandlungen ist es, die Weinberge herbizidfrei zu machen und nunmehr auch den Prozess der Umstellung auf biologischen Weinbau einzuleiten. Und auch alles Weitere ist schnell erzählt: kleine Erträge, händische Arbeit, penibelste Selektion und minimale Intervention im Keller. Die Moste vergären spontan im Holzfass im uralten, konstant kühlen Kellergewölbe. Jeder Wein bekommt die Zeit, die er braucht – auf der Vollhefe und in einem exakt ausgewählten Fass allerhöchster Güte. Es wird weder filtriert noch geschönt und auch nur kurz vor der Füllung geringfügig geschwefelt. Der künstlerischen Freiheit wegen, vermarktet Carsten seine gesamte Kollektion – mit Ausnahme der Spätburgunder aus Assmannshausen – in der Kategorie der Landweine.

Schon heute zieht sich ein roter Faden durch das gesamte Sortiment. Es sind allesamt authentische, elegante, enorm substanzreiche und spannungsgeladene Weine. Sie sind eher auf der kühlen, frischen und vitalen Seite unterwegs und dennoch mit einer bemerkenswert raffinierten Power ausgestattet. Da sind ein Konzept und eine Handschrift erkennbar, die dazu führen, dass die Rebsorte im Grunde unwichtig ist. Es ist bemerkenswert, mit wie viel Muße und Entspanntheit Carsten die Prozesse der Weinwerdung begleitet, wie er Langsamkeit als stilprägenden Faktor bewusst zulässt und mit welch rasantem Tempo seine Weine andererseits in der Weinwelt wahrgenommen und begehrt werden.

Zeitlose rheinhessische Klassik | Christopher Barth

Weingut Barth | Rheinhessen

Der ideale Tag endet für Chris an einem großen Tisch – mit lebhaften Gesprächen unter guten Freunden, einem reichhaltigen, bodenständigen Essen und handwerklich erzeugten Weinen. Für ihn ist das Lebensqualität, Sinn generierend und entschleunigend. Sein persönliches Gegenmodell zum allgegenwärtigen Höher, Schneller und Weiter. Genau dieses Bild erklärt letztlich auch Chris' Motivation, sein Leben als IT-ler zugunsten des Winzerhandwerks aufzugeben und den Verlockungen einer Welt zu folgen, die Genuss und die Sehnsucht nach Natürlichkeit und Ursprünglichkeit geradezu verkörpert. So zumindest blickt der Computerexperte durch seine rosarote Brille auf die Kunst des Weinmachens. Nur ein paar Jahre, nachdem Chris seinen bisherigen Job an den Nagel gehängt hat, ist er der stolze Besitzer eines kleinen, etwa 7 Hektar großen Weinguts in Alzey-Weinheim und aktiver Teil einer jungen rheinhessischen Winzerschaft, die sich mit Haut und Haaren dem Projekt einer konsequent ökologischen und maximal natürlichen Weinbereitung verschrieben hat.

Mittlerweile hat Chris die rosarote Brille abgesetzt. »Wir sind Außenseiter«, bedauert er. Während sich das Gros der Winzerinnen und Winzer der Region, denen es – nicht anders als Chris – um möglichst authentische, herkunftsgeprägte Weine geht, im Verein »Maxime Herkunft Rheinhessen« zusammengefunden haben, müssen Chris und Konsorten draußen bleiben. Zutritt haben nur solche Betriebe, die eine AP-Nummer für ihre Weine generieren. Landweinproduzenten, wie unter anderem auch Carsten Saalwächter, Jason Groebe, Andi Mann oder Bianka und Daniel Schmitt, bleiben außen vor. Dabei verfolgen die Genannten sicherlich nicht weniger ambitioniert dasselbe Ziel, allerdings mit anderen Mitteln und einem anderen Ausdruck. Landweinproduzenten generell auszuschließen, spaltet eine Bewegung, die sich geschlossen gegen die zunehmende Industrialisierung der Weinproduktion stellen sollte.

Chris hat das Kapitel abgehakt. Seinen Platz im Leben hat er ohnehin gefunden – sowohl beruflich wie privat. Dass es ihm 2017 nach langem Suchen gelingt, in Weinheim, also in unmittelbarer Nähe zu seinen Weinbergen, ein kleines Bilderbuch-Weingut zu erwerben, darüber ist er noch heute ungemein glücklich. Sicherlich ist nicht alles komfortabel und schon gar nicht schick oder repräsentativ, aber für das, was Chris für die nächsten Jahre mit seinem Freund und Mitarbeiter Benedikt Orthwein vorhat, ist es genau richtig: klein und fein bleiben, um vom Weinberg bis zum Keller selbst Hand anlegen zu können und die Weine so zu machen, wie er sie selbst am liebsten mag.

Selbstbestimmt und in Freiheit leben und durch eigene körperliche Arbeit Wertvolles erschaffen, das sind die Werte, die Chris antreiben. Nicht zuletzt deshalb hat er seinen Arbeitsplatz am PC geräumt, eine klassische Winzerlehre bei zwei renommierten VDP-Be-

trieben absolviert und anschließend in Geisenheim Weinbau studiert. Die Erfahrungen, die er während seiner Ausbildung macht, festigen sein Selbstverständnis, wie er als Winzer arbeiten will, weiter. Am wichtigsten ist für Chris der Respekt vor den Rhythmen und Bedürfnissen der Natur. Deshalb hat er sich für die biologisch-dynamische Bewirtschaftung seiner Weinberge und eine von Zurückhaltung geprägte Vinifikation entschieden.

Chris' Hauptaugenmerk gilt seinen Weinbergen. Er versucht, sie in selbstregulierende Systeme zu verwandeln, die nur wenig auf externe Unterstützung angewiesen sind. In der Folge kann er die Laubarbeit reduzieren und weitgehend auf die grüne Lese verzichten. Vor allem begeistert ihn, dass die Trauben kleinbeeriger und dickschaliger geworden sind. Das hält sie gesünder und bringt mehr geschmackliche Konzentration und die puristisch karge Expressivität seiner Melaphyr-Böden in die Weine. Die Weinberge sind seine Schätze und Chris weiß, dass er dort draußen die Grundlagen schaffen muss für das, was ihm als ideales Endergebnis vorschwebt: zeitlose, rheinhessische Klassik mit viel Tiefgang und Präzision.

Die minimale Intervention im Weinberg setzt sich im Keller nahtlos fort und schließt den kompletten Verzicht auf Additive und Filtration ein. Er arbeitet damit – wie viele andere Naturwein-

Weingut Barth
Offenheimer Straße 8, 55232 Alzey-Weinheim
Deutschland | Rheinhessen
www.barthwein-alzey.de

Einzellagen in Alzey: Rotenfels & Römerberg *Einzellagen in Albig*: Schloss Hammerstein
Einzellagen in Weinheim: Hölle, Kirchenstück & Kapellenberg
Rebsorten: Riesling, Silvaner, Spätburgunder u.a.
Rebfläche: 7 ha *Alter der Reben*: 1 bis 58 Jahre

Handwerk Zwei Zimmer, Küche, Barth

Cuvée aus Weißburgunder und Sauvignon Blanc – teilweise maischevergoren. Holzfassausbau. Frisch, saftig und animierend.

Handwerk Silvaner

Ein saftiger, dichter und gut strukturierter Silvaner mit enormer Kräuterwürze und salzigem Grip im Finale.

Handwerk Riesling

Animierend, mundwässernd und einfach zum Wegzischen!

Handwerk Rosé

Wow! Genialer, ganz und gar puristischer Rosé mit enormer Frische, cremiger Textur und animierendem Finish.

Rot vom Grün

Rote Cuvée aus Spät- und Grauburgundertrauben von der historischen Lage »Auf dem Grün«. Zartduftiger, saftiger und trinkanimierender Rotwein mit feiner Gerbstoffstruktur. Leicht und süffig!

Riesling Melaphyr

Anspruchsvoller Riesling mit schöner Komplexität und enorm viel Druck bis ins Finale. Spannender Wein, der Zeit für die Begegnung braucht!

Riesling Melaphyr Rothenfels

Ein hochgradig ästhetischer Wein, der nicht von Power, sondern von Eleganz und Finesse lebt. Vielstimmig, aber eher leise. Zwingt zum Zuhören. Großer Wein!

winzer hierzulande auch – völlig konträr zum deutschen Weingesetz, das sich bei der Beurteilung noch immer primär an analytischen und optischen Standards orientiert. Bereits nach wenigen Jahrgängen ist es Chris gelungen, seinen Weinen eine ganz eigene Handschrift zu geben. Sie präsentieren sich weit entfernt von jedweder vordergründigen Frucht, zeigen Nervigkeit und Biss und kommen, wie etwa der Riesling Melaphyr, mit einer aufregenden Kräuterwürze daher. Es sind durch und durch stimmige, schön balancierte Weine, die sich trotz aller Konzentration stets eine verspielte Leichtigkeit bewahren. Aber das ist ja erst der Anfang. Nicht zu viel Tempo reinbringen, Geduld bewahren und das Schiff auf Kurs halten, das sieht er als größte persönliche Herausforderungen für die Zukunft. Schließlich hat er den Kopf voller Pläne und Ideen.

Wo einst heiliges Blut floss | Christian & Martin Hannemann | *Weingut Heiligenblut* | *Rheinhessen*

Neben dem Weingut von Chris Barth gibt es in Weinheim noch ein weiteres Weingut, das sich auf einen vielversprechenden Weg gemacht hat. Nach einer längeren Phase der Stagnation wechselt es gerade in den Galopp. Und es steht auf geschichtsträchtigem Boden. Der Sage nach ziehen im Jahr 454 die Hunnen durch die Gegend und richten auf dem heute als Blutberg bezeichneten Weinberg rund um das *Weingut Heiligenblut* zahlreiche Mönche hin. Es fließt heiliges Blut. Rund 300 Jahre später lässt der heilige Bonifatius auf diesem Gelände die ersten Reben pflanzen und will damit an die Hinrichtung der Mönche erinnern.

Danach wird um diesen Flecken lange ein großer Bogen gemacht. Es heißt, man müsse die Erde ruhen lassen und dürfe deshalb auch nichts anbauen. Bis schließlich im Jahre 1826 ein Richter aus Mainz wieder auf die Idee kommt, auf diesem Grund und Boden Wein zu produzieren. Er lässt Terrassen einziehen und pflanzt Reben. In die Mitte des drei Hektar großen Grundstücks errichtet er eine Villa als Wohn- und Betriebsgebäude mit einem in den Fels gehauenen Keller. Er scheint ein gutes Näschen zu haben, denn bereits ein Jahrzehnt später zählen die Weine vom Blutberg – neben den Abfüllungen vom Bingener Scharlachberg – zu den begehrtesten und teuersten ganz Rheinhessens.

Knapp 200 Jahre später haben nun zwei junge Männer das Potenzial dieses Areals für ganz besondere Weine erkannt. Sie haben sich mit visionärer Leidenschaft und einer lässigen Coolness daran gemacht, das Erbe ihrer Vorfahren neu zu denken und den lange in Vergessenheit geratenen Schatz zu heben. Christian, der ältere und jovialere der beiden Brüder, kommt Wochenende für Wochenende mit so viel Inspiration und Ideen von seinem Studium in Geisenheim nach Hause, dass sein Feuer recht schnell auch seinen Bruder Martin ansteckt. Es folgen nächtelange Diskussionen und Tastings mit Weinen aus aller Welt.

Schon bald sind die beiden sich einig, den elterlichen Betrieb in Zukunft gemeinsam führen und auf dem Blutberg große rheinhessische Weine herstellen zu wollen. Während Christian noch in der Welt herumtingelt und unter anderem bei *Château Montelena* im Napa Valley und später in Neuseeland im *Weingut Pegasus Bay* bei der Donaldson-Familie seinen

Erfahrungshorizont erweitert, beginnt Martin nach dem Abitur zunächst eine klassische Winzerlehre in rheinhessischen, jeweils von Brüdern gemeinsam geführten Betrieben. Seit nunmehr knapp zwei Jahren studiert er BWL, nicht zuletzt weil er der Auffassung ist, dass ihr Betrieb dann breiter aufgestellt sei und man sich im Betrieb nicht gegenseitig auf die Füße trete.

Ihr Erstlingswerk liefern die Brüder mit einem exzellenten Riesling Kabinett vom Heiligen Blutberg des Jahrgangs 2017 ab, aber erst im Folgejahrgang eine komplette Kollektion. Nach nunmehr vier Ernten und vielen tausend Stunden in den Reben sind sie sich sicher, dass es sich bei ihren Weinbergen um herausragende Terroirs handelt. Vor allem die vom Melaphyr geprägten, vergleichsweise kühlen Lagen auf dem Heiligen Blutberg bergen ein riesiges Potenzial für ausdrucksstarke Weine. Und so dauert es auch nicht besonders lange, bis sie ihr stilistisches Weinideal finden. »Wir zielen auf tiefgründige, aber alkoholarme, schlanke und filigrane Weine – auch bei unserer Version des fruchtsüßen Kabinetts. Dieser im Kern eher puristische Ausdruck passt – wie wir meinen – perfekt zu unseren vulkanischen Porphyrböden«, erläutert Martin.

Seit ihrem Start nutzen Christian und Martin

Weingut Heiligenblut
Hauptstraße 114, 55232 Alzey-Weinheim
Deutschland | Rheinhessen
www.heiligenblut-wein.de

Einzellagen: Weinheimer Heiliger Blutberg (Monopol)
Rebsorten: Riesling, Silvaner, Scheurebe
Rebfläche: 15 ha *Alter der Reben*: 1 bis über 60 Jahre

Scheurebe Kabinett
Gelungener Einstieg in die fruchtsüße Spaßweinwelt.

Riesling
Rieslingfrucht trifft auf Frische und Vitalität am Gaumen. Animierend!

Silvaner
Kühler, zurückhaltender Typ mit guter Struktur und feinem Grip.

Heimersheimer Silvaner
Saftiger, dichter und wunderschön cremiger Silvaner vom Kalk, der bis ins Finale eine tolle Spannung aufbaut. Exzellent!

Weinheimer Riesling Melaphyr
Dunkle, kühle Würze, unterlegt mit einer unglaublichen Energie durchzieht er straff und geradlinig den Gaumen und geht mit genialem Grip.

Scheurebe Reserve
Diese maischevergorene und ungefiltert abgefüllte Scheurebe kommt mit viel Zug, phenolischem Grip und einer fast salzigen Säure daher.

Weinheimer Riesling Kabinett
Säure, Grip und Fruchtsüße passen perfekt zueinander und lassen einen virtuosen Tänzer entstehen.

Heiliger Blutberg Riesling
Klar und tiefgründig, fester Kern, puristisch und ohne jedes Gramm Fett. Für Strukturliebhaber. Exzellent!

Heiliger Blutberg Riesling Kabinett
Klassischer Kabinett, federleicht, mit rassiger Säure, einer exzellenten Fruchtsüße und dezent salzigem Ausklang. Spannend und lecker!

jede Gelegenheit, um ihren »Schatz« genau unter die Lupe zu nehmen. Sie sind überzeugt, dass nur derjenige imstande ist, große, authentische Weine zu erzeugen, der seine Weinberge und ihr besonderes Potenzial einzuschätzen versteht und sich kontinuierlich um ihr Wohlergehen bemüht. Aber Christian und Martin beobachten nicht nur, sie haben bereits ein langfristiges Nachhaltigkeits- und Biodiversitätskonzept entwickelt und feilen gerade an einer Implementierungsstrategie. Es geht ihnen vor allem darum, Humus aufzubauen, das Bodenleben zu fördern und das Immunsystem der Rebpflanzen zu stärken. Seit 2020 arbeiten sie biologisch, erzeugen ihren eigenen Kompost, bringen Einsaaten zwischen den Rebzeilen aus und haben den sanften Rebschnitt eingeführt. Mittelfristig möchten sie die Monokultur in ihren Weinbergen begrenzen, Hecken und Bäume pflanzen und Tiere halten.

Parallel zu diesen Belebungsvorhaben haben sie begonnen, einige ihrer Weinberge neu zu bepflanzen. Vor allem auf dem Heiligen Blutberg sind in den vergangenen Jahren Parzellen verwildert und müssen nun wieder mühsam für die Neubepflanzung hergerichtet werden. Auch in die Instandhaltung und den partiellen Wiederaufbau der Trockenmauern müssen sie investieren. Andererseits können sie sich glücklich schätzen, auf bis zu 60 Jahre alte Reben zurückgreifen zu können. Bei den Sorten liegt der Fokus der beiden Brüder eindeutig auf Riesling, aber auch der rheinhessische Klassiker Silvaner sowie die lokale Alzeyer Spezialität Scheurebe spielen eine gewisse Rolle.

Im Keller wird interventionsarm gearbeitet, aber in Stein gemeißelt ist nichts. Spontangärung und lange Hefelagerung sind gesetzt und Schwefel kommt so wenig wie möglich zum Einsatz. Die Brüder sind wahrlich keine Freunde gemachter Weine, doch sie möchten den Prozess der Weinwerdung auch nicht gänzlich sich selbst überlassen. »Harmonie, Balance und Trinkfluss sind die Elemente im Wein, die wir besonders schätzen«, so Martin. Christian und Martin haben zudem erkannt, dass der Faktor Zeit das A und O eines großen Weines ist. Deshalb haben sie beschlossen, ihre Ortsweine erst gegen Ende des auf die Lese folgenden Jahres freizugeben und die Lagenweine noch ein paar Monate später. Auch ihnen selbst wird der Faktor Zeit in die Karten spielen. Einerseits sind sie noch jung und unbeschwert, andererseits schon verdammt fokussiert und zielorientiert. Die Brüder besitzen die nötige Lockerheit, um daraus Großes zu machen.

Tiefenentspannter Weltenbummler | Dennis Wolf

Weingut Kurt Wolf | Pfalz

Dennis Wolf ist ein wirklich tiefenentspannter Typ. Zugleich ist er jedoch ungemein wissbegierig und kein bisschen dogmatisch. Und frankophil ist er auch. Seine Herangehensweise beim Weinmachen entspricht seiner Person: tiefenentspannt, erfrischend wissbegierig, undogmatisch und frankophil. Hinzu kommt ein Urvertrauen in die große Bedeutung natürlicher Prozesse bei der Herstellung feiner Charakterweine.

Als er 2020 mit ein paar hundert Flaschen aus dem Jahrgang 2018 sein Debut gibt, herrscht zunächst großes Staunen, gefolgt von gewaltigem Applaus. Denn bei diesem Erstlingswerk handelt es sich um eine kleine Kollektion extrem spannender, tiefgründiger und in sich ruhender Weine, die alles auf den Kopf stellen,

was bislang von diesem Weingut auf Flaschen gefüllt worden ist. Das alles kommt völlig überraschend, denn schließlich ist Dennis gerade erst von einer mehrjährigen Reise in seine Pfälzer Heimat Großkarlbach zurückgekehrt. Niemand hat ihn auf dem Schirm.

Fast ein ganzes Jahrzehnt ist er vor allem in Frankreich unterwegs, um dort von den Besten des Faches zu lernen. Seine Ahnung bestätigt sich: Reisen erweitert den Horizont und verändert die Perspektive. Noch heute empfindet Dennis große Dankbarkeit, dass er als Erster in seiner Familie die Chance zum Reisen hat und Lehrjahre im Ausland verbringen darf.

Zunächst zieht es Dennis ins wilde Roussillon zu Thomas Teibert von der biodynamisch geführten *Domaine de l'Horizon*. Tag für Tag die Magie der uralten Weinberge und kargen Böden erleben zu dürfen, ist ein großes Geschenk für ihn. Dass unter diesen Bedingungen auch im Süden Frankreichs kühle, elegante und finessenreiche Weine auf Flaschen gezogen werden, begeistert ihn. Da Thomas Teibert in der Region zusätzlich als Verkäufer der begehrten Stockinger-Eichenfässer agiert, gehören Verkostungen und Diskussionen auch für Dennis schnell zum Alltag. »Das war ungemein Horizont erweiternd. Von diesen Tagen an wurde das Glas mein Professor«, reflektiert Dennis die Zeit.

Angesteckt vom französischen Weinvirus und mit viel Selbstbewusstsein im Gepäck treibt es Dennis zu den Professoren an der Hochschule

Weingut Kurt Wolf
Hauptstraße 29, 67229 Großkarlbach
Deutschland | Pfalz
www.weingut-kurt-wolf.de

Einzellagen in Großkarlbach: Burgweg, Im Großen Garten, Altgewarth
Einzellagen in Laumersheim: Kapellenberg, Kapellenberg, Kirschgarten
Rebsorten im Fokus: Riesling, Spätburgunder, Chardonnay, Weißburgunder
Außerdem: Sauvignon Blanc, Grauburgunder, Kerner, Scheurebe, Silvaner, Muskateller, Barbera, Portugieser, Dornfelder, Dunkelfelder & Sankt Laurent
Rebfläche: 14,5 ha *Alter der Reben*: 8 bis 50 Jahre

Cuvée Kurt
Die Cuvée Kurt ist eine augenzwinkernde Hommage an Dennis Vater Kurt. Es handelt sich um eine non-vintage Cuvée, die durch eine enorme Saftigkeit und Frische besticht. Extrem animierend!

Spätburgunder
Mediterraner, kräuterwürziger Typ. Perfekt balanciert und seidig texturiert. Wunderbar trinkig!

Riesling
Elektrisierend und doch zugleich tief, unaufgeregt und gelassen. Beeindruckend!

Laumersheimer Kirschgarten Riesling
Riesling vom Kalk! Im kleinen Holzfass vergoren und lange auf der Vollhefe ausgebaut. Am Gaumen tiefgründig und rund mit einer seidigen, reifen Säure und ganz viel Grip. Sehr energetisch und substanzreich!

Barbera
Ein Stelldichein von Gegensätzen: Power und Eleganz, Fülle und Vitalität, Trinkfreude und Anspruch! Chapeau!

in Geisenheim, wo er ein Studium für Weinbau und Önologie beginnt. Doch schon bald zieht er es vor, den Theoretikern den Rücken zu kehren und weitere Praxiserfahrungen zu sammeln.

Es folgen Stationen bei Klaus-Peter Keller im Rheinhessischen Flörsheim-Dalsheim, André Ostertag im Elsass, Ludwig Bindernagel in Poligny im Herzen des Jura und der *Domaine Didier Dagueneau* in Saint-Andelain im Loire-Tal. In den Jahren 2015 und 2016 tauscht er seine Gummistiefel gegen Turnschuhe, um für den kleinen und unabhängigen Weinhändler »The Sampler« im Zentrum von London zu arbeiten – zunächst im Einkauf, später im Verkauf. Diese Arbeit mit einer Auswahl aus über 1.000 Weinen und einer beeindruckenden Anzahl von 80 Weinen, die glasweise angeboten werden, hat sein Wein-Wissen sowie seine Verkostungskompetenz auf ein ganz neues Level katapultiert.

Eine in London verkostete Flasche Hermitage aus dem Jahr 1988 von *Jean-Louis Chave* gibt den Startschuss für die nächste Etappe. Er heuert bei der weltberühmten Domaine in Mauves an und hat dort Gelegenheit, sich intensiv mit Fragen zum Terroir, zur Weinbereitung und zum Cuvetieren zu beschäftigen.

2018 kehrt er in seine Pfälzer Heimat zurück, um zunächst für ein Jahr an der Seite seines Vaters im elterlichen Betrieb mitzuarbeiten. Dieser sanfte Einstieg soll ihm nicht zuletzt auch ermöglichen, die bewirtschafteten Lagen kennenzulernen, bevor er selbst die volle Verantwortung übernimmt. Zwar weiß er, dass es sich um exzellente Parzellen handelt, darunter etliche, die in der VDP-Klassifizierung als Große und Erste Lagen eingestuft sind, aber die Erfahrungen eines Winzers, der Jahrzehnte in diesen Lagen gearbeitet hat und jeden einzelnen Rebstock persönlich kennt, sind für einen Newcomer wie ihn unschätzbar.

Doch schon bald stellt sich die Zusammenarbeit zwischen Vater und Sohn als schwieriger heraus, als Dennis es erwartet. Sein Vater zieht sich deshalb bereits ein Jahr später ganz aus der Verantwortung zurück. Mit vielen Veränderungen, die Dennis in die Wege leitet, ist er nicht einverstanden, will ihm aber auch nicht im Wege stehen.

Der sofortige Verzicht auf Herbizide ist eine der ersten Maßnahmen, die Dennis umsetzt. Wenig später erfolgt die Umstellung auf biodynamischen Anbau. Im Jahr 2021 lässt er sich von Demeter zertifizieren und bereits im ersten Winter werden die Reben nach der »sanften« Methode von Simonit & Sirch geschnitten. Im Frühjahr pflanzt Dennis Schatten spendende Deckfrüchte, eine Maßnahme, die zugleich auch die biologische Vielfalt in seinen Weinbergen erhöht.

Auf den großen Aufwand, den er bis heute in seinen Weinbergen betreibt, folgt kellertechnischer Minimalismus. Zentraler Parameter ist der sehr lange Ausbau in kleinen Holzfässern. Wie bei vielen seiner Kolleginnen und Kollegen spielt auch für Dennis der Faktor Zeit eine zentrale Rolle – bei der Weinwerdung genauso wie auf seinem Weg, ein großer Winzer zu werden. So tiefenentspannt er auch daherkommt, so sehr brennt er doch für seinen Traum, auf der Basis ökologischer Weinbergspflege und echter Handwerkskunst authentische Pfälzer Weine auf die Flasche zu füllen.

Mit einem Hauch Burgund | **Jonas Dostert**

Weingut Jonas Dostert | Mosel

Jonas Dostert will die Obermosel auf die Landkarte des deutschen Weins holen. Dabei ist er gerade einmal Mitte dreißig und gibt erst mit dem Jahrgang 2018 sein Debut. Allerdings schlagen seine Weine wie eine Bombe ein. Die einschlägige Kritik singt Lobeshymnen, während der Fachhandel um Zuteilungen kämpft. Auch in den folgenden Jahrgängen kann Jonas nie auch nur annähernd so viel Wein auf Flaschen füllen, wie er hätte verkaufen können. Trotz allem ist er seinem Ziel, die Obermosel auf die Landkarte zu holen, noch nicht viel nähergekommen. Jonas weiß, dass er das nicht im Alleingang schafft. Es ist ein Generationenprojekt.

Das Gebiet fristet schon lange ein Schattendasein, so lange, dass die Wenigsten überhaupt wissen, dass dort Reben wachsen. Wer von Moselwein spricht, meint die Region zwischen Trier und Koblenz. Und der spricht natürlich von Riesling. Das Weinbaugebiet südwestlich von Trier zeigt ein anderes Gesicht und der Wein spricht eine andere Sprache. Das Tal ist breiter und die Hänge weniger steil als am weiteren Flusslauf. Nicht der Schiefer dominiert die Szenerie, sondern Dolomitgestein, das aus Kalkablagerungen eines Urozeans entsteht. Die Reben wachsen auf puren Kalksteinböden mit hohem Fossilienanteil – genauso wie in der Champagne und im Burgund. Eigentlich logisch, dass dort nicht der Riesling im Mittelpunkt steht, sondern die Burgundersorten und – als regionale Spezialität – der Elbling.

Das vergleichsweise kühle Klima im Dreiländereck zwischen Deutschland, Frankreich und Luxemburg hat sicher zu der Entscheidung beigetragen, einen großen Teil der Rebfläche für die Produktion von Sektgrundweinen zu nutzen. Erst als die großen Sektkellereien Ende des 20. Jahrhunderts beginnen, im Ausland preiswertere Quellen für ihre Grundweine zu erschließen, versiegen die eingefahrenen Vertriebswege für die Winzer zwischen Trier und Perl. Seither ist es nur ganz wenigen Betrieben gelungen, sich erfolgreich neu zu positionieren. Jonas ist einer, auf dem die Hoffnungen ruhen und der in Insiderkreisen längst als Riesentalent gilt. Nicht nur hat er die Einzigartigkeit der Obermosel erkannt und ein untrügliches Gespür für das Qualitätspotenzial der Region entwickelt, sondern auch gleich eine passende Strategie gefunden, um großartige Weine auf Flaschen zu füllen.

Wie konnte ihm das so schnell gelingen? Jonas ist ein ungemein feinfühliger, achtsamer und bodenständiger Mensch mit festen Grundüberzeugungen. Im Weinberg und Keller geht er mit einer klaren Haltung zu Werke: Draußen wird malocht, händisch und ökologisch, drinnen herrschen Demut und Minimalismus. Hinzu kommen die Erfahrungen, die Jonas im Burgund gesammelt hat. Dort holt er sich seinen weinbaulichen Schliff, die handwerkliche Präzision und die Detailversessenheit ebenso wie ein Verständnis für das exakte Timing aller Arbeiten. Nachhaltig geprägt habe ihn auch, so bringt er es heute auf den Punkt, die Nonchalance, Ruhe und scheinbare Gelassenheit, mit der im Burgund gelebt und Wein bereitet wird.

Es ist wenig verwunderlich, dass Jonas Handwerk, Achtsamkeit und Demut gegenüber der Natur als seine Grundwerte deklariert. Und, dass es ihm um die Erzeugung charakterstarker Weine mit Ursprungsidentität geht. Von Beginn an liegt sein Fokus deshalb auf der Arbeit im Weinberg. Nicht zuletzt, um die Böden zu

schonen, erledigt er fast alle Arbeiten in seinen von rauen Felsen durchsetzten Weinbergen händisch. Und von Anfang an ökologisch. Noch, so sagt er, habe er längst nicht den Grad an Bodenleben und Biodiversität erreicht, den er sich wünsche. Auch was die Kenntnis seiner Weinberge anbelange, sei noch Luft nach oben. Sie zu gesunden und vertrauter mit ihnen zu werden, das dauere und verlange viel Geduld.

Von Anfang an hat Jonas auch kellertechnische Eingriffe auf ein Minimum reduziert. Reinzuchthefen sind für ihn ebenso tabu wie Gärenzyme sowie alle Präparate und Prozesse, die darauf zielen, einen Wein aufzuhübschen. So zurückhaltend er hier zu Werke geht, so freigiebig schenkt er seinen Weinen Zeit und die besten französischen Fässer, um alle Phasen der Weinwerdung im eigenen Tempo zu durchlaufen und ohne Hetze erwachsen zu werden. Bemerkenswert ist, wie exzellent die terroir-affine Sorte Elbling, eine der ältesten europäischen Rebsorten, mit dieser Art Weinbereitung zurechtkommt.

Jonas' Weine – zwei Elblinge, ein Chardonnay, ein Pinot, eine Cuvée und zwei Crémants – verkörpern eine einzigartige Stilistik. Sie sind geradlinig, pur und mit viel Finesse ausgestattet und stellen eine schöne und authentische Brücke von der Mosel ins Burgund dar. In ihnen paart sich Strenge mit Zartheit, Frische und Spannung mit extremer Finesse. Sie sind ursprünglich, steinig, roh und ganz und gar seine Schöpfungen. Mit ein wenig Reifezeit legen sie noch eine Schippe drauf, werden subtiler, sanfter und anschmiegsamer. Nicht zuletzt aufgrund ihres langen Ausbaus in neutralen Fässern besitzen seine Weine ein gutes Reife- und Alterungspotenzial.

Ob sie tatsächlich auch den besonderen Charakter der Obermosel-Weine einfangen, es vielleicht sogar vorbildlich auf den Punkt bringen oder ob es sich nicht doch um spannende, aber rein individuelle Interpretationen

Weingut Jonas Dostert
Moselstraße 45, 54453 Nittel
Deutschland | Mosel
www.jonas-dostert.de

Einzellagen: Nitteler Leiterchen, Nitteler Rochusfels
(beide noch nicht deklariert – Lagenweine folgen in naher Zukunft)
Rebsorten: Elbling, Chardonnay, Grauburgunder, Spätburgunder
Rebfläche: 3ha *Alter der Reben*: 4 bis 40 Jahre

Karambolage

Zum Teil auf der Maische vergorene Cuvée mit bislang unterschiedlicher Zusammensetzung von Rebsorten. Verbindet Saftigkeit, Frische und Leichtigkeit mit großer Tiefe. Berührend!

Chardonnay

Von jungen Reben. Raffiniert und zart cremig, leicht und dennoch vielschichtig und lang.

Elbling

Hier wird die rohe Essenz der Sorte auf den Punkt gebracht. Energisch und rücksichtslos!

Elbling Alte Reben

Ein Elbling der Superklasse. Voller Spannung und Tiefe. Kompromisslos auf Struktur gebaut und zugleich mit Feinheit ausgestattet. Braucht Zeit.

Pinot Noir

Zeigt wunderschöne Präzision, Reinheit und Tiefe. Ein strahlender Pinot mit viel Frische und Auftrieb.

handelt, kann nur die Zukunft beantworten. Jonas ist jung und hat noch viele Weinjahrgänge vor sich und doch spricht aus seinen Worten schon viel Weisheit: »Was für ein Privileg ist es doch, so zu leben und zu arbeiten. Die Getriebenheit und der Ehrgeiz früherer Jahre sind verflogen und haben einer wohltuenden Gelassenheit und friedvollen Sanftheit Platz gemacht. Viel mehr als früher kann ich es heute genießen, diesen wundervollen Beruf auszuüben und für die Früchte meiner Bemühungen bereits nach so kurzer Zeit so viel Anerkennung bekommen zu haben. Es ist ein Glück, das mich sehr berührt und erfüllt.«

Den Fluten entkommen | Julia & Benedikt Baltes

Weingut Bertram-Baltes | Ahr

Die Arbeit an diesem Text ist noch nicht abgeschlossen, als die Nacht vom 14. auf den 15. Juli 2021 nicht nur für Julia und Benedikt alles verändert. Die Flut trifft die Menschen im Ahrtal unvorbereitet und mit voller Wucht. Sie zerstört Häuser, Straßen und Brücken und erreicht einen Stand, der sogar Weinberge verschwinden lässt. Schlimmer noch, sie fordert Menschenleben. So verheerend die Schäden und so grausam die Zerstörungen auch sind, das größte Leid der Menschen im Ahrtal verursacht der untröstliche Verlust von Menschen, die man geliebt hat. Julia und Benedikt haben Glück im Unglück. Im engsten Familienkreis sind keine Menschenleben zu beklagen.

Allerdings gehen beider Elternhäuser verloren. Der angemietete Weinkeller wird mitsamt Flaschen- und Fasslager von den Fluten fortgerissen und zerstört. Ein Hektar Weinberg kann den Fluten ebenfalls nicht standhalten. Mit dem wenigen Hab und Gut, das bleibt, können Julia und Benedikt bei einem anderen Winzer im Ort unterkommen. Zwar ist dieser selbst stark von der Flut betroffen, aber sein Haus steht noch. Als der Winzer wenig später entscheidet, den Betrieb seines Weingutes komplett einzustellen, haben Julia und Benedikt zu ihrer großen Überraschung wieder einen Ort, an dem sie den Neustart wagen können. Es folgt ein siebenwöchiger Kraftakt, um das Notwendigste bis zum Anbruch der Ernte zu schaffen.

Gemeinsam mit vielen helfenden Händen gelingt es tatsächlich, eine funktionierende Arbeitsumgebung zu schaffen – mit Gärraum, Fasskeller und künftigem Flaschenlager. Die Solidarität ist riesengroß und Winzer aus anderen deutschen Anbaugebieten unterstützten nach Kräften. Aber auch Privatleute und Menschen aus der Wein- und Gastroszene bieten ihre Hilfe an. So können schnell noch ein paar Fässer und anderes Equipment beschafft werden und dann beginnt auch schon die Lese.

Erntehelfer aus ganz Deutschland, darunter viele Weinakademiker, deren Verband zur Unterstützung aufgerufen hat, reisen an, um Tag für Tag das wertvolle Lesegut einzusammeln und so einen kleinen Beitrag zum Neustart des jungen Winzerpaares zu leisten. Die Fotografin und die beiden Autoren dieses Buches sind auch darunter. Der schwierige Witterungsverlauf der vorhergehenden Monate bringt es mit sich, dass selektiv gelesen werden muss und es schließlich der mit Abstand kleinste Ertrag wird, den Julia und Benedikt bislang eingefahren haben. »Aber es ist der Jahrgang mit der größten Bedeutung in der Weingutsgeschichte seit 1910«, erklärt Julia. »Wir schworen uns, dass das Wenige besonders gut werden musste. Denn wann

BEYON
LIMITS

Weingut Bertram-Baltes
Ahrweg 20, 53507 Dernau
Deutschland | Ahr
www.bertram-baltes.de

Einzellagen: Dernauer Pfarrwingert, Dernauer Hardtberg, Dernauer Goldkaul, Mayschoßer Mönchberg, Marienthaler Trotzenberg, Ahrweiler Rosenthal, Neuenahrer Sonnenberg
Rebsorten: Spätburgunder, Frühburgunder
Rebfläche: 7 ha *Alter der Reben*: 1 bis 55 Jahre

Blanc de Noir Handwerk

Ein faszinierender weißer Spätburgunder mit zart würzigen und rauchigen Noten sowie feiner Fruchtigkeit. Geradlinig, frisch und anregend salzig mit großer Nachhaltigkeit im Finale.

Blanc de Noir Alte Reben

Aus uralten Reben in Einzelpfahlerziehung entsteht ein wunderbar aromatischer und tiefgründiger Blanc de Noir mit toller Frische, Spannung und enormem Grip. Exzellent!

Ahrweiler Spätburgunder

Ein zarter, duftiger und ungemein lebendiger Spätburgunder, der straff und herb ausklingt.

Ahrweiler Forstberg

Die alten Reben aus dem regionalen Stuberklon bringen eine schöne Kombination aus Mineralität und Frucht. Es ist ein intensiv und verführerischer, ein seidig-salziger Spätburgunder mit bemerkenswerter Finesse und zarten Tanninen. Exzellent!

Ahrweiler Rosenthal

Ein expressiver Spätburgunder, deutlich lauter als der Forstberg. Der Rosenduft ist hier tatsächlich Programm. Am Gaumen frisch und saftig mit einer wunderschön seidigen Textur.

Marienthaler Trotzenberg

Von dieser extremen Steillage mit uralten Reben, die direkt auf einem Schiefersteinbruch wachsen, kommt ein Spätburgunder mit einer wundervollen Fruchtkomplexität und enormer Salzigkeit. Enorm fein, tiefgründig und lang.

Dernauer Hardtberg

Aufgrund der enormen Steillage werden die Reben im Hardtberg von hohen Mauern und Terrassen am Berg gehalten. Diese kühlere Lage bringt einen kernigen, fokussierten und fordernden Spätburgunder hervor.

Dernauer Pfarrwingert

Der wärmere Pfarrwingert präsentiert sich deutlich verspielter, fröhlicher und duftiger – ein faszinierend ausdrucksstarker Terroirwein mit großer Reinheit und Komplexität.

Dernauer Goldkaul

Von dieser winzigen, terrassierten und sehr alten, noch nicht flurbereinigten Parzelle auf Schiefer und Grauwacke, die in einem versteckten, super engen und mikroklimatisch begünstigten Seitental auf der anderen Seite der Ahr liegt, kommt ein Spätburgunder voller Reinheit und Spannung. Ganz groß!

Mayschoss Mönchberg

Terrassierte Lage mit extrem hohem Schieferanteil, die es sogar schwierig macht, eine Begrünung zu etablieren. Der Mönchberg verkörpert wahrscheinlich am besten das klassische Bild eines Ahr-Spätburgunders: dunkle Frucht, rauchig, saftig, intensiv und verbunden mit einer gewissen Leichtigkeit – ein weiterer Gigant aus dem Hause Bertram-Baltes!

immer wir in Zukunft eine Flasche des Jahrgangs 2021 auf den Tisch bringen, wollen wir stolz darauf sein, wie wir diese Herausforderung bewältigt haben.«

Es handelt sich erst um ihren vierten gemeinsamen Jahrgang. 2018 haben sie begonnen, gemeinsame Sache zu machen. Benedikt ist lange Chef eines fränkischen Weinguts, während Julia kurz zuvor den Betrieb ihrer Eltern übernimmt. Nach der Geburt ihres Sohnes kommt Benedikt zurück in seine Heimat. Fast aus dem Stand gelingt den beiden dann der Einstieg in die Beletage der deutschen Rotweinproduzenten und die Sommeliers bekannter Restaurants aus ganz Europa greifen prompt zum Bestellzettel. Dabei entsprechen Julias und Benedikts Abfüllungen keineswegs gängigen Geschmacksmustern. Sie sind erfrischend nonkonform, zeigen Kante und Charakter und folgen in Weinberg und Kellerwirtschaft klaren ethischen Prinzipien der Ökologie, Nachhaltigkeit und Natürlichkeit.

Insgesamt bewirtschaften die beiden 7,5 Hektar in Bad Neuenahr, Ahrweiler, Marienthal, Dernau und Mayschoss. Ihre Rebanlagen befinden sich in allerbesten Lagen mit altem Rebbestand und werden biodynamisch bewirtschaftet. Seit 2020 implementieren sie Ideen der Permakultur und der regenerativen Landwirtschaft. In diesem Zusammenhang haben sie Quessant-Schafe angeschafft, die die Begrünung in den Weinbergen kurzhalten. Mit Blühwiesen, Obstbäumen und auch Nutzpflanzen wie Kartoffeln, die in positiver Wechselwirkung mit den Trauben wachsen, fördern sie die Biodiversität. Auch haben sie alles verbannt, was aus Kunststoff besteht oder mit Zink beschichtet ist. Sie nutzen Edelstahldrähte und setzen ansonsten nur noch Befestigungsmöglichkeiten ein, die komplett abbaubar sind. Die Laubwände haben sie verkürzt, um Wasser zu sparen, und begonnen, die Anbindepfähle durch Haselnussstämme zu ersetzen. Demnächst wollen sie Obstbäume pflanzen, um den Reben lebendige Unterstützung zu bieten.

95 Prozent der Weinberge sind mit Spätburgunder bestockt, der Rest mit Frühburgunder. Doch die beiden produzieren auch bewundernswert nachhaltig strukturierte Weißweine, sogenannte Blanc des Noirs. Es sind unisono tiefgründige und charaktervolle »Naturweine« mit klarer, frischer Frucht und den ungezähmten Kanten des schroffen Schiefergesteins. Ihre ungemein schonende Vinifikation setzt auf kurze Maischestandzeiten und maßvolle Extraktion. Der Ausbau der Jungweine erfolgt in Halbstück- und Stückfässern aus geschmacklich weitgehend neutraler deutscher Eiche. Auf diese Weise können sich die Lagenunterschiede perfekt in Szene setzen und echte Herkunftsweine entstehen – Spätburgunder von Weltrang. Einzigartige Terroirs treffen hier auf begnadete Winzer, die Kulturlandschaften mit ihrer Arbeit nicht nur pflegen und erhalten, sondern in flüssiges Gold verwandeln. Von Julia und Benedikt ist noch viel zu erwarten, denn trotz des großen Leids, dass die Flut über sie gebracht hat, blicken die beiden positiv in die Zukunft.

Dabei schauen sie über den Tellerrand ihres eigenen Betriebs hinaus und engagieren sich beim Wiederaufbau ihrer geliebten Heimat. »Nur gemeinsam haben wir hier im wunderschönen Ahrtal eine lebenswerte Zukunft«, erklärt Julia sichtlich gerührt. Auf zu neuen Ufern.

Perfektionist mit Fingerspitzengefühl | Julian Huber

Weingut Bernhard Huber | Baden

Im Alter von 24 Jahren muss Julian ran. Doch schon zwei Jahre zuvor, als sein Vater ihm gesteht, dass er nicht mehr lange zu leben hat, wird es ernst für ihn. Ungeachtet von Julians Studium, beschließen Vater und Sohn, so viel Zeit wie möglich miteinander zu verbringen. Julian beschränkt seine Präsenz in Geisenheim auf die absolut notwendigen Seminare und Vorlesungen, um, so oft es geht, bei seinem Vater in Malterdingen zu sein. Der tut wiederum alles, um seinem Sohn den Einstieg leicht zu machen. »Er war der beste Lehrer, den ich mir hätte wünschen können. Bis zuletzt hat er sich um mich und die Zukunft des Betriebs gekümmert«, sagt Julian im Rückblick. Gleich mit dem ersten Jahrgang 2012 darf Julian den Weinen eine eigene Handschrift verleihen. Den 2014er muss er dann bereits allein schultern. Sein Vater Bernhard stirbt im Frühsommer.

Ein leichtes Erbe ist es trotz allem nicht, das Julian mit Mitte zwanzig antritt. Innerhalb von 25 Jahren hat sein Vater aus einem Trauben produzierenden Betrieb ein Weingut mit internationalem Renommee gezaubert. Seine Spätburgunder aus den Lagen Bienenberg, Schlossberg, Sommerhalde und Wildenstein genießen bei Weinliebhabern und Gourmets eine geradezu ehrfürchtige Anerkennung. Doch Bernhard Huber gilt nicht nur als Burgunder-König, sondern ist auch aufgrund seiner gutmütigen und liebenswerten Art bei allen ungemein beliebt. Sicher nicht ganz unbegründet fragen sich damals viele in der Szene, ob der junge Huber die Fußstapfen des Vaters ausfüllen kann.

Nach mehr als sieben Jahren sind alle Zweifler verstummt. Die Qualität seiner Kollektionen ist Jahr für Jahr absolut überragend und in puncto Frische und Eleganz packt er noch eine Schippe drauf. Julian scheint mit einem ähnlich großen Talent gesegnet zu sein wie sein verstorbener Vater. Und wie dieser ist auch er ein Perfektionist, unermüdlich auf der Suche nach Optimierungsoptionen. Um seinen Wissensdurst zu stillen, trifft er sich, so oft es geht, mit seiner Peergroup rund um Friedrich Keller und Tobias Knewitz oder reist ins Burgund, um sich dort mit den besten Winzern auszutauschen und ihre Weine zu verkosten.

Julians neue Handschrift lässt sich beim Chardonnay zunächst deutlicher beobachten als beim Pinot. Sind die Abfüllungen seines Vaters noch ausladend und enorm konzentriert, gelegentlich sogar von einer barocken Fülle, favorisiert Julian eine kühlere, schlankere und fokussiertere Stilistik. Die Trauben werden nun deutlich früher geerntet. Dann, wenn noch grünliche Aromen dominieren und der Zuckergehalt die 90 Grad Oechsle nicht übersteigt. Julian ist ein großer Bewunderer rauchiger, feuersteinartiger, straffer weißer Burgunder und mag es, wenn seine Weine mit einer natürlichen Reduktion auf die Flasche kommen.

Es gibt ein paar Jahrgänge, da scheint es, als würde er diese Stilistik auf die Spitze treiben, ja sogar über das Ziel hinausschießen. Die Zeit dieser Extreme ist jedoch vorüber. Mehr Gelassenheit ist eingekehrt und mit ihr ein reiferes Verständnis für die leiseren Zwischentöne und subtilen Dimensionen eines Weins. »Ich habe gelernt, mehr Vertrauen in die Trauben und den Weinwerdungsprozess zu haben, und zuzulassen, wie die Dinge sich entwickeln. Unbedingt ein bestimmtes stilistisches Ideal zu verfolgen, macht für mich heute keinen Sinn mehr«, erklärt Julian.

Es ist immer ein großer Wunsch von Bernhard Huber gewesen, das Spätburgunder-Synonym »Malterdinger« wieder aufleben zu lassen, weshalb sein Sohn nun die Qualität des »Malterdinger Spätburgunders« noch einmal deutlich nach oben schrauben will. Strengere Selektion, geringere Produktionsmenge und längere Ausbauzeit sollen dem Malterdinger schrittweise mehr Charakter und Ursprungsidentität geben. Genau diese Herangehensweise, die den Malterdinger zu neuen Ufern katapultieren soll, ist das i-Tüpfelchen einer umfassenden Neuausrichtung der Huber'schen Weingutsstrategie.

Weingut Bernhard Huber
Heimbacher Weg 19, 79364 Malterdingen
Deutschland | Baden
www.weingut-huber.com

Einzellagen: Malterdingen Bienenberg, Hecklinger Schlossberg, Bombacher Sommerhalde, Köndringer Alte Burg
Rebsorten: Spätburgunder, Chardonnay, Weißburgunder, Grauburgunder
Rebfläche: 28 ha *Alter der Reben*: 1 bis 67 Jahre

Spätburgunder Malterdinger

Ein Spätburgunder Ortswein mit schöner Frucht und feinem Blütenduft, sehr energisch und druckvoll, zugleich tänzelnd und schwebend. Wow!

Spätburgunder Alte Reben

Deutlich dunkler und stärker vom Gerbstoff geprägt als der Malterdinger. Verspielt, wild und fordernd. Ein echter Haudegen!

Spätburgunder Köndringer Alte Burg

Ein noch relativ unbekannter Pinot aus einer kargen Lage mit viel hellem Kalk. Enorme Konzentration, sehr präsente, feinkörnige Gerbstoffstruktur. Reduktive, wilde Art. Extrem spannend und viel Potenzial.

Spätburgunder Sommerhalde GG

Ein heller, reiner und ungemein raffinierter Pinot aus einer vergleichsweise kühlen Lage. Ein spannungsreicher, enorm vitaler Pinot, ein eleganter Tänzer!

Spätburgunder Bienenberg GG

Nach noch strengerer Selektion fallen die jüngsten Jahrgänge komplexer, tiefer und wilder aus als in früheren Jahren. Super saftig, konzentriert und extrem fein texturiert. Finesse pur! Ein wirklich großes Gewächs!

Spätburgunder Schlossberg

Der erste, den man erkennt, wenn man eine Reihe von Julians Spätburgundern blind verkostet. So imposant wie der Schlossberg selbst. Hell und schwebend und voller Dramatik. Zugleich extrem fein. Legendär!

Spätburgunder Wildenstein GG

Dunkler Typ, sexy, generös, feinste Gerbstoffe, konzentriert, enorm tief und komplex. Hedonistisch und trotzdem super elegant! Ganz groß!

Chardonnay Bienenberg GG

Sehr schöne, dezente Reduktion gepaart mit einem vollmundigen, saftig-rassigem Gaumenauftritt und einem enorm salzigen, lang anhaltenden Finale. Großer, generöser Chardonnay!

Chardonnay Schlossberg GG

Enorm komplexe Aromatik. Am Gaumen minimalistisch und karg, zupackende Säure, deutlich vom Kalk geprägt, extrem feingliedrig und fast fragil. Ein großer Chardonnay, der immer viel Zeit braucht!

Malterdinger weiß

Überwiegend Chardonnay, etwas Weißburgunder. Ganztraubenpressung, Spontangärung, Barriqueausbau, davon 10 % neues Holz. Zeigt Power und Druck, kann gut reifen.

Julian setzt über alle Produktlinien hinweg auf eine generelle Qualitätssteigerung. Zu diesem Zweck plant er deutliche Flächenreduzierungen – von den ehemals 40 Hektar seines Vaters über heute rund 30 Hektar bis hin zu kaum mehr als 20 Hektar in naher Zukunft. Julian möchte künftig selbst wieder mehr in Weinberg und Keller präsent sein, wieder mehr Winzer sein als Weingutsmanager. Das hängt auch mit der gerade begonnenen Umstellung auf biologischen und nachhaltigen Weinbau zusammen. Wenn Julian über neu angelegte Brachflächen spricht, über Bäume, die er gepflanzt und Böschungen, die er revitalisiert hat, dann spürt man sofort, dass es sich um ein echtes Herzensprojekt handelt.

Wer die aktuellen Jahrgänge verkostet, wird auch bei seinen Spätburgundern nun eine deutlich akzentuierte Handschrift beobachten. Sanftere Extraktion und geringerer Ganztraubenanteil sind die Bausteine seiner Neuausrichtung. Genau wie der reduzierte Einsatz von neuem Eichenholz. Auch spielt Julian vermehrt mit unterschiedlichen Fasstypen. Je nach Charakter von Jahrgang und Lage setzt er mal die kraftvollen, rauchig-würzigen Barriques von Francois Frères ein, ein andermal die weniger stark getoasteten, deutlich zarteren und nobleren Taransaud-Fässer. Das erste Jahrzehnt ist geschafft, der Masterplan für die nächsten Jahre geschmiedet. Da ist ein kluger Kopf am Werk – mit dem Herzen am richtigen Fleck.

Der Dramaturg der Terrassenmosel | Julien Renard

Weinbau Julien Renard | Mosel

Für Julien Renard muss eine radikale Veränderung her und so entscheidet sich der Kopfmensch für die körperliche Arbeit, um im Schweiße seines Angesichtes wieder mehr zu sich selbst zu finden. Er kommt aus der urbanen Theaterwelt, wo er als Dramaturg und Texter arbeitet, sich selbst aber ein Stück weit verloren hat. Statt wie gewohnt ein paar Urlaubstage an den Stränden der Côte d'Azur zu verbringen, folgt er eines Tages einer inneren Stimme und beginnt ein vierwöchiges Praktikum im rheinhessischen *Weingut Carl Koch*. Die Welt, die er an der Seite von Heiner Maleton kennenlernt und die Lebensgeister, die sich Tag für Tag ein bisschen mehr in ihm zu regen beginnen, lassen ihn eine weitreichende Entscheidung treffen: Er beginnt ein neues Leben als Winzer.

Nach erfolgreicher Lehre und anschließender Festanstellung, sorgt Julien gleich mit seinem ersten Jahrgang in der einschlägigen Szene für Furore. Ungemein puristisch und knochentrocken präsentieren sich seine Abfüllungen. Spannend und eigenständig, aber ganz und gar nicht moseltypisch. Das ruft sogleich Billy Wagner von »Nobelhart & Schmutzig« in Berlin und Bertrand Grébaut von »Septime« in Paris auf den Plan. Seither ist jeder Jahrgang im Nu ausverkauft. Jetzt macht Julien den Sack zu: Zusammen mit seiner Lebenspartnerin Kasia Fabis gründet er nach gerade einmal sieben Jahren in der Branche sein eigenes Weingut.

Den Hang zum Dramatischen wird der ehemalige Dramaturg allerdings nicht los. Das Schicksal verschlägt ihn nach Winningen, einen der dramatischsten Orte, den die deutsche Weinbergslandschaft bereithält. Am unteren Verlauf der Mosel beherrschen steilste Terrassenweinberge die Szenerie – eine spektakuläre Kulturlandschaft mit Gänsehaut-Charakter. Wohin man auch blickt, scheinen Schiefermauern aus den Felsen zu wachsen. Dicht gedrängt ziehen sie sich am Fluss entlang. Generationen müssen schuften, um dieses Monument menschlicher Kulturleistung zu erzeugen und bis auf den heutigen Tag zu erhalten.

Die Arbeit in dieser archaischen, zugleich aber schönen Landschaft hat Julien zur Ruhe kommen lassen. Sie hat ihm den Fokus zurückgegeben, der ihm zuvor abhandengekommen ist. Dafür ist er zutiefst dankbar. Und diese Dankbarkeit gilt auch den Menschen, die ihm als Neuankömmling den Start in Winningen möglich machen: Seinem Ausbildungsbetrieb mit Reinhard Löwenstein und seinem Team vom *Weingut Heymann-Löwenstein*, den Knebelbrüdern, die ihm eine Festanstellung geben, und seinem Freund Matthias Knebel.

Mit seinem Einsatz für den Erhalt der Terrassen, Trockenmauern und den zum Teil uralten Reben will er nun der Region und den Menschen etwas zurückgeben. Julien verbringt jede freie Minute in den Weinbergen, sorgt sich um jede einzelne Rebe, wie um sein eigenes Kind. Alle Arbeiten, die er in den Terrassen ausführt, müssen händisch erfolgen. Das erschwert nicht zuletzt auch den Pflanzenschutz. Trotzdem möchte Julien schon bald den nächsten Schritt gehen und alle Weinberge biologisch bewirtschaften. Auf systemische Mittel kann er bislang nur in den besser zugänglichen Parzellen verzichten. Händischer Pflanzenschutz mit Molken und Tees auch in den Steilstlagen und terrassierten Weinbergen hätten einen immensen Mehraufwand zur Folge, den er aufgrund seiner aktuellen Betriebsstruktur noch nicht bewerkstelligen kann.

Weinbau Julien Renard
Osterstraße 4, 56333 Winningen
Deutschland | Mosel
www.weinbau-renard.de

Einzellagen (tauchen nicht auf den Etiketten auf, weil Landweine):
Winninger Domgarten, Winninger Röttgen, Winninger Hamm
Rebsorten: Riesling, Müller-Thurgau, Weißburgunder
Rebfläche: 0,9 ha *Alter der Reben*: 10 bis 60 Jahre

Müller-Thurgau

Ein erstaunlich tiefgründiger, ernsthafter Müller. Präzise und anhaltend!

Riesling

Wird erst nach 10 Monaten auf der Feinhefe abgefüllt und ergibt einen gut strukturierten und enorm frischen und vitalen Riesling mit attraktiver Säure und schönem phenolischen Grip. Ein wilder Typ!

Le Ch'ti

Der Le Ch'ti ist ein vollmundiger, dichter und spannungsreicher trockener Riesling von bemerkenswerter Komplexität, Finesse und Eleganz. Herrlich verspielt und subtil!

Göttchesberg

Dieser herrlich trockene Riesling stammt aus einer Parzelle im Winninger Domgarten. Er wurde 18 Monate lang ohne jegliche Intervention auf der Grob- und Feinhefe in einer Mischung aus Tank und Eiche vergoren und ausgebaut, bevor er unfiltriert und mit minimaler SO2-Gabe in Flaschen gefüllt wurde. Er präsentiert sich lebendig, frisch und einnehmend und hinterlässt im langen und lebhaften Abgang einen angenehm herben Eindruck. Extrem spannender Wein!

Im Keller verfährt Julien ganz klassisch. Eingemaischt wird mit den Füßen, bevor es ohne längere Standzeit direkt zum Keltern in die Korbpresse geht. Der Most wird in der Regel »mit Dreck und Speck« vergoren, Most und Trub werden also nicht vorher getrennt. Gärung und Ausbau erfolgen größtenteils in Holzfässern, ohne Temperaturkontrolle oder den Zusatz gärunterstützender Mittel. Den Weinen wird vor der finalen Flaschenfüllung möglichst viel Zeit auf der Hefe gegeben. Mindestens 14 Monate, besser noch ein bisschen länger. Das ist für Julien der letzte, aber vielleicht wichtigste Schritt. Ohne Schönung und Filtration, meist sogar ohne Schwefelung, erfolgt schließlich die Abfüllung per Hand. Alle Weine werden als Landweine vermarktet.

Hinter alldem steckt die Idee, den Entstehungsprozess der Weine nicht als Regisseur lenkend oder gar bevormundend zu gestalten, sondern ihn mehr als Mentor zu begleiten. Der Winzer sollte – wie der Dramaturg – für gute Ausgangsbedingungen sorgen, dann aber im Hintergrund bleiben und dem werdenden Wein maximale Freiheiten gewähren. Julien ist überzeugt, dass der Wein dann zu seinem bestmöglichen Ausdruck findet und Ursprungscharakter zeigt. Ob ein Wein oder ein Theaterstück schlussendlich vom Publikum für gut befunden wird, liegt sowieso allein im Auge des Betrachters. So wie auch die Antwort auf die Frage, ob Julien den Moselwein mit einem neuen stilistischen Ausdruck bereichert oder karikiert hat.

Bescheidenheit macht frei | Laura Seufert

Weingut Seufert | Franken

Hoffentlich bleibt Laura dem Frankenland und dem Silvaner erhalten. Der Liebe wegen könnte es anders kommen. Dabei ist Laura eines der größten Talente in der Silvaner-Szene. Sie kann auch Riesling, aber das ist reine Nebensache. Mit einem Anteil von knapp 90 Prozent führt sie ein absolutes Silvaner-Weingut. Laura brennt für diese Sorte. Nicht zuletzt, weil guter Silvaner so viel kann. Sie hat sich in den vergangenen Jahren intensiv mit diesem Wein beschäftigt, hat herausgefunden, welche Bedingungen er draußen im Weinberg liebt und wie er im Prozess der Vinifizierung behandelt werden sollte, damit er seine Stärken ausspielen kann. Für Laura ist eine dieser Stärken, dass der Silvaner keine von der Frucht getriebene Sorte ist, sondern mehr noch für Würze und Kräutrigkeit, für Struktur und Textur steht. Damit eng verwoben ist auch seine besondere Fähigkeit, Herkunft zu artikulieren. Laura ist überzeugt davon, dass die Sorte zu Unrecht ins Abseits geraten ist. Das soll sich, wenn es nach ihr geht, alsbald ändern. »Es kommt darauf an, den Silvaner endlich wieder besser zu behandeln, so wie es unsere Vorfahren ja auch schon gemacht haben«, erklärt sie.

Als Laura – den Kopf voller Ideen und Pläne – 2018 in den elterlichen Betrieb einsteigt, hat sie nicht nur diverse Ausbildungen absolviert, sondern auch schon ein paar Jahre in verschiedenen Weingütern im In- und Ausland gearbeitet. Sie startet mit klaren Vorstellungen, aber auch mit einer guten Portion Gelassenheit. Laura will nichts auf die Schnelle erzwingen, nicht gleich alles über den Haufen werfen, sondern sich erst mal vertraut machen mit dem, was schon da ist. Schon in den Jahren, in denen sie noch in der Weltgeschichte unterwegs ist, bespricht Laura vieles mit ihrem Vater Jürgen und leitet bereits so manches in die Wege. Er erweist sich alsbald als enger und zuverlässiger Verbündeter, als vertrauensvoller Gewährsmann und als Ruhepol, wenn Laura es dann doch mal wieder eiliger hat als geplant.

Dafür ist Laura ihm unendlich dankbar. »Er hat zugleich beratend unterstützt und mir dennoch große Freiräume gelassen. Ich genoss und genieße zu einhundert Prozent sein Vertrauen«, erklärt sie. Da vieles, was Laura plant, nicht immer zu den Grundüberzeugungen ihres Vaters passt, ist die große Unterstützung umso bemerkenswerter.

In den Weinbergen wird fortan konsequent auf den Einsatz synthetischer Dünger und künstlicher Bewässerung verzichtet. Die Rebgassen werden mit eigenen Kräutermischungen begrünt und dem Laubwandmanagement wird große Bedeutung beigemessen. Abhängig von der Vegetation und dem Standort, werden die Laubarbeiten angepasst. So kommt es in man-

Weingut Seufert
Bahnhofstraße 33, 97346 Iphofen
Deutschland | Franken
www.weingut-seufert.de

Einzellagen: Iphöfer Kalb, Iphöfer Kronsberg, Iphöfer Julius-Echterberg
Rebsorten: Silvaner, Müller-Thurgau, Bacchus, Spätburgunder
Rebfläche: 5 ha *Alter der Reben*: 30 bis 44 Jahre

Müller Thurgau old one

Von 45-jährigen Reben auf Keuperboden stammt dieser animierend frische Müller, der mit einer tänzelnden Leichtigkeit und schönem Grip im Finale überzeugt.

Silvaner Von den Steillagen

Dieser kühle, frische, saftige und ungemein straffe Silvaner wächst in steilen Gipskeuper-Weinbergen rund um den Schwanberg. Sehr puristisch!

Kalb Silvaner

Von einer nach Südwesten gerichteten, eher trockenen und warmen Lage mit hohem Gipskeuperanteil und 50 Jahre alten Reben kommt Lauras zugänglichster, generösester Silvaner, einer der strahlendsten und sympathischsten Vertreter der Steigerwald-Region.

Julius-Echter-Berg Silvaner

Dieser karge, kräutrig-mineralische, ätherisch anmutende Silvaner entstammt einem Bodenmix aus Lehm, Muschelkalk und Keuper. Sehr fesselnd, braucht Zeit.

Kronsberg Riesling

Lauras komplexester, straffster und elegantester Wein. Rein, pur, karg und gänzlich ohne Frucht – nichts als Erde und Stein. Präzise und filigran im langen Ausklang. Kommt meist erst nach drei Reifejahren in den Handel.

Trilogie

Maischevergorene Cuvée aus Bacchus, Müller-Thurgau und Kerner, spontan im Halbstückfass vergoren und 12 Monate auf der Vollhefe gelagert, dann unfiltriert mit Hefedepot abgefüllt. Gebremste Fruchtigkeit, dafür enorm saftig und wunderschön texturiert. Ein toller Einstieg in die Welt der maischevergorenen Weine.

Anarchie

Einer der spannendsten »Naturweine«, die hierzulande auf Flaschen gefüllt werden. Reintönig, brillant und klar, dabei voller Spannung bis hinein ins lange, von feinen Gerbstoffen und salziger Frische geprägte Finale.

chen Jahren vor, dass die Traubenzone auf der Schattenseite ausschließlich während der Rebblüte entblättert wird, während sie in anderen Jahren über die komplette Vegetation freigestellt wird, um die Belichtung der Trauben sowie strukturelle Elemente im Wein zu fördern. Ist der richtige Lesezeitpunkt erreicht, nimmt Laura den Gesundheitszustand jeder einzelnen Traube unter die Lupe. Sie duldet weder Botrytis noch eingetrocknete Beeren.

An der selektiven Handlese führt also kein Weg vorbei. Je nach Jahrgang folgen eine mehr oder weniger lange Mazeration und eine extrem schonende Pressung, bevor der minimal geschwefelte Most mit dem Feintrub spontan zu gären beginnt. Dann schenkt Laura den meist komplett durchgegorenen Jungweinen eine ausgedehnte Lagerung auf der Vollhefe. Zuletzt wird ohne Schönung und Filtration mit nur etwas Schwefel abgefüllt. Lauras »Herzstücke« kommen erst nach 6 beziehungsweise 12 Monaten Flaschenlagerung in den Handel.

In der Summe sind ihre Weine echte Meilensteine auf dem Weg zu einem anderen Stil. Im Gegensatz zum Gros der Silvaner, wie sie in Franken auch heute noch mehrheitlich auf Flaschen gefüllt werden, also entweder unreif und vegetabil oder überreif und opulent, präsentieren sich Lauras Gewächse enorm frisch, vital und erstaunlich belebend. Sie kommen fein und präzise daher, im Falle der Lagenabfüllungen mit beeindruckender Tiefgründigkeit und Würze sowie einer gleichermaßen cremig-runden und animierend-elektrisierenden Textur. Das ist großes Kino!

Laura bleibt bescheiden: »Ohne meine Freunde und Winzerkollegen hier in Franken, die meine Überzeugungen teilen und mit denen ich im ständigen Austausch stehe, mich berate und mit denen ich auch viel verkoste, wären meine Weine vielleicht niemals so entstanden.« In der Tat ist Laura nicht allein unterwegs. Immer mehr Winzer haben sich dem Projekt um die Renaissance des Silvaners angenommen und für eine Revitalisierung der Silvaner-Welt gesorgt. In Franken haben unter anderen Stephan Krämer, Andi Weigand, Stefan Vetter, Richard Östreicher und Tom Glass, aber auch etabliertere Betriebe wie die Luckert-Familie, Rudolf May und Ludwig Knoll viele wertvolle Impulse gegeben.

Laura kann mit dem bislang Erreichten sehr zufrieden sein. Zugleich sieht sie noch jede Menge Luft nach oben. Für die Zukunft plant sie, noch mehr Holzfässer und Amphoren einzusetzen und – sofern es der finanzielle Spielraum erlaubt – die Reife- und Lagerzeiten ihrer Weine noch einmal zu verlängern. »Das könnte dem Qualitätslevel einen entscheidenden Kick geben«, so Laura. Dafür müsste sie allerdings dauerhaft in Iphofen bleiben und für ihre Liebe eine andere Lösung finden.

Der Sonne am nächsten | Marie & Christoph Ziegler

Collective Z | Pfalz

Dort, wo sich intensiv genutzte Rebflächen kilometerweit aneinanderreihen, liegt versteckt hinter einem Hügel ein ökologisches Kleinod, ein landschaftliches Schmuckstück mit Naturidyllcharakter – das Berntal. Dieser kostbare Flecken Erde unweit von Bad Dürkheim ist seit nunmehr über zwanzig Jahren als Naturschutzgebiet ausgewiesen. Den Kernbereich bildet ein Kalkfelsplateau mit einer überregional bedeutsamen Trocken- und Halbtrockenrasenvegeta-

TR
Glas

tion. Die Artenvielfalt ist phänomenal. Auf engstem Raum koexistiert hier eine ungemein bunte Tier- und Pflanzenwelt.

Sie ist Teil einer alten und ungemein abwechslungsreichen Kulturlandschaft mit Rebanlagen, Streuobstwiesen, Weinbergsmauern, Kalkfelsbiotopen und allerlei Büschen und Hecken. Wer hier herumspaziert, trifft auf vom Aussterben bedrohte Obstbaumsorten, seltene Orchideenarten und immer wieder auch auf Steinhaufen, sogenannte Pochel, die im Laufe der Jahrhunderte durch Auslesen der Äcker und Weinberge entstanden sind. Seit kurzem zeigen sich auch wieder Ziegen und Schafe und mit etwas Glück begegnet man sogar einem waschechten Winzer.

Es überrascht nicht, dass Marie und Christoph ihr Herz an diese magische Landschaft verloren haben. Sie sind unter den Ersten, die das Potenzial dieses vergessenen Fleckens an der Grenze zur berühmten Pfälzer Weinstraße erkennen und sich daran machen, ihn aus seinem Dornröschenschlaf zu wecken. In früheren Zeiten werden die Weinberge im Berntal meist im Nebenerwerb bewirtschaftet und das Lesegut an die Genossenschaft geliefert. Für die dort ansässigen Menschen ist es damals zu riskant, ihre Existenz allein auf den Weinbau zu gründen. Wegen der hohen Lage des Gebiets gibt es keine Garantie, dass die Trauben wirklich ausreifen – weshalb die scheinbar minderwertigen Lagen von den Winzern unten im Tal selbst dann nicht beachtet werden, als sie günstig zu bekommen sind.

Dabei sind die naturgegebenen Möglichkeiten in diesem Landstrich – insbesondere in Zeiten des Klimawandels – mehr als spannend. Viel Wind, ein vergleichsweise kühles Klima, karge Muschelkalkböden und eine weitgehend unzerstörte Topografie bieten exzellente Chancen für charaktervolle und markante Ursprungsweine. Anders als in anderen Gegenden der Pfalz setzen sich die Leistädter »Dickköpfe« bis heute erfolgreich gegen eine Flurbereinigung zur Wehr. So bleiben Dutzende kleiner und kleinster Parzellen mit überdurchschnittlich alten, zum Teil wurzelechten Rebbeständen erhalten – eine ungemein archaische Weinbaulandschaft.

Schon als Kind fährt Christoph mit dem Rad gerne die Serpentinen bis nach Leistadt hinauf, um in der Natur mit Schulfreunden auf Streife zu gehen. Die Vegetation und die Kleinteiligkeit der landwirtschaftlichen Nutzflächen erinnern ihn an die Frankreich-Reisen mit seinen Eltern. Die haben seinerzeit in Bad Dürkheim einen Feinkostladen, weshalb der gemeinsame Urlaub – und selbstredend die kulinarische Bildung – wenn nicht gerade im Burgund oder Elsass, dann im Languedoc oder Roussillon stattfindet.

Nach diversen Ausbildungen, Gelegenheitsjobs und Festanstellungen als Physiotherapeut gründete Christoph 2001 zusammen mit Jochen Stange die Medienagenten, eine heute erfolgreiche Werbe- und Beratungsagentur speziell für die Wein- und Foodbranche. Als er 2014 zusammen mit seiner Lebensgefährtin, der gelernten Winzerin Maria, in Leistadt ein Haus kauft, entdeckt Christoph seine Heimat noch einmal von Neuem – jetzt mit den Augen eines 40-jährigen Familienvaters. Es dauert nicht lange, bis sich die beiden entscheiden, selbst Wein zu machen.

Was dem Paar vorschwebt, ist ein kleinbäuerlicher Betrieb, der in der Lage ist, mit seinen Produkten so viel zu erwirtschaften, dass die Familie davon leben kann. Ein Betrieb, nur so groß, dass alle Arbeiten in Familienhand bleiben können. Originellen, unverfälschten Wein wollen sie machen. Logisch, dass sie die Rebflächen daher von Anfang an biologisch bewirtschaften. Zudem setzen sie auf Handlese, Spontangärung und Low Tech im Keller. Beim Ausbau der Weine im eigenen, temperaturstabilen Natursteinkeller wollen sie keinem starren Naturwein-Dogma folgen. Filtern und Schönen sind tabu. Nur die Frage, ob und in welchem Maße sie Schwefel einsetzen, wollen sie situativ entscheiden.

Rebflächen rund um Leistadt zu bekommen, ist nicht sonderlich schwierig. Aber die Flächen sind mehrheitlich in einem Zustand, der zunächst sehr viel Arbeit bedeutet. Einige Parzellen sind komplett verbuscht und müssen in mühsamer Handarbeit freigelegt werden. Andere sind schlecht gepflegt und benötigten Zeit, um wieder ins Gleichgewicht zu kommen und sich auf die ökologische Bewirtschaftung einzustellen. Auch kellertechnisch läuft es nicht gleich reibungslos. »Wir haben viel experimentiert und kommen nun mit jedem Jahrgang unserem Ideal ein bisschen näher«, resümiert Christoph. »Am Anfang waren wir zu schlank, dann zu maischig und schließlich etwas zu oxidativ. Das sind notwendige Lernprozesse, die auch wir auf dem Weg zu unserer stilistischen Identität durchlaufen mussten.«

Heute sind Marie und Christoph angekommen. Die Jahrgänge 2019 und 2020 zeigen, wozu die beiden in der Lage sind. Es handelt sich durchweg, um ausdrucksstarke Weine, super puristisch, frisch, fokussiert und im Finale ungemein druckvoll. Echte Vins Vivants, markante Pfälzer mit einem Hauch Frankophilität. Angesprochen auf zukünftige Ziele, überlegt Maria einen Moment. Sie wolle andere Winzer motivieren, ihnen zu helfen, den nächsten Schritt zu tun und hier oben ihre eigenen Weine zu produzieren. Den kleinen Leistadter Weinkosmos noch ein bisschen lebendiger machen – dafür wolle sie sich einsetzen.

Collective Z
Freinsheimerstraße 26, 67098 Bad Dürkheim
Deutschland | Pfalz
www.collective-z.de

Einzellagen: Kirchenstück, Kalkoven, Berntal
Rebsorten: Riesling, Sylvaner, Gewürztraminer, Portugieser, Dornfelder
Rebfläche: 2 ha *Alter der Reben*: 30 bis 60 Jahre

Der Sonne am nächsten

Rosé aus 30 Jahre alten Dornfelder Reben von hochgelegenen Kalksteinlagen. Leicht, frisch, kräutrig – mit mediterran anmutender Würze.

Village Village

Trauben aus einem echten, alten gemischten Satz und einer alten Silvaner Anlage. Geradlinig und schlank. Tolle Frische!

Spektakel

Von 30 Jahre alten Dornfelder und 50 Jahre alten Portugieser Reben. Kalksteinlagen, handgelesen, kurze Maischegärung und 10 Monate im kleinen Holz gelagert. Super frisch und lebendig. Animierend!

Sylvaner Kalkoven

Sylvaner aus einer uralten Anlage mit kleinen, seltenen Sylvanerklonen. Kräutrig, cremig und tiefgründig. Gelassen und super balanciert!

Riesling Kirchenpeace

Eine der ältesten Rieslingparzellen in Leistadt. Handgelesen, spontan im kleinen Holz vergoren. Ganze Trauben gepresst, langes Hefelager. Frisch, saftig, komplex, flintig. Temperamentvoll!

Portugieser Bernvalley

Portugieser aus einem 50-jährigen, teilweise wurzelechten Weinberg. Klassische Maischegärung im offenen Bottich, langes Hefelager in französischer Eiche. Dunkle Frucht, dicht, fein texturiert und unendlich lang. Exzellent!

Ansonsten kreisen ihre Gedanken eher um die einfachen Dinge des Lebens. »Ich bin angekommen. Lebe hier zusammen mit meinen Liebsten und mache genau das, was ich liebe. Was will ich mehr?« Das Glück der beiden bereichern mittlerweile eine Schafherde und ein französischer Hütehund.

Held der Terrassenmosel | Matthias Knebel

Weingut Knebel | Mosel

Die Wurzeln des Weingutes von Matthias Knebel reichen zurück bis ins Jahr 1642. Seit der Gründung in seiner heutigen Form im Jahre 1990 zählt es neben *Heymann-Löwenstein* zu den Pionieren der Renaissance der Terrassenmosel. Doch mit dem unerwarteten Tod von Matthias' Vater im Jahr 2004 beginnt für das Weingut eine schwierige Zeit. Matthias hat gerade sein Weinbaustudium begonnen und so liegt alle Last zunächst auf den Schultern seiner Mutter. Wäre nicht Gernot Kollmann, heute Kellermeister beim *Weingut Immich-Batterieberg*, helfend zur Seite gesprungen, hätte das Weingut diese schwierige Zeit womöglich nicht überstanden.

Im Jahr 2008 kehrt Matthias von seinem Studium zurück und beginnt das väterliche Erbe zusammen mit Praktikanten und Aushilfskräften fortzuführen. Binnen weniger Jahre justiert er entscheidende Stellschrauben neu: Er verzichtet auf Reinzuchthefen, Schönungsmittel, Entsäuerung und Süßreserve. Nachdem er Maischestandzeiten eingeführt und mit langsamen Gärverläufen und langen Hefelagern experimentiert, erkennt er schnell die Bedeutung des Faktors Zeit für einen gelungenen Weinwerdungsprozess. Spätestens die Weine, die Matthias seit 2014 auf Flaschen füllt, sind auf ihre Art so rein und balanciert, so dicht und tiefgründig und zugleich so schwerelos tänzelnd, dass sie sich gängigen Beurteilungsmustern zu entziehen scheinen. So ist es auch wenig überraschend, dass das Weingut 2016 in den VDP aufgenommen wird.

Mit dem Jahrgang 2018 hat Matthias die Verarbeitung der Trauben – wie schon sein Kollege Julien Renard – aufgrund der zunehmend warmen und trockenen Jahrgänge angepasst. Maischt er die Trauben zuvor noch viele Stunden vor dem Gärbeginn ein, verzichtet er nunmehr darauf. Matthias will allzu hohe pH-Werte vermeiden, weshalb er heute nur noch ganze Trauben in die Kelter gibt und den Pressdruck reduziert. So gelingt es ihm, auch in den vergangenen, ungemein warmen Jahrgängen mit großer Perfektion, kühle, schlanke und elegante Rieslinge mit einer prägnanten Säurestruktur und großer Finesse auf die Flasche zu füllen.

Der größte Schatz des Weinguts sind seine zum Teil sehr alten, stellenweise sogar wurzelechten Rebbestände in den Winninger Grand Cru Lagen Uhlen und Röttgen. Wer sich diesen Lagen als Wanderer nähert, wird ihre Bewirtschaftung für schier unmöglich halten. Bei Hangneigungen bis zu 60 Grad scheint selbst eine einfache Fortbewegung ausgeschlossen oder bestenfalls mit professioneller Kletterausrüstung zu meistern zu sein. Allein die Trockenmauern helfen, die Hangneigung auf halbwegs erträgliche 40 Grad zu verringern. Zur arbeitsintensiven Pflege der Reben kommen also die aufwendigen Erhalt- und Reparaturmaßnahmen an den Mauern. In der Summe ist das so kostspielig, dass jede Flasche Wein von dort etwa den zehnfachen Preis einer in der Ebene produzierten Flasche Wein erzielen müsste. Die Realität sieht jedoch anders aus, so dass das Winzersterben auch an der Terrassenmosel nicht aufzuhalten sein wird. Unter diesen extremen Bedingungen Winzer zu bleiben, verdient allerhöchste Anerkennung. Dort sind wahre Helden unterwegs, eine weinkulturelle Avantgarde, die mehr Sichtbarkeit und Respekt verdient.

Wer Matthias begegnet, trifft auf einen ernsten und nachdenklichen jungen Mann und ahnt die Last, die das Familienerbe und die extremen Bedingungen in den Winninger Schieferterrassen ihm schon in jungen Jahren aufgeladen haben. Während cooler Reggae-Sound die Stimmung im benachbarten Gärkeller seines Freundes Julien Renard auf Hochtouren bringt, prüft Matthias noch einmal die Säure- und pH-Werte und geht die Einzelheiten des Leseplans für den nächsten Tag durch, bevor er die Lichter ausmacht und sich schlafen legt. Dass sich hinter dieser vordergründig kühlen Sachlichkeit jede Menge Feingefühl, Achtsamkeit und Hingabe verbirgt, wird leicht übersehen. Unübersehbar ist jedoch, dass dieser ungemein engagierte, handwerkliche Weinbau zu außergewöhnlichen Ergebnissen und einer Qualitätsdichte im gesamten Sortiment führt, die ihresgleichen sucht.

Da die vergleichsweise warmen Terrassenlagen ihre Vorteile im Zuge des Klimawandels immer mehr verlieren, die Nachteile der enormen Arbeitsintensität aber bleiben,

Weingut Knebel
August-Horch-Str. 24, 56333 Winningen
Deutschland | Mosel
www.weingut-knebel.de

Einzellagen: Röttgen, Uhlen
Rebsorten: Riesling, Weißburgunder
Rebfläche: 7,5 ha *Alter der Reben*: 1 bis 80 Jahre *Mitgliedschaften*: VDP

Gutsriesling
Ein geradliniger, straffer und spannender Riesling mit viel Grip und einem temperamentvollen Finish.

Riesling Alte Reben
Ein reichhaltiger und kraftvoller, sehr eleganter, reiner und erfrischender Riesling mit Substanz und schönem Grip.

Riesling Von den Terrassen
Ein konzentrierter, salzig-pikanter und anhaltender trockener Riesling von großer Klasse, Spannung und Länge.

Riesling Röttgen GG
Ein delikater und ausdrucksstarker Wein, der in seiner Eleganz und filigranen Struktur Mosel-Riesling in Reinkultur verkörpert.

Riesling Uhlen GG
Reichhaltiger und tiefgründiger Riesling mit enormer Konzentration und wunderschön seidiger Textur. Großer Wein!

Röttgen Riesling Spätlese
Eine saftige und gut konzentrierte Spätlese mit viel Grip und Vitalität. Endet mit einem sehr langen, spannenden und dezent salzigen Abgang.

Uhlen Riesling Auslese
Eine intensive, süße und pikante Auslese mit anhaltender Salzigkeit, die den Wein ungemein anregend macht. Super balanciert und anhaltend!

kommen weitere Herausforderungen bei der Weinbergspflege auf Matthias zu. Doch es ist nicht einfach, höhere Preise durchzusetzen. Eine weitere Alternative wäre es, die Betriebsgröße anzupassen. Matthias ist jedoch der festen Überzeugung, dass es für seine betrieblichen Abläufe und die Qualität seiner Weine enorm wichtig ist, allen Versuchungen, größer zu werden, erfolgreich zu widerstehen. »Ich möchte auch in Zukunft kein Weingutsdirektor werden, sondern klein bleiben und alle wichtigen Arbeiten selbst erledigen können«, erklärt er. »Allein dann kann ich gleichbleibend hohe Weinqualitäten garantieren.«

Schlichte Eleganz | Max Geitlinger | *Baden*

Schlichte Eleganz ist das, was Max Geitlinger auf den Tisch und auch in die Flasche bringt. Es ist vom Einfachsten das Beste. Puristisch, schnörkellos, ohne Schnickschnack und Brimborium. Wer einmal im »Hirschen«, dem Wirtshaus, das Max jetzt in der neunten Generation betreibt, isst, vergisst nie mehr, auf welch hohem Niveau und der Basis allerbester Zutaten hier vergleichsweise einfache Gerichte zubereitet und serviert werden. Der Wein, den Max ausschenkt, begeistert auf genau dieselbe Art. Puristisch, ungekünstelt, echt. Er ist voller Leben und Leidenschaft. Essen und Wein berühren. Wenn hier Menschen zusammenkommen, ist gute Stimmung garantiert, es geht locker und egalitär zu, auch Fremde kommen leicht miteinander ins Gespräch.

Max ist in Egerten bekannt als der Mann mit den zwei Fulltime-Jobs. Er ist mit Herzblut Wirt und Winzer. Auch wenn Max weiß, dass er seine Gesundheit aufs Spiel setzt, kann er weder vom einen noch vom anderen lassen. »Das Schönste ist«, sagt er, »glückliche und zufriedene Gäste zu bewirten. Dieses Glück ist mit keinem Geld der Welt zu bezahlen.«

2012 löst Max seinen verstorbenen Großvater als Wirt ab und ist bei den zahlreichen Stammgästen von Anfang an so beliebt, wie sein Opa es jahrzehntelang ist. Nur beste, lokal produzierte und saisonale Produkte kommen zum Einsatz und prägen eine Speisenkarte, die seit fast 100 Jahren nicht verändert wird. In Basel und Baden gilt das »Gasthaus zum Hirschen« als Mekka für Feinschmecker.

Das zweite Standbein der Geitlingers ist immer schon die Landwirtschaft. Auch Max ist mit Kühen, Schweinen, Hühnern und dem Ackerbau groß geworden. Nun ist er der Erste in der Familie, der die klassische Landwirtschaft aufgibt und sich stattdessen dem Wein verschreibt. Er absolviert eine Winzerausbildung bei Albert Soder und studiert anschließend Weinbautechnik in Weinsberg. Heute bewirtschaftet Max zwei Hektar Reben, die er – ohne Zertifizierung – biologisch-dynamisch bearbeitet.

Das, was den »Hirschen« über Generationen stark und erfolgreich macht, überträgt Max nun – mehr intuitiv als bewusst – in sein Business als Winzer. Kein Chichi, sondern Konzentration auf das Wesentliche. »Wenn du einen Wein machen willst, so wie ich ihn toll finde, dann musst du im Weinberg einfühlsam und akribisch arbeiten und am besten alle Arbeitsschritte in der eigenen Hand behalten. Nur dann bekommst du die bestmögliche Qualität der Trauben und genau die brauchst du für den bestmöglichen Wein«, erläutert er seine Herangehensweise. Mit Gerätschaften, die Max selbst nicht besitzt, hilft ihm sein Lehrmeister Hanspeter Ziereisen aus dem benachbarten Efringen-Kirchen aus.

Max baut Spätburgunder, Gutedel, Müller-Thurgau und neuerdings auch Sauvignon Blanc an. Wenn der Jahrgang es zulässt, füllt er besondere Qualitäten unter der Bezeichnung »Maximal« ab. Viele seiner Parzellen sind im Kordon-System erzogen. Max achtet auf eine gute Durchlüftung der Traubenzone und halbiert die Trauben, um die Erträge niedrig und die phytosanitäre Situation sauber zu halten. Der Erntetermin richtet sich nach dem Säuregehalt und dem pH-Wert, denn dies sind für Max die entscheidenden Faktoren, wenn es um die weitere Entwicklung und die Alterungsfähigkeit des Weines geht.

Die Ernte erfolgt von Hand. Wenn die Trauben entrappt werden müssen, bringt Max sie zu Ziereisen. Seit drei Jahren verwendet er jedoch meist ganze Trauben, die nur leicht gequetscht werden. Die Cuvaison dauert insgesamt vier Wochen, in denen Farbe, Aromen und Tannine extrahiert werden, um die Langlebigkeit der Weine zu gewährleisten. Max vergärt spontan und lässt seine Weißweine ein Jahr und seine Rotweine zwei Jahre auf der Hefe in kleinen, gebrauchten

Max Geitlinger
Am Neuweg 2, 79400 Wollbach-Egerten
Deutschland | Baden
www.max-wein.de

Einzellagen: Wollbacher Rebberg
Rebsorten: Spätburgunder, Müller-Thurgau, Gutedel, Sauvignon, Merlot, Regent, Cabernet Sauvignon
Rebfläche: 1,6 ha *Alter der Reben*: 1 bis 30 Jahre

Rosie

Ein intensiver und reichhaltiger Rosé mit reifer und eleganter Säure, feinen griffigen Tanninen und einem erfrischenden Geschmack. 100 % Pinot Noir über 12 Monate in 500-Liter-Fässern ausgebaut.

Müller maximal

Ein Müller-Thurgau, der drei Tage lang mazeriert, spontan vergoren (10 % auf der Maische) und über 12 Monate in Barriques reifte. Ein ungezähmter und dennoch ungemein eleganter Müller mit einem anregend salzigen Finale. Charakterwein!

Gut & Edel maximal

Puristisch und glasklar ohne jedes Gramm Fett zeigt er sich am Gaumen mit enorm viel Grip, Tiefe und Salzigkeit. Ausdrucksstark!

Sauvignon maximal

Saftig, generös und superb balanciert. Zum Wegzischen! Noch spannender am zweiten und dritten Tag!

Spätburgunder maximal

Dieser zarte und reine Pinot kommt von eisenhaltigem Kalkstein und reifte über 24 Monate im Barrique. Sehr raffiniert, seidig und elegant mit einem langen, lebhaften und nervig-salzigen Abgang. Voller Spannung und Charakter!

Pinot Noir

Vom Jurakalk kommt dieser kühle, charismatische Pinot. Wild, intensiv und fordernd. Großartige Struktur und Tiefe. Ein herrlicher Pinot!

SchwarzWild

Ein intensiver, konzentrierter und geheimnisvoller Regent, der vier Wochen mazeriert und 24 Monate in neuen Eichenfässern ausgebaut wurde! Eine enorme Fruchtintensität trifft am Gaumen auf überraschend viel Frische und Lebendigkeit und eine seidige Textur. Beherrscht das Spiel mit Gegensätzen perfekt! Exzellent!

Barriques, Pièces und Tonneaux reifen.

Mal wird vollständig entrappt, dann wieder ein bestimmter Prozentsatz mit ganzen Trauben vergoren. 2018 wird eine Mischung aus gequetschten und entrappten Beeren verwendet. Außerdem werden Gutedel und Müller-Thurgau drei oder vier Tage lang eingemaischt. »Es gibt keine Rezepte«, erklärt Max. »Jedes Jahr ist anders und ich experimentiere viel. Wein machen heißt für mich, immer verschiedene Methoden zu kombinieren.«

Alle Weine werden ohne Schönung und Filtration und mit einer moderaten Schwefeldosis abgefüllt und als Landweine vermarktet. Neben Winzern wie Ziereisen, Vorgrimmler, Wasenhaus, Linder und Brenneisen hat auch Max erkannt, dass die Kategorie der Landweine zusätzliche kreative Möglichkeiten eröffnet.

Die Zellen des Widerstands gegen die Konformitätsprinzipien der Qualitätsweinprüfung formieren sich zunächst vor allem im Markgräflerland rund um die Gallionsfigur Hanspeter Ziereisen. Mittlerweile ist daraus eine Grenzen überschreitende Bewegung geworden, die von den Naturwein-Promis Daniel und Bianka Schmitt in Rheinhessen bis zum *Weingut roterfaden* in Württemberg reicht. Max räumt ein, dass er einen Großteil seiner Entwicklung als Winzer dieser Bewegung zu verdanken hat und dass es ihn bis auf den heutigen Tag glücklich und stolz macht, Teil dieser inspirierenden Gemeinschaft zu sein.

Endlich frei sein | Michael Andres

Weingut Michael Andres | Pfalz

Mit knapp 60 Jahren kann Michael Andres nun endlich das machen, was er sich immer gewünscht hat. Dem Ruppertsberger Zweirad-Freak ist es insbesondere mit seiner exzellenten Naturweinlinie gelungen, neue, attraktive Märkte zu erschließen, so dass er nun so viel Zeit wie möglich im Weinberg verbringen und sich um die Pflege der Rebanlagen kümmern

kann. So mancher Winzer wäre versucht, die gestiegene Nachfrage mit Mengenwachstum zu beantworten. Nicht so Michael. Im Weinberg geht ihm das Herz auf, hier darf er der Mensch sein, der er im tiefsten Innern ist. Ein echter Naturmensch, der sich am wohlsten fühlt, wenn er im Einklang mit den Rhythmen der Natur leben und arbeiten darf. Dort mit Muße unterwegs sein, sich Zeit nehmen können, um zu spüren, zu beobachten und die Bedürfnisse der Rebpflanzen zu erkunden, das bedeutet Michael sehr viel. Das ist qualitatives Wachstum.

Kaum zu glauben, dass seine berufliche Laufbahn zunächst mit einer Lehre als Energieanlagen-Elektroniker bei der BASF startet. Nachdem er übernommen wird, dauert es nicht lange, bis ihm klar wird, dass er sein Leben nicht in der Umgebung dieses Chemiekonzerns verbringen will. Er besinnt sich seiner Wurzeln und erinnert sich an seine Kindheit in der Landwirtschaft. Und plötzlich ist es keine Frage mehr, dass er ein Leben in und mit der Natur führen und Winzer werden will. Stinkende Chemikalien gegen den wohligen Duft lebendiger Erde eintauschen zu können, ist eine mehr als verlockende Perspektive.

Michael beginnt eine Winzerlehre im *Weingut Reichsrat v. Buhl* und studiert anschließend Weinbau und Önologie in Geisenheim. Während er sich binnen weniger Jahre einen Namen mit seinen famosen flaschenvergorenen Winzersekten macht, dauert es deutlich länger, bis er auch mit seinen Stillweinen reüssiert. Entscheidend hierfür ist das Jahr 2006, in dem sich Michael zur Umstellung auf biologischen Weinbau entschließt. Für ihn ein Entschluss aus innerer Überzeugung und als Ergebnis persönlicher Beobachtungen.

Denn Michael realisiert, dass sich die Reben in einem konventionell bewirtschafteten und mineralisch gedüngten Weinberg nicht in einem natürlichen, sondern einem aufgezwungenen Rhythmus befinden. Die Reben bleiben zu lange grün und folgen einer falschen Taktung. »Wir haben die Reben durch unsere Art, wie wir seit Jahrzehnten Weinbau betreiben, aus ihrem natürlichen Rhythmus herausgeholt. Nun kommt es darauf an, die alten, natürlichen Rhythmen neu zu entdecken«, erläutert Michael.

Für einen, der so denkt, ist es nur konsequent, sich zunächst dem biologischen Weinbau, später dann der Biodynamie zuzuwenden, einer Wirt-

Weingut Michael Andres
Hauptstraße 33 a, 67152 Ruppertsberg
Deutschland | Pfalz
www.andres-wein.de

Einzellagen: Ruppertsberger Reiterpfad, Deidesheimer Herrgottacker, Deidesheimer Mäushöhle am Kirchenberg (Gewanne), Deidesheimer Kieselberg, Deidesheimer Leinhöhle
Rebsorten: Riesling, Weißburgunder, Grauburgunder, Chardonnay, Auxerrois, Muskateller, Sauvignon Blanc, Spätburgunder, Schwarzriesling
Rebfläche: 7 ha *Alter der Reben*: 8 bis 39 Jahre

Ferus Riesling

Ferus ist eine Assemblage der besten Riesling-Parzellen und soll »eine Hommage an die Vielfalt« sein. Ein dicht gewebter, kristallklarer, raffinierter und anhaltend salziger Riesling der Extraklasse.

Herrgottsacker Riesling

Ein dichter und intensiver, gut strukturierter und dennoch geradliniger, straffer und erfrischender Riesling. Ein sehr eleganter Klassiker!

Kieselberg -N-

Hefe und Phenolik prägt diesen intensiven, komplexen und gut strukturierten Riesling mit schier endlosem Finale.

Leinhöhle -N-

Extrem rein, raffiniert und elegant. Ein spannender, frischer und enorm zupackender Riesling mit viel Grip und enormer Länge. Riesenwein, braucht aber Zeit!

Mäushöhle am Kirchenberg

Typisch Mäushöhe: zarte, kühle Eleganz! Ein ausdrucksstarker und enorm alterungsfähiger Riesling.

Reiterpfad

Zum Verlieben – so generös, einladend und rein präsentiert sich der Riesling vom Reiterpfad.

schaftsweise also, die für sich beansprucht, auf die natürlichen Rhythmen der Pflanzen einzugehen. »Die Entscheidung für die Biodynamie hat mich stärker gemacht und mir die Kraft gegeben, konsequenter und beherzter das zu tun, was auch schon früher Teil meines Selbstverständnisses war. Nämlich Landwirt zu sein, einer, der sein Land gut bewirtet«, so Michael.

Er besitzt exzellente Parzellen in den Lagen Reiterpfad in Ruppertsberg und Leinhöhle, Herrgottsacker und Mäushöhle in Deidesheim. Insbesondere die Mäushöhle spielt in seinem Lagenkosmos eine ganz besondere Rolle. Dort gibt es am Waldrand eine kleine, überwucherte Fläche auf Terrassen, die er sich selbst mühsam von der Natur zurückholt. Es ist ein magischer Ort, an dem man gerne mit Michael sitzt, egal ob schweigsam oder vertieft in ein Gespräch über den Wein, der hier wächst.

Mittlerweile ist das Selbstbewusstsein, mit dem Michael seine Überzeugungen im Weinberg umsetzt, auch im Keller angekommen. Im Ergebnis entstehen heute ungemein eigenständige, charaktervolle Weine, die sich elegant, puristisch und ungemein vielschichtig präsentieren. Besonders seine Rieslinge gefallen durch ihre sehr klare, frische und geradlinige Art. Michael gelingt es von Jahr zu Jahr besser, die Besonderheiten der einzelnen Lagen fein und ausgewogen zur Geltung bringen. Noch einen Schritt weiter geht er mit seiner N-Linie – natural, no filtration, no limits, next level. Sie steht mit längeren Maischestandzeiten, dem Ausbau in Holzfässern und Amphoren und dem Verzicht auf Schönung und Filtration für einen radikaleren Stil.

Michael ist stets offen für neue Antworten, neue Begegnungen und Inspirationen. Auch zukünftig wird er daher sicher nicht auf der Stelle treten, sondern weitersuchen und Fragen stellen. Der Entschluss seiner Tochter Elena, ins Weingut einzusteigen, erfüllt Michael mit großer Freude – zumal sie ihre Winzerlehre im selben Betrieb antritt wie ihr Vater vor vielen Jahren. Wenn das mal kein gutes Omen ist.

Unwiderstehlich sexy | Moritz Haidle | *Weingut Karl Haidle* *Württemberg*

In der Nacht nach seiner ersten Jahrgangspräsentation als neuer Chef des Weinguts *Karl Haidle* wacht Moritz verstört und schweißgebadet auf. Es fällt ihm wie Schuppen von den Augen: nur alte Leute! Die in die Jahre gekommene Trollinger-Kundschaft ist vor Ort gewesen. Und die stirbt aus, ist der Gedanke, der ihn nicht wieder einschlafen lässt. Noch beim Frühstück am nächsten Morgen geht er ihm durch den Kopf und Moritz notiert in sein Tagebuch: Einen etablierten, aber längst nicht mehr in jeder Hinsicht zeitgemäßen Weinbaubetrieb rundzuerneuern, könnte zu einer Herkulesaufgabe werden und ist wahrscheinlich beschwerlicher und nervenaufreibender als einen ganz neuen Betrieb zu gründen.

Wir schreiben das Jahr 2014, als Moritz in die Fußstapfen seines längst verstorbenen Großvaters Karl Haidle tritt, dem Gründer und Namensgeber des Weinguts. Der füllt schon vor dem Zweiten Weltkrieg seinen Wein in Flaschen, statt ihn – wie die meisten anderen Winzer im Remstal – in Fässern zu verkaufen. Sein Sohn Hans führt den Qualitätsanspruch fort, reduziert die Erträge und baut früher als andere im Tal seine Weine trocken aus. Ob er tatsächlich auch als Erster den Lemberger an die Rems holt und ihn in französische Eiche steckt, darüber ist man unterschiedlicher Auffassung. Unstrittig sind allerdings der Gewinn des Deutschen Rotweinpreises und die Aufnahme in den Verband Deutscher Prädikatsweingüter (VDP Die Prädikatsweingüter).

Nun ist der Stab erneut übergeben worden und Moritz führt das Regiment. Schon bei der Übergabe fragen sich Kenner der Szene, ob es dem jungen Künstler und Querdenker, dem Rapper und Graffiti-Sprayer, wohl gelingen wird, die Fußstapfen des erfahrenen, besonnenen und erfolgreichen Vaters auszufüllen. Moritz beschließt, erst einmal in Deckung zu bleiben. Er will sich zunächst einen genauen Überblick verschaffen und alle wichtigen Kennzahlen auf dem Tisch liegen haben, bevor er sich an eine Neupositionierung macht. Nur eins weiß er von Anfang an: Er will Weine machen, die er selbst mag und er will sie so machen, dass Prozess und Ergebnis seinen Wertvorstellungen entsprechen. Wichtig ist Moritz auch, dass seine Weine den Menschen gefallen, die er mag, mit denen er sich umgibt und Spaß hat. Wenn er sich diese Menschen bildlich vorstellt, ist sofort klar, wer nicht dazu

Weingut Karl Haidle
Hindenburgstr. 21, 71394 Kernen-Stetten
Deutschland | Württemberg
www.karl-haidle.de

Einzellagen: Pulvermächer, Häder, Lindhälder, Mönchberg-Berge, Mönchberg-Gehrnhalde, Burghalde
Rebsorten: Riesling, Lemberger, weitere Sorten
Rebfläche: 23 ha *Alter der Reben*: 2 bis 55 Jahre
Mitgliedschaften: VDP, Demeter

Riesling Kabinett Pfeffer

Dieser wundervoll leichte, tänzelnde Riesling kommt aus dem kühleren westlichen Teil von Stetten. Hell, rein und elegant changiert er mit traumwandlerischer Sicherheit zwischen fruchtgetriebenem Charme, phenolischem Grip und druckvoller Spannung.

Riesling Schilfsandstein

Knochentrockener, kräutriger Riesling, der sehr viel Frische und Kühle versprüht. Zeigt Kante!

Häder Riesling Erste Lage

Ganztraubenpressung und lange Hefelagerung ergeben einen kraftvollen und fruchtbetonten Riesling. Baut am Gaumen enormen Druck auf und bleibt voller Spannung bis ins anhaltend salzige Finale.

Pulvermächer Riesling GG

Von 60 Jahre alten Rebstöcken auf Kieselsandstein-Böden und in Halbstückfässern bereitet kommt ein raffinierter, flintiger Riesling mit bemerkenswerter Präzision und stattlichen, enorm beeindruckenden Ausmaßen. Er ist kraftvoll und dicht, aber super fein.

Lemberger Häder Erste Lage

Von einer kühleren, vom Gipskeuper geprägten Lage stammt dieser muntere und ungemein frische Lemberger. Am Gaumen dominiert seidige Eleganz. Wundervoller Wein!

Lemberger Berge GG

Aus einem relativ steilen und sehr warmen, nach Süden ausgerichteten und windgeschützten Weinberg kommt ein vollmundiger und kraftvoller, zugleich frischer und seidiger Lemberger. Braucht Zeit!

Lemberger Gehrnhalde GG

Super elegant und fein! Am Gaumen seidig und saftig, ein intensiver, dichter und erfrischender Lemberger mit knackigen, aber feinen Tanninen. Energetisch!

carhartt
21 LOW
KARL HAIDLE
WEINGUT
Schalksberg
PM
LOW
Schalksberg
FR

gehört – die alternde Trollinger-Fangemeinde und das typische Weinmessen-Publikum.

Binnen weniger Jahre verpasst Moritz dem Betrieb eine Frischekur, die sich gewaschen hat. Weil er schonend und naturnah arbeiten will, vollzieht er zunächst die Bio-Umstellung und entscheidet sich etwas später für den biodynamischen Weg. Sein Ziel ist es, die Weinberge peu à peu so einzustellen, dass die Reben widerstandsfähiger werden und die Erträge sich so einpendeln, dass er auf die grüne Lese verzichten kann. Beim Rebschnitt achtet er darauf, die Stöcke so wenig wie möglich zu verletzen und er beginnt, die Triebe nicht mehr zu köpfen, sondern sie um das obere Drahtpaar zu wickeln. Alle Trauben werden von Hand gelesen und spontan vergoren. Im Keller wird der Wein nicht gepumpt, sondern nur mit Hilfe der Schwerkraft bewegt. Den Präparateeinsatz schleicht Moritz sukzessive aus, denn jeder Eingriff, so sein Credo, verfälscht das Wesen des Weins und sollte möglichst unterbleiben.

Getreu seinem Motto »Produziere nur den Wein, den du auch selbst mit Begeisterung trinken magst«, hat er das Rebsorten- und Produktportfolio konsequent bereinigt und ist seinem Ziel, nur noch Riesling und Lemberger zu produzieren, schon recht nahegekommen. Mit Mitte dreißig scheint er seinen Stil gefunden zu haben – schlanke, mineralische Rieslinge und frische, elegante Lemberger. »Letztlich geht es doch darum, dass sich in meinen Weinen die Herkunft niederschlägt, die Lage, der Boden und alles andere, das den jeweiligen Standort kennzeichnet. Weil ich im Glas die Kargheit des Pulvermächer und den Überschwang des Häder schmecken und erleben möchte, nehme ich mich als Kellermeister so weit wie möglich zurück. Ich will puristische, reine Weine ohne Lametta und schmückendes Beiwerk«, erklärt er.

Wer die Weine von Moritz Haidle verkostet, merkt alsbald, dass der junge Winzer keine Angst vor Ecken und Kanten hat. Von plakativer Fruchtigkeit keine Spur, eben keine Nasen-, sondern charakterstarke Strukturweine. Die Musik spielt am Gaumen. Moritz schafft es nicht nur binnen weniger Jahre, die Weinstilistik und Arbeitsweise des elterlichen Betriebes weiterzuentwickeln, er modernisiert auch den Außenauftritt und die Kundenkommunikation entscheidend und öffnet sich für junge Menschen und all jene, für die Wein nicht in erster Linie ein edles, traditionsbeschwertes Getränk ist, sondern eines, das zum Feiern einlädt und um unbeschwert eine gute Zeit zu haben.

Die Runderneuerung des Traditionsweinguts ist geglückt. Es kostet Moritz zwar einen Großteil seiner Kundschaft, zieht aber viele neue Kunden an. Wohl vor allem der Kohärenz wegen, da Moritz es schafft, ein stimmiges Ganzes entstehen zu lassen. Mit seiner jungen, unkomplizierten und nahbaren Ausstrahlung steht Moritz im Mittelpunkt – als Naturbursche, Ökowinzer, Handwerker und Kommunikator, als glaubwürdiger, authentischer Mensch, der ganz leicht die Herzen anderer Menschen erreicht.

Fast logisch, dass sich um ihn und seine Weine binnen weniger Jahre eine große Fangemeinde versammelt. Widerstand zwecklos – Moritz und seine Weine sind einfach unwiderstehlich sexy.

Highspeed Start-up | **Niko Brandner** | *Griesel & Compagnie*

Hessische Bergstraße

Steil geht es hinab in den alten Kreuzgewölbekeller, der schon vor über 100 Jahren tief in den Berg Griesel hineingehauen wird. Überall sind deutliche Spuren jenes schwarzen Schimmelpilzes zu sehen, der sich besonders gerne in Holzfasskellern unter Bedingungen hoher Luftfeuchtigkeit entwickelt. Weil er die Luft reinigt, freuen sich die Winzer über seine Existenz. Erst wenn er von den Wänden zu fallen droht, wird er entfernt.

In diesem traditionsreichen Kellergewölbe reifen die Grundweine des vielleicht erfolgreichsten Start-ups in der jüngeren deutschen Weingeschichte. Glückliche Umstände führen 2013 zum Aufeinandertreffen der Bensheimer Unternehmerfamilie Streit mit dem frisch gebackenen Hochschulabsolventen und Jungwinzer Niko Brandner. Die Streits haben gerade die frühere Betriebsstätte der hessischen Staatsweingüter in Bensheim erworben und sind auf der Suche nach einem Betriebsleiter, der – so ihr Wunsch – auf dem historischen Gelände ein neues Sekthaus aufbauen soll. Dass ihre Entscheidung auf den wenig erfahrenen Niko fällt,

Griesel & Compagnie
Sekthaus Streit GmbH & Co KG
Grieselstraße 34, 64625 Bensheim
Deutschland | Hessische Bergstraße
www.griesel-sekt.de

Einzellagen: Auerbacher Fürstenlager, Auerbacher Höllberg, Zwingenberger Steingeröll, Bensheimer Paulus, Bensheimer Streichling
Rebsorten: Pinot Noir, Pinot Meunier, Pinot Blanc, Chardonnay, Riesling
Rebfläche: 15 ha *Alter der Reben*: 1 bis 60 Jahre
Mitgliedschaften: Verband traditioneller Sektmacher

Riesling Brut Tradition

Die Schaumweinkunst des Nico Brandner zeigt sich bereits beim Brot-und-Butter-Sekt des Hauses. Rassig, mundwässernd mit feiner, ungemein persistenter Perlage. Macht Lust auf mehr!

Branc de Noirs Brut Tradition

Knalltrocken und kompromisslos mit einer subtilen Kraft, die erst nach und nach immer präsenter wird. Er wirkt gleichzeitig knackig und elegant.

Rosé Brut Tradition

Cremige Perlage streichelt angenehm die Zunge, bevor er Kante zeigt und straff und geradlinig ausklingt.

Spätburgunder Prestige Brut Nature

Dieser knackig-frische, zugleich ungemein komplexe Prestige-Sekt kommt komplett ohne Schwefel und Zucker aus.

Grande Cuvée Brut Nature

Drei Sorten bilden die Grundlage für die enorme Komplexität dieses Sekts: Der Chardonnay steuert Gelbfruchtiges und Saftiges bei. Pinot Meunier sorgt für kräutrige Würze, der Spätburgunder bringt die nötige Portion Gerbstoff rein und setzt den Kontrapunkt zur Opulenz des Chardonnay. Sehr trinkanimierend! Ohne Schwefel und Zucker auf die Reise geschickt.

darf im Nachhinein als glückliche Fügung gelten, als Beginn der unglaublichen Erfolgsgeschichte des Sekt-Projektes »Griesel & Compagnie«.

Niko bringt etwas mit, das für frisch gebackene Hochschulabsolventen keineswegs selbstverständlich ist: Enthusiasmus, Zielstrebigkeit und eine glasklare Vision. Der glücklichen Fügung geht eine Sinnkrise voraus. Ein paar Jahre zuvor ist Niko zu dem Entschluss gekommen, seinen Job in der EDV-Abteilung einer Miltenberger Bank aufzugeben und einen Beruf zu ergreifen, der sich nach Berufung, nach Lebenssinn anfühlt. Weil er sich bereits seit seinem 18. Lebensjahr ganz intensiv und mit großer Begeisterung mit Wein, Spirituosen und feinem Essen beschäftigt und es ihm Freude macht, den Nuancen der Geruchs- und Geschmackseigenschaften dieser Genussmittel auf die Schliche zu kommen, lotet er seine Chancen für eine berufliche Perspektive in diesem Bereich aus.

Einen genialen Sparringspartner findet er im Winzer Paul Fürst im benachbarten Bürgstadt. Der nimmt sich Zeit für ein Gespräch und rät ihm zu einem dualen Studium an der Fachhochschule in Neustadt. Den praktischen Ausbildungspart kann er bei Fürst im Weingut absolvieren. »Das war der absolute Knaller, wie ein Sechser im Lotto«, erklärt Niko. »Ein liebenswerteres, weinbegeisternderes Umfeld hätte ich mir nicht wünschen können. Rund um die Uhr dreht sich dort alles um den Wein. Es wird hart gearbeitet und danach werden extrem spannende Flaschen aufgezogen und die ganze Weinwelt wird rauf- und runterdiskutiert. Das ist Inspiration pur!«

Als die Streits einen Betriebsleiter für ihr Sektprojekt suchen, vertieft Niko gerade als Praktikant im Sekthaus *Raumland* seine Kenntnisse der traditionellen Schaumweinbereitung. Die Dinge fügen sich und nur wenige Wochen nach den ersten Gesprächen, darf er im neu firmierten Sekthaus *Griesel & Compagnie* loslegen. Niko ist für Produktion und Vertrieb verantwortlich, die Familie Streit stemmt die notwendigen Investitionen.

Welche Richtung er beim Sektmachen einschlagen will, steht für Niko von Anfang an fest. Qualitativ zielt er aufs Top-Segment, stilistisch strebt er nach Produkten, die Leichtigkeit und Trinkfreude mit Charakter und Komplexität verbinden. Beim Sekt mag Niko gewisse Reifemerkmale lieber als stahlige Kargheit. Produktionstechnisch setzt er auf Handwerk

und Interventionsverzicht. An der Handlese geht kein Weg vorbei. »Die Trauben müssen absolut gesund sein«, erklärt er, »und sollten über einen möglichst niedrigen pH-Wert verfügen.« Penibelst achtet er darauf, dass der Gerbstoffeintrag begrenzt bleibt. Kleine Erntebütten und ein schonender Transport sind genauso Mittel zum Zweck wie die Mostoxidation.

Noch entscheidender für den Gerbstoffhaushalt der Grundweine ist der Pressvorgang. Die ganzen Trauben werden deshalb langsam und mit wenig Druck gepresst und dabei in drei Fraktionen mit unterschiedlichem Gerbstofflevel unterteilt. Um mit gut entwickelten Grundweinen in die zweite Gärung gehen zu können, folgt auf die Spontangärung ein ausgedehnter Holzfassausbau auf der Vollhefe in einem Mix aus Barriques, Tonneaux, Stückfässern und

Edelstahl, wobei die Verdunstungsverluste nicht immer gleich nachgefüllt werden. Vor allem in den kleinen Holzfässern entwickeln die Grundweine, so Nikos feste Überzeugung, sehr viel Charakter und Komplexität. Aromatisch erinnern sie dann mitunter an einen nussigen, braunen Apfel, an Tarte Tatin und Karamell oder auch ein wenig an Hefe und Umami.

Erst im Sommer nach der Ernte erfolgt die Assemblage, also das Verschneiden der Grundweine zu den verschiedenen Cuvées, die für die einzelnen Produktlinien benötigt werden. Hierfür setzt Niko zusätzlich zu den Jahrgangsweinen einen gewissen Prozentsatz einer sogenannten »Reserve Perpetuelle« ein. Dabei handelt es sich um eine Art Reserve- oder Solerawein, dessen Einsatz den Reifegrad der Grundweine noch einmal anhebt. Dann geht es ab in die Flasche zur zweiten Gärung.

Der Einstieg in die Welt der *Griesel*-Sekte ist die Traditionslinie mit einer Mindestreifezeit von 20 Monaten auf der Hefe. Es folgt eine Prestige-Linie mit Sekten, die die *Griesel*-Stilistik vielleicht am deutlichsten zeigen. Gut entwickelte, in Holzfässern gelagerte Grundweine ergeben Sekte mit »Ecken und Kanten« – würzig, saftig und mundfüllend, charakterstark und dennoch ungemein elegant. Besonders gelungene Cuvées bekommen besonders viel Zeit, um ihr ganzes Potential auf der Hefe zu entfalten. Sie bilden die Top-Range der Kollektion. Neben den jährlich erzeugten Grande Cuvées sind dies Réserve Sekte aus besonderen Jahrgängen.

Demnächst bekommt die Top-Kategorie Nachwuchs. Da nun die Traubenbeschaffung aus regionalen Quellen durch das Schwesterweingut *Schloss Schönberg* zu fast einhundert Prozent gesichert ist, möchte Niko die Herkunft mehr herausarbeiten und dadurch Regionalität zeigen. Terroir-Enthusiasten dürfen sich auf insgesamt vier Lagensekte freuen: Auerbacher Fürstenlager und Höllberg, jeweils aus den Sorten Weißburgunder und Spätburgunder.

Minimalisten | Olympia Samara & Hannes Hoffmann | *Weingut roterfaden* | *Württemberg*

Die wildromantische Enzschleife bei Rosswag ist eine dramatisch schöne, aber schon lange in Vergessenheit geratene Kulturlandschaft, die wie ein natürliches Amphitheater anmutet. Die beschaulich dahin mäandernde Enz wird überragt von einem gigantischen Prallhang, der so steil ist, dass hier einst Terrassen eingezogen werden müssen, um überhaupt Weinbau betreiben zu können. Aber die Bewirtschaftung gestaltet sich noch heute mühsam und alles muss von Hand gemacht werden.

Der Terrassenweinbau an der Enz steht auf dem Spiel. Günstigere Produktionsmöglichkeiten in der Ebene und Veränderungen am Weinmarkt haben die Winzerinnen und Winzer vertrieben. Immer mehr Rebstöcke verbuschen und die rund 200 Jahre alten Trockenmauern stehen kurz vor dem Verfall. Eine sowohl kulturgeschichtliche als auch ökologische Katastrophe. Ein enorm wichtiger Lebensraum für eine bunte Tier- und Pflanzenwelt droht verloren zu gehen. Zwar mehren sich jüngst die Initiativen aus Politik, Fremdenverkehr und Winzergenossenschaften, Mittel und Wege für den Erhalt dieser einzigartigen Kulturlandschaft bereitzustellen, doch ist aktuell fraglich, ob die Hilfe rechtzeitig kommt.

In diese Gegend begeben sich im Jahr 2014

Olympia und Hannes, ein junges deutsch-griechisches Paar. Er ist in Roßwag in einem landwirtschaftlichen Umfeld groß geworden, sie in Thessaloniki als Tochter eines bekannten griechischen Weinhändlers. Beide lernen sich während des Studiums in Geisenheim kennen und bereisen dann gemeinsam die Welt. Weil sie viel lernen und sich inspirieren lassen wollen, arbeiteten sie für Leuchtturmweingüter in Deutschland, Frankreich, Italien und Österreich. Doch schon bald wird der Wunsch, nicht länger für andere zu schuften, sondern etwas Eigenes starten zu wollen, immer größer. Da kommt Roßwag erneut ins Spiel und aus freien Stücken entschieden sich Olympia und Hannes für ein Leben an der Enz und die Maloche im Steilhang.

Das Potenzial der Terroirs begeistert sie vom ersten Moment an. Was ihnen auf ihren Streifzügen durch die Weinbergsterrassen begegnet, ist atemberaubend. Ein weitgehend unentdecktes, partiell verwildertes Paradies für die Bereitung außergewöhnlicher Weinqualitäten. Unzählige Parzellen, von denen einige sogar zu verschenken sind, halten so ziemlich alles bereit, was es dazu braucht: warme, windoffene Lagen mit guter Thermik, verwitterte Muschelkalkböden und alte Riesling- und Lemberger-Reben. Hinzu kommt die besondere Energie, die von diesem steil aufragenden, nach Süden ausgerichteten Prallhang ausgeht. Das alles hat die beiden tief beeindruckt. In Roßwag warten auch vertraute Menschen, eine Familie und die Freunde von Hannes.

Aktuell bauen Olympia und Hannes auf einer Rebfläche von rund drei Hektar Riesling Lemberger und etwas Pinot Noir an. Die beiden haben sich zu waschechten Biodynamikern entwickelt und fühlen sich einem ökologisch verantwortungsbewussten, regenerativen

Weingut roterfaden
Hagenrainstraße 37, 71665 Vaihingen an der Enz
Deutschland | Württemberg
www.weingutroterfaden.de

Einzellagen: Roßwager Halde, Mühlhäuser Halde
Rebsorten: Lemberger, Pinot Noir, Riesling
Rebfläche: 3 ha *Alter der Reben*: 3 bis 55 Jahre
Mitgliedschaften: Demeter

Riesling
Ein frischer, dichter und salziger Riesling mit fester phenolischer Struktur und Kräuternoten im Abgang. Saftig-trinkig!

Riesling Endschleife
Trägt die ganze Energie des Prallhangs in sich und tanzt wie frisches Quellwasser durch den Mundraum.

Pinot Noir
Kühl, schlank und elegant, zugleich straff und präzise – ein für deutsche Verhältnisse ungewöhnlich knackiger Pinot.

Lemberger
Mit kühler Eleganz betritt er das Parkett. Der Tango ist sein Metier. Zackig und temperamentvoll sind die Spuren, die er hinterlässt.

Lemberger Endschleife
Sehr rein und authentisch. Am Gaumen ein saftiger, kühler, intensiver und nachhaltiger Rotwein mit erfrischendem Grip und feiner Struktur. Exzellent!

Weinbau verpflichtet. Schon von weitem sind ihre Parzellen zu erkennen, so beeindruckend ist die dortige Blumen-, Gräser- und Kräutervielfalt. Ihre Böden bearbeiten und öffnen sie nicht und alle drei Jahre sähen sie in jede zweite Reihe eine große Mischung aus Kräutern und Grünzeug. Die beiden lassen die Gräser und Blumen bis spät in die Saison wachsen, um eine möglichst große Artenvielfalt zu gewährleisten. Zur Stärkung der Pflanzenabwehrkräfte bringen sie regelmäßig diverse Kräutertees aus. Auch haben sie den sanften Rebschnitt eingeführt, wickeln die Triebe, statt zu gipfeln, und verzichten auf die grüne Lese, also das Abschneiden überschüssiger Trauben vom Rebstock. Olympia sagt: »Es ist wichtig, dass die Rebe die richtigen Informationen bekommt, damit sie für sich selbst sorgen kann. Wenn man zum Beispiel die grüne Lese durchführt, gibt man der Rebe falsche Informationen und löst unwillkommene Prozesse aus.«

Nach denselben Grundsätzen arbeiten sie im Keller – der früheren Scheune des Bauernhofs. Er ist minimalistisch ausgestattet und kaum größer als eine durchschnittliche Autowerkstatt. Hauptsächlich sind hier ältere Holzfässer verschiedener Größen aufgereiht. Allein die hochwertige Abbeermaschine stellt ein gewisses Zugeständnis an die technischen Möglichkeiten des 21. Jahrhunderts dar. Ansonsten setzen Olympia und Hannes auf die natürlichen Hefen, Gärung bei Raumtemperatur und alte Holzfässer. Sie verzichten auf jedwede Korrekturen, aufs Filtern und Schönen und praktizieren eine durchdachte, minimale Dosierung von SO2 bei der Abfüllung. Auch drum herum bleibt es minimalistisch. Olympia und Hannes haben weder einen schicken Verkostungsraum noch eine Verkaufsfläche. Nicht nur, weil sich sowieso nur selten jemand in die Abgeschiedenheit dieses Landstrichs verirrt, sondern auch, weil sie lieber in ihren Weinbergen unterwegs sind, statt zeitaufwendige Verkostungen zu begleiten. »Für den Verkauf unserer Weine haben wir exzellente Partner im Handel und der Gastronomie. Wir möchten uns auf das beschränken, was wir am besten können – Winzer sein«, erklären sie.

Was dabei herauskommt, sind Weine von eindringlicher Schönheit, Vitalität, Energie und Offenheit. Es sind hochspannende, manchmal eigenwillige, aber stets ungemein charaktervolle Gewächse, deren enorme Frische und Leichtigkeit für wunderschöne Trinkigkeit sorgen und in Württemberg ihresgleichen suchen. Weil Olympia und Hannes diese frischen, leichten und eleganten Weine so sehr lieben, hoffen sie, dass der Klimawandel ihnen künftig keinen Strich durch die Rechnung macht. Noch verfügen sie, da sind sie optimistisch, über ein paar Stellschrauben, um die nötigen Anpassungen vorzunehmen. Aber vielleicht kommt auch wieder mal ein Weinjahr wie 2021 mit Regen und kühlen Nächten im Überfluss. Gottlob neutralisieren Winzer wie Olympia und Hannes solche Jahrgangsunterschiede nicht. Sie wissen, es ist das Salz in der Suppe.

Kreativer Freigeist | Roland Linder

Winzerhof Linder | Baden

Ronald Linder ist ein Quereinsteiger. Nachdem er zunächst als Energieelektroniker und Lokführer arbeitet, ist er auf dem besten Weg, Filmemacher zu werden. Er wechselt dann jedoch in die Medienpädagogik, kommt dort in Kontakt mit den Waldorfschulen und der

Anthroposophie, lernt Demeter kennen und beginnt, sich mit den Ideen und Konzepten der biodynamischen Landwirtschaft zu beschäftigen. Je mehr er sich in diese Welt vertieft, desto faszinierender erscheint sie ihm. Schnell ist die Idee geboren, sich im elterlichen Betrieb dem Winzerhandwerk zu widmen. Die Idee kommt zum passenden Zeitpunkt. Der Weinbaubetrieb seines Vaters läuft nicht besonders gut, so dass dieser ohne Zögern einwilligt, den Sohn schon zu diesem vergleichsweise frühen Zeitpunkt als seinen Nachfolger zu akzeptieren.

Seit 2010 ist Roland nun Winzer in Endingen am Kaiserstuhl. Von Anfang an ein Vollblut-Bio-

Winzerhof Linder
Röstehof 2, 79346 Endingen
Deutschland | Baden
www.winzerhof-linder.de

Einzellagen: Summberg,Tannacker, Im Herzen, Schambach, Bigarten
Rebsorten: Grauburgunder, Weißer Burgunder, Spätburgunder, Müller-Thurgau, Sauvignon Blanc, Cabernet Blanc, Cabernet Sauvignon, Chardonnay, Gewürztraminer
Rebfläche: 5 ha plus 7 ha Mischkulturen *Alter der Reben*: 2 bis 70 Jahre
Mitgliedschaften: Ecovin, Demeter, VIN NATUREL

Dr Grau Natür 33

Dieser Grauburgunder basiert auf mehreren Lese- und Verarbeitungsstufen. Ungewöhnlich rein und elegant, zugleich komplex und intensiv. Spannungsreich und mit ordentlichem Grip und dezentem Gerbstoffeintrag am Gaumen. Hochinteressant – nicht nur für Naturwein-Freaks!

Dr. Charlie Natür 68

Dieser Chardonnay wird mit natürlichen Hefen vergoren und ohne Schönung, Filtration und Schwefelzusatz abgefüllt. Ein mittelkräftiger, frischer und ungemein seidiger Wein, der nur so vor Saftigkeit und Vitalität strotzt.

Dr Grau Natür 65

Kommt mit viel Kraft und feinem Grip daher, ist frisch und geradlinig, aber auch mächtig im Abgang. Sehr deutlich vom Alkohol geprägt.

Dr Miller Natür 124

Das ist ein Naturwein im reduktiven Stil. Er präsentiert sich klar, frisch und sehr aromatisch in der Nase, entspannt und recht elegant am Gaumen, aber ohne viel Komplexität.

Cabernet Sauvignon Natur 24

Reift 24 Monate im Eichenfass und wird unfiltriert und ungeschwefelt abgefüllt. Betörend schöne Nase, seidiger, eleganter Gaumenauftritt. Paart Kraft und Feinheit ziemlich genial!

Chardonnay SE 39

Trübe Naturweinstilistik. Ein sehr charmanter Weißwein mit bemerkenswerter Ausgewogenheit, Finesse und Eleganz sowie einer animierenden Salzigkeit im Finale. Knochentrocken und sehr anregend!

Grauburgunder 64 SE

Ein herrlich frischer und charaktervoller Wein. Sehr klar und delikat in der Nase! Am Gaumen intensiv und konzentriert, zugleich aber ungemein anregend, rein und charaktervoll. Fabelhaft!

Spätburgunder 38

Kommt mit einer präzisen, frischen und sehr verführerischen Nase daher. Frucht und Volumen sind großzügig bemessen, die Textur präsentiert sich fein, die Säure super erfrischend. Ein exzellenter Kaiserstühler Spätburgunder!

winzer. Seine kritische, hinterfragende Weltsicht hat er sich bewahrt und so dauert es nicht lange, bis er in der Szene der Bio- und Naturweinwinzer als inspirierender Querdenker gilt. Im Rahmen der Ecovin- beziehungsweise Demeter-Fortbildungen in St. Ulrich schreibt er Texte und hält Vorträge über ökologischen Weinbau. Roland ist definitiv ein Vordenker und ein genialer Sparringspartner für alle, denen ökologischer, nachhaltiger und maximal natürlicher Weinbau eine Herzensangelegenheit ist. Er ist ein radikaler Analytiker und zugleich ein genialer Brückenbauer zwischen den unterschiedlichen Denkrichtungen.

Auf insgesamt fünf Hektar betreibt Roland biodynamischen und probiotischen Weinbau und orientiert sich jüngst immer konsequenter auch an den Konzepten und Strategien der Permakultur. Durch das Anlegen von Teichen und Sickergruben verhindert er, dass Regenwasser einfach ungenutzt abgeschwemmt, sondern gesammelt wird und so den Reben auch in Trockenperioden zur Verfügung steht. Die Weinbergslandschaft versucht er – trotz Monokultur – so weit wie möglich, nach dem Vorbild der Natur zu gestalten. Mischkulturen, Hecken, Sträucher, Bäume, Trockenmauern, Stein- und Holzhaufen sowie die Integration von Schafen und Hühnern sorgen für Vielfalt. Eine artenreiche Begrünung der Rebgassen – insbesondere mit Leguminosen – lagert Stickstoff im Boden ein, sorgt für eine lebendige Bodenstruktur, versorgt die Reben mit natürlichen Nährstoffen und lockt mit Blühstreifen Bienen, Schmetterlinge und andere Nützlinge an, die Schädlinge und Krankheiten abwehren.

All das ist Roland in Sachen Permakultur und Biodiversität jedoch längst noch nicht genug. Gerade ist er dabei, einen Teil seiner Rebanlagen mit Buschbohnen und Kartoffeln, Zucchini und Auberginen, Getreide und Kräutern zu bepflanzen. Er ist überzeugt, dass es nicht nur zu einer friedlichen Koexistenz, sondern zu vielen positiven Synergieeffekten kommen wird.

Pflanzenschutz betreibt Roland auf unterschiedliche Art. Stärkungsmaßnahmen erfolgen hauptsächlich mittels biodynamischer Präparate wie Hornmist, Hornkiesel und Ackerschachtelhalm oder den von Maria Thun empfohlenen Tees. Von phytosanitären Maßnahmen hat er zwischenzeitlich gänzlich Abstand genommen und setzt stattdessen auf die Probiotik. Konkret bedeutet das, dass Roland keine Pestizide – auch keinen Kupfer – ausbringt, die Rebanlagen also nicht antibiotisch gegen Schadorganismen behandelt, sondern eine vielfältige mikrobielle Besiedelung der Pflanzen anstrebt. »Wenn wir Kupfer und Schwefel spritzen, töten wir alles ab, was auf den Reben lebt. In der Hoffnung, dass wir den einen Organismus, der uns stört, auch erwischen. Probiotisch arbeiten bedeutet dagegen, die Pflanze zu stärken und ihr zu helfen, sich weiterzuentwickeln«, erklärt Roland. Bei ihm kommen ausschließlich lebendige Substanzen, vor allem Komposttees, Jauchen, Fermente, Molke sowie Pflanzenauszüge und Gesteinsmehle, zum Einsatz.

Nach der herkömmlichen Definition sind 80 Prozent der Weißweine und 100 Prozent der Rotweine Naturweine. Selbstredend greift Roland daher so wenig wie möglich in den Prozess der Weinbereitung ein. Er probiert viel, lenkt aber nie in eine bestimmte Richtung. Da er seine Moste mit den echten, weinbergseigenen Hefen vergären will, hat er sich etwas einfallen lassen. Er erstellt dafür einen sogenannten »Vorteig«. Mit einem kleinen Behälter aus Edelstahl geht Roland etwa zwei Wochen vor der eigentlichen Lese in den Weinberg und verarbeitet einige Trauben direkt zu einer Art Hefeansatz. Dieser bleibt dann im Behälter direkt im Weinberg und beginnt spontan, nur mit den vor Ort vorhandenen Hefen, zu gären. Die Moste und Maischen werden dann mit diesen Vorteigen geimpft und der geheimnisvolle Umwandlungsprozess kann beginnen. Abgefüllt werden Rolands Weine ungeschönt und unfiltriert und immer erst dann, wenn sie so weit sind.

Rolands Weine sind originell und dabei auf qualitativ hohem Niveau. Das bescheinigen ihnen mittlerweile auch Weinkritiker im In- und Ausland. Aber noch ist kein Ende dieser ungemein dynamischen Entwicklung in Sicht. Bleibt zu hoffen, dass dieser Charakterkopf der Weinbranche auf Dauer erhalten bleibt und sie weiterhin nicht nur mit spannenden Weinen, sondern auch mit unwiderstehlichen Impulsen versorgt. Wegen seines medienpädagogischen Backgrounds träumt Roland derweil noch einen ganz anderen Traum: In nicht allzu ferner Zukunft möchte er eine Art Bauernhofschule aufbauen. In einer blühenden, biodiversen Reblandschaft inmitten von Hühnern und Schafen unterrichtet zu werden und aus erster Hand zu erfahren, wie nachhaltige Landwirtschaft funktioniert, könnte für so manches Kind ein großes Glück bedeuten.

Radikal ganzheitlich | Sandra & Ludwig Knoll

Weingut am Stein | Franken

Sich nicht im Klein-Klein verlieren, sondern in großen Zusammenhängen denken und handeln – dafür braucht es eine Idee vom Ganzen. Und es braucht Wertmaßstäbe, die Orientierung geben. Beides hat Ludwig Knoll, ein Winzer, der anzupacken versteht, aber sein Leben nicht aufs Weinmachen reduziert. Weil er sich selbst und seinen Beruf als Teil eines größeren Ganzen versteht, verliert er sich nicht im Tunnelblick eines Spezialisten. Den freien und befreienden Blick über den Tellerrand hat Ludwig sich erarbeiten müssen, in die Wiege wird er ihm nicht gelegt.

Er, der früh ins kalte Wasser geworfen und mit Anfang Zwanzig Chef des elterlichen Weinguts wird, weil sein Vater erkrankt, schafft es, aus einem maroden Unternehmen einen Leuchtturmbetrieb zu machen. Nicht, weil er von Anfang an einen Plan hat, sondern, weil seine zugleich selbstkritische und weltoffene Art, sein schier unbändiger Wunsch nach Intensität und Fülle, ihn dazu angetrieben haben, seinem Leben einen Sinn zu geben, Werte zu definieren und so den Kopf aus der Schlinge schwammiger Beliebigkeit und Unverbindlichkeit zu ziehen. Es geht ihm um mehr als nur um Wein.

Heute hat Ludwig für seine Art zu denken, zu arbeiten und zu leben einen zentralen Begriff gefunden, den Begriff des Purismus. Im Weglassen alles Überflüssigem eröffne sich ihm, so formuliert er das, der Blick für das Wesentliche, die ungeschminkte, zeitlose Essenz von allem, was ihm wichtig sei. Durch die Brille des Purismus findet er die passenden Strategien nicht nur für die Bewirtschaftung der Weinberge und die Prozesse der Weinwerdung, sondern ebenso für die stilistische Performance seiner Weine, die Architektur der Gebäude und die Wahl des Equipments, das zum Einsatz kommt. So fügen sich die betrieblichen Teilbereiche nicht nur harmonisch zusammen, en passant entsteht auch ein authentischer und glaubwürdiger Markenkern, eine persönliche und unternehmerische Identität, die den Zusammenhalt nach innen und die Kommunikation nach außen ungemein beflügelt.

Bei genauerem Hinsehen fällt auf, dass die Idee des Purismus, so wie Ludwig sie lebt, eine ethische und eine ästhetische Dimension umfasst. Vom Produktionsprozess über den Konsumtionsprozess der Weine bis hin zur Gebäudearchitektur kommen beide Dimensio-

nen des Purismus gleichermaßen zum Tragen.

Mit dem Stettener Stein bewirtschaftet Ludwig eines der spannendsten Terroirs in ganz Franken. Die extrem steilen Filetstücke liegen – einem Amphitheater gleich – etwa 80 Meter über dem Main, direkt oberhalb der offen zutage tretenden Muschelkalkfelsen und profitieren von den an der Felswand aufsteigenden, warmen Luftmassen. Der sehr skelettreiche, karge Oberboden stellt einen großen Wärmespeicher dar und ist schwer zu durchwurzeln. Dies zwingt die zum Teil 80-jährigen Reben zur Ausbildung tiefer Wurzeln, die in den karstigen Charakter des Muschelkalkes hineindringen, was im Ergebnis den Weinen eine besondere Tiefe und Reinheit verleiht. Auch der alte gelbe Silvanerklon ist in diesen Anlagen noch im Spiel und wird sogar wieder tatkräftig vermehrt. Dieser Schatz wird von Ludwig und seinem Team sehr pflegeintensiv, schonend und nachhaltig bewirtschaftet –

Weingut am Stein
Mittlerer Steinbergweg 5, 97080 Würzburg
Deutschland | Franken
www.weingut-am-stein.de

Einzellagen: Stettener Stein, Würzburger Stein, Würzburger Innere Leiste, Randersackerer Sonnenstuhl
Rebsorten: Silvaner, Riesling, Weiß- und Grauburgunder, Chardonnay, Scheurebe
Rebfläche: 39 ha *Alter der Reben*: 1 bis 80 Jahre
Mitgliedschaften: VDP, Naturland, respekt-BIODYN

Pure & Naked PetNat

Anregend, lässig und mit viel Groove!

Silvaner Würzburger Stein

Ein trockener, perfekt ausbalancierter und moderner Franken-Klassiker.

Riesling Innere Leiste

Ein eleganter und finessenreicher trockener Riesling voller Spannung und zugleich großer Ausgewogenheit. Sehr hohes Premier-Cru-Niveau!

Montonia Weißburgunder

Die Trauben kommen vom Stettener Stein und werden zur Hälfte in Barriques und zur Hälfte in größeren Holzfässern vergoren. Sehr saftig und frisch mit einer anhaltenden Salzigkeit im Abgang.

Vinz Silvaner

Parzelle mit 50 Jahre alten Rebstöcken vom Stettener Stein, eine Mischung aus überwiegend Grünem Silvaner und einem kleinen Anteil Gelber Silvaner, zu 80 % im Betonei ohne Schalenkontakt, zu 20 % in Amphoren mit Schalenkontakt ausgebaut und unfiltriert abgefüllt. Mein Favorit im Sortiment! Radikal ausdrucks- und charakterstark!

Vinz Scheurebe

Dieselbe Herkunft, jedoch zu zwei Dritteln in Amphoren und zu einem Drittel in Barriques aus kaukasischer Eiche ausgebaut. Vollmundig, klar und aromatisch, finessenreich und sehr elegant. Eine wirklich besondere Scheurebe!

Stettener Stein Silvaner GG

Der komplett in Betoneiern ausgebaute Silvaner wurde unfiltriert abgefüllt. Ein ungemein reiner, zarter und eleganter Wein, zugleich stoffig und seidig texturiert. Exzellent!

Stettener Stein Riesling GG

Struktur statt nur Frucht! Intensiv und kraftvoll, fest strukturiert, ausdrucksstark und vital. Viel Frische, phenolischer Grip und das Salz von nassen Steinen. Vielleicht der spannendste fränkische Riesling!

seit 2008 biodynamisch.

Ähnlich puristisch geht es im Keller zu. Finger und Präparate weglassen, heißt hier die Devise. Schließlich geht es Ludwig um authentische und terroirgepägte Weine, weshalb das Gebot der kellertechnischen Zurückhaltung gilt. Nur mit dem Faktor Zeit geht er geradewegs verschwenderisch um. »Insbesondere große Weine haben einen ausgiebigen Reife- und Entwicklungsbedarf. Dann können sie prächtig altern«, erläutert er.

Logisch, dass sich auch die Weine puristisch präsentieren. Effekthascherei und vordergründige Fruchtigkeit sucht man vergebens. Speziell bei den Abfüllungen vom Stettener Stein prägen karge Würze und Kräutrigkeit die Performance. Diese Weine drängen sich niemals auf und verfallen schon gar nicht in simple Gefälligkeit. Sie sind reich an Ausdruck, Lebendigkeit und Charakter und besitzen eine wundervolle Natürlichkeit.

Von der Herstellung bis zum Konsum der Weine findet alles in passendem Ambiente statt. Ludwig und seine Frau Sandra haben auf dem Gutsgelände ein kleines Mekka zeitgemäßer Wein- und Genusskultur geschaffen, in dessen Zentrum, so formuliert es Sandra, authentische Weine, eine authentische Küche und authentische Menschen stehen. Wer die beiden besucht, kann im Anschluss an eine Weinverkostung im WeinWerk, einen Kochkurs im Küchenhaus erleben, dann ein Abendessen im Sterne-Restaurant Reisers genießen und anschließend im Gästehaus des Weinguts übernachten. Beheimatet ist all das in einem Gebäudeensemble, dessen Architektur zeitlos puristisch ist.

Das Paar bereichert die Anlagen 2015 mit einem neuen und sehr ungewöhnlichen Weinkeller, der so konstruiert und ausgestattet ist, dass kosmische Energie fließen und ihre positive Wirkung entfalten kann. Für Ludwig ist das die natürliche Ergänzung zur Biodynamie im Weinberg und ein weiterer sinnstiftender Akt im Rahmen seines radikal ganzheitlichen Denkens und Handels. Ludwig schafft Verbindungen, baut Brücken, überwindet Grenzen und hat das Glück des Tüchtigen – seine beiden Kinder scharren bereits mit den Hufen.

Keine Angst vor Abgründen | Stefanie & Thorsten Melsheimer | *Weingut Melsheimer* | *Mosel*

Jahr für Jahr geht das Weingutssterben an der Mosel weiter. Immer mehr Rebberge verwildern und die Natur holt sich zurück, was Generationen von Winzern ihr abgerungen haben. Rund ein Drittel der steilsten, oft terrassierten Lagen ist bereits verschwunden. Eine Fahrt entlang des Flusses lässt einen nicht nur ob der Schönheit der Landschaft staunen, sie führt immer wieder auch durch Ortschaften, deren Lebenskraft zu versiegen scheint. Thorsten Melsheimer gibt sich keine Mühe, seine Traurigkeit angesichts dieser Entwicklung zu verbergen. Auch seine wichtigste Einzellage, der extrem steile Reiler Mullay Hofberg, würde heute, da ist er sich sicher, niemand mehr bewirtschaften, hätte er nicht seinerzeit beschlossen, den elterlichen Betrieb zu übernehmen. Schon damals entscheiden sich viele gleichaltrige Winzertöchter und -söhne für einen anderen Weg. Die goldenen Jahre sind vorbei und es wird immer offensichtlicher, dass sich der Weinbau in den steilen Lagen kaum noch rentiert. Wer nicht das Glück hat, in eine der berühmten Bernkasteler oder Wehlener Winzerdynastien hineingeboren zu werden, benötigt eine besondere Motivation, um sich für den Winzerberuf zu entscheiden. Thorsten will die Welt verändern. Nachdem er weder Pershing-Raketen und Cruise Missiles verhindern noch lange für möglich gehaltene Karrieren als Rockmusiker und Basketballspieler realisieren kann, sieht er die besten Erfolgsaussichten, dieses Ziel zu erreichen, in einer Zukunft als Ökowinzer.

Thorsten und seine Frau Steffi übernehmen Mitte der 1990er-Jahre das 200 Jahre alte Familiengut und beginnen sofort, die Weinberge biologisch zu bewirtschaften. Es sind Orte voller Leben, überall blüht und grünt es – Wohlfühlorte nicht nur für Schmetterlinge und Bienen. Im Winter werden die Weinberge mit Ziegen beweidet. »Als Bauer trägst du direkte Verantwortung für ein kleines Stückchen Erde«, erklären beide. »Es zu kultivieren und in guter Qualität für die nächste Generation zu bewahren, ist deine Aufgabe. Nicht mehr und nicht weniger!«

Erst nach und nach wird den beiden klar, dass der enorme Mehraufwand, den sie in ihren Weinbergen betreiben, sinnlos verpufft, solange sie im Prozess der Vinifizierung die gesamte Klaviatur der modernen Önologie bespielen. Eine radikale Kehrtwende hin zu interventionsarmer oder wie Thorsten sagt »großväterlicher« Weinbereitung erfolgt ab dem Jahrgang 2002. Den nächsten großen Schritt gehen beide wieder draußen in den Weinbergen. Seit 2009

Weingut Melsheimer
Dorfstraße 21, 56861 Reil/Mosel
Deutschland | Mosel
www.melsheimer-riesling.de

Einzellagen: Reiler Mullay-Hofberg, Reiler Goldlay
Rebsorten: Riesling, Spätburgunder, Johanniter, Sauvignac
Rebfläche: 12 ha *Alter der Reben*: durchschnittlich ca. 40 Jahre
Mitgliedschaften: Ecovin, Demeter, Der Klitzekleine Ring

PétNat Rurale

Erfrischender und ausdrucksstarker PétNat mit wunderbar klarer, reiner Nase und lebendigem, im Finale leicht salzigem Gaumenauftritt. Köstlich und charaktervoll!

Riesling Orange

Wird zwei Monate auf ganzen Trauben vergoren und ein Jahr in einem traditionellen Fass ausgebaut. Braucht viel Luft, um sich zu öffnen. Dann zeigt er charmante Frucht, viel Struktur und Grip. Verlangt für die Begegnung Muße!

Riesling Molun

Ein ungemein subtiler und eleganter Riesling, der sich am Gaumen rund und charmant präsentiert und mit zarten Tanninen und einer anhaltend salzigen Länge ausklingt. Großes Potenzial!

Riesling Vade Retro

Spannungsreich und voller Vitalität mit einem dezent oxidativen Ton kommt dieser ungeschwefelte Riesling daher. Rund, saftig und mit viel Grip ausgestattet. Bemerkenswert fein!

Riesling Lentum

Nach extrem langsamem und langem Gärverlauf wird dieser echte Langstreckenläufer frühestens nach drei Jahren Hefelagerung im Fass auf die Flasche gefüllt und zeigt dann ein intensiv aromatisches Profil und eine bemerkenswerte Tiefgründigkeit, Reinheit und Vitalität am Gaumen. Großer Wein!

Mullay-Hofberg Riesling Spätlese Schäf

Ein raffinierter, wirklich großartiger Wein, der lässig mit Gegensätzen spielt. Macht süchtig!

werden dort alle Pflegemaßnahmen nach biologisch-dynamischen Grundsätzen durchgeführt, ab 2013 von Demeter zertifiziert. Es folgen weitere Experimente im Keller. Die Grenzen des Machbaren auszuloten, das hat Thorsten schon immer gereizt.

Dennoch ist er rückblickend über seinen Mut und vielleicht mehr noch über sein Durchhaltevermögen erstaunt. Die Häme, die ihm ob seines Weges lange begegnet, kann er ertragen. Zermürbender sind die schlaflosen Nächte, wenn er wieder einmal nicht weiß, wie er all die Rechnungen auf seinem Schreibtisch bezahlen soll. Oder wie er neue Kunden für das immer voller werdende Weinlager finden und höhere Preise durchsetzen soll. Morgens legt er dann einen Song von Nirvana auf, um die bösen Geister der Nacht zu vertreiben. Thorsten schließt nicht aus, dass in einer dieser Nächte der Name für seinen neuen, ziemlich unkonventionell und natürlich erzeugten »Vade Retro« geboren wird. Ins Deutsche übersetzt lautet der Name immerhin »Verpiss dich«. Heute bilanziert er die zwei Jahrzehnte so: »Wir haben durchgehalten. Vielleicht hatten wir ein bisschen mehr Glück als andere. Aber so gut wie im Moment ging's uns noch nie.«

Thorstens Weine werden im letzten Jahrzehnt nicht nur stilsicherer und markanter, einige gehören zum Feinsten und Spannendsten, das die Mosel heute zu bieten hat. Mit seinen »neuen« Weinen, allen voran seinem PetNat und dem maischevergorenen »Vade Retro«, trifft er den Geschmack einer jungen städtischen Elite und begeistert Sommeliers in den angesagten Berliner und Stockholmer Weinbars.

Dabei hat sich Thorsten nie ausschließlich um das Fortkommen seines eigenen Betriebs gekümmert. Die Kulturlandschaft der steilen Moselhänge und das Vermächtnis von Generationen, die hier ihren Schweiß vergossen haben, ist ihm eine Herzensangelegenheit geworden. Im »Klitzekleinen Ring«, einem Zusammenschluss von Weingütern in der Umgebung von Traben-Trarbach, engagiert er sich seit Jahren für die »Bergrettung«, ein Projekt zum Erhalt und zur Pflege wertvoller Steil- und Steilstlagen an der Mosel.

Das Projekt hat zwar das Winzersterben nicht aufgehalten, doch für so viel öffentliche Aufmerksamkeit gesorgt, dass es im Stillen als Keimzelle einer mittlerweile sichtbar gewordenen Gegenbewegung dient. Immer mehr Newcomer aus der ganzen Welt entdecken die verlassenen und verwilderten Terroirs der Mosel und begegnen in Thorsten einem charismatischen Mentor. Er unterstützt diese jungen, unternehmungslustigen Enthusiasten, wo er nur kann, und zeigt sich sichtlich erfreut über den frischen Wind, der mit ihnen an die Mosel kommt.

»Die Neuankömmlinge bringen unheimlich viel Leidenschaft und Begeisterung mit. In den verlassenen Weinbergen treffen sie auf Rahmenbedingungen, die ihnen alle Möglichkeiten bieten, sich zu verwirklichen und ihren eigenen Weg zu gehen«, erklärt Thorsten. Weil das Gesetz vorschreibt, dass ungenutzte Parzellen herausgerissen werden müssen, um die Ausbreitung von Rebkrankheiten zu verhindern, können brachliegende Weinberge vereinzelt sogar kostenlos in Besitz genommen werden.

Thorsten zieht spürbar Kraft aus diesem Aufbruch und ist ganz beseelt, diese Menschen unterstützen zu können und damit Teil der Bewegung »Alternative Mosel« zu sein. Wenn sich die New Waver im Sommer zum gemeinsamen Open-Air-Festival treffen, wird sicher auch Thorsten dabei sein und dann vielleicht eine seiner alten Dark-Wave-Scheiben auflegen und allen Moselaner Winzerinnen und Winzern zurufen: »Glück auf!«

Senkrechtstarter im Steilhang | Steffi & Fabian Lassak

Weingut Lassak | Württemberg

Glitzernd schlängelt sich der Neckar durchs Tal, gemächlich tuckert ein Dampfer übers Wasser. Die Sonne strahlt von einem tiefblauen Himmel herab und die Luft inmitten der terrassierten Steillagen-Weinberge oberhalb von Hessigheim ist frisch und klar. Die schroffen, kühn aufragenden Muschelkalkfelsen sind eine geologische Attraktion, die Naturliebhaber und Kletterer gleichermaßen anzieht. Wer dort seine Reben bewirtschaftet, dürfte angesichts dieses traumhaften Panoramas pures Glück empfinden. Doch die Realität sieht anders aus. Die spektakulären Weinterrassen an den Prallhängen des Neckars zu bewirtschaften, ist extrem mühsam. Enge Treppen, steile Hänge, rutschiger Boden. Kaum einer will sich das noch antun. Immer mehr Winzer geben auf und auch die junge Generation verspürt wenig Lust, dieses Erbe

Weingut Lassak
Besigheimer Str. 23, 74394 Hessigheim
Deutschland | Württemberg
www.weingut-lassak.de

Einzellagen: Besigheimer Wurmberg, Hessigheimer Steige
Rebsorten: Riesling, Chardonnay, Pinot Noir, Lemberger
Rebfläche: 3,5 ha *Alter der Reben*: 1 bis 60 Jahre

Riesling

Die Trauben für diesen Gutsriesling stammen aus der Hessigheimer Lage Hambach mit 30 bis 40 Jahre alten Rebstöcken, die auf flachgründigen Muschelkalkböden wurzeln. Dieser gut strukturierte trockene Riesling kommt rein, enorm frisch und mit wunderschöner Textur und Balance daher.

Riesling Hessigheim

Dies ist ein eleganter, raffinierter und mundfüllender Riesling mit superfeinen Gerbstoffen. Er hat eine reife und seidig anmutende Säure sowie eine anhaltende Salzigkeit im Finale. Ein traumhafter Riesling!

Riesling Native

Der Riesling Native präsentiert sich würzig und kräutrig, am Gaumen straff, mit attraktivem phenolischem Grip und salzig-mineralischer Frische im Abgang.

Spätburgunder

Dieser bemerkenswerte Spätburgunder stammt aus zwei Parzellen, von denen die eine mit burgundischen Klonen aus Massenselektionen grünveredelt und die andere 2017 mit 10.000 Rebstöcken pro Hektar neu bepflanzt wurde. Heraus kommt ein ungemein raffinierter und eleganter, zugleich frischer und wunderschön ausgewogener Spätburgunder mit bemerkenswerter Finesse und verführerisch seidiger Textur. Exzellent!

Lemberger

Der perfekte Einstieg in die Lemberger-Welt! Rein, frisch und erstaunlich elegant und seidig.

Lemberger Steige

Kaum zu glauben, dass Lemberger so fein und komplex, so frisch und seidig sein kann! Das ist großes Kino und ein neuer Player im Kreise der besten Blaufränkisch und Lemberger – weltweit.

anzutreten und sich auf den oft mehr als 45 Grad steilen Weinbergen mit ihren kleinen Treppchen krummzubuckeln.

Es ist offensichtlich, dass die Massenproduktion dort an ihre wirtschaftlichen Grenzen stößt. Der Qualitätsweinbau findet jedoch exzellente Bedingungen vor. Das haben auch Steffi und Fabian Lassak erkannt und 2016 in Hessigheim ihr kleines Weingut gegründet. Sie haben sich detailversessen und visionär auf den Weg gemacht und dabei ein Ziel immer ganz konkret vor Augen: Sie wollen authentische, ausdrucksstarke Weine auf Flaschen füllen. Bereits ihre ersten Jahrgänge zeugen von einer Ästhetik, die von Eleganz, Feinheit und Komplexität geprägt ist. Beeindruckend ist die stilistische Kohärenz ihrer Weine. Unabhängig von Rebsorte und Jahrgang zieht sich ein roter Faden durch das Sortiment. Der rote Faden der Zartheit und Leichtfüßigkeit. Bei jedem Schluck glaubt man zu spüren, mit welch großer Behutsamkeit und liebevoller Fürsorge die Lassaks im Weinberg und beim Vinifizierungsprozess zu Werke gehen.

Das junge Winzerpaar bewirtschaftet momentan 3,5 Hektar biologisch. Um die Abwehrkräfte der Reben zu stärken, bringen Steffi und Fabian zusätzlich Tees und Pflanzenextrakte aus und experimentieren mit biodynamischen Präparaten. Ihre besten Weinberge befinden sich in terrassierten Steillagen und auf den für die Region typischen Muschelkalkböden. Fabian und Steffi haben sich von Anfang an auf alte und sehr alte Rebbestände fokussiert und auch auf Rebflächen, die von der Flurbereinigung verschont geblieben sind. Wenn die Rebsorte in solch alten Anlagen nicht passt, veredeln sie um. So haben sie zum Beispiel eine 60-jährige Trollingeranlage mit einer eigens selektionierten Lemberger-Genetik von 100 Jahre alten Weinbergen aus Österreich am Standort grünveredelt.

Ihr Bild von einem gesunden, autarken und widerstandsfähigen Weinberg basiert auf der

Idee von genetischer Vielfalt und Biodiversität. Deshalb pflanzen die Lassaks nur noch Massenselektionen. Jeder Rebstock ist dann ein Individuum und bringt mal mehr, mal weniger viele Trauben zur Reife. Mal sind es kleinere und mal größere, mal dünn- und ein andermal dickscha-

lige Beeren. Aus diesem Grund haben sich Steffi und Fabian auch für die Begrünung der Flächen zwischen den Rebzeilen entschieden. Damit sich die Rebe besser selbst regulieren kann, verzichten sie – insofern die Jahrgangsbedingungen dies erlauben – auf den Laubschnitt und achten darauf, dass sich die Rebzeilen gegenseitig beschatten. Im Ergebnis entsteht ein ausbalancierter, widerstandsfähiger Weinberg, der mehr seinem inneren Biorhythmus folgt, sich mehr selbst reguliert, als dass er auf externe Interventionen angewiesen ist.

Beim Riesling favorisiert das Paar eine eher schlanke Stilistik, weshalb die beiden – je nach Jahrgang – mit einer Ganztraubenpressung oder kurzer Standzeit arbeiten. Die Moste kommen ungeschwefelt und ohne Vorklärung in Stück-, Halbstückfässer oder Tonneaux, wo sie spontan vergoren werden. Die Rieslinge liegen anschließend zum Reifen für 12–17 Monate auf der vollen Hefe. Erst vor der Füllung bekommen sie eine minimale Schwefelgabe und werden unfiltriert abgefüllt.

Die Rotweine vergären spontan auf der Maische in Holzbottichen. Je nach Jahrgang und Alter der Reben ist immer auch ein Anteil an ganzen Trauben dabei (10 bis 70 Prozent). Die Extraktion erfolgt sehr vorsichtig und darf nie zu Lasten von Feinheit und Eleganz gehen. Gekeltert wird mit einer Korbpresse, bevor der Ausbau in ausschließlich gebrauchtem Holz erfolgt. Dies unterstützt den gewünschten puristischen Typ. Der Lemberger reift zum Großteil in alten 600-Liter-Fässern. Beim Spätburgunder experimentieren Steffi und Fabian mit dem klassischen Fût, welches sie direkt im Burgund gebraucht gekauft haben.

Auf ihrem Weg, klassische, herkunftsgeprägte Weine zu erzeugen, haben sich Steffi und Fabian binnen kürzester Zeit perfekt aufgestellt und alle Stellschrauben so justiert, dass bereits nach wenigen Jahren regelmäßig exzellente Ergebnisse erzielt werden. Eigentlich kein Wunder, denn immerhin haben die beiden bei ausgewiesenen Koryphäen gelernt und sich Inspirationen geholt. Dennoch ist ihr Tempo atemberaubend und ihr Start-up der radikale Gegenentwurf zur Tradition in der genossenschaftlich geprägten Region, die noch immer hauptsächlich auf hohe Erträge, hohe Mostgewichte und eine standardisierte Weinqualität setzt, ob der niedrigen Preise für diese Art Wein jedoch nicht überlebensfähig scheint. Mit etwas Glück werden nun Steffi und Fabian ihrerseits zu Vorbildern und Inspiratoren, was der Region mit ihrem schlummernden Potenzial für außergewöhnliche Weine zu wünschen wäre.

Mut und Ausdauer | Stephan Krämer

Ökologischer Land- und Weinbau Krämer | Franken

Die spannendsten Weine entstehen oft in extremen Lagen, dort wo keine Maschinen eingesetzt werden können und die erforderliche Handarbeit so beschwerlich ist, dass kaum jemand unter solchen Bedingungen arbeiten möchte. Winzerinnen und Winzer, die sich das antun, haben weder das schnelle Geld noch den Applaus des Publikums im Visier. Es sind nicht selten intrinsisch motivierte Menschen, die mehr einer Leidenschaft oder Vision als bloßem ökonomischen Erfolg folgen.

Stefan Kraemer ist einer von ihnen. Sein Hauptgeschäft ist die Landwirtschaft. 75 Hektar bewirtschaftet er zusammen mit seiner Frau Simone rund um Auernhofen im fruchtbaren Gollachgau am Rande des fränkischen Teils vom Taubertal. Sie sind Biobauern und pflanzen Getreide, diverse Gemüse und Feldfrüchte. Zu ihren Weinbergen in Tauberzell und Röttingen sind sie etwa 14 Kilometer unterwegs. Es sind zwar nur knapp fünf Hektar, aber es handelt sich fast ausschließlich um Steillagen, die ökologisch und regenerativ bewirtschaftet werden. Sie sind dauerbegrünt und voller Leben. Stephan geht das Herz auf, wenn er sich für ein paar Stunden von den anderen Arbeiten frei

machen, in dieses biodiverse Idyll abtauchen und seinen Reben zuwenden kann. In den vergangenen Jahren macht er viel, um wieder Leben in die früher todgespritzten Areale zu bringen. Er fördert den Humusaufbau und verbessert die Bodenfruchtbarkeit. Aber er weiß, dass noch immer jede Menge Luft nach oben und das System Weinberg längst noch nicht so gesund und widerstandsfähig ist, wie er es sich wünscht.

Gelernt hat Stephan das Weinmachen unter anderem bei den Bioweinpionieren Roth im Steigerwald und Wittmann in Rheinhessen. Exzellente Lehrmeister und dennoch, gesteht Stephan heute, habe es anschließend noch fast 10 Jahre gedauert, bis er ein ausgereiftes Konzept vom Weinmachen generiert habe. Immer an erster Stelle steht für ihn die Arbeit in den Weinbergen. Dort zeigt er sich stets mutig und darauf bedacht, die Möglichkeiten weitestgehend auszureizen. Im Keller fehlt ihm dagegen lange dieser Mut. Noch bis ins Jahr 2012 verarbeitet er exzellente Traubenqualitäten weitgehend konventionell und verschenkt damit eine Menge Authentizität und Originalität. Erst mit dem Jahrgang 2013, noch präziser und konsequenter dann mit dem Jahrgang 2015 reißt er das Ruder herum und ist seither einer der Pioniere in der deutschen »Naturweinszene«. Stephan hat verstanden, dass seine Böden so voller Leben und die Trauben so gut mit allen wichtigen Nährstoffen versorgt sind, dass nicht nur die spontane Vergärung seiner Moste gänzlich unproblematisch ist, sondern dass diese über so viel natürliche Reduktivität verfügen, dass er im Prozess der Weinbereitung ohne die üblichen Manipulationen und Korrekturen auskommt.

Stephans Weine sind auf unkonventionelle Weise exzellent, ungemein mutig und fordernd, manchmal sogar ein wenig provokant. Sie sind würzig, dicht, präzise, salzig und ungeheuer komplex. Ihre Frische und Lebendigkeit wirken unbändig und sie sind nicht auf Primärfrucht getrimmt, sondern sprechen die Sprache von Textur und Mundgefühl. In der »Handwerkslinie« sind »Orangeanteile« aus Maischegärung und Ganztraubenvergärung rückverschnitten. Stephans Weine schauen jedoch weder orange aus, noch schmecken sie danach. Sie haben jedoch unverkennbar eine feine Gerbstoffprägung. Allen Weinen wohnt eine ganz eigene Frische inne, eine Art Oberton, vergleichbar mit obergärigen Bieren. Durch die Hands-off-Methode im Keller finden sich deutliche Unterschiede sowohl im Ausdruck der jeweiligen Jahrgänge als auch hinsichtlich der beiden Taubertäler Lagen. Die vom Muschelkalk geprägten Weine präsentieren sich eher »horizontal« mit mehr Volumen und Cremigkeit, während die Silex-Abfüllungen »vertikaler«, also deutlich straffer und mit mehr Fokus und Stringenz, daherkommen.

Mit seinem Sortiment schwimmt Stephan gegen den Strom des geschmacklichen Mainstreams. Das verlangt Mut und eine spitze Zielgruppendefinition. Tatsächlich hat ihn der Stilwechsel gezwungen, vertrieblich von vorne zu beginnen. Wäre er ökonomisch vom Weinverkauf abhängig, hätte es ihn womöglich die Existenz gekostet. So aber kann er es vergleichsweise gelassen hinnehmen und auf bessere Zeiten hoffen. Dass er weiterhin bis in die Zehenspitzen motiviert und auch in Zukunft willens ist, immer weiter an den Stellschrauben Originalität, Authentizität und Exzellenz zu drehen, demonstriert der Launch verschiedener Silvaner-Interpretationen aus experimenteller Produktion.

Eine Kollektion, die es in sich hat. Da ist zum einen der SKIN 2018, ein komplett auf der Maische vergorener und anschließend zweieinhalb Jahre im gebrauchten Burgunder-Barrique ausgebauter Silvaner. Beim SOLERA 18/19/20 handelt es sich um einen Verschnitt drei verschiedener Silvaner-Jahrgänge. In einem weiteren Experiment hat Stephan seinen klassischen Alte Reben Silvaner eineinhalb Jahre länger als üblich in besten Burgunderfässern reifen lassen und separat abgefüllt. Er nennt diesen ungeheuer tiefen und komplexen Wein aus dem Jahr 2018 Silvaner Alte Rebe Reserve. Ein Kind des Zufalls ist schließlich sein FLOR 2018. Ursprünglich ein intrazellulär vergorener Silvaner (whole bunch), abgepresst und zur weiteren Lagerung in Barriques aus fränkischer Eiche gelegt. Dieser Wein ist eigentlich als Verschnittpartner für Stephans Handwerkslinie gedacht. Als er überraschend eine Florschicht entwickelt, gewährt Stephan ihm freie Hand und lässt ihn einfach weiter reifen. Entstanden ist ein weiteres geniales Silvaner-Unikat, eine originelle Interpretation einer oft unterschätzten Rebsorte.

Mit Stephan ist also weiterhin zu rechnen, seine Schaffenskraft ist ungebremst. Er hat einen langen Atem und nimmt sich die Zeit, die er braucht – genau wie seine Weine, durch die Bank Schätze, die es zu entdecken gilt.

Ökologischer Land- und Weinbau Krämer
Lange Dorfstraße 24, 97215 Auernhofen
Deutschland | Franken
www.kraemer-oeko-logisch.de

Einzellagen: Tauberzeller Hasennestle *(firmiert unter* »Muschelkalk«) und Röttinger Feuerstein »Silex«
Rebsorten: Müller-Thurgau, Silvaner, Johanniter, Riesling, Regent, Schwarzriesling
zukünftig noch: Fränkischer Satz, Adelfränkisch, Chenin Blanc, Spätburgunder
Rebfläche: 4 ha *Alter der Reben*: 5 bis 55 Jahre

Keuper & Kalk

Spielt mit Gegensätzen. Frucht und Blütenduft treffen auf einen knochentrockenen Gaumenauftritt mit einer verspielten Säure und feiner phenolischen Herbe. Sehr originell!

Müller-Thurgau Steillage Muschelkalk

Klare, intensive und würzige Nase, am Gaumen geschmeidig, elegant und gut strukturiert. Sehr anregend und erfrischend!

Müller-Thurgau Steillage Silex

Von Muschelkalkböden mit Quarzadern kommt dieser glasklare, frische und am Gaumen wunderschön geschmeidige Müller. Zeigt sich fest und präzise und geht mit tollem Grip anhaltend und salzig. Ein großartiger Wein!

Pinot Meunier Rosé Terrassen

Seine zugleich feine, delikate und intensivstoffige Art machen diesen Pinot Meunier zu einem spektakulären Wein. Einfach köstlich!

Silvaner Steillage Alte Reben

Flintige Nase trifft auf einen seidig-eleganten, zugleich dichten, körperreichen Gaumenauftritt mit großartiger Frische, Kraft, Grip und anhaltender Salzigkeit.

Silvaner Steillage Muschelkalk

Ein Wein mit großer Reinheit, Finesse und Charakter. Frisch, seidig und präzise. Wow! Exzellent!

Silvaner Steillage Silex

Die Nase changiert zwischen intensiv-fruchtig und würzig-mineralisch. Am Gaumen zeigt er viel Druck, Präzision und ein anhaltend salziges Finale.

Silvaner SOLERA

Die Nase zeigt die weite Welt. Thai-Kräuter, Salzzitrone. Strukturiert, fest, salzig. Ungewöhnlicher kann Franken und Silvaner nicht schmecken.

Silvaner SKIN

Balsamische Komponenten, Cox-Orange. Linearer Aufbau, fein eingebundene Tanninstruktur, belebende Säure. Meistert hervorragend den Spagat zwischen Kraft und Eleganz.

Aufregend. Natürlich | Sven Leiner

Weingut Jürgen Leiner | Pfalz

Während die Straßen in den Ortschaften der Mittelhaardt von berühmten historischen Weingütern gesäumt werden und die imposante Architektur der Villen und Herrenhäuser jede Menge aristokratisches Flair versprüht, repräsentiert die Südpfalz den bäuerlichen Teilbereich des Weinbaugebietes. Dass die Region südlich von Neustadt überhaupt über ernstzunehmende Terroirs verfügt, weiß noch bis weit in die 1990er-Jahre kaum jemand. Allein die Winzergruppe »5 Freunde« rund um Karlheinz Rebholz und Karl-Heinz Wehrheim sorgt in Insiderkreisen dafür, dass der Ruf des Gebietes langsam besser wird. Mit der Jahrtausendwende kommt schließlich Bewegung in die Sache. Für viel frischen Wind sorgte nicht zuletzt eine junge wilde Boygroup mit Namen »SüdpfalzConneXion«.

Der Wildeste in dieser Formation ist der Winzer Sven Leiner, der seinen gerade übernommenen Betrieb gleich zu Beginn auf biologische und kurze Zeit später auf biodynamische Bewirtschaftung umstellt. Auch in der Kellerwirtschaft läutet er ein neues Zeitalter ein. Mit dem, was er macht, widerspricht er zwar allen gängigen Vorstellungen von Weißweinbereitung, doch Sven will nicht einsehen, dass er sich zunächst im Weinberg abschuftet, um im Keller mit künstlicher Hefe, Temperaturkontrolle, Sterilfilter und anderen Manipulationen seine singulären Trauben- und Mostqualitäten ihrer Individualität zu berauben und auf Mainstream zu trimmen. Schon mit dem 2002er Jahrgang verordnet er seinem Weißburgunder aus der Lage Kalmit eine 20-stündige Maischestandzeit, vergärt den unfiltrierten Most spontan in Halbstückfässern aus Pfälzer Eiche, um anschließend den Jungwein bis zur Abfüllung für 10 Monate auf der Vollhefe reifen zu lassen. Wenige Jahre später füllt er die ersten Flaschen ungeschönt und ungefiltert. Mit dieser Art Weinbereitung ist Sven einer der Pioniere des »Naturweins«, der gegenwärtig in aller Munde ist. Und noch immer ist er seiner Zeit ein gutes Stück voraus.

Seit seinen ersten Gehversuchen in Richtung Biodynamie – damals in enger Kooperation mit Peter Jakob Kühn und dem Berater Andrew Lorand – hat Sven die Kerngedanken der Lehre immer weiter adaptiert und an seine Bedingungen angepasst – unideologisch und völlig frei von Dogmen. Sein Zugang zur Biodynamie ist erfrischend praktisch und pragmatisch. Sie liefert dem neugierigen und experimentierfreudigen Winzer immer wieder neue Anregungen, um die Grenzen des Machbaren weiter zu verschieben und dem Ziel, die Böden zu gesunden und Herkunft im Wein schmeckbar zu machen, noch ein Stückchen näher zu kommen.

Eine wichtige Inspirationsquelle sind für Sven der Nürnberger Weinhändler Martin Kössler und die Begegnungen mit Winzern aus der ganzen Welt im Rahmen der jährlichen Hausmessen von K&U. Als 2002 die Zusammenarbeit beginnt, sieht sich Sven plötzlich inmitten eines Netzwerks aus Gleichgesinnten. Winzern, die den Weinberg, weniger den Keller im Fokus haben und, die viel Zeit und Arbeit in einen gesunden, lebendigen Boden investierten.
Sie nehmen bewusst in Kauf, dass ihre Weine von den banalen Geschmacksbildern abweichen, die die moderne Önologie massenhaft erzeugt. Sie sind angetrieben von der Idee, so hochwertige und gesunde Trauben zu erzeugen, dass sie sich im Keller auf das Notwendigste beschränken können.

Die Kolleginnen und Kollegen geben Sven für seine weitere Entwicklung die nötige Rückendeckung und er lässt sich nicht mehr von seinem unkonventionellen Weg abbringen. Wer heute Svens Weinberge durchstreift, sieht und hört auf Schritt und Tritt das Leben, das hier herrscht. Sven arbeitet mit Dauerbegrünungen und verschiedenen Deckfrüchten wie Hafer und Buchweizen. »Die Pflanzenvielfalt«, sagt er, »spielt eine entscheidende Rolle für die Fruchtbarkeit unserer Weinberge, da sie nicht nur unsere Reben mit wichtigen Nährstoffen versorgt, sondern auch eine stabilisierende Wirkung auf das Bodenleben hat. Erst ein artenreiches Bodenökosystem mit Bakterien, nützlichen Pilzmyzelen, Regenwürmern und einer Vielzahl von Insekten sorgt für einen effizienten Nährstoffkreislauf.«

Dass Sven den Kopf noch immer voller Ideen hat, zeigen mehrere aktuelle Projekte, mit denen er – zumindest teilweise – wieder einmal Neuland betritt. Im Rahmen einer Nichtschnittanlage experimentiert er mit pilzwiderstandsfähigen Rebsorten. Rund 10 Prozent seiner Fläche hat er zu Brachen umfunktioniert. Seit kurzem bereichern Hühner das Hofleben und Sven hat eine Kooperation mit einem Landwirt gestartet, der nun einige seiner Weinberge und Obstgärten mit Hochlandrindern beweidet.

Svens Weine sind präzise Abbilder des gesunden und vielfältigen Naturraums und der kargen

Weingut Jürgen Leiner
Arzheimer Straße 14, 76831 Ilbesheim
Deutschland | Pfalz
www.weingut-leiner.de

Einzellagen: Ilbesheimer Kalmit
Rebsorten: Silvaner, Kerner, Müller-Thurgau, Sauvignac, Calardis Blanc, Satin Noir, Tempranillo, Cabernet Sauvignon, Dornfelder, Portugieser, Dunkelfelder, Spätburgunder, Weißburgunder, Grauburgunder, Chardonnay, Riesling, Gewürztraminer, Muskateller
Rebfläche: 17 ha *Alter der Reben*: 1 bis 48 Jahre

Muscat Love
Cooler und super entspannter Groove.

Bitches Brew
Miles Davis erfindet sich neu!
Provokant jazziger Rock'n Roll.

Voyage Voyage
Raffiniert erfrischend. Da kommt Partystimmung auf!

Foxy Lady
Pinot Noir und Satin Noir ergeben nach partieller Kohlensäuremaischung einen energisch-frischen, unverfroren anmachenden und ein kleines bisschen verruchten Wein.

Weißer Burgunder Handwerk
Ein super charmanter und fröhlicher Weißburgunder, der erst im kargen Finale seine Herkunft preisgibt.

Weißburgunder Kalkbruch
Kommt fokussiert, macht auf und geht fokussiert.
Puristisch und super präzise.

Weißburgunder Kalkbank
Knackig frisch, extraktreich und cremig texturiert. Ein beeindruckender Weißburgunder mit enormer Konzentration und einem super frischen und salzigen Finish.

kalkhaltigen Lagen, denen sie entstammen. Sie sind auf wunderbare Art genuin und unverfälscht, echt und wahrhaftig und dabei so natürlich und rein, dass man sie nur so wegzischen möchte. Genau wie Sven selbst passen auch seine Weine in keine der gängigen Schubladen. Es sind individuelle, charakterstarke Typen, die den Horizont der Qualitätsweinprüfung immer wieder gesprengt haben. Das ist auch der Grund, weshalb sich Sven entschlossen hat, seit dem Jahr 2018 sein gesamtes Sortiment als Landweine zu vermarkten.

Auch was den Keller betrifft, stehen im Hause Leiner die Uhren nicht still. In einem Kooperationsprojekt mit dem bekannten Berliner Weinhändler Holger Schwarz ist die sogenannte »LP-Linie« entstanden, eine Reihe komplett naturbelassener Weine, darunter ein ganz exzellenter Pinot, der sich mit den besten natürlichen Rotweinen aus dem Jura oder dem Beaujolais messen kann. Mit Winzern wie Sven ist die Südpfalz auf dem besten Wege, wieder ein Stück ihrer Diversität und ihrer Seele zurückzuerlangen. Die Schätze dieser großartigen Kulturlandschaft wieder so sichtbar zu machen, dass deren Erhalt und Pflege zu einem Anliegen wird, das ganz vielen Menschen am Herzen liegt, das ist Svens Mission.

Vom Außenseiter zum Leuchtturmweingut | **Viktoria & Peter Bernhard Kühn** | *Weingut Peter Jakob Kühn* | *Rheingau*

Einem der heute erfolgreichsten Weinbaubetriebe im lange erfolgsverwöhnten Rheingau kommt eine Außenseiter-Rolle zu. Denn das Weingut, das seit 20 Jahren gegen den Strom schwimmt, wird lange für den eingeschlagenen Weg belächelt. Während die Mehrheit der renommierten Rheingauer Weingüter die Zeichen der Zeit nicht erkennt oder meint, sie ignorieren zu können, stellt Peter-Jakob Kühn seinen Betrieb in Oestrich-Winkel bereits 2004 auf biodynamische Bewirtschaftung um. Spätestens seit dieser Zeit wird dort mit sehr viel Leidenschaft die Herstellung authentischer, herkunftsgeprägter Weine vorangetrieben. Peter-Jakob und Angela legen die Grundsteine, bevor 2012 Sohn Peter Bernhard und seine Frau Viktoria beginnen, das Profil und die Stilistik der Weine noch einmal zu schärfen. Heute handelt es sich beim *Weingut Peter Jakob Kühn* um einen absoluten Leuchtturmbetrieb mit großer Ausstrahlung über die Landesgrenzen hinaus.

Die Herangehensweise der Kühns ist so klar wie einfach. Sie vertrauen der Intelligenz der Natur und überschätzen das eigene gestalterische Potenzial nicht. Sie kümmern sich um gute Rahmenbedingungen, gehen in Weinberg und Keller aber ansonsten interventionsarm zu Werke, um maximal ehrliche, authentische und ausdrucksstarke Weine auf Flaschen füllen zu können.

Weil dem jungen Peter Bernhard der Zugang der Deutschen zum Wein zu technisch, geführt und kontrolliert ist, entscheidet er sich, einen Teil seiner Lehrjahre in Frankreich zu verbringen. Dort lernt er Weine und Werte kennen, die ihn bis heute tief beeindrucken. »Das Selbstverständnis der Menschen ist geprägt von Bescheidenheit und Bodenständigkeit und einer ungeheuren Wertschätzung den Rebstandorten und insbesondere alten Anlagen gegenüber. Der Stolz auf das Winzerhandwerk ist in Frankreich sehr ausgeprägt. Und auch auf die Arbeiten und Voraussetzungen, die damit verbunden sind: Das Hacken und Schippen, alte, einfache Werkzeuge,

Muskelkraft, Fleiß, frühes Aufstehen, Ausdauer und Sorgfalt«, erklärt Peter Bernhard.

Erst später wird ihm klar, dass viele dieser Werte auch das Leben in seinem Elternhaus bestimmen. Auch sein zweiter Frankreich-Aufenthalt hinterlässt enorme Spuren. »Bei *Zind-Humbrecht* im Elsass habe ich gelernt, mehr Vertrauen in die Traube, den Most und den werdenden Wein zu haben, mehr Beobachter und Begleiter als Dirigent zu sein.«

Peter Bernhard ist der Überzeugung, dass die Expressivität, die von einem Standort kommt, nicht primär von mikroklimatischen und topografischen Faktoren ausgeht, sondern vor allem von der Lebendigkeit des Bodens. Während der jüngeren Vergangenheit hat sich bei ihm die Erkenntnis durchgesetzt, dass der Boden umso lebendiger wird, desto weniger kultivierend eingegriffen wird. Deshalb verzichtet Peter Bernhard – wann immer möglich – aufs Aufbrechen des

Bodens. Das bewahrt Lebendigkeit und schützt die symbiotischen Prozesse an den Wurzeln der Rebpflanzen. Im Gegensatz zu früher sät er heute nicht mehr pauschal bunte Begrünungsmischungen in die Weinberge, sondern lässt dem natürlichen Aufwuchs mehr Raum.

Auf diese Weise kommt Ruhe in die Weinberge und jede einzelne Parzelle kann mehr Individualität ausbilden. »Je mehr ich mich zurücknehme, desto natürlicher, echter, lebendiger und eigenständiger wird der Standort. Das Schöne ist für mich, mir die Freiheit zu diesem Wagemut nehmen zu können«, erklärt er. Die Rebpflanze selbst ist ungemein verletzlich und deshalb maximal schutz- und pflegebedürftig. Ihre Pflege wird im Hause Kühn daher mit viel Akribie und in Handarbeit betrieben. Peter Bernhard sagt: »Nur wenn wir unsere Reben mit Händen berühren, können wir Weine machen, die die Menschen berühren.«

Die Arbeiten im Keller zielen darauf ab, den Weinwerdungsprozess mit rein handwerklichen Mitteln so zu gestalten, dass das ganze geschmackliche Potenzial der Trauben im fertigen Wein einen ehrlichen und authentischen Ausdruck finden kann. Peter Bernhard ist der Auffassung, dass zu viel Kellermeisterhandwerk den Ausdruck, der vom Weinberg kommt, verfälscht.

Seit einiger Zeit verzichten Peter Bernhard und Viktoria auf die früher obligatorische Maischestandzeit. Um die Inhaltsstoffe der Schalen im Wein zu integrieren, wählt er seither den Weg über eine sanfte und langsame Ganztraubenpressung. Auf diese Weise werden wertvolle Mineralstoffe extrahiert, während gleichzeitig unerwünschte Gerbstoffe oxidieren und so weitgehend eliminiert werden. Ebenso haben die beiden seit dem Jahrgang 2019 die Ausbauzeit der Guts- und Ortsweine noch einmal verlängert und ihre Freigabe um ein halbes Jahr nach hinten verschoben, was der Performance dieser Weinkategorien extrem gutgetan hat.

Bei den Kühns begegnet man Weinen mit einer enormen Power und elektrisierenden Dynamik, die an der Zungenspitze anfängt und im kleinen Zeh endet. Diese enorme Intensität wirkt jedoch nicht kompliziert oder angestrengt, sondern sie geht einher mit einer erstaunlichen Leichtigkeit und Unbekümmertheit.

Weingut Peter Jakob Kühn
Mühlstraße 70, 65375 Oestrich-Winkel
Deutschland | Rheingau
www.weingutpjkuehn.de

Einzellagen: Oestricher Klosterberg, Hallgartener Hendelberg, Oestricher Lenchen, Oestricher Doosberg, Mittelheimer Sankt Nikolaus, Hallgartener Jungfer
Rebsorten: Riesling, Spätburgunder *Rebfläche*: 20 ha *Alter der Reben*: 5 bis 70 Jahre
Mitgliedschaften: VDP, Demeter

Riesling Jacobus

Intensiv saftig, druckvoll und aromatisch mit enormer Frische und tollem Grip am Gaumen. Der vielleicht beste Gutsriesling in Deutschland!

Riesling Quarzit

Kristallin, klar und präzise; tolle Balance zwischen den reifen und animierend-frischen Elementen. Extrem schönes Mundgefühl. Ein wirklich aufregender Ortswein!

Riesling Rheinschiefer

Ein unglaublich harmonischer, perfekt abgestimmter Riesling mit viel ätherischer Kräuterfrische, die den gesamten Mundraum lange auskleidet. Exzellent!

Riesling Hendelberg Erste Lage

Hoch oben und in einer gewissen Entfernung zum Rhein wächst in dieser vergleichsweise kühlen Lage auf Phyllitschiefer ein ungemein energetischer und fokussierter Riesling mit einer enormen Strahlkraft.

Riesling St. Nikolaus GG

Einer der Superstars im Rheingau! Die Trauben wachsen direkt am Rhein, der Wein präsentiert sich kraftvoll, komplex und perfekt strukturiert. Ihm fehlt es trotz der warmen Lage nie an Frische und Saftigkeit.

Riesling Doosberg GG

In dieser wenig spektakulären Lage wachsen Jahr für Jahr die Trauben für einen ganz bemerkenswerten Riesling. Enorme Fruchtkomplexität paart sich mit kräutrig-würzigen Noten. Die lebendige Säure verleiht dem Wein bei aller Kraft und Tiefe stets etwas Leichtes und Spielerisches. Im Finale stellt sich delikate Salzigkeit ein. Exzellent!

Konsequent ökologisch | Vincent Eymann

Weingut Eymann | Pfalz

Im zarten Alter von 25 Jahren springt Vincent Eymann ins kalte Wasser. Unmittelbar nach Abschluss seines Studiums der internationalen Weinwirtschaft veranlassen die gesundheitlichen Probleme seines Vaters Vincent zum nahtlosen Eintritt in den elterlichen Betrieb. Von Beginn an übernimmt er die volle Verantwortung. Bis auf ein Vorpraktikum bei Deutschlands Sekt-Koryphäe Volker Raumland im rheinhessischen Flörsheim-Dalsheim hat Vincent zum damaligen Zeitpunkt noch keinerlei Praxiserfahrungen gesammelt. Umso erstaunlicher, wie reibungslos der Übergang vonstattengeht. Und nicht minder erstaunlich, wie zielstrebig und souverän Vincent das Weingut binnen weniger Jahre als ökologischen Vorzeigebetrieb mit überregionaler Ausstrahlung positioniert.

Ohnehin zählt das *Weingut Eymann* zu den ältesten Biobetrieben Deutschlands und nur wenige andere Weingüter arbeiteten so nachhaltig und in einem so umfänglichen Sinne ökologisch wie die Eymanns. Vincents Vater ist Ökowinzer der ersten Stunde, getrieben von der Idee, Wein im Einklang mit der Natur zu produzieren. Bereits Anfang der 80er-Jahre vollzieht er – gegen den Willen seines Vaters und auch entgegen der damals herrschenden Auffassung vom Weinmachen – die Umstellung und macht sich auf einen konsequent ökologischen Weg. Um die Jahrtausendwende beginnt er, sich mit der Biodynamie zu beschäftigen, experimentiert ein paar Jahre und lässt sich 2006 von Demeter zertifizieren. Als Vincent die Geschäfte übernimmt, sind die Weinberge in einem perfekten Zustand und auch die Organisation der Kellerwirtschaft, das verfügbare Equipment und die vorhandenen Räumlichkeiten lassen wenig zu wünschen übrig. Selbst die Qualität des Sortiments zeigt wenige Schwächen.

Und dennoch fehlt ein ganz entscheidender Baustein. Eine durchdachte und konsistente Marketingstrategie mit einem echten, identitätsstiftenden Markenkern existiert bislang nicht. Das Produktportfolio hat keinen wirklichen Fokus, die Preise sind nicht feinjustiert und generell zu niedrig, der Vertrieb zu sehr auf Endverbraucher ausgerichtet und eine funktionierende Kommunikation nach außen ist kaum vorhanden.

Zunächst macht Vincent die Themen Ökologie und Nachhaltigkeit zum Markenkern. Ihm ist bewusst, dass die Konsequenz, mit der seine Familie die Themen Biodynamie, Biodiversität und Artenschutz vorantreibt, weder in Deutschland noch anderswo selbstverständlich ist. Für ihn bedeuten biodynamischer Weinbau und die Demeter-Zertifizierung mehr als lediglich ein paar Präparate einzusetzen und den Mondkalender zu befolgen. Vincent ist der ökologische Rahmen wichtig, also etwa die Frage, ob ausreichend Ausgleichsflächen geschaffen werden, ob vielseitige Begrünungsmischungen zum Einsatz kommen oder, was genau für den Artenschutz getan wird. Er kümmert sich deshalb um Gehölzhecken, Insektenhotels, Bienen, Vogelhäuser und die Pflege von Trockenmauern. In der Ebene, wo weder Hecken noch Bäume existieren, roden die Eymanns sogar Rebflächen und pflanzen Bäume. Auf diese Weise entstehen die größten und wichtigsten Rückzugsorte für Vögel und Kleintiere in der Gemarkung Gönnheim.

Diesen glasklaren Markenkern verbreitet Vincent auch über alle Kommunikationskanäle – die Flaschenetiketten, die Webseite des Weinguts und die Sozialen Medien. Neue Partnerschaften im Handel ergeben sich so fast wie von selbst. Parallel macht er sich daran, den Rebbestand und das Produktportfolio neu zu gestalten. Anlagen, die mit Sorten wie Regent, Dornfelder oder Kerner bestockt sind, werden gerodet und durch die Sorten Riesling und Spätburgunder ersetzt, den beiden neuen Leitsorten des Betriebs. Sukzessive verschlankt Vincent sein Sortiment und etabliert Lagenweine als neue Kategorie im Topsegment.

Da kommt die Gelegenheit wie gerufen, das Lagenportfolio durch erstklassige Flächen mit sehr alten, zum Teil wurzelechten Reben in Bad Dürkheim und Wachenheim zu ergänzen. Gerade erst hat Vincent in einer dieser Lagen eine neue Pinot-Anlage dicht mit hochwertigem Rebmaterial aus dem Burgund bepflanzt. Doch nicht nur wegen ihres großartigen Qualitätspotenzials ist Vincent glücklich über diese neuen Weinberge, sondern auch, weil sich die terrassierten Hanglagen mit ihren Trockenmauern ganz wunderbar für ökologische Projekte nutzen lassen.

Im Keller arbeitet Vincent heute so, dass er das ganze Potenzial der Trauben auch in die Flaschen bekommt: Handlese, Ganztraubenpressung, Spontangärung und Ausbau in traditionellen Stück- und Doppelstückfässern sowie der Verzicht auf Schönungsmittel und Stabilisatoren.

Auf diese Weise entstehen großartig relaxte, durch und durch entspannte und im Kern naturbelassene Weine auf qualitativ hohem Niveau. Es handelt sich um sehr puristische und in sich ruhende Gewächse, die mit einer so wundervollen Ausgewogenheit und Würde daherkommen, dass man sie leicht unterschätzen kann. Effekthascherei und vordergründige Fruchtigkeit sind nicht ihr Ding. Ihren besonderen Charme entfalten Vincents Weine erst am Gaumen. Sie besitzen Struktur, Grip, eine enorme Tiefgründigkeit und großartige Persistenz. Vincent selbst beschreibt seine Weine so: »Wir konzentrieren uns auf die klassischen Rebsorten und zielen nicht auf ›Super Funky Natural Wines‹. Was ich anstrebe, sind handwerkliche Herkunftsweine aus biologisch-dynamischem Anbau, also klassische große Weine mit Ursprungscharakter.« Ein mehr als gelungener Start für dieses junge Pfälzer Talent. Konsequent ökologisch eben.

Weingut Eymann
Ludwigstraße 35, 67161 Gönnheim
Deutschland | Pfalz
www.weingut-eymann.de

Einzellagen: Dürkheimer Fuchsmantel, Wachenheimer Schlossberg, Wachenheimer Königswingert, Gönnheimer Sonnenberg, Gönnheimer Mandelgarten
Rebsorten: Riesling, Spätburgunder, weiße Burgundersorten
Rebfläche: 18 ha *Alter der Reben*: bis zu 90 Jahre

Gönnheimer Riesling
Ein mittelkräftiger, eleganter, transparenter und raffinierter trockener Riesling.

Riesling Toreye alte Reben
Aus teilweise unveredelten, bis zu 90 Jahre alten Rebstöcken. Rein und subtil mit toller Frische und bezaubernder Textur. Kategorie »best-buy«!

Schlossberg Riesling
Rund, charmant und perfekt balanciert. Schöne Persistenz!

Fuchsmantel Riesling
Puristisch! Klar, rein, tief und frisch. Von zurückhaltender Eleganz geprägt!

Mandelgarten Gewürztraminer (Solera)
Intensität trifft Präzision! Gegen den Strich gebürstet – mit den Schalen vergoren und in der Solera ausgebaut. Gänsehaut-Wein!

Sonnenberg Spätburgunder
Ein charaktervoller Spätburgunder mit toller Frische und schöner Konzentration.

Spätburgunder Toreye
Ein tiefgründiger, reiner und eleganter Spätburgunder mit enormer Frische, Saftigkeit und feiner Tanninstruktur.

Spätburgunder -R-
Tiefgründig, seidig und elegant. Strahlt eine wunderschöne Wärme aus.

Blanc de Noirs Extra Brut
Ein reiner, knackiger und knochentrockener Sekt mit beeindruckender Eleganz, Komplexität und Länge.

Pinot Noir Rosé Brut
Raffiniert, feine Perlage, knochentrocken. Mit schöner Frische und etwas phenolischem Grip im Finale.

Vive la France

Bleibt Frankreich das Maß aller Dinge? Es ist jedenfalls mehr als beeindruckend, welche Fülle an einzigartigen Weinen jedes Jahr in den französischen Weinbergen und Kellern entsteht. Für viele Winzerinnen und Winzer in der ganzen Welt ist dieser Output eine unerschöpfliche Quelle der Inspiration. Und so zählen nicht wenige von ihnen in ihren Lebensläufen eine oder mehrere namhafte französische Adressen auf, die ihnen ermöglicht haben, reichlich Erfahrungen zu sammeln. Längst sind es nicht mehr nur die Schwergewichte Burgund oder Bordeaux, welche für Anziehungskraft sorgen. Im Gegenteil, die heutigen Vorbilder sitzen oft auch außerhalb der klassischen Hochburgen.

Dabei ist es nicht lange her, dass auch die Grande Nation Schwächen zeigt. Rien ne va plus. Das Beaujolais bekommt deutlich zu spüren, dass clevere Verkaufskonzepte Versäumnisse im Weinberg und im Keller nicht ewig kaschieren können. Alsace und Loire haben zwar ihre Handvoll Superstars, aber gelten als staubig und unsexy. Die Weinberge des Midi scheinen auf ewig unter dem Fluch ihrer Landweine zu stehen. Geld wird dort schon lange nicht mehr verdient, Destillation von Wein und Rodung von überschüssigen Reben stehen auf der Tagesordnung.

Aber Frankreich wäre nicht Frankreich, wenn es sich nicht selbst aus dem Schlamassel ziehen würde. Eine Dekade später ist zwar noch nicht alles Gold, was glänzt, aber im ganzen Land ist die positive Entwicklung nicht zu übersehen. Das Beaujolais hat sich wieder neu erfunden, die östlichen Regionen Jura und Savoie haben endlich ihr ewiges Geheimtipp-Image abgelegt. Gebiete wie Terrasses du Larzac beweisen eindrucksvoll, was der Süden auf dem Kasten hat. Die Champagne hingegen ist eine treibende Kraft auf Frankreichs Weg zu mehr Nachhaltigkeit. Selbst Bordeaux zeigt ein neues Level an Innovation und ist diverser denn je.

»Vin de France« ist die neue Marke. Die Revolution findet mehr und mehr außerhalb des gesetzlichen Appellationssystems statt, es hat sich eine Parallelwelt entwickelt. Für viele Winzerinnen und Winzer sind die Regeln zu starr, hemmen Kreativität und Experimentierfreude, sind zu oft interessengesteuert. Insbe-

sondere die stetig gewachsene Zahl der Naturweine hat hier ein neues Zuhause gefunden. Ein Paradoxon. Einst für die einfachsten Weine geschaffen, steht diese Kategorie heute für viele alternative Ideen und Konzepte.

Die Naturwein-Szene ist erwachsen geworden. Vor nicht allzu langer Zeit bezeichnet ein einflussreicher französischer Weinkritiker diese Bewegung noch als »Invasion of the bad wines« und prophezeit ein schnelles Ende. Mittlerweile hat sich Frankreich jedoch als europäisches Zentrum des Naturweins etabliert. Die Protagonisten sind älter und ihre Weine sind gereifter. Oft verschwimmen die Grenzen zum »klassischen« Wein, was von einer gegenseitigen Beeinflussung zeugt.

Frankreich hat Europa stark geprägt. Und wird es weiter tun. Aber ist Frankreich nun das Maß aller Dinge? Nein, das ist es nicht und muss es auch nicht sein. Der Maßstab ist Europa und Frankreich ist ein unverzichtbarer Bestandteil davon. Vive l'Europe.

Après Apremont | **Brice Omont** | *Domaine des Ardoisières*
Savoyen

In den Bergen tut sich was. »Die Stimmung ist gut«, sagt Brice. Unverkennbar ist der qualitative Sprung der letzten Dekade. Die Weine aus den Savoyen haben in Frankreich mittlerweile den gleichen Status wie jene aus dem kultigen Jura. Dabei ist es noch nicht lange her, dass fast jeder Händler und Sommelier die Region nur über ihre »Pistenweine« definiert. Neutrale Weißweine, das Standardgetränk in den nahen Skihochburgen, ausgerichtet auf den Geschmack der Masse. Natürlich gibt es davon noch immer genügend, aber es gibt auch eine stärker werdende Gegenbewegung. Dazu zählen Winzer wie Brice, die zeigen, dass die Region viel mehr kann, als nur Fondue-Weine à la Apremont zu produzieren.

In der Champagne aufgewachsen, will Brice eigentlich an die Loire, nach Saumur oder Anjou. Im Frühjahr 2003 erreicht ihn ein Anruf. Er solle sich ein neues ambitioniertes Projekt anschauen, mitten in den Savoyer Alpen, am Rande des Massif de Bauges. Michel Grisard, einer der Pioniere der Region, hat in Zusammenarbeit mit einer Handvoll kleiner Weinbauern ein neues Projekt initiiert – die *Domaine des Ardoisières.* Auf historischem Boden im kleinen Dorf Cevins, unweit von Albertville, haben sie alte Weinberge rekultiviert, stemmen sich dem Aussterben einer jahrtausendalten Tradition entgegen. Sie pflanzen die heimischen Sorten der Alpen, darunter die seltene Mondeuse Blanche und Persan. Jetzt suchen sie jemanden mit Talent, Engagement und Weitblick für die Führung der Domaine. Brice ist beeindruckt, sagt sofort zu. Zunächst plant er nur für einige Jahre dort zu bleiben, doch schon kurze Zeit später steht fest, dass die *Domaine des Ardoisières* seine Lebensaufgabe wird. Er bleibt und übernimmt das Weingut mit dem Jahrgang 2010.

Dank Winzern wie Michel Grisard erlebt der Weinbau in den Savoyen zu dieser Zeit eine erste Renaissance. Grisard ist in den 80er-Jahren einer der wenigen Winzer, die an das Potential der Savoyen und deren autochthone Rebsorten wie Mondeuse und Altesse glauben. Mittlerweile ist er im Ruhestand und seine Weine der *Domaine Prieure Saint-Christophe* gehören heute zu den Kultweinen Frankreichs. Nach einer Begegnung mit Pierre Overnay aus dem Jura gehört er zu den Ersten, der den biodynamischen Anbau in die Alpenregion einführt. Mittlerweile sind es 16 Hektar, die von Brice und seinem Team nach diesen Prinzipien bewirtschaftet werden. Unter den alpinen Bedingungen ist das keine einfache Aufgabe, alle Parzellen befinden sich zudem in Steil- oder Terrassenlagen, was maschinelle Hilfe fast vollständig ausschließt. »Ich brauche über das Jahr hinweg eine Person je Hektar, um am Ende Trauben zu lesen, die meinen qualitativen Vorstellungen entsprechen«, bringt Brice es auf den Punkt.

Das Team spielt nicht nur im Weingut eine große Rolle für Brice. »Allein bin ich nichts, der Erfolg der letzten Jahre ist ganz klar ein Erfolg des Teams. Im Weinberg, im Keller, genauso im Handel, in den Restaurants und im weiteren Sinne auch unserer Kundschaft. Jeder trägt seinen Teil dazu bei, egal ob unmittelbar im Werdegang des Weins oder in der Kommunikation, als Botschafter unserer faszinierenden Region und unserer einzigartigen Weine.« Wohl nur wenige Regionen Europas sind so volatil in Sachen Klima und Ertrag. Die Erträge schwanken teilweise extrem und so sind 50 Prozent Unterschied von Jahr zu Jahr keine Seltenheit. »Im langfristigen Durchschnitt sind es nicht mehr als 35 Hektoliter je Hektar, bei den Spitzenweinen bewegen wir uns nur bei 25 Hektolitern. Wir brauchen die Leute am Markt, die unsere Bedingungen kennen und monetäre Zusammenhänge erklären.«

Der 21er Jahrgang ist der aktuelle Beweis. »Eine sehr aufwändige Saison. Wie selten zuvor mussten wir im Weinberg extrem nah dranbleiben, um nicht alles zu verlieren. Dazu setzte die Reife nur sehr schleppend ein. Es war wichtig, nicht die Geduld zu verlieren und auf den richtigen Zeitpunkt zu warten«, erläutert Brice. Bis Mitte Oktober zieht sich die Lese hin, doch was letztendlich im Keller landet, ist exzellent. Alle Rebsorten besitzen eine pulsierende Säure und zeigen die Klarheit und Linearität, die der Erwartungshaltung an einen Bergwein entspricht. Generell versteht es Brice perfekt, Leichtigkeit mit Tiefe zu verbinden. Obwohl die meisten Weine einen sehr moderaten Alkoholgehalt haben, lassen sie nichts an Komplexität und Intensität vermissen. Das Alter der Weinberge spielt Brice mittlerweile in die Karten. Die neuangelegten Weinberge in Cevins sind mit circa 20 Jahren im besten Alter und bieten damit eine hervorragende Ausgangsposition für die Zukunft. Dazu kommen einige ältere Parzellen mit bis zu 80 Jahre alten Reben in Saint-Pierre-de-Soucy.

Die insgesamt sechs Weine der *Domaine des Ardoisières* sind nach ihrer geologischen Herkunft benannt. Die Böden der Savoyen sind sehr komplex, unter anderem kommen Quarz, Schiefer und Mergel vor. Knapp ein Dutzend Rebsorten sind in den Weinbergen von Brice zu finden und die meisten von ihnen werden entsprechend ihrer Terroirs assembliert. Der reinsortig ausgebaute Altesse ist eine der Ausnahmen, gehört für Brice zu den wertvollsten Sorten der Savoyen. »Eines meiner nächsten Ziele ist es zu beweisen, dass unsere Weine Entwicklungspotential besitzen und von einer längeren Reife profitieren«, erklärt er. Das will

Brice auch mit den Rotweinen zeigen und so ist er einer der wenigen Winzer, die Persan im Bestand haben. Früher gehört die mehltauanfällige rote Rebsorte zu den meistangebauten Sorten der Region, heute sind nicht einmal zehn Hektar übriggeblieben. Selbst in warmen Jahren behält der strukturierte Persan seine ausgeprägte Säure und zeigt nach einigen Jahren Reife ein Potpourri verschiedenster Waldaromen.

Für die nahe Zukunft steht der Umbau des Kellergebäudes an, das momentan eher eine schlichte Lagerhalle ist. »Nach zehn Jahren Arbeit konnte ich die Bank endlich überzeugen, mir Geld zu geben«, sagt Brice mit einem Augenzwinkern. Im neuen Keller soll dann ausschließlich mit Schwerkraft gearbeitet werden, denn davon verspricht sich Brice nochmal einen qualitativen Schub. Protz und Glimmer wird es aber auch dann nicht geben, das entspricht einfach nicht seiner Natur und dem Wesen seiner Weine. Kein Zweifel, es tut sich was in den Bergen. Die Stimmung bleibt gut.

Domaine des Ardoisières
72 Impasse de la Pierre Marquée
Le Villard, 73250 Fréterive
Frankreich | Savoyen
www.domaine-des-ardoisieres.fr

Einzellagen: Cevins, Saint-Pierre-de-Soucy, Saint-Jean-de-la-Porte
Rebsorten: Altesse, Chardonnay, Gamay, Jacquère, Malvoisie de Savoie, Mondeuse, Mondeuse blanche, Persan, Roussanne
Rebfläche: 16 ha *Alter der Reben*: 20 bis 80 Jahre

Silice

100 % Jacquère, die Trauben kommen aus einer Kooperation mit drei regionalen Winzern. Floral, schlank, belebende Säure. Für jeden Tag gemacht, aber qualitativ weit über einem Alltagswein.

Argile blanc

Der Archetyp eines Bergweins. Blend aus den autochthonen Jacquère und Mondeuse Blanche, dazu Chardonnay. Glasklare Nase, Apfel, Limette, frische Kräuter. Leichtfüßig und energetisch.

Schiste

Jacquère, Roussanne, Malvosie de Savoie, Mondeuse Blanche. Schieferterrassen in Cevins. 12 Monate in gebrauchten Barriques gereift. Braucht Zeit im Glas, entwickelt dann einen Regenbogen an Aromen. Steinobst, Limette, frisch gehackte Kräuter. Konzentrierter als der Argile, aber genauso belebend. Linear und sehr lang, kann 10 Jahre reifen.

Quartz

Das weiße Flaggschiff. 100 % Altesse aus Cevins, im gebrauchten Holz gereift. Duftige, kühle Nase. Quitte, weißer Pfirsich, Melisse, grüne Exotik. Saftig und cremig. Elektrisierende, perfekt eingewobene Säure. Finessenwein. Nur 3.000 Flaschen.

Argile rouge

Gamay, Mondeuse noire, Persan. Fein ziselierte Frucht, Kirsche, florale Noten. Schlank, moderates Tannin, fester Kern. Saftige Frucht im Finish. Charmantes Savoie.

Amethyste

Persan, Mondeuse noire. Ertrag nur 25 Hektoliter pro Hektar. Cool Climate Style. Frische und Energie sind die Überschrift. Waldaromen, Himbeere, ätherische Nuancen. Moderater Alkohol, fast schlank, trotzdem mit Substanz und Tiefgang. Vertikaler Wein.

Das Salz des Jura | Charline, Julien & Romain Labet | *Domaine Labet* | *Jura*

Salz gilt lange als das weiße Gold des Jura. Es bringt der Region enormen Reichtum und noch heute sind viele prachtvolle Bauten die steinernen Zeugnisse dieser Epoche. Irgendwann ist es mit dem Salz vorbei. Was bleibt? Fromage et vin. Der Weinbau ist lange Zeit nur ein Schatten seiner selbst. Die Weine sind von eigenwilligem Geschmack und nicht für ein breites Publikum geeignet. Dann der Wechsel. Fast über Nacht wird das Jura der neue Fixstern am Szenehimmel und der Wein das neue Salz der Region. Die Wende bringen viele kreative Köpfe mit Vertrauen in die eigenen Stärken und mit Stolz auf ihre Geschichte. Aber vor allem mit nach vorne gerichtetem Blick. So wie die Familie Labet. Charline, Julien und Romain.

Julien, der älteste der drei Geschwister, kommt Ende der 90er-Jahre zurück in das Weingut der Familie. Klar umrissen sind seine Vorstellungen vom familiären Wein. Mehr Präzision, mehr Ausdruck, mehr Persönlichkeit soll er haben. So wie beim Superstar Ramonet im nahen Burgund, wo Julien einige Zeit arbeitet. Für den Vater Alain ist das alles zunächst noch zu radikal. Biologisches Arbeiten im Weinberg, Burgunderfässer statt Fuder, der fast völlige Verzicht auf Schwefel – Julien will zu viel auf einmal ändern. So bekommt er zunächst nur ein paar eigene Parzellen und produziert hier seine ersten eigenen Weine. Im Jahr 2013 übernimmt Julien zusammen mit seinen Geschwistern das Weingut. Den Vater hat er mit seinen Ideen längst überzeugt. Jetzt geht die Saat auf und die Domaine wird zu einer der progressivsten Adressen im Jura.

Les Parcelles rares. Die Labets sind die Meister des Terroirs, über zwanzig Weine werden als Einzellagenweine ausgebaut. Sie sind damit die Vorreiter im Jura, traditionell sind die Weine immer eine Assemblage verschiedener Lagen. Julien ist felsenfest davon überzeugt, dass die Weinberge des Jura das gleiche Potential haben wie die des Burgunds. Und auch deren Variabilität. Auf engstem Raum ändern sich Boden, Topografie und Kleinklima permanent und formen so eigenständige Weine. Julien setzt sich mit den verschiedenen Lagen auseinander, taucht ein in deren Innerstes, erkundet Charakter und Wesen. Argile Bleu de Lias, Calcaire de Bajocien, Schiste cartons de Lias. Die Weine der Labets machen die geologische Entstehungsgeschichte des südlichen Jura lebendig, erzählen von längst vergangenen Zeiten. Genau wie die alten Reben, über die einige der raren Parzellen verfügen. Die Pflanzungen sind genau dokumentiert, sie gehen bis in 30er-Jahre des 20. Jahrhunderts zurück.

Angebaut werden die traditionellen Sorten der Region, wobei Chardonnay die Hauptrolle spielt. In einigen alten Plots der Domaine steht auch eine seltene Mutation des Chardonnay, der Melon à Queue Rouge. Die Stiele verfärben sich zur Reifezeit rot, daher rührt der Name. Die Weine zeichnen sich durch eine intensivere Frucht, Fülle und weiche Textur aus, ganz im Gegensatz zum sonst eher strukturierten Chardonnay. Natürlich gibt es auch Savagnin in den Weinbergen, die weniger aromatische Variante des Traminers und das Aushängeschild des Jura schlechthin. Im Vergleich zum Chardonnay ist das Spektrum der Böden allerdings eingeschränkter und die besten Ergebnisse erbringt Savagnin auf dem graublauen Mergel des Lias. Pinot Noir, Poulsard und Trousseau vervollständigen das Portfolio der zugelassenen Rebsorten in der Appellation. Zusätzlich wird noch etwas Gamay angebaut, der jedoch als Vin de France vermarktet wird.

Domaine Labet
14 Montée des Tilleuls, 39190 Rotalier
Frankreich | Jura

Einzellagen: La Bardette, La Beaumette, En Billat, En Chalasse, Les Varrons, La Reine, Sur Charrière
Rebsorten: Chardonnay, Gamay, Pinot Noir, Poulsard, Savagnin, Trousseau
Rebfläche: 14 ha *Alter der Reben*: 15 bis 90 Jahre

Chardonnay Les Champs Rouges

Parzelle mit 45 Jahre alten Reben. Roter Kalkmergel, Westausrichtung. Ausbau im gebrauchten Holz. Zeigt viel Power und Substanz, dezenter phenolischer Grip. Energetisch und lang.

Chardonnay En Chalasse

Drei kleine Plots mit blauem Lias Mergel, die ältesten Reben wurden 1950 gepflanzt. Reift 20 Monate in alten Holzfässern. Die Quintessenz des Jura Chardonnay. Strukturiert, fest, fokussiert. Ein Touch Feuerstein, salziges Finish.

Chardonnay Les Varrons

Sehr alte Selection Massale, darunter Melon à Queue Rouge. 1932 und 1940 gepflanzt. Ockerfarbener Mergel über Bajocien Kalkstein. Flint, Pink Grapefruit. Straff, kernig, intensive Frucht.

Chardonnay La Reine

Mikroparzelle mit 0,16 Hektar, über 70 Jahre alte Selection Massale Reben, meist sehr geringe Erträge mit rund 20 hl/ ha. Trotz der Nordausrichtung relativ warmes Mikroklima. Regelmäßig der konzentrierteste und dichteste aller Chardonnays. Expressiv und tiefgründig, hohes Spannungspotential.

Fleur de Savagnin En Chalasse

Marne du Lias, 75 % Savagnin jaune, 25 % Savagnin vert. 22 Monate Ausbau im Holzfuder und im Beton-Ei. Zitrusschale, Fenchel, Safran. Kompakt, cremig und dicht, balanciert von einer salzigen Säure. Sehr langes Finish mit kalkigem Touch. Kompromisslos Jura.

Métis

Blend verschiedener Rebsorten und Terroirs. Pinot Noir, Gamay, Enfariné, Petit Béclan. Reift für einige Monate in gebrauchten Barriques. Die rote Leichtigkeit des Jura. Delikate Nase. Waldfrucht, ätherische Würze. Schlank, saftig, moderates Tannin. Harmonie pur.

Poulsard En Billat

Kommt von dem Mini-Plot Le Pré du Bief. Rund 30 Jahre alte Reben, Lias Mergel und Schiefer. Komplett entrappt, sanfte Extraktion mittels Pigeage. Ausbau im alten Holzfuder. Ausdrucksvolle Nase, sehr guter Fokus. Harmonie ist die Überschrift, gehört zu den feinsinnigsten Poulsards der ganzen Region.

Pinot Noir Les Varrons Massale

Calcaire du Bajocien. Selection massale, die Reben wurden 1983 gepflanzt. Kurzer Ausbau über 6 bis 7 Monate im Holz. Subtile Frucht. Wildkirsche, florale Töne. Lineare Struktur, fast zartes Tannin, unterlegt von einer mobilisierenden Säure.

Vin Jaune

Terrroir de Chalasse, überwiegend sehr alte Savagnin Jaune Reben. 92 Monate unter Flor in alten 228-Liter-Fässern gereift. Haselnuss, Mokka, Jod. Explosiv am Gaumen, bleibt trotz aller Fülle vertikal. Salziger Grip im sehr langen Finale. Die Essenz des klassischen Jura.

Eine der fundamentalsten Änderungen im Weingut ist die Entscheidung, die Einzellagenweine im Ouillé-Stil, also nicht wie üblich oxidativ, auszubauen. Dabei wird der Verdunstungsverlust in den Fässern durch Auffüllen ausgeglichen, um einen übermäßigen Kontakt mit Sauerstoff zu vermeiden. Schon Vater Alain leitet diese Entwicklung ein, die Julien und seine Geschwister konsequent fortführen. »Der klassische oxidative Stil verwischt die subtilen Nuancen des Terroirs, die Weine werden von den Aromen der Voile dominiert«, begründet Charline rückblickend diese Entscheidung. Voile bezeichnet im Jura eine dünne Schicht aus Florhefe, die sich in einem oxidativen Umfeld auf dem Wein bildet und die typischen nussigen Aromen im Wein ergibt. Natürlich produzieren die Geschwister nach wie vor auch Weine im klassischen Stil der Region. Für sie ist das kein Widerspruch, sondern vielmehr die Synthese aus Alt und Neu, die Verbindung zwischen Tradition und Innovation.

Chardonnay und Savagnin werden in gebrauchten Holzfässern verschiedener Größen vergoren und danach für mindestens 18 Monate auf der Feinhefe ausgebaut. In sehr konzentrierten Jahren wie 2018 kann der Ausbau auch länger dauern, um die nötige Balance und Integration aller Komponenten zu erreichen. Bei den Weißweinen ist alles darauf angelegt, lagerfähige Weine in die Flasche zu bringen. Die Lagenweine besitzen das Potential für mindestens zehn Jahre Reife in der Bouteille. Bei den Rotweinen ist das Gegenteil der Fall. Ein leichter, delikater Stil und der Fokus auf die Frucht sind die Vorgaben für das rote Spektrum. Entsprechend moderat ist die Extraktion und die Weine reifen oft nur für wenige Wochen oder Monate im Holz.

Dass die Labets sich und ihre Arbeit immer wieder überdenken und sich trotz des Erfolgs kritisch mit ihren Weinen auseinandersetzen, beweist nicht zuletzt die Nutzung von Schwefel. Bei den ersten eigenen Weinen setzt Julien kaum Schwefel ein, doch danach gibt es eine längere Phase, während der regelmäßig höher geschwefelt wird. Mit den letzten Jahrgängen gehen Julien und seine Geschwister den Weg wieder konsequent zurück. »Unsere Weine haben damit wesentlich an Expressivität und Natürlichkeit gewonnen«, erklärt Charline. Klar, rein und unverfälscht sollen ihre Weine schmecken. Wie einst das Salz des Jura.

Der Ausdruck des Moments | Christophe Lindenlaub

Elsass

»Wenn du zu schnell gehst, verlierst du die Menschen.« Kaum zu glauben, dass dieser Satz von Christophe stammt. Blick, Gestik, Sprache, Lachen, alles verrät eine unbändige, positive Energie. Zeugt von einer ständigen Neugier und Lust auf das Neue, auf das Unbekannte, was vor uns liegt. Ständig hat er neue Ideen, ist immer für eine Überraschung gut. Ohne zu zögern, beschreitet Christophe neue Wege – nicht langsam, sondern mit Tempo. Aber immer hat er dabei den Menschen im Blick und bezieht seine Kunden in diesen Wandlungsprozess ein.

Christophe kommt aus einem traditionellen Haus. Bis ins Jahr 1759 lässt sich zurückverfolgen, dass seine Familie Weinbau betreibt. Um die Jahrtausendwende kommt Christophe in das Weingut zurück, 2009 erfolgt mit der Umstellung auf ökologische Bewirtschaftung die erste grundlegende Änderung. Tatsächlich etabliert sich das Elsass zu dieser Zeit als eine der Hochburgen des Bio-Anbaus in Frankreich, mit heute mehr als 15 Prozent zertifizierter Anbaufläche. Doch das ist Christophe nicht genug. »Die Weine waren gut, wir hatten viel Erfolg, keine Frage. Aber es fehlte ihnen an Plenitude, an Dimension«, erklärt er rückblickend. Drei Jahre später füllt Christophe die ersten Naturweine ab, bevor er 2014 das komplette Sortiment umstellt. Viel Input erhält er in dieser Zeit von Patrick Meyer, einem der Protagonisten der Naturwein-Szene im Elsass, sowie dem Önologen und Journalisten David Lefebvre. »Es ist keine Übertreibung zu sagen, dass unsere Region ein Hot Spot der französischen Naturweinbewegung ist, derzeit sind es sicher mehr als 50 Winzer, die ihr angehören«, fasst Christophe die aktuelle Entwicklung zusammen.

Die 13 Hektar Weinberge der Domaine liegen

Christophe Lindenlaub
6 Faubourg des Vosges, 67210 Dorlisheim
Frankreich | Elsass
www.vins-lindenlaub.com

Einzellagen: Stierkopf, Husaren
Rebsorten: Riesling, Auxerrois, Muscat, Pinot Gris, Gewurztraminer, Sylvaner, Pinot Noir
Rebfläche: 13 ha *Alter der Reben*: 5 bis 60 Jahre

Sylvaner Matin Fou

Die duftige Seite des Klassikers. Wie ein Morgen im Sommer, verspielt, einladend. Die leichte Säurespitze im Finale sorgt für den richtigen Frischekick.

Riesling A griffes acérées

Muschelkalk-Riesling mit Krallen. Die volle aromatische Breitseite, Blutorange, Schalenabrieb, kandierte Früchte. Strukturiert, ätherisch, salzig.

Riesling Un jour, je serai …

Das schlankere Gegenstück vom Sandstein. Floral, kräutrig, mit Apfelnoten. Weiche Textur, betonte Säure, sehr lang.

Muscat Je suis au jardin

Der Name ist Programm. Duftig, delikat, animierend. Die leichte Phenolik gibt Struktur und Spannung.

Pinot Gris Des racines et des ciles

Reife Birne, Quitte. Unverkennbar Elsass. Kraftvoller Körper, cremig, dezente Tanninstruktur. Die ausgeprägte Säure sorgt für die nötige Balance.

Auxerrois Ele Fanta orange

Auf der Maische vergoren. Tiefes Orange, sehr duftige Nase. Wiesenkräuter, reife Aprikose. Elektrisiert mit dem ersten Schluck, ultratrocken und lang im Finale.

Riesling Ele Fanta citron

Der Zitronen-Elefant. Überhaupt nicht funky, feine klare Frucht. Grapefruit, Orangenschale. Fest strukturiert, linear, sehr erfrischend.

Pinot Noir A pas de velours

Mix aus Mergel und Sandstein. Wilde Nase. Waldfrucht, Graphit, Kräuter. Robustes, jedoch balanciertes Tannin, kann einige Jahre reifen.

Gewurztraminer My little sister

Auf der Maische vergoren. Erfrischenden balsamisch im Vordergrund, erst auf den weiten Blick kommt das Sortenaroma. Das Tannin spielt den perfekten Gegenpart zum Alkohol. Die Süße ist eher strukturelle statt geschmackliche Komponente, endet fast trocken.

an den Hängen von Dorlisheim und Mutzig, rund eine halbe Stunde von Straßburg entfernt. Auf den von Muschelkalk und Sandstein geprägten Böden stehen alle klassischen Sorten des Elsass, an erste Stelle Riesling. Die ältesten Reben sind 60 Jahre alt. Neu erworben hat Christophe eine Parzelle im nahen Ottrott mit 30 Jahre alten Pinot Noir Reben. »Die Böden haben einen höheren Eisenanteil und der Pinot Noir fällt kerniger, etwas robuster aus, ganz im Gegensatz zum saftigen Kalk-Wein«. Trotz des radikalen Wechsels will Christophe nicht den Bezug zum Elsass verlieren. Seine Region soll weiterhin in den Weinen erkennbar sein. »Meine Vorstellung besteht darin, Weine in einem kohärenten Stil zu produzieren, die ein Gleichgewicht zwischen dem elsässischen Terroir und der Naturweinkategorie bieten«, so Christophe.

Der moderne Keller widerspricht gängigen Klischees über die Naturwein-Szene. Der komplette Verzicht auf Schwefel erfordert andere Kontrollfaktoren, weshalb Christophe überwiegend mit Edelstahl arbeitet. Nur die Rotweine kommen ins Holz. »Attribute wie Frische, Lebendigkeit, Reinheit sollen sich in meinen Weinen widerspiegeln, die Nutzung von Edelstahl macht es einfacher, den gesamten Prozess zu managen und meine gewünschte Stilistik zu erreichen«, begründet er. So sollen stabile Weine in die Flasche kommen, die das Potential zur Entwicklung haben und auch später im Glas »nicht sofort in das Jenseits abtauchen.«

Der verrückte Morgen. Der Sylvaner »Matin fou« ist der perfekte Einstieg in Welt von Christophe. Ein Wein, der wach macht, Freisein symbolisiert und eine neue Seite dieses Klassikers zeigt. Der Muscat »Je suis au jardin« ist sortentypisch duftig, aber mit einer großartigen Energie und somit weit weg von den vielen pomadigen Vertretern seiner Zunft. Auch der Pinot Gris kommt wesentlich agiler daher als die meisten klassischen Restsüßler des Elsass, genauso wie das trockene Riesling-Trio. Der Pinot Noir überzeugt mit Grip und Substanz, die Entwicklung im Glas spiegelt das Potential für eine weitere Reife in der Flasche wider.

Mit dem »Ami-Amis« gibt es zudem eine spannende Mischvariante der beiden Pinots. Ganze Trauben werden wie bei einem Mille-feuille im Gärbehälter geschichtet und durchlaufen eine Macération carbonique. Die beiden »Ele Fanta«-Weine reflektieren die Welt der maischevergorenen Weißweine und besonders der Auxerrois spielt sein Talent voll aus. Der Gewurztraminer setzt den Schlusspunkt in der Lindenlaub-Dramaturgie. Das Vergären auf der Maische reduziert sichtlich die barocke Dickflüssigkeit, die diese Rebsorte oft prägt.

Jedes Label auf Christophes Flaschen trägt das Ensō, den magischen Kreis und das Symbol für das Universelle. Im Ensō vereinen sich die Gegensätze, alles ist miteinander verbunden. Ensō wird in einem Schwung gezeichnet, ohne Korrektur, die Schönheit liegt im Unperfekten. »Unser Streben nach Perfektion ist langweilig, raubt die Kreativität und das Spontane«, so Christophe. Wein als Ausdruck und schmeckbares Medium des Augenblicks. Ein Abbild aller Facetten, die ein Jahrgang zu bieten hat. Seien sie positiv oder auch negativ. Das ist das Ziel von Christophe. Und was ist überhaupt Perfektion? Sie liegt allein im Auge des Betrachters. »Für mich ist es eher wichtig loszulassen.« Für den Ausdruck des Moments.

Im Land der Tomaten | Élian Da Ros | *Côtes du Marmandais*

Nur einen Steinwurf von Bordeaux entfernt findet sich ein vinophiles Niemandsland. Bekanntestes Produkt der Marmandais? Tomaten. Selbst die örtlichen Restaurants verkaufen lieber den Wein des berühmten Nachbarn, das Vertrauen in die eigenen Reben tendiert gen null. Damit kann und will sich Élian nach seiner Rückkehr aus dem Elsass nicht abfinden. Er setzt sich in den Kopf, Weine zu machen, die auf Augenhöhe mit den besten Weinen des Bordelais sind. Blasphemie. Élian Maniac, den Wahnsinnigen nennen ihn alle. Aber er zieht es durch. Unbeirrt von der Meinung anderer. Nicht verbissen, aber beharrlich und ohne Kompromisse.

Klimatisch und geografisch ist die Côtes du Marmandais eine Verlängerung von Bordelais. Das Klima ist genauso vom Atlantik beeinflusst, nur an manchen Tagen schafft es der warme Wind aus dem angrenzenden Midi bis hierher. Ähnlich wie in Bordeaux liegen die besten Lagen auf kleinen Hügeln und die Böden sind aus einem Mix aus Kies, Kalkmergel und Sand. Und auch bei den Rebsorten gibt es kaum Unterschiede. Abgesehen von Syrah und dem südwestfranzösischen Arbouriou bestimmen Cabernet, Merlot sowie Sauvignon und Sémillon die örtliche Szenerie. Nur die vor Jahrhunderten vom Menschen gezogene geografische Linie bestimmt zwischen Hopp und Top. Die meisten Weinbauern haben sich ihrem Schicksal ergeben und leben damit, dass die Gegend nebenan ihre Region überstrahlt. Sie liefern ihre Trauben an die örtliche Genossenschaft, wo sie zu wenig inspirierenden Weinen verarbeitet werden, was die bestehenden Vorurteile nur noch bestätigt. Für viele von ihnen reicht es nicht zum Leben und so hat sich die Rebfläche der Côtes du Marmandais innerhalb der letzten Dekade um die Hälfte reduziert. Von den übriggebliebenen 800 Hektar wird heute nur ein Bruchteil zu individuellen Weinen verarbeitet. Élian ist der Erste, der den Schritt wagt und aus der Genossenschaft aussteigt.

Im Elsass lernt er die Grundlagen der biologischen Bewirtschaftung kennen und so ist es für Élian sonnenklar, dass er diese Arbeitsweise auch auf die familiären Weinberge überträgt. Die auf den Einsatz von Chemikalien zurückzuführende Erkrankung seines Vaters bestärkt ihn noch mehr. »Im Grunde gehört es zum Selbstverständnis, so naturnah wie möglich zu arbeiten, wenn du für ein Stück Land verantwortlich bist. Zu realisieren, wie weit man intervenieren darf, wo eine Grenze überschritten wird. Und zu schauen, wie die Gesundheit unserer Böden und Reben im gesamten Jahresverlauf unterstützt werden kann«, erklärt er. Für Élian, seine Frau Sandrine und das gesamte Team ist es ein kontinuierlicher Lernprozess, der auch gemeinsame Trainings und Workshops mit gleichdenkenden Winzerkollegen aus dem Südwesten einschließt. Von Marceau Bourdarias erlernt er den sanften Rebschnitt. Eine Methode, die darauf basiert, einen ungestörten Saftfluss zu erhalten und so die Vitalität und Lebensdauer der Rebe zu fördern. Auch die Triebe werden nicht mehr zurückgeschnitten, sondern gewickelt. »Der Triebrückschnitt ist für mich wie das Entfernen des Gehirns, Auslöser für stressbedingte Gegenreaktionen der Rebe, die auch einen qualitativen Einfluss haben.« Der Aufwand für das Wickeln ist enorm, je Hektar kostet dieser Arbeitsschritt rund 100 Arbeitsstunden. »Mit dem Traktor wäre das Zurückschneiden der Triebe in 30 bis 45 Minuten erledigt«, vergleicht Élian die beiden Methoden aus betriebswirtschaftlicher Perspektive.

Wie im Weinberg ist auch im funktionalen Keller alles auf Zurückhaltung und eine schonende Verarbeitung der Trauben ausgelegt. Für die Vergärung kommt überwiegend Beton zum Einsatz und Élian setzt auf eine lange, aber sanfte Extraktion. Zu Beginn der Vergärung wird leicht geschwefelt, dann erst wieder vor der Füllung. »Wir sind keine Künstler«, begründet Élian den unter manchen Hardcore-Biowinzern verpönten Schritt der Mostschwefelung. »Sandrine und ich bevorzugen einen Stil mit Klarheit und Geradlinigkeit, wollen eher vertikale statt horizontale Weine.« Ausbauzeit, Größe und Material variieren je nach Rebsorte, Plot und Jahrgang. Allen Weinen wird die Zeit gelassen, die sie benötigen, was durchaus auch mehrere Jahre sein können. Élian ist ein Meister des Blendings. Er schafft es, jeder Rebsorte ihr Eigenleben zu lassen, ohne dass die Weine separiert wirken. Im Fokus stehen immer die Balance und die Integrität des Weines.

Élian Da Ros
Laclotte, 47250 Cocumont
Frankreich | Côtes du Marmandais
www.eliandaros.fr

Rebsorten: Sauvignon Blanc, Sauvignon Gris, Sémillon, Arbouriou, Cabernet Franc, Cabernet Sauvignon, Malbec, Merlot, Syrah
Rebfläche: 23 ha *Alter der Reben*: bis zu 40 Jahre

Coucou blanc

Der weiße Kuckuck. Sauvignon Blanc, Sauvignon Gris, Sémillon. Vergärung und Ausbau im Fuder und im Beton-Ei. Sehr klare und präzise Frucht, straffe, aber balancierte Säure. Für Élian ein Wein, der ihn an seine Zeit im Elsass erinnert.

Le vin est une fête

Blend aus Abouriou, Cabernet Franc und Merlot, zehn Monate im Holzfuder ausgebaut. Der Wein für alles und jeden. Apero, Essensbegleiter, Partywein. Nichts für die Sinnkrise, dafür ist er zu fröhlich.

Histoires de Boire

Gemeinschaftsparzelle von Sandrine und Élian. Weicher Merlot trifft robusten Arboriou. Nur im Beton ausgebaut, ungekünstelt, herzerfrischend. Beim ersten Schluck versteht jeder, warum es davon nur Magnum- Abfüllungen gibt.

Arbouriou

Kein einfache Sorte, kann ein richtiges Tanninmonster sein. Bei Élian fällt zum Glück alles eine Spur moderater aus, ohne deswegen dem Arbouriou die Seele zu rauben. Semi-Carbonique, danach 15 Monate im Fuder ausgebaut. Ein Original.

Le Vignoble d'Elian

Cabernet Franc, Merlot, Syrah, überwiegend 30 bis 40-jährige Reben. Komplett entrappt, sanfte Pigeage, Ausbau im kleinen und großen Holz. Blending drei Monate vor der Abfüllung. Im Vordergrund steht die Frische des Cabernet Franc, für Élian eine der großen Sorten des Marmandais.

Chante Coucou

Merlot, Cabernet Sauvignon, Malbec, etwas Syrah. Teilweise mit Stielen vergoren. Alle Rebsorten werden getrennt ausgebaut und reifen 18 bis 24 Monate im Holz. Rückgrat und Textur sind unverkennbar von Malbec und Merlot geprägt, die beiden anderen Sorten sorgen für die Zwischentöne. Sehr gutes Reifepotential.

Clos Baquey

Einzellage, bestockt mit den beiden Cabernet, Merlot und Abouriou. Ausbau über 24 Monate im Holz und anschließend 12 Monate im Beton. Ohne Schönung und nur mit leichter Filtration abgefüllt. Besitzt alles, was ein großer Wein braucht. Tiefgang, Konzentration, Frische. Vin de Garde.

Élians Weine sind nicht weichgespült, zeigen durchaus den rustikalen Charme des Südwestens. Sie verbergen ihre Herkunft nicht, zeigen aber auch, dass sie die so gerühmte Finesse des Nachbarn in ihrer DNA tragen. Sie sind herzerfrischend einladend, ohne plakativ zu sein. »Le Vin est une fête« ist der Name eines Weines, könnte aber auch als Überschrift für alle Weine stehen. »Wein ist Leben, alles kommt in ihm zusammen. Freundschaften, Erlebnisse, Gefühle, Gedanken, Träume«, so Élian. Was wäre da passender als eine Flasche seines »Histoires de Boire«? »Trinkgeschichten« – passenderweise wird dieses Crossover aus Merlot und Arboriou nur als Magnum abgefüllt. Élians »Chante Coucou«, die Cuvée aus Cabernet, Merlot und Malbec verbindet kernigen Charakter mit einer verspielten Komponente, flirtet gekonnt mit diesen Gegensätzen und zündet damit einen Spannungsbogen bis zum letzten Schluck. Spätestens jetzt schielt wohl so mancher Winzer aus Bordeaux herüber, um sich anzuschauen, was dieser Verrückte aus dem Marmandais eigentlich treibt. Diese Spannung, diese innere Energiequelle, würde so manchem designten und hochpreisigen Cru aus dem Bordelais richtig guttun.

Élian Maniac. Der Wahnsinnige. Oder doch eher der Visionär? Das will er nicht hören, zu bescheiden ist er, überlässt die Wichtigtuerei lieber anderen. Dabei hat er es geschafft, dass die Côtes du Marmandais nicht ganz untergeht oder in zukünftigen Weinbüchern nur noch als Traubenlieferant erwähnt wird. Und mehr noch. Er hat Bordeaux überholt, denn seine Heimat hat nun zwei Produkte, für die sie berühmt ist: Tomaten und Wein.

The Outsiders | Elizabeth & Jon Bowen

Domaine Sainte Croix | Corbières

An der Grenze zwischen Languedoc und Roussillon gelegen, stehen die Haut Corbières seit jeher im Kreuzfeuer verschiedener Kulturen. Der lokale Dialekt ist noch heute ein Mischmasch aus Okzitanisch, Spanisch und Französisch. »Die besondere geografische Lage gibt den Haut Corbières einen ganz eigenen Flavour, die Menschen fühlen und denken anders.« Vielleicht ist es genau das, was Elizabeth und Jon überzeugt, dort zu bleiben. Zuvor tingelt Jon durch die halbe Welt, ist überall und nirgends zu Hause. Ein bisschen so, wie die Einwohner dieses Landstrichs in den Jahrhunderten vorher. Die schroffe und abwechslungsreiche Landschaft beeindruckt die beiden sofort, sie erkennen die Diversität auf engstem Raum und sind schnell der Überzeugung, in dieser abgelegenen Landschaft eigenständige Weine machen zu können. »Du brauchst schon einen verdammt guten Grund, wenn du eigene Weine machen willst. Denn dann geht der Ärger erst los. Es ist viel einfacher, irgendwo der Kellermeister zu sein. Du hast freie Wochenenden und jeden Monat kommt das Geld pünktlich ins Haus«, sagt Jon mit einem leichten Lächeln. Doch weil der erste Eindruck so überwältigend ist, starten Liz und Jon 2004 ihr gemeinsames Projekt.

Die familiären Wurzeln von Jon liegen in der Landwirtschaft, auch wenn seine Eltern damit schon nichts mehr am Hut haben. »Eigentlich überrascht es mich nicht, dass ich zurück zum Boden komme«, reflektiert Jon seine Familiengeschichte. Zunächst arbeitet er im Weinhandel in seiner englischen Heimat, lernt dort die großen Weine der Welt kennen. Doch der Verkauf ist ihm nicht genug und Jon realisiert, dass ihn die

Entstehung viel mehr interessiert. Storys, Menschen, Methoden, Orte. Nach vielen Stationen landet er im Languedoc, heuert als Winemaker bei verschiedenen ambitionierten Produzenten an, bevor er mit Liz das eigene Weingut aufbaut. »Ich neige eher zu einer burgundischen Denkweise. Dazu passen die hiesigen Voraussetzungen perfekt. Viele kleine Plots, ständig wechselnde mikroklimatische Bedingungen, variierende Böden, alte Reben. Ich versuche zu verstehen, wie sich das alles später im Wein widerspiegelt. Kontinuierlich sammle ich Erfahrungen, die beispielsweise in Burgund seit Jahrhunderten gemacht wurden, aber niemals hier. Eine Datenbank des Terroirs«, erläutert Jon.

Bis heute hängt das Weinbaugebiet Corbières hinsichtlich Reputation und Wahrnehmung den anderen Appellationen des Languedoc hinterher, ist weniger fassbar. Seine Größe und Vielschichtigkeit, aber auch die Vergangenheit sind wesentliche Gründe dafür. Noch immer dominieren große Händler und Genossenschaften das Gebiet, auch wenn sich das in letzter Zeit etwas geändert hat. Dazu kommt, dass die starren Regeln der Appellation oft mit neuen Ideen und innovativen Gedanken kollidieren und die spannendsten Weine ohne Nennung der Herkunft auf den Markt kommen. Auch Liz und Jon verkaufen die meisten ihrer Weine als Vin de France oder IGP Vallée du Paradis. Ein klangvoller Name, aber wenig hilfreich beim Aufbau einer regionalen Marke.

Die Weinberge von Sainte Croix werden biologisch bewirtschaftet, etwas anderes kam für Liz und Jon nie in Frage. »Das Klima ist heiß und trocken, durch die geringe Entfernung zum Mittelmeer haben wir permanenten Wind. In den alten Parzellen sind die Abstände zwischen den Reben so groß, dass ein ständiger Luftstrom zirkuliert. Beste Bedingungen also für Bio, obwohl bei unserem Start hier nur wenige Winzer nach diesen Kriterien gearbeitet haben«, so Jon. Viel Zeit investieren die beiden in die Böden, versuchen durch den gezielten Aufbau von Biomasse die Speicherkapazität zu erhöhen. Ein Problem ist wilder Fenchel, da dieser eine Menge Wasser benötigt und somit ständig mit den Reben konkurriert. Aber Jon sieht das gelassen: »Es geht darum, die Natur zu verstehen. Und darum, unsere Arbeit entsprechend auf die hiesigen Bedingungen auszurichten.« Das verdeutlicht die grundsätzliche Einstellung von Liz und Jon. Sie verstehen sich als Bestandteil eines Lebensraumes und haben sich an diesen anzupassen, nicht umgekehrt.

Die größeren Änderungen innerhalb der letzten Jahre gibt es im Keller. »Vor allem die Weine aus kühleren Regionen haben mich beeinflusst«, erklärt Jon. »Loire, Savoie, Schweiz. Generell lese ich jetzt eher, mit moderater phenolischer Reife.« Parallel wurde die Intensität der Extraktion bei den Rotweinen nach unten gefahren, was zu mehr Präzision und Subtilität in der Aromaausprägung führt. Neuerdings werden auch die Stiele teilweise mitverwendet, wovon insbesondere Syrah profitiert und einen zusätzlichen Frischekick bekommt. Ausbau und Reife der Weine hat Jon mehr und mehr in Richtung Flasche verschoben. »Die meisten Cuvées füllen wir jetzt früher ab und lassen sie dann noch in der Flasche reifen, bevor sie in den Verkauf gehen. Das bringt eine bessere Balance aller Komponenten des Weins, wovon am Ende unsere Kunden profitieren.«

Schon immer ist Jon von alten Reben angetan und davon gibt es in den Haut Corbières mehr als genug. Die meisten Weinberge von Sainte Croix sind weit über 50 Jahre alt, die ältesten Parzellen wurden um 1900 angelegt. Rebsorten wie Aramon oder Terret Noir finden sich noch in den alten Plots. Heute sind sie Außenseiter, von denen kaum einer noch etwas wissen will. Irgendwie klar, dass Jon sich genau dieser historischen Sorten annimmt. Er vinifiziert einige von ihnen separat, so dass es in jedem Jahr nur ein paar hundert Flaschen gibt.

Domaine Sainte Croix
7 Avenue des Corbières, 11360 Fraissé des Corbières
Frankreich | Corbières
www.saintecroixvins.com

Einzellagen: Las Laitieros, Lagredo, Le Fournas, Sainte Colombe, Saint Francois, Camin Ferrat, Col dal Gely, Garriguaute, La Sorbeille
Rebsorten: Aramon, Carignan, Grenache, Mourvèdre, Syrah, Terret
Rebfläche: 10 ha *Alter der Reben*: 25 bis 120 Jahre
Mitgliedschaften: Association des Vieux Cépages, Association Be Ranci, Les Outsiders du Languedoc, Carignan Renaissance

La Serre
Grenache Blanc und Grenache Gris. 50 bis 60 Jahre alte Reben, Mix aus Schiefer und Kalkstein. Lemon, Kräuter, Feuerstein. Kraftvoll, dicht, kantig. Steinwein.

Mille Ciels
Terret Gris, 1905 auf purem Kalkstein gepflanzt. Blütennoten, Wiesenkräuter. Linear, salzig, kristallin. Leider nur 300 Flaschen.

Pourboire Nature
Carignan, Grenache. Kein Holz. Cassis, dezente Würze. Geschliffenes Tannin, saftige Frucht. Kulturwein des Alltags.

Magneric
Grenache, Syrah, Carignan, Mourvèdre. 16 Monate in gebrauchten Fässern ausgebaut. Konzentrierte Frucht, schwarze Johannisbeere, Tapenade, pfeffrige Würze. Muskulöses Tannin, dicht, explosiv am Gaumen. Endet frisch. Zeigt die Power des Südens, ausbalanciert auf hohem Niveau.

Carignan
Reben von 1905, Jura-Kalkstein. Reift 16 Monate in 300-Liter-Fässern. Die Essenz des Carignan. Waldfrucht, Schwarzkirsche, Wildkräuter, Teer. Konzentriert, aber nicht überladen. Feinkörniges Tannin, frisch, energetisch. Eleganz ist die Überschrift, weit weg vom rustikalen Image.

Celèstra
50 Jahre alte Grenache-Reben. Spontan vergoren, Ausbau im gebrauchten Holz. Opulente Nase. Amarena, Zimtpflaume, Lakritze. Dicht, aber nicht fett, die Säure balanciert alles perfekt aus. Sehr stylish.

Aramon
Steht im Mischsatz, separat gelesen in verschiedenen, sehr alten Plots. Mit den Stielen vergoren, 9 Monate Ausbau in gebrauchtem Holz. Waldfrüchte, Teeblätter, Asche. Schlank, weiches Tannin, prägnante Säure. Erinnert eher an einen Bergwein. Nur einige Hundert Flaschen.

La Part des Anges
Spätgelesener Carignan, 24 Monate im Holz gereift. Feige, Pflaume, schwarze Schokolade. Sehr gut eingebundene Süße, überhaupt nicht plump. Mehr Jugendstil als Barock.

Orografia
Weiße und graue Grenache. Jahrgänge 2004 bis 2013. In sehr alten Holzfässern oxidativ gereift, kein Auffüllen der Fässer. Jod, Walnuss, Brioche. Knochentrocken, salzig, langes Finish. Ein Unikat.

Es sind erfrischend altmodische Weine, die einen spannenden Einblick in den Weinbau weit vor unserer Zeit geben. Auch die alte Tradition der oxidativ gereiften Rancio-Weine greifen Liz und Jon wieder auf. »Experimente zu machen, über den Tellerrand hinauszuschauen, sowohl nach vorn als auch zurück, ist essenziell für uns. Unsere Weinwelt ist so reich und divers, es wäre unverzeihlich, sich nicht davon inspirieren zu lassen.«

Längst sind Liz und Jon angekommen. Außenseiter sind sie schon lange keine mehr. Oder vielleicht doch? Sie werden nicht aufhören, frei zu denken und Neues zu probieren, kritisch zu sein und hier und da auch zu provozieren. Sie wollen nicht in der Masse untergehen. Faszinierende Weine haben sie der Welt dank dieser Einstellung bisher geschenkt. Vielleicht ist es doch nicht so verkehrt, ein Außenseiter zu sein.

Hommage an das Leben | Emeline Calvez & Sébastien Bobinet | *Calvez Bobinet* | *Loire*

Tú, el aire que respiro yo. Du, die Luft, die ich atme, singt Rodrigo Amarante. Wein als Spiegelbild unserer Selbst. Jeder Tropfen im Glas sind wir. Unsere Gefühle, unsere Gedanken, unsere Erlebnisse. Die Weine von Emeline und Sébastien, sie sind etwas ganz Besonderes. Sie sind Ausdruck einer tiefen Verbundenheit, einer gegenseitigen Achtung, einer wechselseitigen Inspiration.

Als sich ihre Wege kreuzen, hat jeder von ihnen schon ein Stück Leben hinter sich. Nach dem plötzlichen Ende ihrer Karriere als Tänzerin sucht Emeline einen neuen Lebensinhalt. Sie findet ihn in der Welt des Weines, macht eine Ausbildung zur Sommelière an der Universität von Suze-la-Rousse und jobbt danach in einer innovativen Weinhandlung in Paris. Hier entdeckt sie die Welt der nichtmanipulierten Weine, arbeitet anschließend für ein Jahr in verschiedenen Bio-Weingütern und plant nach ihrer Rückkehr eigentlich eine Karriere im Weinhandel. Doch es kommt anders. Sie trifft Sébastien und geht mit ihm nach Saumur. Sébastien steht zu dieser Zeit auch gerade an einer Lebenskreuzung und überlegt, wie es mit dem Weingut seiner Familie weitergehen soll. Die Begegnung mit Emeline gibt ihm den entscheidenden Impuls, seine Träume und Ideen zu verwirklichen. Die beiden spüren, dass sie seelenverwandt sind und die gleiche positive Energie in sich tragen. Und sie haben die gleiche Auffassung vom Weinmachen. Ohne Manipulation, ehrlich und mit dem nötigen Respekt vor allem und jedem.

Saumur liegt an der Grenze des Bassin Parisien, einem fossilen Sedimentbecken, das sich über Nordfrankreich bis nach Belgien und den Süden Englands erstreckt. Die Parzellen von *Calvet Bobinet* befinden sich überwiegend auf den für die Region typischen Tuffsteinböden mit Kalk und tonhaltigen Mergelauflagen. In Verbindung mit dem vom Atlantik beeinflussten Klima herrschen perfekte Bedingungen für die Entstehung geradliniger und finessenreicher Weine. »Bisher hat der Klimawandel unsere Region eher positiv beeinflusst«, resümiert Emeline, »insbesondere die roten Rebsorten erbringen jetzt regelmäßig eine sehr gute Reife, wie sie in der Vergangenheit nur in exzellenten Jahrgängen möglich war.« In den Weinbergen der Domaine dominiert mit Cabernet Franc die große rote Rebsorte der Loire. Neben den beiden alten Reb-

sorten Pineau d'Aunis und Grolleau gibt es natürlich auch Chenin Blanc, die große Liebe von Emeline. »Für mich ist Chenin eine faszinierende Rebsorte, die Komplexität mit einer zarten Komponente verbindet. Insbesondere auf unseren Böden zeigt Chenin seine elegante Seite, verbunden mit der Energie des Kalksteins.«

Aus den zwei Hektar Rebfläche sind mittlerweile 12 Hektar geworden, zusätzlich werden von befreundeten Winzern Trauben gekauft, die natürlich ebenfalls von ökologisch bewirtschafteten Flächen stammen. Eines der wesentlichen Ziele von Emeline und Sébastien ist es, auch im Bio-Anbau den Einsatz der erlaubten Schwefel- und Kupferpräparate zu reduzieren. Sébastien hat in den letzten Jahren viel mit Pflanzenextrakten experimentiert, um die Abwehrkräfte der Reben zu stärken und die Wirkung alternativer Pflanzenschutzmittel zu verbessern. Konsequent haben die beiden den von Sébastien eingeschlagenen Weg fortgesetzt, Weine mit Natürlichkeit zu erzeugen. Weine, die Zeit brauchen, die in ihrer Jugend oft zickig sind und Aromen zeigen, die sich außerhalb der gesetzlich definierten Norm befinden. Seit 2019 tragen die Weine der Domaine keine Herkunftsbezeichnung mehr, sind schlicht und einfach nur noch Vins de France. »Wir waren müde und frustriert von den ständigen behördlichen Kontrollen und den Kommentaren der Kontrolleure, dass unsere Weine fehlerhaft seien und nicht dem Stil der Region entsprächen. Wir haben begriffen, dass wir nicht länger Bestandteil eines weinpolitischen Systems sein können, das keine Vielfalt und Kreativität erlaubt«, erklären die beiden.

Während Sébastien meist im Weinberg zu finden ist, verantwortet Emeline eher den Keller. Sie liebt die Überraschung und lässt den Weinen bewusst den Freiraum, sich zu individuellen Persönlichkeiten zu entwickeln. Vielmehr versucht Emeline zu verstehen, warum ein Wein eine gewisse Richtung einschlägt, anstatt dass sie ihn in ein Korsett zwängt. Für die Rotweine kommt neben der traditionellen Maischegärung auch die Macération Carbonique zur Anwendung, die lange Zeit verpönt ist und eher als Methode für die Herstellung massentauglicher Alltagsweine gilt. Warum diese Form der Vergärung eine Renaissance erlebt, demonstriert ihr »Greta Carbo«. Dieser zeitlose Wein beeindruckt mit aromatischer Tiefe und seidiger Textur, ohne belanglos zu sein. Überhaupt erscheinen alle Weine von Emeline und Sébastien eher luftig und sind weit davon entfernt, sich über Muskeln und Dominanz zu profilieren. Trivialität ist ihnen völlig fremd, sie sind einerseits sphärisch und doch direkt fassbar, zeigen Wärme und Nähe. Gemacht für Menschen und nicht für Punkte.

Ein besonderer Wein ist Sébastiens Großmutter gewidmet — »Ida«. »Sie war eine ganz besondere Frau, ein Freigeist, offen für jeden und alles, voller Kraft und Lebensfreude«, so Emeline. In ihren Herzen und im Wein lebt Ida weiter. Mit ihrer Hommage an sie betreten Emeline und Sébastien selbst Neuland und zeigen eine andere Facette des Chenin Blanc. Das Label zeigt Ida als eine Mischung aus Fotografie und Zeichnung. Entworfen wurde es von André Palais, einem befreundeten Künstler. Kunst und Wein. Beides bringt Menschen zusammen. »Stay tuned«, sagt Emelie. Wein ist für die beiden kein losgelöstes Produkt, sondern zeigt neue Perspektiven und stellt Verbindungen her. Beim Scannen des QR-Codes auf den Rückenetiketten ihrer Flaschen öffnet sich eine Playlist mit Musik. Durch den Wein erschließt sich eine weitere, bis dahin unbekannte Welt.

Tú, el aire que respiro yo. Du, die Luft, die ich atme. Allgegenwärtig ist die Stimme von Rodrigo Amarante an diesem grauen und kalten Morgen in Saumur. Die Musik dringt in jeden Winkel des Weinguts, vermittelt ein Gefühl der Schwerelosigkeit. Grenzen verschwimmen, die Farbe kehrt zurück. Alles verdichtet sich auf einen Punkt. »Wein ist der Ausdruck unseres Lebens.« Mittendrin im Leben, in einem Raum in Saumur.

Calvez Bobinet
315 Route de Montsoreau, 49400 Saumur
Frankreich | Loire
www.domaine-bobinet.com

Rebsorten: Cabernet Franc, Chenin Blanc, Grolleau, Pinot d'Aunis
Rebfläche: 12 ha in Eigenbewirtschaftung, 10 ha Zukauf
Alter der Reben: 6 bis 100 Jahre

Pet Nat Du Rififi à Beaulieu

Blend aus Chardonnay und Chenin Blanc. Reifer Apfel, Quitte, floraler Touch. Kräftige Perlage, markante Säure, alles steht im Zeichen der Frische.

Poil de Lièvre

Verbindet die delikate Seite des Chenin Blanc mit der Finesse des Kalksteins. Birne, Mandel, Wiesenblumen. Schlank, zart und trotzdem mit Tiefgang und Substanz.

Les Gruches

Zwei Plots mit purem Kalkstein, zum Großteil mit 80 Jahre alten Reben bestockt. Chenin Blanc in Bestform. Komplex, linear, energetisch. Kann locker eine Dekade reifen.

Ida

Drei Wochen auf der Maische vergorener Chenin Blanc, Ausbau in Amphoren aus Sandstein. Kraftvoll, reich, ausdrucksstark. Kandierte Früchte, Ingwer, Zitronenschale. Gut aufgebautes Spannungsfeld zwischen Tannin und cremiger Textur, unterstützt von einer mobilisierenden Säure.

Hanami

Verschiedene Plots, Mix aus klassischer Gärung und Maceration Carbonique. Sehr zugänglich und animierend, nichts Grünes oder Rustikales, alles fließt. Easy to drink. Aber mit viel Charakter!

Greta Carbo

Die gezähmte Wildheit des Cabernet Franc. Kommt von dem kleinen Plot Hardouine mit lockerbeerigen Klonen. Maceration Carbonique. Faszinierende Nase. Florale Würze, Pfeffer, Waldbeeren. Seidige Textur, saftig, erfrischend.

Amateus Bobi

Der »historische« Wein der Domaine ist Sébastiens erster Wein nach seiner Rückkehr. Kommt hauptsächlich vom 65 Jahre alten Plot Bois Blanc, trägt klar die Signatur des Weinguts. Balance zwischen Struktur und Finesse, kalkige Noten im Finish.

Ruben

Der erste gemeinsame Wein von Emeline und Sébastien. Mix aus Kalkstein und Mergel. Reift ein Jahr im Holz verschiedener Größen. Saftig, samtig, offenherzig. Sehr eleganter Cabernet Franc.

Échalier

Einzellage, die ältesten Cabernet Franc Reben von Bobinet. Wird nur in den besten Jahren produziert. Verbindet Dichte mit Transparenz. Bleibt bis zum Schluss schlank und belebend, entwickelt im Glas einen fein verwobenen Mix aus dunkler Frucht sowie erdigen und würzigen Tönen.

Parallele Welten | Fabien Jouves | *Mas del Périé* | *Cahors*

Fabien stammt aus einer alteingesessenen Familie in Cahors, die seit mehreren Generationen auf dem Kalkplateau oberhalb des kleinen Flusses Lot Landwirtschaft betreibt. Gerade einmal 22 Jahre alt ist Fabien, als er nach seinem Önologiestudium in Bordeaux die Weinberge der Eltern übernimmt. Das Bild seiner Heimatregion ist zu dieser Zeit sehr unscharf und einseitig geprägt. Den Weinen der Gegend wird oft nachgesagt, nichts für Feingeister zu sein, die Wert auf Eleganz und Finesse legen. Malbec oder Côt, die meistangebaute Rebsorte der Region, ist den meisten Konsumenten eher als »argentinische Rebsorte« bekannt. Nur Insider wissen, dass Mal-

bec seinen Ursprung im Südwesten Frankreichs hat, bevor er es – von Südamerika aus – zu globaler Bekanntheit schafft. Ihre Trauben verkaufen Fabiens Eltern bis dahin an die örtliche Genossenschaft und bekommen umgerechnet 50 Cent pro Liter dafür. Für Fabien unbegreiflich, dass dies der Lohn für ein ganzes Jahr Arbeit ist. Darum will er einen anderen Weg gehen.

Nach der Übernahme der familiären Weinberge setzt Fabien die Pläne für ein eigenes Weingut um, bündelt sich das Ideendurcheinander im Kopf von Fabien zu einer langfristigen Strategie. Bereits drei Jahre später werden alle Weinberge biologisch bewirtschaftet, 2011 erfolgt dann der Schritt zur biodynamischen Bewirtschaftung. Schritt für Schritt geht er den Weg zurück zu einer gemischten Landwirtschaft, so wie es früher in vielen Landgütern üblich war. Heute werden auf *Mas del Périé* wieder Getreide und Lavendel kultiviert sowie Honig hergestellt. In den Flächen zwischen den Weingärten grunzen schwarze Schweine zufrieden und eine Vielzahl von Geräuschen und Düften vermitteln dem Besucher den Eindruck einer intakten und lebendigen Landschaft. Fabiens nächstes Projekt ist die Anlage eines kombinierten Obst-Weingartens, in dem die Bäume als Erziehungssystem dienen. An ihnen können sich die Reben – so wie einst ihre wilden Vorfahren – dem Licht entgegen nach oben ranken.

Für Fabien ist es unverzichtbar, neue Dinge zu probieren, daraus zu lernen und eigene Erfahrungen zu machen. In einigen Parzellen experimentiert er mit der Beschallung durch Musik. Proteody oder Proteinmusik nennt sich das Verfahren, das auf den französischen Physiker Joël Sternheimer zurückgeht.

Alle Aminosäuren haben eine bestimmte Frequenz, die in eine musikalische Note übersetzt werden kann. Dementsprechend besitzt jedes Protein mit seiner individuellen Aminosäuresequenz eine eigene Klangabfolge, die dekodiert und anschließend in den hörbaren Frequenzbereich übertragen wird. Die Musik des Proteins entsteht. Von der Beschallung mit der Proteinmusik verspricht sich Sternheimer eine positive Stimulierung des Wachstums und der Reife sowie eine verbesserte Abwehr gegenüber Krankheiten. Bisher ist dieses Verfahren wissenschaftlich nicht validiert, doch das ist für Fabien kein Grund, es nicht auszuprobieren. Und so gibt es jeweils morgens und abends ein kleines Konzert im Weinberg. In den letzten zwei Jahren kann Fabien in den entsprechenden Parzellen einen deutlichen Rückgang des Befalls durch Pilzkrankheiten feststellen, für ihn ein erster Beleg, dass Proteody durchaus funktionieren kann.

Unterhalb der neu gebauten Kellerei befindet sich ein experimenteller Weinberg, in dem verschiedene Klone vom Malbec und alte, fast ausgestorbene Rebsorten des Cahors stehen. »Mit dem Einfall der Reblaus haben die Weine von Cahors ihre Typizität verloren, danach wurde fast nur noch Malbec angepflanzt«, blickt Fabien auf diese Zeit zurück. Vorher ergänzen lokale Rebsorten wie Jurançon Noir, Gibert, Valdiguié oder Noual die Assemblage eines klassischen Cahors. »Sie haben die gleiche Funktion wie das Gewürz im Essen, tragen zur Abwechslung und Vielschichtigkeit bei.« Fabien hat diese alten Sorten aus eigenen sowie aufgegebenen Weinbergen selektioniert und vermehrt sie in seiner kleinen Rebschule. Auch andere Winzer können künftig darauf zurückgreifen und so dazu beitragen, dass ein Stück Tradition für die Zukunft erhalten bleibt. Fabien denkt nicht nur an sich. Die eigenen Erfahrungen weiterzugeben, Wissen zu teilen und damit gemeinsam für die Region zu arbeiten, ist essenziell für ihn und das gesamte Team von *Mas del Périé*.

So unendlich wie die Ideen in seinem Kopf, ist auch die Palette verschiedener Weine, die jährlich die Keller von *Mas del Périé* verlassen. Fabien spielt die gesamte Klaviatur, vom unkonventionellen, jedoch nicht charakterlosen »Vin de Soif« bis hin zum tiefgründigen Lagenwein ist alles dabei. Mit den Jahrgängen 2016 und 2017 ändert er den Stil seiner Weine, sie werden noch schlanker, versprühen jetzt noch mehr Energie und Direktheit. »Malbec wird oft falsch interpretiert«, ist sich Fabien sicher. »Es ist wie bei manchen Menschen, nach außen wirken sie verschlossen, manchmal abweisend. Im Inneren sind sie jedoch sensibel, besitzen eine sanfte Seite und zeigen Wärme.« So ist es auch beim Malbec. Oft unerkannt, kommt diese parallele Welt in den Weinen von Fabien an die Oberfläche. Gekonnt verknüpft er Kraft mit Eleganz und kombiniert dies mit den natürlichen Gegebenheiten des Terroirs.

Parallel zur roten Sortenvielfalt setzt sich Fabien mehr und mehr mit Rouxalin auseinander, einer lokalen Variante des Chenin Blanc. Auch wenn sie heute als einheimische Sorte der Loire gilt, vertritt er die Meinung, dass ihr Ursprung im Südwesten Frankreichs liegt, vermutlich in der Gegend von Aveyron. Von hier aus hat sich Chenin Blanc dann in alle Richtungen ausgebreitet, unter anderem auch weiter südlich in das Gebiet von Limoux. Ungeachtet ihres Ursprungs ist Fabien sich sicher, dass Chenin Blanc im Cahors großartige Weine hervorbringen kann. Der aktuelle Jahrgang 2020, der im Holzfuder seiner Abfüllung entgegenreift, ist für ihn ein flüssiger Meilenstein auf dem Weg dorthin.

Fabien beweist eindrucksvoll, dass Tradition kein Ballast sein muss, sondern die Initialzündung für die Zukunft sein kann. Seine Ideen und Energie inspirieren bereits die nächste Generation wie den jungen Pierre Baltenweck, dessen erste Weine unverkennbar die Nähe zu Fabien zeigen. Trotz allem bleibt Fabien bescheiden, reagiert zurückhaltend auf den angesprochenen Erfolg und beschäftigt sich stattdessen lieber mit dem Kommenden. Vieles schwirrt noch im Kopf, viel hat er noch vor. Das nächste Projekt? *Mas del Périé* als weintouristischen Mittelpunkt ausbauen. Einen Ort schaffen, wo sich Genuss und die Vermittlung von Wissen verbinden. Die nächste parallele Welt.

Mas del Périé
Le Bourg, 46090 Trespoux-Rassiels
Frankreich | Cahors
www.masdelperie.com

Rebsorten: Chardonnay, Chenin Blanc, Colombard, Gibert, Gros Manseng, Jurançon Noir, Malbec, Muscat, Noual, Petit Manseng, Sauvignon Blanc, Sémillon, Ugni Blanc, Valdiguié
Rebfläche: 27 ha *Alter der Reben*: 40 Jahre *Mitgliedschaften:* Renaissance des Appellations

Vins de soif

Les Agudes

Blend aus fünf weißen Sorten, darunter Sauvignon Blanc und Chardonnay. Vergärung und Ausbau im Edelstahl und Holzfuder. Limettenschale, Wiesenkräuter, Anis. Geradlinig, ohne Firlefanz.

Skin Contact

Ugni Blanc, Gros Manseng, Muscat d'Alexandrie. Drei Monate auf der Maische, reift anschließend für ein halbes Jahr im Fuder und Edelstahl. Florale und ätherische Noten. Zeigt Grip und Biss, ohne dass es jedoch anstrengend wird.

You fuck my wine

Malbec, Merlot, ein geringer Prozentsatz an weiteren lokalen Sorten. Reift im Beton und gebrauchten Barrique. Provokativ leichtfüßig. Im Hintergrund pikst das Malbec-typische Tannin, gibt damit das richtige Level an Ernsthaftigkeit.

Vins de Terroir

Les Pièces Longue

Chenin Blanc auf Kimmeridge-Kalkstein. Ganztraubenpressung, Ausbau über 12 Monate im großen Holz. Getrocknete Aprikose, Wiesenblumen. Introvertierter Wein, baut sich schichtartig auf. Nichts für Speed-Trinker.

Haut Berba

Blend der beiden Pyrenäen-Rebsorten Petit und Gros Manseng. Reife Aprikose, etwas Exotik, erinnert zunächst an einen Süßwein. Am Gaumen aber knochentrocken, kraftvoll und dicht. Cremige Textur, das dezente Tannin sorgt für das notwendige Gerüst.

Autochtones

Jurançon Noir, Gibert, Valdiguié, Noual. Zum Teil mit den Stielen vergoren, Ausbau im Tonneau. Florale Aromen, Pfeffer, Heidelbeere. Am Gaumen ein herrliches Spiel aus saftiger Frucht und robustem Tannin. Kernig und urwüchsig. Ein Original.

Les Escures

Malbec auf Kimmeridge, 350 Meter Höhe. Gärung und Ausbau im Beton. Feinsinnige Frucht. Linear, ohne jedes Gramm Fett, aber nicht mager. Erfrischend bis zum letzten Schluck. So etwas gab es im Cahors bis vor 20 Jahren nicht.

La Roque

Brauner Tonmergel, 20 Jahre alte Malbec Reben. Wie beim »Les Escures« kommt nur Beton zum Einsatz. Dunkle Waldbeeren, ausgeprägte Würze. Am Gaumen satte Frucht, markantes, jedoch balanciertes Tannin. Sehr fest, deutlich robuster im Vergleich zum Malbec vom Kimmeridge.

Les Acacias

Malbec auf eisenhaltigen Kalkböden. Lange Gärung und Extraktion im Beton, Ausbau im Fuder. Schwarzkirsche, dezente Würze. Engmaschig und vertikal. Sehr feines Tannin. Die Finesse von Cahors.

B763

Eine kleine Parzelle mit 50 Jahre alten Malbec Reben. Spontan im Beton vergoren, reift anschließend im Ei und in Barriques. Tiefgründig und subtil. Violette Früchte, Lakritz. Strukturiert und fest, bleibt aber immer auf der eleganten Seite. Sehr lang. Ein Highlight.

Kairos – der entscheidende Augenblick | Gavin Crisfield
La Traversée | Terrasses du Larzac

Im Norden des Languedoc entsteht eine neue Weinmacht. Im Windschatten des Massif Central, an den absteigenden Hängen der mythischen Hochebene von Larzac, ist sie zu finden. Hier ist vieles anders. Ein wilder Landstrich, geprägt von geologischen und klimatischen Extremen. Geprägt von Menschen mit Stolz und Widerspruchsgeist. Das muss auch die französische Regierung erfahren, als sie die Causse du Larzac vor einiger Zeit in einen

großen militärischen Übungsplatz umfunktionieren will. Billig verkaufen oder Enteignung? Die Bauern von Larzac haben die Wahl zwischen Pest und Cholera. Gewaltfreier Protest formt sich, bis nach zehn Jahren des Widerstands die Pläne schließlich verworfen werden.

Kein Wunder, dass diese Region seit jeher ein Anziehungspunkt für Individualisten ist. Kein Spot für die Masse und weit entfernt von den Touristenströmen, die tagtäglich auf dem südfranzösischen Highway »La Languedocienne« dahin brausen und die zahllosen Badeorte an der Mittelmeerküste ansteuern. Vielleicht ist es also kein Zufall, dass Gavin hier landet. Er ist ein Outsider. Ein Beobachter und Naturmensch, einer, der auch gern allein ist. Sensibilisiert für das Verborgene, besitzt Gavin das Gespür für die unsichtbaren Dinge im Kreislauf der Natur. Aufgewachsen im rauen Klima des Empire siedelt er im Alter von 30 Jahren nach Frankreich über. Nach mehreren Stationen als Winemaker erfüllt er sich 2009 seinen Traum eines eigenen kleinen Weinguts und *La Traversée* wird geboren.

Erst seit 2005 haben die Terrassen von Larzac den Status einer eigenen Herkunftsbezeichnung und wohl in keiner anderen Appellation des Languedoc werden seitdem so viele ambitionierte Projekte aus der Taufe gehoben wie hier. Was die Größe des Gebiets betrifft, sind die derzeit knapp 600 Hektar Rebfläche nur ein Tropfen auf den heißen Stein im Vergleich zur gesamten Anbaufläche des Languedoc. Qualitativ aber spielt Larzac mittlerweile in der ersten Liga. Die Weinberge liegen bis zu 450 Meter hoch, wo es kühler ist und wesentlich mehr regnet. Im nördlichsten Part um das verschlafene Städtchen Lodéve kommen im europäischen Trockenjahr 2018 bis zu 2.000 Millimeter Niederschlag runter, was nahezu alle Werte auf dem Kontinent übersteigt. Der Temperaturunterschied zwischen Tag und Nacht beträgt im Sommer bis zu 20 Grad Celsius, wofür die Winde verantwortlich sind, die ab dem späten Nachmittag kühle Luft vom Plateau herunterpusten. Wer diese natürlichen Gegebenheiten entsprechend nutzt, wird mit Trauben belohnt, die aufgrund des längeren Reifeprozesses ein hohes aromatisches Potential sowie eine im Süden selten erreichte Balance und Frische besitzen. Zumindest noch.

Der Klimawandel macht auch vor Larzac nicht Halt. 2021 ist es so feucht wie noch nie, 2019 herrschen in der Spitze Temperaturen von 48

Grad Celsius. Die Lesezeit ist in der jüngsten Vergangenheit kontinuierlich nach vorn gerückt. »Wichtige Entscheidungen zu qualitativ ausschlaggebenden Maßnahmen wie Rebschnitt, Begrünung oder Bodenbearbeitung müssen mehr und mehr intuitiv getroffen werden, zu elementar und drastisch sind die Änderungen von Jahr zu Jahr«, beschreibt Gavin die Herausforderungen der letzten Jahre. Etwas Melancholie und Sorge vor dem, was noch kommt, schwingt in seiner Stimme mit. Für ihn, der seit zwei Jahrzehnten intensiv mit der Natur lebt, sind diese Änderungen besonders sichtbar. Umso wichtiger ist es für Gavin, genau zu beobachten, was im Weinberg und dessen Umfeld passiert, um dann im richtigen Moment die richtigen Entscheidungen treffen zu können.

Kairos – der alles entscheidende Augenblick. Nur ein winziger Moment bestimmt das Ergebnis. Nicht umsonst wird der richtige Zeitpunkt schon bei den alten Griechen als Gottheit personifiziert. Gavin lebt Kairos. Das geht nur bei seiner Betriebsgröße, die aktuell bewirtschafteten 4,5 Hektar Rebfläche sind für Gavin das absolute Maximum. Für die Lese hat er je nach Parzelle nur ein Fenster von zwei bis drei Tagen, manchmal auch nur für wenige Stunden. Zwei- bis dreimal täglich probiert er die Trauben, analytische Werte spielen dabei keine Rolle. »I have enough confidence in myself«, erklärt er. Gavin verlässt sich voll auf seine eigenen Fähigkeiten, hört auf seine innere Stimme. Nicht immer mit dem absoluten Verständnis für die Unterschiede des Jahrgangs, wie er zugibt. Aber warum auch? Überraschungen gehören dazu, sind Bestandteil der Faszination Wein. »Hauptsache, du fühlst dich gut mit deiner Entscheidung.« Dann ist es der richtige Augenblick.

Alles fließt, alles ist in Bewegung. So wie in der Natur, so auch im Keller. Gavin glaubt an die Form, die für ihn mehr als nur ein Detail im Entstehungsprozess seines Weines ist. In seinem Keller findet sich nichts Eckiges, Beton-Eier und Holzfässer bestimmen die Szenerie. Eine freie Zirkulation erbringt einen besseren Gärverlauf und ein größeres Spektrum an Aromen, davon ist Gavin überzeugt. Behutsam wird extrahiert, um die feinen Zwischentöne zu erhalten. Zur Schonung der gewonnenen Aromen wird der Kontakt mit Sauerstoff insgesamt auf ein Mindestmaß reduziert. Luft und Zeit brauchen die Weine dann später im Glas, um ihre Stärken voll auszuspielen. Die Belohnung für die War-

La Traversée
6 Rue des Deux Ponts
Hameau les Salces, 34700 St. Privat
Frankreich | Terrasses du Larzac
www.latraversee.fr

Rebsorten: Carignan, Cinsault, Grenache, Syrah
Rebfläche: 4,5 ha *Alter der Reben*: 20 bis 50 Jahre

Cinsault

Sehr sanfte Infusion über zwei Monate im Beton-Ei. Zeigt eindrücklich, was diese Rebsorte solo auf dem Kasten hat. Schlank und trotzdem dicht, Struktur und Fülle zeigen unverkennbar die südliche Herkunft. Feinkörniges Tannin, fast zarte Frucht, Kräuter, weißer Pfeffer. Am besten aus Burgundergläsern.

La Traversée

Überwiegend Syrah und Grenache. Konzentrierte Nase, Schwarzkirsche, Wildbeeren, ätherische Würze. Intensive Frucht, viel Dichte, ein feiner Säurefaden sorgt für Energie und das richtige Maß an Frische. Vertikal gebaut, geht in keinem Moment in die Breite. Die Eleganz des Südens.

tezeit sind Facetten, wie sie selbst in anderen hoch angesehenen Weinen der Terrasses du Larzac kaum zu finden sind. Gavins Weine verbinden eine zarte Komponente mit der Kraft des Südens, sind schlank und trotzdem intensiv, besitzen Feinheit, aber auch etwas Urwüchsiges. Nur zwei Weine gibt es bei Gavin – einen Blend aus den zugelassenen Rebsorten der Appellation und einen reinsortigen Cinsault. Ebenfalls eine unterschätzte Rebsorte, die mit dem richtigen Zugang durchaus der Pinot Noir des Languedoc sein kann.

Eine Menge hat Gavin in den letzten Jahren ausprobiert und unermüdlich an seinen Weinen gefeilt. Nach dieser experimentellen Phase hat er vieles wieder reduziert und überflüssiges über Bord geworfen. »Now I prefer to keep things very simple«, erklärt er. Es geht nicht um Perfektion, es geht um Ausdruck. Um den Ausdruck einer Lebenseinstellung. Einfach runterkommen und sich auf das Wesentliche beschränken. Das ist auch das Credo seines nächsten Projekts. Rund um das Weingut herum will Gavin einen Ort der Lebensfreude schaffen. Die Quadratur aus Natur, Musik, Genuss und Kommunikation. Ein Ort, beschränkt auf die elementaren Dinge des Lebens und ein Gegenentwurf zum Überfluss unserer Zeit. Dafür ist jetzt der richtige Augenblick.

L'autre Cru | Hannah & Raphaël Piconnet

Domaine de Bichery | Champagne

Côte des Bar, das Niemandsland der Champagne. Dabei kaufen sie gern hier ein, die großen Häuser aus dem Norden, aus Reims und Epernay. Tonnen von Trauben wandern jedes Jahr in die Keller für die Produktion der globalen Marken. Aber vom Glanz des mondialen Pricklers gibt man nur ungern etwas ab und so sind die Weinberge im Süden maximal eine Randnotiz wert. Doch Zeiten ändern sich. Weil Menschen sich ändern und nicht mehr bereit sind, eine ihnen zugedachte Außenseiterrolle zu spielen.

So wie Raphaël, der nach seiner Ausbildung in Burgund und der Schweiz die Hälfte der elterlichen Weinberge übernimmt. Eigene Champagner will er jetzt machen, nicht länger alles an die Genossenschaft liefern. Er bringt neue Ideen mit und sieht Champagner eher als Wein, nicht als Manufakturprodukt. Frei von hemmenden Strukturen und Traditionen, kann Raphaël die eigenen Ideen sofort in die Tat umsetzen. Schnell gelingt es ihm, einen ganz eigenen Stil zu entwickeln. Bereits die ersten Jahrgänge tragen unverkennbar seine Signatur. Fast wie eine Chimäre aus Burgunder und Champagner. Er zeigt, dass seine Region das Zeug zur Eigenständigkeit hat und nichts und niemanden kopieren muss.

Die Weinberge der südlichen Champagne sind kein dominantes Rebenmeer wie im Norden. Es handelt sich um eine abwechslungsreiche Landschaft. Die mehrheitlich kleinen Parzellen sind umsäumt von Wäldern, Wiesen und Feldern. Vielleicht ist es kein Zufall, dass die Winzer hier einen anderen Bezug zur Natur haben und sich die Côte des Bar zu einem Zentrum des Bioanbaus in der Champagne entwickelt hat. Schon kurz nach seiner Rückkehr stellt auch Raphaël einen Teil der Weinberge auf ökologische Bewirtschaftung um. Seit dem 2019er Jahrgang ist alles komplett zertifiziert. »Ein Großteil der Weinberge wird auch hier noch konventionell bewirtschaftet, aber es findet insgesamt ein Um-

black

denken statt und wir sehen eine Reduzierung in der Applikation von Pflanzenschutzmitteln«, erzählt er. Schon während der Umstellung hat Raphaël auch mit biodynamischen Pflanzenextrakten experimentiert. Die Kräuter dafür kommen aus der Region und die Präparate daraus werden in Eigenregie für den Weinberg hergestellt.

Für Raphaël und seine Frau Hannah stehen die Lage und der Jahrgang im Vordergrund. »Wir wollen keine standardisierten, immer gleich schmeckenden Champagner. Kein Jahr gleicht dem anderen und wir selbst lieben es, einen Wein nach einem bestimmten Jahrgang auszuwählen«, erläutert Hannah während der Verkostung der Grundweine im Keller. Alle bisher auf den Markt gebrachten Champagner stammen aus einem Jahrgang. Trotz ihrer Philosophie sind die beiden jedoch nicht dogmatisch und festgefahren. Ab 2026 wird es mit einem Solera-Schäumer das Kontra zum Jahrgang geben.

Auf der Suche nach Natürlichkeit wird auch die Arbeit im Keller von Jahrgang zu Jahrgang minimalistischer und die Eingriffe konsequent auf das Nötigste reduziert. Seit 2018 werden alle Grundweine spontan vergoren. Zu einem Großteil verwendet Raphaël für die Vergärung gebrauchtes Holz, was später im Champagner die strukturelle Ausprägung unterstützt. Die Grundweine durchlaufen den biologischen Säureabbau und reifen bis zur Tiragefüllung im Mai auf der Feinhefe weiter. Schwefeldioxid wird in dieser Zeit bis auf wenige jahrgangs- oder lagenbedingte Ausnahmen nicht verwendet. Die Ausbauzeit auf der Hefe ist bewusst kurzgehalten, was den weinigen Charakter unterstützt und Lage sowie Jahrgang den Platz zur Entfaltung lässt. Eine Dosage wird grundsätzlich nicht verwendet, alle Champagner von Hannah und Raphaël gehen als Brut Nature in den Verkauf. Durch seinen Bezug zu Burgund

Domaine de Bichery
92 Grande Rue, 10250 Neuville-sur-Seine
Frankreich | Champagne
www.domainedebichery.com

Rebsorten: Chardonnay, Pinot Meunier, Pinot Noir
Rebfläche: 8 ha *Alter der Reben*: 6 bis 55 Jahre
Mitgliedschaften: ACB Assocation des Champagne Biologique

Brut Nature »La Source«

Jahrgangschampagner aus 60 % Pinot Noir und 40 % Chardonnay. Knapp die Hälfte der Grundweine reift im Holz. Füllig, texturiert, balancierte Säure. Der Grip im Hintergrund schafft den strukturellen Rahmen. Kraftvoll und doch elegant.

Blanc de Blanc Brut Nature »L'envers«

Chardonnay aus einer kühlen Nordostlage. Vergärung und Ausbau im Holz. Glasklare Nase, verspielt, nussige Nuancen. Fester Kern, eingewoben in eine feine, cremige Textur. Präzise und linear, im Finish dezente Kalknoten. Nur 1.000 Flaschen.

Rosé Brut Nature »Les Fontaines«

Pinot Noir aus zwei Parzellen. Strukturiert, saftige Frucht, dezentes Tannin. Zeigt Dimension und Substanz. Burgund mit Bubbles.

Pinot Noir »Le Coteau«

30 Jahre alte Reben aus der Parzelle »La Source«. Komplett entrappt, sanfte Extraktion, in gebrauchtem Holz ausgebaut. Keine Schönung und Filtration. Walderdbeere, Herzkirsche, floraler Touch. Sehr lebendig, das richtige Maß zwischen Robustheit und Finesse.

erscheint es fast logisch, dass Raphaël auch einen Rotwein macht. Das wärmere Klima an der Côte des Bar ist perfekt für Pinot Noir geeignet und der rote Coteaux Champenois steht seinen Pendants in Burgund in nichts nach.

Hannah und Raphaël haben mit der eigenen Produktion bewusst klein angefangen und verkaufen nach wie vor einen Teil der Trauben an die Genossenschaft. Gerade einmal 5.000 Flaschen füllen sie im ersten Jahrgang ab. Mittlerweile ist es das Dreifache, das den kleinen Keller in Neuville-sur-Seine verlässt. Langfristig streben sie 30.000 Flaschen an, mehr soll es nicht sein. »Wir wollen alles in der eigenen Hand behalten, sehen uns als Familienweingut«, sagt Hannah ganz bewusst. Das Weingut ist Teil der Familie und umgekehrt. So wie bei den Weinen geht es auch generell um die richtige Balance und um Zeit für alle anderen Dinge des Lebens. Wie für die vielen neuen Freundschaften und Kontakte, die sich seit der Gründung des eigenen Weinguts ergeben haben. Wie viele andere Winzerinnen und Winzer ihrer Generation sind die beiden international vernetzt. »Der intensive Austausch inspiriert uns und es ergeben sich Ideen, um Neues auszuprobieren«, erklären sie.

Côte des Bar. Die andere Champagne. Nicht elitär und luxuriös, sondern menschlich und mit Bodenhaftung. Offen für alles, was in der Welt passiert. Unkonventionell, innovativ, experimentierfreudig, nachhaltig. Es gibt viele Gründe, warum die neue Generation von Erfolg zu Erfolg eilt, warum gerade hier, in dem ehemals weißen Flecken der Champagne, so viele individuelle Weine entstehen. So wie die von Hannah und Raphaël. Sie wissen um ihr Potential, sind selbstbewusst. Die Zeit ist gekommen für die andere Champagne. L'autre Cru.

Finnischer Wind | Nea Berglund | *Charivari Wines*
Bordeaux

Bereits als Teenager kommt Nea mit Wein in Berührung, reist im Sommer oft von Finnland nach Bordeaux und hilft während der Lese auf dem Weingut ihres Vaters mit. Zu dieser Zeit ist noch nicht vorhersehbar, dass sie irgendwann ins Familienweingut einsteigt. Sie absolviert ein Business-Studium und jobbt in Restaurants, wo sie zwangsläufig wieder mit Wein in Berührung kommt. Anschließend geht sie nach Australien, arbeitet gemeinsam mit Mandy Jones in Rutherglen. Hier bekommt sie den entscheidenden Input, lernt die wichtigen Details. Danach ist alles klar. Sie kommt zurück und übernimmt die Verantwortung für das familiäre Weingut.

Château Carsin liegt in den Cadillac Côtes de Bordeaux, eine knappe Autostunde südwestlich der Stadt Bordeaux. Die Weine von hier besitzen nicht das Prestige der nördlichen Appellationen des Médoc oder von Saint-Émilion. Hier gibt es keine Heerscharen von Journalisten und Einkäufern, die mit straffen Terminplänen von Château zu Château hetzen. In diesem Teil von Bordeaux geht es weitaus beschaulicher zu und die meisten Weingüter sind Familienbetriebe, gehören keinen Schwerreichen oder Versicherungen. Und es gibt keine Hierarchien. »Team work is everything«, so Nea. Im Weingut, im Ort, im Gebiet. Es ist kein Zufall, dass Nea die Präsidentin der »Les Epicu'Rions« ist. Einer Vereinigung der Winzer von Rions, die sich gegenseitig unterstützen und gemeinsam ihre Weine vermarkten. »Für die Region Bordeaux ist das eher ungewöhnlich, die meisten Weingüter sind es gewohnt, alles allein zu machen, und sehen sich oft als Konkurrenten. Dabei liegen die Vorteile einer Zusammenarbeit klar auf der Hand, insbesondere in der Kommunikation und im Verkauf der Weine«, erklärt sie.

Wie ihr Vater geht Nea unkonventionell an viele Dinge heran, fühlt sich frei vom traditionellen Ballast. Juha Berglund erwirbt Château Carsin im Jahr 1990, dem Jahr, in dem Nea geboren wird. »Schon mein Vater wollte die traditionellen Châteaux nicht kopieren. Wir sind keine französische Familie mit Hunderten von Jahren der Tradition. Wir fühlen keinen Druck, alles gleich zu machen, haben viel mehr Freiheit, unseren eigenen Weg zu gehen.« Tausend Ideen hat Nea nach ihrer Rückkehr aus Australien im Kopf, entwickelt ein Schwesterprojekt zum familiären Château – *Charivari Wines.*

»Cheerful wines for happy moments.« Weine, die ihre Lebenseinstellung widerspiegeln. Für Nea ist es vor allem wichtig, in jedem Moment,

in jeder Sekunde des Lebens, Freude zu haben. Freude an den täglichen Dingen, an der Zusammenarbeit mit anderen Menschen, an allem, was sie anpackt. Die *Charivari*-Weine spiegeln genau das wider, sind der flüssige Beleg für ihre Einstellung, kommunizieren ihre Message. Neas Weine sind gemacht für Menschen, die genauso unverkrampft durchs Leben gehen wie sie. Die Weine sind erfrischend anders und nicht so staubig und altbacken wie so viele Weine aus Bordeaux.

Aber sie sind keine Zufallsprodukte oder nur der Ausdruck purer Spontaneität. Nea weiß genau, was sie tut. Sie kennt die Grundlagen, um Weine mit Ausdruck zu machen, die einen Bezug zu ihrer Herkunft haben. Dabei geht es nicht um das übliche Blabla endloser Debatten über das Terroir. Es geht um Authentizität und um Glaubwürdigkeit. Wenn ihre Weine Natürlichkeit vermitteln, dann muss diese auch drin sein. Zu Einhundert Prozent. Schon Neas Vater setzt sich mit der ökologischen Bewirtschaftung auseinander, Nea beschleunigt den Prozess. Mittlerweile wird die gesamte Fläche biologisch bewirtschaftet und steht kurz vor der offiziellen Zertifizierung. Nea hat weit mehr im Blick als die bloße Bewirtschaftung der Weinberge und sieht das Weingut eher als Landgut. Zahllose Obstbäume, Sträucher und kleine Beete säumen die Weinberge, auf der Wiese stehen Pferde und auf dem Hof ist das Gackern von Hühnern zu hören. Nea kann sich durchaus vorstellen, im Zukunft auch Säfte und Marme-laden zu produzieren.

Im Keller geht es einfach und simpel zu. Anreicherung, Säuerung oder Enzyme sind für Nea tabu. Alle Plots und Rebsorten werden zum optimalen Lesezeitpunkt mit der Hand gelesen, wobei sie sich eher am unteren Ende der Reifeskala orientiert, da sie überreife Aromen im Wein vermeiden möchte. Die weißen Sorten werden mit den Stielen gepresst und die Moste anschließend für ein bis zwei Nächte gekühlt, bevor es zur Vergärung geht. Ausnahme bildet der Sauvignon Blanc »L'Amour Fragile«, der komplett entrappt und anschließend mit den Beerenhäuten für 20 Tage in der Amphore vergoren wird. Je nach Rebsorte und Stil kommen die roten Trauben in Edelstahl oder Amphoren. »Im Unterschied zum klassischen Bordeaux Winemaking bevorzugen wir eine leichtere Extraktion und nicht zu viel Tannin im Wein«, erläutert Nea die eigene Herangehensweise.

Das Reifemanagement hat Nea drastisch verändert. Ganz im Gegensatz zu ihrem Vater, der zumeist neue Fässer verwendet hat, greift Nea neben Amphoren nur auf gebrauchtes Holz zurück. »Ich möchte authentische Weine produzieren, dazu gehört für mich vor allem die unverfälschte Frucht. Nur dann kann ich die subtilen Nuancen der verschiedenen Parzellen oder Jahrgänge herausarbeiten.« Auch das traditionelle Racking wird kaum noch praktiziert und alle Chargen bleiben bis zur Assemblage oder Abfüllung in den Fässern faktisch unberührt liegen. »Bei jedem Abziehen oxidieren die Weine etwas und verlieren an Frucht und Frische«. Die Charivari-Range wird komplett ungeschönt und unfiltriert abgefüllt. Mit dem Schwefeln hält es Nea pragmatisch, eine geringe Schwefeldioxid-Gabe unterstütze die Präzision der Frucht und die Haltbarkeit in der Flasche. Ein absoluter Hingucker sind die Labels, die von Jenna Kunnas, einer Grafikerin aus Helsinki, entworfen werden. Sie sind wie die Weine erfrischend anders, symbolisieren die bunte weite Welt mit all ihren Überraschungen.

Fast spielerisch hat Nea das Weingut ihres Vaters verändert, macht es fit für die Zukunft. Sie sieht die künftigen Herausforderungen, geht verantwortungsvoll mit den wichtigen Themen unserer Zeit um. Sie sieht ihre Verantwortung für die Natur, für ihr Team, ihre Nachbarn und künftige Generationen. Aber sie erstickt nicht daran, sondern behält ihren Optimismus, der ihre Kreativität nur noch mehr beflügelt. Es weht ein frischer Wind in Rions.

Charivari Wines
Château Carsin, 33410 Rions
Frankreich | Bordeaux
www.charivariwines.com

Rebsorten: Sauvignon Blanc, Sauvignon Gris, Sémillon, Cabernet Franc, Cabernet Sauvignon, Carménère, Malbec, Merlot, Petit Verdot
Rebfläche: 20 ha *Alter der Reben*: 3 bis 45 Jahre
Mitgliedschaften: Les Epicu'Rions

Pet Nat Le Mystère Pétillant

Sauvignon Blanc. Im letzten Drittel der Vergärung direkt vom Gärtank in die Flasche gefüllt. Animierende Zitrusfrucht, grüner Apfel, erinnert fast an einen Cidre.

Le Fruit Défendu

Vergärung und Ausbau in gebrauchten Barriques, 100 % Sauvignon Blanc. Limone, weiße Johannisbeere, Nuancen von Wiesenkräutern. Der biologische Säureabbau bringt zusätzlich Textur und Fülle. Animierender Frischekick im Finale.

L'Amour Fragile

Sauvignon Blanc, auf der Maische vergoren und sieben Monate in der Amphore ausgebaut. Reife Aprikose, balsamische und nussige Noten. Am Gaumen ein Touch Tannin, zeigt Fülle und Biss, endet fast salzig.

La Rose Sauvage

Malbec und Merlot. Direkt abgepresst und im Edelstahl vergoren, reift anschließend einige Monate auf der Hefe. Zeigt den rustikalen Charme des Malbec, ein universeller Begleiter an Tisch und Tafel.

L'Aventure Nocturne

100 % Merlot. Im oben offenen Tank vergoren, Ausbau über 12 Monate in mindestens fünf Jahre alten Barriques. Expressive Nase, Schwarzkirsche, untermalt von einer feinen Würze. Das Tannin ist markant, ohne zu dominieren, endet im Finale mit saftiger Frucht.

Die Renaissance der Vergessenen | Nicole & John Bojanowski | *Clos du Gravillas* | *Minervois*

Es ist wie das Drehbuch zu einem Film. Paris Ende der 90er-Jahre. Ein Amerikaner trifft eine Französin und eine Love-Story beginnt. Sie überzeugt ihn schnell, alles zu ändern, mit ihr zusammen in den Süden zu ziehen und das bisherige Leben hinter sich zu lassen. Statt um Hightech geht es jetzt um Reben, die für ihn schnell die nächste große Liebe werden. Beide wohnen sie am schönsten Fleck der Welt, in der atemberaubenden Landschaft des Minervois. Pittoreske Katharerburgen, dramatische Schluchten, wilde Natur, alles eingetaucht in die satten Farben des Midi. Die perfekte Kulisse. Zusammen leben sie ihren Traum vom eigenen Weingut. Es ist keine fiktive Story, denn so beginnt die Geschichte von Nicole und John, so beginnt die Renaissance der Vergessenen.

Eigentlich will Nicole einen »dicken« internationalen Goalgetter machen, ganz nach dem Vorbild von Grange des Pères. Cabernet und Syrah, das sollen ihre zukünftigen Wegbegleiter im Weinberg werden. Doch nach dem ersten Jahrgang richtet sich ihr Blick auf die lokalen Sorten. Mit einem Mal ist klar, dass der ursprünglich eingeschlagene Pfad nicht der richtige Weg ist. Der so oft verschmähte Carignan wird nun einer ihrer engsten Verbündeten, flankiert vom Muscat und Grenache. Durch einen glücklichen Umstand können Nicole und John bald darauf einige alte Plots dieser Rebsorten erwerben. Zusammen mit einigen Gleichgesinnten gründet John bald darauf die Vereinigung »Carignan Renaissance«, die heute rund fünfzig Mitglieder hat. Der Fight für den Carignan beginnt.

Zu dieser Zeit steht das Midi kurz vor einer im fernen Brüssel erdachten Rodungswelle, die bald wie ein Tsunami die Landschaft überrollt. Es geht um Reduzierung. Zu viel – und vor allem zu schlecht – ist es, was Europas Weinberge in Summe ausspucken. Stattliche Rodungsprämien winken und den kleinen Weinbauern soll ein »geordneter« Ausstieg ermöglicht werden. Doch statt dem wirklichen Übeltäter, den auf Masse getrimmten Weinfeldern in der Ebene zwischen Narbonne und Montpellier, geht es vor allem den alten Reben an den Kragen. Überwiegend die kleinen Parzellen, eingebettet in die Hänge der Montagne Noire, werden das Opfer dieser Rodungsoffensive. Geringere Erträge, eine aufwendigere Bewirtschaftung, die Weine vergleichsweise teuer. Da gibt es wenig Chancen, um mit den Billigkollegen aus der Ebene zu konkurrieren.

Kurioserweise wiederholt sich damit eine Geschichte, die so ähnlich knapp zweihundert Jahre zuvor passiert. Um 1830 ändert sich der Markt schlagartig und im absatzstarken Paris sowie den anderen nördlichen Regionen sind jetzt kraftvolle und dunkle Rotweine gefragt. Fast über Nacht wandelt sich die Rebenlandschaft im Hérault, die bis dahin traditionellen Terret und Piquepoul müssen weichen und die heutigen Rebsorten nehmen ihren Platz ein. Die sich kurze Zeit später ausbreitenden Pilzkrankheiten sowie die Reblaus erledigen den Rest, so dass von Terret und Piquepoul heute nur noch einige hundert Hektar übrig sind. Als Nicole und John dies realisieren, erweitert sich ihr Kreis der Vergessenen. Neben dem Erwerb alter Parzellen pflanzen sie in den darauffolgenden Jahren auch neue Setzlinge der beiden Rebsorten-Dinos, die sie aus den eigenen Weingärten selektieren.

Durch eine Laune der Natur gibt es Terret und Piquepoul in den Varianten Blanc, Gris und Rouge. Übereinstimmendes Merkmal aller Sorten ist eine erfrischende Säure, für John ein ganz wichtiger Vorteil unter den mediterranen Bedingungen. Terret Gris zeichnet sich durch

Clos du Gravillas
15 route de Bize, 34360 Saint Jean de Minervois
Frankreich | Minervois
www.closdugravillas.com

Einzellagen: Cazelles, Esperandieu, Roques de Beau, Ciaude, Carretals, Les Bonnes, Gimios Lous Camparas
Rebsorten: Cabernet Sauvignon, Carignan, Cinsault, Clairette, Cunoise, Maccabeu, Mourvedre, Muscat, Grenache, Piquepoul, Roussanne, Syrah, Terret, Viognier
Rebfläche: 8,5 ha *Alter der Reben*: 1 bis 111 Jahre
Mitgliedschaften: Les Outsiders du Languedoc, Carignan Renaissance

Pet Nat Jour de teuf

Die perlende Seite des Muscat. Klassischer Vin de Soif. Birne, Quitten, Blumenwiese. Charmant und fröhlich.

Emmenez-moi au bout du Terret

Über 60 Jahre alte Terret Gris Reben, drei verschiedene Plots auf 250 Metern Höhe. Zurückhaltende Nase, fast staubig, Jod, Wiesenkräuter. Ohne jedes Gramm Fett, schlank, kalkiger Grip.

Mademoiselle Lily

Das ganze Gegenteil des Terret. Offen, blumig, verspielt. Viognier und Roussanne, für einige Monate im 500-Liter-Holzfass ausgebaut.

L'Inattendu

Grenache Blanc, dazu etwas Maccabeu von knapp einhundertjährigen Reben. Das beste Terroir in Cazelles, sehr steinige Kalkmergelböden. Vergärung und Ausbau in Demi-Muids. Beweist das Potential des Südens für hervorragende Weißweine. Struktur, Energie, Tiefe. Alles ist da. Kann lange reifen.

Retour aux Origines

So schmeckt die Vergangenheit. Blend aus Piquepoul Gris, Carignan Blanc und Terret Gris. Ausbau im gebrauchten Holz. Besitzt Substanz und Festigkeit, dazu viel Frische und Dynamik. Die Nase ist weit weg von jeglicher plakativer Frucht, ein wilder Mix aus grüner Ananas, frischen Kräutern und Gestrüpp.

À fleur de peau

Orange Muscat. Zwei Wochen auf der Maische vergoren. Ist im Keller der Lieblingswein von John. Zeigt deutlich Muskeln, die weiche Textur puffert die Power gut ab. Ein Wein für die Meditation.

Douce Providence

Muscat in seiner zartesten Versuchung. Endlose Finesse, wirkt so verspielt am Gaumen, dass Alkohol und der Restzucker von weit über 100 Gramm pro Liter kaum spürbar sind.

Côté Obscur

Bezaubert mit seiner direkten und intensiven Frucht, ohne dass es zu kitschig wird. Dafür sorgt ein ordentlicher Schuss Tannin, der jedoch perfekt in diese Hülle aus Frucht eingebunden ist. Blend aus Carignan und Cabernet Sauvignon aus den höchstgelegenen Parzellen.

Rendez-Vous Sur La Lune

Der Mondwein. Einer der Klassiker von Nicole und John. Cuvée aus Carignan, Syrah und Grenache. Reift nur partiell im Holz. Vereint Anspruch mit frappierender Zugänglichkeit. Ein Wein der Herzen.

Lo Vièlh Carignan

Das Vermächtnis. Carignan, 1911 gepflanzt. Kleiner Ertrag von rund 20 Hektolitern pro Hektar. Nicole und John beweisen, das Carignan kein Rohling ist, sondern zu den faszinierendsten Sorten des Midi gehört.

einen moderaten Alkoholgehalt aus und kann mit seinem zurückhaltenden Aromaprofil ein wunderbarer Lagenbotschafter sein. Gerade auf den kalksteingeprägten Böden der Subappellation Cazelles läuft er zur Hochform auf. Die drei Varianten des Piquepoul wurden früher oft gemischt gepflanzt und verarbeitet, beginnend mit dem Jahrgang 2021 setzen Nicole und John diese Tradition fort.

Zwanzig verschiedene Rebsorten haben Nicole und John mittlerweile im Bestand, angebaut auf sieben verschiedenen Terroirs rund um Saint Jean de Minervois. Zusammen mit der Experimentierfreudigkeit von John im Keller resultiert dies in einer Palette höchst eigenständiger Weine. Jedes Jahr probiert er neue Dinge aus, oft unkonventionell und außerhalb der bürokratischen Spielregeln, so dass die meisten Weine ohne die Nennung der Appellation vermarktet werden. Ein Pet Nat vom Carignan oder ein Orange Wine vom Muscat sind nur zwei Beispiele dafür. Auch wenn sie völlig unterschiedlich sind, die Bojanowski-Weine haben einen gemeinsamen Nenner. Sie strahlen unheimlich viel Lebendigkeit aus. Obwohl sie das Ergebnis gezielter Überlegungen sind, wirken sie nicht angestrengt oder gemacht. Unverkennbar zeigen sie die Sonne des Südens, aber auf eine erfrischende Art und Weise. Keine Marmelade, eine angenehme Kühle zieht sich durch die Weine, gibt ihnen Schwung und Esprit.

John setzt sich schon heute damit auseinander, wie er das Weingut für die nächsten Generationen aufstellen kann. Dies schließt eine vorsichtige Transformation der ältesten Parzellen ein. Die Gedanken kreisen auch schon um die nächsten Rebsorten. Riverenc Gris und Aramon stehen auf der Agenda, letztere hat das wohl schlechteste Image im Süden überhaupt. Doch John lässt sich davon nicht beirren und will es – so wie einst mit Carignan – selbst probieren. Nicole und John gehen weiter ihren eigenen Weg. Mit Leidenschaft und mit Herz. Und so geht sie weiter, die Renaissance der Vergessenen.

DADA in Volvic | Vincent Marie | *Domaine No Control*
Auvergne

Auf den ersten Blick wirkt es in der Auvergne im Herzen Frankreichs eher wie am Rande der Welt, ein Landstrich der absoluten Ruhe und Zeitlosigkeit. Ein bisschen heile Welt. Kleine Steinhäuser, Wälder, bunte Wiesen, Kühe und ein paar Weinberge. Nichts ist hier zu spüren von der hektischen Betriebsamkeit, wie sie in der nur wenige Kilometer entfernten, von Michelin geprägten Industriemetropole Clermont-Ferrand herrscht. Nur die grünbewachsenen Vulkane erinnern heute noch daran, dass es hier nicht immer so ruhig zuging. Im Verborgenen ist das Feuer jedoch wieder erwacht. Unbemerkt von einer breiten Öffentlichkeit hat sich die Auvergne zu einem Hot Spot des Naturweins entwickelt. Patrick Bouju, Mito Inoue und Aurélien Lefort sind nur einige Namen, die dieser Bewegung angehören. Und Vincent Marie, einer der unkonventionellsten und provokativsten Charaktere der neuen Szene.

Geboren und aufgewachsen im Norden Frankreichs, strandet Vincent nach einigen Umwegen in der Auvergne und beginnt 2013 unweit des Städtchens Combronde mit der Bewirtschaftung seines ersten Weinbergs. Das dafür notwendige Wissen sammelt er zuvor im Elsass. Vor allem die Zusammenarbeit mit dem Bio-Altstar Patrick Meyer ist für Vincent prä-

gend. Sein Bild vom Weinmachen ist schon damals klar umrissen. Im Weinberg will er weitgehend ohne Input, im Keller völlig ohne Zusätze arbeiten. »Organic and nothing« ist seine Devise. Die damit verbundenen Risiken und Variablen nimmt er in Kauf. Für Vincent gehören sie sogar dazu. Erst das Überwinden von Grenzen erbringt seiner Ansicht nach eigenständige Weine.

Auf vier verschiedene Lagen rund um Volvic verteilen sich die fünf Hektar Rebfläche. Ein Mix aus Basalt, Granit und Kalkstein, dazu verschiedene Höhen und Ausrichtungen. Vincent bewirtschaftet auch einige sehr alte Plots. Besonders stolz ist er auf eine Parzelle mit Gamay von 1903. Die traditionelle Rebsorte des Beaujolais wird bereits seit Jahrhunderten auch in Zentralfrankreich angebaut, hat aber als Gamay d'Auvergne eine etwas andere Genetik. Die Trauben sind größer, die Weine besitzen mehr Säure, Tannin und Würze, so Vincent über die Unterschiede zum Pendant aus dem

Domaine No Control
3 Rue de la Croix Badière, 63530 Volvic
Frankreich | Auvergne
www.vin-nocontrol.fr

Rebsorten: Auxerrois, Chardonnay, Gamay, Pinot Noir, Sauvignon Blanc, Sylvaner, Syrah
Rebfläche: 5 ha *Alter der Reben*: 10 bis 110 Jahre

Les Crosses

Chardonnay von der gleichnamigen Parzelle in Volvic. Mehrmonatiger Ausbau auf der Vollhefe. Reduktionsnoten, Jod, pflanzliche Untertöne. Besitzt Power und Substanz. Bevor es zu plüschig wird, bringt die messerscharfe Säure die Realität zurück.

Délire du désordre

Die Auflösung jeglicher Ordnung. Weiße und rote Sorten, zwei verschiedene Jahrgänge. Oxidative Noten, Melasse, Teeblätter, Waldhimbeere. Straffes Tannin, elektrisierende Säure. Anarchie im Glas.

Bullette dans ta tête

Gamay vom Granit und Basalt, teilweise über einhundertjährige Reben. Reift ausschließlich im Edelstahl. Kontrollierter und weniger sperrig im Vergleich zu den anderen Gamay, eher melodischer Punk statt Hardcore.

Magma Rock

Gamay von Granitböden in Beauregard Vendon. Mit Stielen im Holz vergoren. Expressive Nase. Waldfrucht, Kräuter, die dezente flüchtige Säure gibt einen deutlichen Schub in der Intensität. Die Steinfaust im Mund.

Fusion

Gamay aus Volvic. Die Fusion zweier Techniken. Ein Teil durchläuft die Macération Carbonique, der andere Teil wird klassisch mit den Stielen vergoren. Ausbau im großen Holz. Irre Nase. Gebackene Pflaume, Fenchel, Muskatnuss. Kantige Struktur, fast bissig. Passt in kein herkömmliches Schema.

Tournoël Riot

Pinot Noir aus einer Einzellage in Volvic. Mix aus Granit und Basalt, 15 Monate Ausbau in Burgunderfässern. Schwarzkirsche, Unterholz, kalte Asche. Für Pinot Noir fast knüppelhartes Tannin, aber die konzentrierte Frucht fängt das gut auf.

La Coulée

Syrah und Gamay. Einzellage, befindet sich auf dem letzten Lavastrom der Auvergne. Ausbau über 18 Monate in 600-Liter-Fässern. Maulbeere, Wildfleisch, Mönchspfeffer. Vollgepackt mit Extrakt und Tannin, der Gamay bringt den notwendigen Frischekick.

Beaujolais. Neben Gamay finden sich im Weinberg die klassischen Sorten des kontinentalen Frankreichs wie Pinot Noir, Syrah, Chardonnay, Sylvaner und Pinot Auxerrois. Zusätzlich zur organischen Bewirtschaftung setzt Vincent auch biodynamische Präparate und Kräuterextrakte ein, strebt für die Zukunft eine komplett biodynamische Bewirtschaftung an. Probeweise bewirtschaftet Vincent seit einiger Zeit eine Parzelle in Ménétrol ausschließlich mit dem Pferd und kann sich vorstellen, diese Arbeitsweise künftig auch für die anderen Parzellen zu übernehmen. »Ich liebe die Arbeit mit dem Pferd, es ist ein ganz eigener Rhythmus, man hat das Gefühl, noch näher an der Natur dran zu sein.« Sowieso ist er lieber draußen im Weinberg. Die Arbeit im Keller ist eher Notwendigkeit und gehört nun mal dazu.

Die schlichte Kellerei im Gewerbegebiet von Volvic hat das Flair eines Proberaums. Eine kleine Küche, ein Sofa, ein Plattenspieler, im angrenzenden Keller ein scheinbares Durcheinander aus Edelstahl, Holz und Glasfieber. Hier wird gearbeitet, gelebt, gefeiert. Erfrischend alltäglich wirkt das alles, ohne Hochglanz und Attitüde. Ein knappes Dutzend Weine entstehen je nach Jahrgang im Keller von Vincent, reflektieren die Diversität der Auvergne und seine Ideen. Alle Trauben werden in kleine 18 Kilogramm Kisten gelesen, damit sie möglichst unversehrt den Keller erreichen. Bei den Weißweinen akzeptiert Vincent etwas Botrytis, die roten Trauben werden komplett gesund gelesen und zusammen mit den Stielen vergoren. Die meisten Weine werden im Sommer des auf die Lese folgenden Jahres ohne Filtration, Schönung und Schwefelung abgefüllt, einige Rotweine reifen etwas länger.

»Kein Glouglou«, sagt er bewusst provokant. Vordergründig fruchtige Weine ohne Struktur sind nicht Vincents Ding. Er will das Gegenteil – Weine mit Spannung, mit Drive. Für Vincent ist das der Link zur Musik, einem anderen, unverzichtbaren Part in seinem Leben. Kein Wunder also, dass er sein Weingut nach einem Album der Punk-Band »Bad Religion« benannt hat. Das Spektrum der Aromen in seinen Weinen? Eher dadaistisch. Das polarisiert und damit kann und will Vincent umgehen. »Wer bestimmt schon, was schön oder hässlich ist? Wer bestimmt, wann ein Wein fehlerhaft ist?«, fragt er, ohne eine Antwort zu erwarten. Von allem losgelöst, so macht Vincent seine Weine. Dogmen und Definitionen interessieren ihn nicht. Seine eigenen Vorstellungen setzt er um. Flüchtige Säure? Die Grenzwerte in den meisten seiner Weine liegen weit über der gesetzlichen Norm. Na und? Für Vincent bringt das einen Schub an Energie. Oxidative Noten? »Das Salz in der Suppe«, erklärt er. Dem einen gefällt es, dem anderen nicht. Jeder soll trinken, was ihm schmeckt. Ganz einfach.

Und so gleicht die Reise durch die Weinwelt von Vincent einer Odyssee, einer Irrfahrt in unbekannte geschmackliche Welten. Permanent wird die eigene Toleranzschwelle getestet, seine Weine würfeln das Weltbild des klassischen Weins mächtig durcheinander. Sie sind roh und unfertig, atmen die Freiheit des Andersseins, überschreiten die Grenzen des konventionellen Weins. Ein schriller Farbtupfer in unserer oft uniformen Weinwelt.

Jahrtausendwende. Das Beaujolais durchläuft gerade ein Tal der Tränen. Mangelhaftes Winemaking, fehlende Investitionen in Weinberg und Keller, das Platzen der Primeur Blase, vielfältig sind die Ursachen für den freien Fall. Ramponiert ist das Image schon vorher. Die unsäglichen Mengen an standardisiertem Beaujolais Nouveau, die in den Markt gepumpt werden, suggerieren dem Weintrinker auch im letzten Winkel der Erde, dass es hier keinen seriösen Wein gibt. Winzer, die auch in dieser Zeit auf Qualität setzen, haben gegen die gut geölten Marketingmaschinen der großen Häuser so gut wie keine Chance. Konditionierte Weinkonsumenten machen einen großen Bogen um die Region. Wer im Restaurant einen Beaujolais bestellt, hat die mitleidigen Blicke der anderen schon mitgebucht.

Kaum zwei Jahrzehnte später gehört das Beaujolais zu den aufregendsten Regionen Frankreichs. Insbesondere in den zehn Crus du Beaujolais im nördlichen Teil der Region geht die Post ab. Eine stärkere Hinwendung zur biologischen Bewirtschaftung, der Fokus auf Einzellagen, weißer Beaujolais und weniger Intervention im Keller sind nur einige Facetten des Umbruchs. Ein neuer Geist schwebt über der Region, getragen von einer jungen Generation Winzerinnen und Winzer, die das Gebiet zwischen Macon und Lyon komplett umgekrempelt haben. Yohan Lardy aus Romanèche-Thorins ist eines dieser neuen Gesichter des Beaujolais.

Yohan kehrt 2011 aus Chile zurück, vollgepackt mit Erfahrungen und Ideen davon, wie es für ihn weitergehen soll. In Chile lernt er die Basics der biologischen und biodynamischen Bewirtschaftung kennen und für ihn ist klar, dass er nach diesen Prinzipien auch in seiner Heimat arbeiten will. Den ersten Wein macht Yohan ein Jahr später, sein Vater hat ihm eine Parzelle im Climat Les Michelons in Moulin-à-Vent überlassen. In einer perfekten Lage, wie Yohan es beschreibt. Südausrichtung, ein sehr karger, sandiger Boden mit dem typischen rosafarbenen Granit sowie sehr alten Reben, die 1911 und 1950 gepflanzt werden. Diese Parzelle ist der Ausgangspunkt seines eigenen Weinguts, das heute sieben Hektar Rebfläche umfasst.

Moulin-à-Vent gehört zweifellos zu den Flaggschiffen des Beaujolais. Es gibt Zeiten, da erzielen die Weine aus dieser Gemeinde die gleichen Preise wie die besten Crus aus Burgund. Sage und schreibe 71 verschiedene Lieux-dits zählt das Windmühlendorf. Die Weine der besten Parzellen besitzen eine umwerfende Mischung aus Struktur und Komplexität und haben das Potential für eine lange Reife in der Bouteille. Moulin-à-Vent besitzt auch einige der ältesten Weinberge der Region. Yohan vinifiziert separat eine Cuvée von Reben, die bereits 1903 das Licht der Welt erblickten. Ein Glücksumstand, dass er an diese außergewöhnliche Mikroparzelle mit gerade einmal 75 Ar herangekommen ist. Zusätzlich sind im Boden Einschlüsse von Mangan und Quarz enthalten. Für Yohan der Grund, warum dieser Wein nochmal mehr Power und Potential im Vergleich zum Les Michelons besitzt.

Weitere Weinberge hat Yohan in den Gemeinden Fleurie und Chénas. »Fleurie ist der Cru meines Herzens«, sagt er. Im Climat Le Vivier liegt die Miniparzelle, die er in Fleurie besitzt. Sie ist traditionell sehr dicht mit 10.000 Reben pro Hektar bepflanzt. Für Yohan kommen im Fleurie die Charakterzüge des Gamay perfekt mit den lokalen Bedingungen zusammen, ergeben einen Wein mit delikater Frucht, feinkörnigen Tanninen und weicher Textur. Der Kontrapunkt zum eher stämmigen Moulin-à-Vent. Überhaupt zeigt Gamay in den unterschiedlichen kleinklimatischen und geologischen Bedingungen der Crus du Beaujolais, zu welchen Höhen er fähig ist. Mit moderaten Erträgen, rechtzeitiger Lese und angepasster Weinbereitung kann er definitiv ein hervorragender Botschafter der Lage sein – ganz ähnlich dem Pinot Noir. Davon ist Yohan überzeugt. »Der Gamay besitzt die Eigenschaft, auch die feinen Untertöne zu zeigen. Voraussetzung ist ein darauf abgestimmter Lesezeitpunkt, eher am unteren Ende der Reife«, erklärt Yohan.

Im Keller ist sein Fokus dann auch ganz auf die Finesse des Gamay ausgerichtet. Nach der obligatorischen Handlese werden – wenn notwendig – die Trauben auf 10 Grad Celsius gekühlt. Die Vergärung ist für alle Weine gleich und lässt sich am besten als Semi-Carbonique beschreiben. Zunächst durchlaufen die ganzen Trauben den Prozess der intrazellulären Gärung. In dieser Zeit wird die Maische nur vorsichtig mittels Pigeage umgestoßen. Die Extraktion von Gerbstoffen sei bei Gamay ein kritischer Punkt, erklärt Yohan. Wenn zu intensiv extrahiert werde, würden schnell auch grün schmeckende Komponenten gelöst und der spätere Wein schmeckt dann hart und unbalanciert. Nach 20 Tagen wird gepresst und die Vergärung im Holz beendet. Danach passiert so gut wie nichts mehr. Ein einziges Mal wird der Wein zur Klärung abgezogen und später ohne Filtration oder Schönungsmaßnahmen gefüllt. Für die Lagenweine geht es direkt vom Fass in

Yohan Lardy
162 route de la Mairie, 71570 Romanèche-Thorins
Frankreich | Beaujolais
www.yohan-lardy.com

Einzellagen: Les Bruyères, Les Deschamps, Les Michelons, Le Vivier
Rebsorten: Chardonnay, Gamay
Rebfläche: 7 ha *Alter der Reben*: 10 bis 119 Jahre

Beaujolais-Villages Blanc Les Bruyères

Chardonnay, zehn Jahre alte Reben, auf Mergelböden in Fleurie gepflanzt. Sechs Monate auf der Vollhefe gereift. Weißer Pfirsich, Steinobst, Aprikose.

Gamay Poppy

Die Mohnblumen am Rande der Weinberge geben diesem Wein seinen Namen. 60 Jahre alte Reben, am unteren Ende der Toplage »Les Michelons«. Alles steht im Zeichen der Frische. Kurze und sanfte Extraktion, kein Holz. Leicht gekühlt der perfekte Sommerwein.

Chénas Les Deschamps

Kommt von einer Mikroparzelle mit gerademal 0,22 Hektar, die Reben wurden 1945 gepflanzt. Sandige Böden. Robust, kernig, straff. Passt wunderbar zur lokalen Küche.

Fleurie Les Vivier

Über 70 Jahre alte Reben, Granit-Sandböden. Florale Nase, dezente Heidelbeere, feine Würze. Saftig, feinkörniges Tannin, endet frisch und lang.

Moulin-à-Vent Les Michelons

Alte Reben, Ausbau im gebrauchten Holz. Konzentrierte Waldfrucht, dazu etwas Würze. Festes Rückgrat, kerniges aber reifes Tannin, eingebunden in eine seidige Textur. Kann locker zehn Jahre in der Flasche schlummern.

Moulin-à-Vent Vielles Vignes de 1903

Hochqualitative Klone, auf Riparia Gloire Unterlagen gepflanzt. Nur 0,7 Hektar groß ist diese historische Parzelle. Wird ausschließlich händisch bearbeitet. Konzentriert und dicht, ohne es an Finesse vermissen zu lassen. Braucht Zeit in der Flasche und im Glas. Zweifellos ein Grand Cru des Beaujolais.

die Flasche, wobei Yohan den Fülltermin unter Beachtung der Mondphasen festsetzt. Mit dem aktuellen Jahrgang 2020 liege ein Knüller im Keller, davon ist er überzeugt. An Komplexität kaum zu überbieten, von einer wahnsinnigen Balance, tiefgründig. Wenn es noch einen Beweis dafür braucht, was im Land des Gamay für großartige Weine entstehen, dann ist es dieser Jahrgang.

Le Baujolais est de retour. Eigentlich ist es kein Zauberwerk. Sich rückbesinnen auf alte Stärken, offen sein für Neues. Nach links und rechts schauen und ab und zu hinterfragen, was man tut. Leben im Rhythmus der Natur und versuchen, den eigenen Abdruck so weit wie möglich zu minimieren. Nichts anderes macht Yohan. Seine Generation demonstriert ein neues Selbstbewusstsein, sieht sich auf Augenhöhe mit dem weit berühmteren Nachbarn Burgund. Le Beaujolais est arrivé.

Griechenland ist giga!

Griechenland ist giga! Oder zumindest kurz davor es zu werden. Noch hängt der Gigant an der Ladestation, gewaltig groß ist sein Speicher. Aber wenn er loslegt, gibt es sicher kein Halten mehr. Ist der Moment jetzt gekommen? Lange klaffen Anspruch und Wirklichkeit weit auseinander und die Qualität der meisten griechischen Weine bleibt weit hinter ihrem Potential zurück. Die Markenweine der Großkellereien sind der Kassenschlager von Hellas und prägen lange die Wahrnehmung des griechischen Weines. Ende des vergangenen Jahrhunderts gibt es den ersten Aufbruch und die Weine einer ständig wachsenden Zahl ambitionierter Winzer zeigen, dass das Land der Antike auch anders kann.

Das Griechenland dieser Tage sucht seinen Weg im Spannungsfeld zwischen lokal und global. Abseits einer breiten öffentlichen Wahrnehmung gibt es eine lebendige Szene, das Vertrauen in die eigenen Sorten und der Mut zu mehr Eigenständigkeit sind deutlich gewachsen. Insbesondere im Zuge des Klimawandels zeigen Chardonnay, Cabernet und Co. eine zu geringe Anpassungsfähigkeit an das dortige Terroir. Auch das trägt zu einer neuen Wertschätzung der autochthonen Rebsorten bei.

Auf der anderen Seite tragen noch zu viele Weine die uniforme Signatur des Mainstreams. Sie sind sehr gut gemacht, aber versprühen zu wenig Esprit. Die wirtschaftlichen Turbulenzen der letzten Dekade sind ein zusätzlicher Stolperstein, begrenzen den kreativen und finanziellen Spielraum. Ein Faktor, der die

Entstehung einer Underground-Szene verhindert, die auch in anderen Ländern eine wesentliche Quelle für Innovation darstellt.

Angeführt vom Superstar Assyrtiko sind es vor allem die Weißweine, die derzeit für Furore sorgen. Malagousia, Robola, Vidiano oder Savatiano unterstreichen eindrucksvoll das Potential des weißen Griechenlands. Und das ist nur die Spitze des Eisbergs, Dutzende weitere einheimische Sorten lassen erahnen, was die Welt erwartet, wenn der Gigant endlich losgelassen wird. Treibende Kraft sind derzeit vor allem die Inseln, aber auch auf dem Festland wächst die Zahl eigenständiger Weine.

Differenzierter ist das Bild bei den Rotweinen. Heute bestreitet niemand mehr die Klasse des Xinomavro, doch es bräuchte deutlich mehr hervorragende Weine für den endgültigen Durchbruch. Agiorgikito, Limniona, Liatiko oder Mavrotragano, lang ist die Liste weiterer spannender Rebsorten. Getrieben vom Wunsch nach internationaler Anerkennung lassen noch zu viele Rotweine die Muskeln spielen, statt ihren wahren Charakter zu zeigen. Das Timing der Lese, die Intensität der Extraktion und insbesondere der Einsatz von Holz sind wichtige Stellschrauben auf dem Weg zu mehr Individualität.

Griechenland steht in der Pole Position, die Ausgangsposition ist so gut wie nie zuvor. Noch sind jedoch viele Runden zu absolvieren und die Herausforderungen für die Zukunft sind komplex. Aber der Moment wird kommen, wie die Erfolge der letzten Dekade schon jetzt beweisen. Bald schon legt er los, der griechische Gigant.

Das Kraftwerk von Trilofos | Apostolos Thymiopoulos

Thymiopoulos Vineyards | Naoussa

Peng! Hier kommt Apostolos. Große Worte sind nicht sein Ding. Er ist ein Macher, packt lieber an. Nicht immer gibt es einen ausgefeilten Masterplan, aber dafür hat er ein unnachahmliches Gespür für die richtige Richtung. Und in die geht Apostolos ohne Umschweife. Längst sind seine Weine kein Geheimtipp mehr und doch sind sie ständig für Überraschungen gut. Wie kaum ein anderer verkörpert Apostolos eine neue, innovative Generation in Griechenland, die zeigt, wie ein Rucksack voller Geschichte in moderne Weine transformiert werden kann.

Und das, ohne sich selbst oder seine Wurzeln zu verraten.

Es ist noch keine 20 Jahre her, dass Apostolos nach seinem Studium in Athen die Weinberge seiner Familie in Trilofos übernimmt. Heute werden dort Trauben aus über 120 Hektar Rebfläche verarbeitet und ein Ende ist nicht in Sicht. »Mal sehen, was noch kommt. Bei großartigen Weinbergen kann ich einfach nicht nein sagen«, sagt Apostolos mit einem Lächeln. Es macht Mut, im krisengeschüttelten Griechenland solche Erfolgsgeschichten zu sehen. Und eine Ansage mit Klasse. Der Qualitätsfokus der ersten Tage ist weiterhin intakt, daran ändert auch der Flächenzuwachs nichts. Jede Zeile – egal ob Eigentum oder in Partnerschaft betrieben – wird nach biologischen Kriterien bewirtschaftet. Für Apostolos kommt nie etwas anderes in Frage, denn schon sein Vater bewirtschaftet die Reben der Familie ohne chemischen Input.

Endlose Rebenfelder sucht man in Naoussa vergebens, die Weinberge sind weitläufig in die Landschaft eingestreut. Das hängt auch mit der jüngsten Geschichte der Region zusammen. Nach dem Reblaus-Befall werden viele Flächen nicht wieder aufgerebt und kleine Wälder dehnen sich aus. Während der ökonomischen Krise zu Beginn des Jahrtausends schrumpfen die Weinberge weiter und an deren Stelle werden Obstbäume gepflanzt, mit denen einfach mehr Geld zu verdienen ist. »Wenn man einen Vorteil aus dieser Entwicklung ziehen kann, dann diesen, dass fast alle meine Lagen sehr isoliert liegen. Es gibt keine Beeinflussung durch konventionell bewirtschaftete Flächen, außerdem habe ich ein Umfeld voller Biodiversität«, so Apostolos. Dazu gehören auch Tiere wie kleine Schweine, die sich zur Herbstzeit in den Zeilen tummeln und das Pflügen des Bodens übernehmen. Apostolos setzt sich in den letzten Jahren auch intensiv mit der Biodynamik auseinander. »Bücher und Ratgeber halfen mir dabei wenig, da diese für andere Klimatypen geschrieben wurden. Ich musste meinen eigenen Weg finden«, erklärt er. Grüne Lese und die mittlerweile weltweit standardmäßige Hyperselektion sind für Apostolos Fremdworte. »Sie sind für mich ein Zeichen schlechter Arbeit im Weinberg. Ich möchte möglichst alle Trauben einer Lese verwenden, denn nur dann habe ich einen unverfälschten und ungeschönten Ausdruck von Herkunft und Jahrgang.«

Dass Apostolos seine Weinberge im Griff hat, beweisen die rund 700.000 Flaschen, die jährlich das Weingut verlassen. Die Naoussa-Weine gehören nicht nur zur absoluten Spitze in der Region, sie gehören zum Besten, was Hellas in Summe zu bieten hat. Apostolos bringt bei seinen Weinen Individualität und Marktkonformität zusammen. Sie besitzen den unverkennbaren und markanten Fingerprint von Rebsorte und Region, aber auch ein hohes Maß an Appeal und Zugänglichkeit. Dabei ist die einzige rote Rebsorte von Naoussa, die zugelassen ist, alles andere als einfach und stellt eine permanente Herausforderung im Weinberg und im Keller dar. Xinomavro hat von Natur aus viel Tannin und einen hohen Säuregehalt. Fehlt die Balance, sind die Weine eine Tortur für jeden Gaumen. Ein angepasster Ertrag und der richtige Lesezeitpunkt sind zwei wichtige Schlüsselfaktoren im Weinberg. »Da hilft auch keine Analyse weiter. Nur das regelmäßige Probieren der Trauben zeigt, ob die Tannine die richtige Reife haben und nicht zu harsch sind«, erklärt Apostolos.

Für ihn gehört Xinomavro in den Reigen der großen Rebsorten unserer Welt und ist am ehesten vergleichbar mit Nebbiolo. Um die unterschiedlichen Facetten dieser genetisch sehr alten Rebsorte zu illustrieren, gibt es neben den beiden Dauerbrennern »Naoussa Alta« und »Earth and Sky« seit kurzem auch drei Einzellagenweine. Sie reflektieren die verschiedenen Bodentypen in Naoussa, die aufgrund von Höhenunterschieden und geografischer Lage stark variieren. Dass Xinomavro nicht nur lagerfähige Rotweine erbringt, zeigt ein Rosé

Thymiopoulos Vineyards
59100 Trilofos | Griechenland | Naoussa
www.thymiopoulosvineyards.gr

Rebsorten: Malagousia, Stavroto, Krassato, Xinomavro
Rebfläche: 40 ha eigene Weinberge, 80 ha in Kooperation | Alter der Reben: 5 bis 60 Jahre

Rosé de Xinomavro

Junge Reben aus Parzellen zwischen 450 bis 650 Metern Höhe in der Nähe von Fytia. Komplett entrappt, Maischestandzeit für 12 Stunden. Spontane Vergärung im temperaturgeregelten Edelstahltank, Ausbau für 4 Monate im gebrauchten Tonneau. Charaktervoller Rosé. Geradlinig, fest, erfrischend. Kann auch ein oder zwei Winter in der Flasche überdauern, die Substanz dafür ist da.

Xinomavro Young Vines

Verschiedene Parzellen in Fytia und Trilofos. Überwiegend entrappt, 12 bis 15 Tage Extraktion. Reift 8 Monate im Beton. Animierende Nase, Walderdbeere, dezente Würze. Saftige Frucht, moderates Tannin. Der Liebling aller Herzen.

Naoussa Alta

Hoch gelegene Parzellen mit Schiefer und Granitböden, 25 Jahre alte Reben. Teilweise mit den Stielen vergoren, Ausbau über 8 Monate im großen Holz. Unverkennbar ein Abbild der Höhe. Florales Aromenspiel, Tomatenblätter, Fenchel. Linear und straff, jedoch nicht rustikal, besitzt die Apostolos-typische Saftigkeit. Great Value!

Earth and Sky

Der Klassiker von Apostolos. Blend aus den besten Parzellen in Trilofos und Fytia, knapp 50 Jahre alte Reben. Überwiegend Kalksteinböden. Zur Hälfte mit den Stielen vergoren, ausgedehnte Extraktion über 40 Tage. Reift über 18 Monate im gebrauchten Tonneau sowie im Stockinger Fuder. Die richtige Mischung von allem. Zeigt die Kernigkeit und Energie des Xinomavro, aber mit viel Appeal und Charme. Das Tannin ist fein, aber nicht zu glatt geschliffen, die üppige Frucht lässt auch der wilden Würze ihren Freiraum. Ein Aushängeschild für die gesamte Region.

Rapsani Terra Petra

Assemblage aus Xinomavro, Krassato und Stavroto, Parzellen auf 600 Metern Höhe an den Hängen des Olymp. Ausbau über 14 Monate im großen Holz. Von Kräutern und dunkler Beerenfrucht geprägte Nase. Thymian, getrocknete Tomaten, Brombeere. Saftige Frucht, deutlich mehr Textur im Vergleich zum Naoussa. Straff und lang.

Kayafas

Einzellage in Trilofos auf 180 Metern Höhe. Der pure Kalkstein, 45 Jahre alte Reben. 20 % Ganztrauben, sehr lange Extraktion. Ausbau im Tonneau für 12 Monate. Expressive Nase. Sauerkirsche, reife Tomate, grüner Pfeffer. Am Gaumen fast ein Widerspruch. Opulent und trotzdem linear. Tannin und Säure geben den richtigen Kick, sorgen für ein hohes Maß an Dynamik. Reifepotential für zwei Jahrzehnte.

Aftorizo

Über 50 Jahre alte wurzelechte Reben. Schiefer und Granit, 450 Meter Höhe. Zur Hälfte entrappt, Extraktion für 20 Tage und Ausbau im Tonneau. Energie ohne Ende. Schon die Nase zeigt einen irren Spannungsbogen. Rosenblätter, Olive, mediterrane Kräuter. Muskulös und vertikal, die pure Struktur. Bleibt trotz des festen Gripps immer auf der eleganten Seite. Führt zu Trance-Zuständen.

Vrana Petra

Amphitheater-Parzelle in Trilofos, Kalkstein mit Quarz und Schiefer. Spontane Gärung, Extraktion über 30 Tage. Wie für die anderen Lagenweine wird ausschließlich gebrauchtes Holz verwendet. Spiegelt die Wärme der Lage wider. Intensiv und dicht. Festes, jedoch feinkörniges Tannin, insgesamt ist der Eindruck im Mund eher von steiniger Würze statt Frucht geprägt. Endet sehr lang. Ein Konzentrat.

aus 2007, der kürzlich auf den Markt gekommen ist. Über vier Jahre im gebrauchten Holz ausgebaut, stellt er die Welt des Rosé auf den Kopf und ist von den vielen kurzlebigen Weinen in dieser Kategorie meilenweit entfernt.

Bereits seit einigen Jahren ergänzt ein Wein aus dem thessalischen Rapsani das Portfolio von Apostolos. Die geschichtsträchtigen Weinberge an den Hängen des Olymps gehen einer ungewissen Zukunft entgegen, als Pionierwinzer Thanos Dougos im Tempi Valley der Region Ende der 90er-Jahre zumindest wieder etwas Leben einhaucht. Logisch, dass Apostolos nicht nein sagen kann, als er 7 Hektar, teils sehr alter Weinberge angeboten bekommt. In den auf 600 Meter Höhe gelegenen Parzellen stehen neben Xinomavro auch die beiden lokalen Sorten Krassato und Stavroto. Erstere liebt Apostolos für ihre Fähigkeit, dem Xinomavro etwas die Sturheit zu nehmen. Das Kraftwerk Apostolos kennt keinen Stillstand. Im nordöstlich von Naoussa gelegenen Amyndeo plant er schon den nächsten großen Coup. Dort wird es bald die ersten Schaumweine geben. Die Bergregion mit ihren kühlen Bedingungen ist dafür perfekt geeignet. Parallel baut er eine neue Kellerei, deren Fertigstellung für Sommer 2022 geplant ist.

Nachdenklich wird sein Blick bei der Frage nach der Zukunft seiner Heimatregion. »Es fehlen neue Gesichter, neue Ideen und es fehlen Weinberge. Wo früher welche waren, gibt es keine Pflanzrechte mehr. Und es fehlt vielen der Glaube an sich selbst sowie daran, Dinge verändern zu können.« Doch Naoussa hat die Powerstation Thymiopoulos, die rund um die Uhr arbeitet. Und einen großartigen Botschafter für den einzigartigen Xinomavro. Zwar ist Naoussa ganz weit weg von der globalen Glorie des Piemont und vom Ruhm des Nebbiolo, mit dem Apostolos gern die Rebsorte seines Herzens vergleicht, und doch ist er längst auf Augenhöhe angekommen.

Der Reichtum von Kreta | Bart Lyrarakis

Lyrarakis Wines | Kreta

Orientierungslos macht sich Kreta auf den Weg ins neue Jahrtausend. Ganz so als hätte der Minotaurus überlebt und die größte griechische Insel in sein undurchschaubares Labyrinth gesperrt. Unfähig die eigene Größe zu erkennen, dümpelt der Weinbau dahin. Veraltete Kellertechnik, schlecht gepflegte Weinberge und die traditionellen Rebsorten werden ersetzt durch Tafeltrauben. Doch bevor sich das Labyrinth für immer verschließt, ergreifen einige Winzerinnen und Winzer den rettenden Faden und leiten eine neue Ära des kretischen Weins ein.

Dazu gehört auch die Familie Lyrarakis, die als eine der Ersten wiederentdeckt, welch einzigartige Voraussetzungen ihre Insel in der Welt des globalen Weins hat. In einer Welt, die von Paradoxen gekennzeichnet ist. Uniformität und Authentizität sind die großen Gegenspieler. Wer die Spielregeln in den beiden Lagern nicht kennt, hat keine Chance und wird dazwischen aufgerieben. Vielleicht ist es ein Vorteil, dass Bart Lyrarakis über Umwege wieder in das familiäre Weingut zurückfindet. Mit einem unverstellten Blick sieht er Schwächen und Chancen zugleich. Nach seinem technischen Studium übernimmt er zunächst stundenweise das Exportgeschäft und findet dann – wie er selbst sagt – langsam, aber stetig den Weg zurück in den Weinberg. 2010 folgt dann der Wechsel und eine neue Familiengeneration mit Bart an der

NIKE

Lyrarakis Wines
70300 Alagni | Griechenland | Kreta
www.lyrarakis.com

Einzellagen: Aggelis, Armi, Gero-Deti, Psarades, Ippodromos, Karnari, Kedros, Plakoura, Pirovolikes, Voila
Rebsorten: Assyrtiko, Dafni, Plyto, Dafni, Kotsifali, Liatiko, Mandilari, Melissaki, Merlot, Muscat of Spina, Syrah, Thrapsathiri, Vidiano, Vilana
Rebfläche: 15 ha im Eigenbesitz, 35 ha in Kooperation mit »Saint August«
Alter der Reben: 1 bis 100 Jahre
Mitgliedschaften: Wines of Crete Association

Assyrtiko »Voila«

Kommt aus der Nähe von Sitia im Osten der Insel. Assyrtiko hat auf Kreta im Vergleich zu Santorini eine längere Reifeperiode, fällt hier fruchtbetonter und schlanker aus. Gärung und kurzer Ausbau im Edelstahl. Intensive Steinfrucht, markante Säure. Lineare Struktur, kalkig-steiniges Finish.

Dafni Psarades

Einzellage in Alagni auf knapp 500 Metern Höhe. Kurze Maischestandzeit, ein kleiner Teil wird zusätzlich mit den Schalen vergoren. Ausbau auf der Hefe für vier Monate im Edelstahl. Einzigartiges Aroma. Intensive Kräuternoten, Lorbeer, Rosmarin, Minze. Dezenter phenolischer Grip, sehr gute Frische, geradlinig.

Melissaki Gero-Deti

Fast verschwundene Rebsorte, die heute vor allem in alten verstreuten Weingärten am Fuße des Mount Psiloritis zu finden ist. Maischegärung für zwei Wochen im Holz. Ausdrucksvolle Nase. Bienenwachs, Orangenschale, Kamille. Präzise und vertikal, besitzt viel Substanz und Spannung. Das dezente Tannin im Finish gibt einen zusätzlichen Kick.

Thrapsathiri Armi

Douli Region im Zentralteil. Sandiger Mergel, 600 Meter Höhe. Diese alte Rebsorte ist im Weinberg eine Diva, gilt jedoch als Sorte mit großer Zukunft. Kurze Maischestandzeit, Gärung im gebrauchten Holz. Ausbau für vier Monate auf der Hefe. Komplexe Nase. Zitrusfrucht, Lakritze, dezente Würze. Elegant strukturiert, ein feiner Säurefaden gibt Spannung und Energie. Kann einige Jahre reifen.

Plyto Psarades

Gärung mit selektierten Hefen im Edelstahl, danach kurzer Ausbau auf der Hefe. Kristalline Frucht, sehr guter Fokus. Vibrierende Säure, feine Textur, klare Konturen.

Vilana Pirovolikes

Hoch gelegene Einzellage auf 650 Metern Höhe, 30 Jahre alte Buschreben. Maischestandzeit für 15 Stunden, die Gärung erfolgt im Edelstahl. Reift anschließend für zwei Monate in französischer Eiche und im Akazienholz. Wildblumen, Kräuter, dezente Holzwürze. Besitzt Fülle und Eleganz, gut abgepuffert von der markanten Säure.

Vidiano Ippodromos

Mergelböden auf 600 Metern Höhe im Zentrum von Kreta. Spontane Gärung und Ausbau in zweijähriger französischer Eiche. Dezentes Holz, Aprikose, Birne. Am Gaumen honigartige Textur, balancierende mittlere Säure, saftige Frucht im Finale. Moderne Interpretation eines Klassikers.

Kotsifali Karnari

Traditioneller »Marouvas« Style. Der freiablaufende Saft der vollreif gelesenen Trauben wird relativ kühl vergoren und reift anschließend zwei Jahre in alten Holzfässern. Der »Tawny« von Kreta. Oxidative Noten, getrocknete Früchte, Zimtpflaume, mediterrane Kräuter. Reichhaltig und dicht, warmes Finish.

Spitze übernimmt das Zepter. Gemeinsam führt sie fort, was die Eltern begonnen haben und formt das Weingut zu einer der innovativsten Adressen auf Kreta.

Bart will den Reichtum von Kreta in seinen Weinen abbilden. Die Kultur, die Menschen, die Natur. Schnell erkennt er, dass er dafür Verbündete braucht. Nicht nur im Weingut, auch außerhalb. Es gelingt ihm, eine Gruppe von Weinbauern zu überzeugen, den weiteren Weg gemeinsam zu gehen. Die Gruppe des »Saint August« wird zu einem wichtigen Partner, zu einem der tragenden Pfeiler des Familienbetriebs. Die Weinbauern besitzen in ausgewählten Gebieten ein Patchwork an kleinen Parzellen, zumeist bestockt mit den traditionellen, auf die dortigen Verhältnisse angepassten Rebsorten. Unter der Anleitung von Weinbergsmanager Nikos Somarakis lernen sie, die traditionelle Bewirtschaftung mit neuen Erkenntnissen zu verbinden. Individuelle Audits und Trainings sowie gemeinsame Workshops sind fortan integraler Part ihrer Arbeit und sie werden von Nikos in die Grundlagen einer ökologischen und nachhaltigen Bewirtschaftung eingeführt. »Das war nicht wirklich einfach«, beschreibt Bart diesen Prozess. »Es liegt wohl in der besonderen Mentalität der Insulaner, die neuen Dingen gegenüber teilweise misstrauisch gegenüberstehen. Wir wollten auch nichts verordnen, sondern unsere Partner sollten sich selbst davon überzeugen, dass dies der richtige Weg ist.«

2021 markiert einen Meilenstein auf diesem Weg. Neben den eigenen Flächen wird seitdem auch der größte Teil der Partner-Weinberge komplett ökologisch bewirtschaftet. Doch für Bart ist das nur ein Zwischenschritt. »Wir schauen über Bio hinaus, experimentieren ständig mit anderen Methoden und versuchen eine optimale Bewirtschaftung für die neue kretische Realität zu finden«, erklärt er. Bestandteil dieser Realität sind auch auf Kreta die Auswirkungen des Klimawandels. Bisher nicht gekannte Hitzewellen und ein verändertes Niederschlagsverhalten stellen die Weinbauern vor neue Herausforderungen. Ein sorgfältigerer Rebschnitt, angepasste Erträge und ein ausgefeiltes Blattmanagement mit mehr Schattenzonen und dennoch optimaler Belichtung stehen besonders im Fokus. In diesem Jahr werden die Trauben in ausgewählten Parzellen erstmals mit einer Kaolin-Wassermischung

Liatiko Aggelis

Einzellage in Osten von Kreta, über 90 Jahre alte, wurzelechte Reben. Spontangärung im Holz, teilweise mit den Stielen. Hat alles, was ein großer Rotwein braucht. Komplex und konzentriert. Dazu strukturgebendes, jedoch feinkörniges Tannin und das richtige Maß an Frische. Untermauert das große Potential von Kreta.

Mandilari Plakoura

Karkadiotisa Region im zentralen Teil. Sehr steinige Sand-Lehmböden, 500 Meter Höhe. Ausbau über 14 Monate in neuen und gebrauchten Barriques, vorwiegend französische Eiche. Intensive Primärfrucht. Schwarzkirsche, Brombeere, erdige Nuancen. Tanninreich und dicht am Gaumen, ohne jedoch das Gleichgewicht zu verlieren. Der Blockbuster im Vergleich zum eleganten Liatiko. Kann ohne weiteres für zwei Jahrzehnte reifen.

Malvasia of Crete

Blend aus Dafni, Plyto und Vilana. Bart Lyrakakis vertritt die Ansicht, dass der traditionelle »Malvasia« von Kreta ein Mix aus lokalen Sorten war. Die Trauben werden für neun Tage in der Sonne getrocknet. Honig, getrocknete Aprikose, ein Touch Vanille. Sehr gute Säurestruktur, verleiht dem Wein trotz der intensiven Süße eine sehr gute Balance und gewisse Leichtfüßigkeit. Die Neuinterpretation eines historischen Weins.

besprenkelt. »Das ist wie eine Sonnencreme für die Trauben und die ersten Ergebnisse sind vielversprechend«, resümiert Bart eines von vielen Experimenten.

Der Hauptbestandteil des kretischen Reichtums sind die einheimischen Rebsorten. Sie ermöglichen eine faszinierende Zeitreise bis zu den Anfängen des Weinbaus in der Ägäis. Durch DNA-Analysen können in den letzten Jahren Verwandtschaftsverhältnisse zu Rebsorten auf dem griechischen Festland und in Süditalien nachgewiesen werden, aber nach wie vor ist vieles im historischen Dunkeln verborgen. Es ist der Familie von Bart zu verdanken, dass Sorten wie Plyto und Dafni nicht völlig verschwunden sind und heute ein hoffnungsvolles Comeback erleben. In den Höhenlagen demonstrieren die weißen Rebsorten der Insel ihr großartiges Potential, verbinden mediterrane Textur mit der Frische der Höhe. Dazu zählen beispielsweise Vidiano oder die seltene Thrapsathiri. Beide haben das Zeug für künftige Blue Chips, genauso wie die rote Liatiko. Von wurzelechten Reben auf dem windigen Plateau von Sitia im Osten von Kreta kommen Weine, die ohne weiteres als flüssiges Kaschmir durchgehen und hervorragend reifen können.

In keinem anderen Betrieb auf Kreta wird in den letzten Jahren so konsequent das Zusammenspiel zwischen Standort und Rebe in den Mittelpunkt gerückt wie bei Lyrarakis. Die Weinberge der Familie sind quer über die Insel verstreut, reflektieren zum einen die Variabilität der natürlichen Bedingungen, zum anderen deren Eignung für die unterschiedlichen Rebsorten. Bart ist überzeugt, dass noch viele Spots auf ihre Wiederentdeckung warten, genauso wie weitere Rebsorten. Er zieht ein Zwischenfazit: »Wir haben im letzten Jahrzehnt auf Kreta viel erreicht, die Verbesserungen in Weinberg und Keller sind unübersehbar. Auf einer Skala von null bis hundert sind wir jetzt zwischen fünfzig und sechzig angekommen, was zeigt, dass noch deutlich Luft nach oben ist.« In jedem Wort von Bart wird deutlich, dass sein Team und die Familie sich nicht auf dem Erfolg ausruhen werden. Barts Vision ist es, dass alle Weinbauern der Insel einen nachhaltigen Weg einschlagen und damit ihren Beitrag leisten, den Reichtum von Kreta zu erhalten.

Alles auf null | Kostis Dalamaras | *Dalamara Winery Naoussa*

Eines steht glasklar fest, als Kostis vor zehn Jahren die Verantwortung für das Familienweingut übernimmt. Er muss die alten Wege verlassen. Jeden Tag sieht er, wie die gesammelten Erfahrungen der Studienzeit in Burgund mit der Realität in seiner Heimat kollidieren. Wie Tradition auch ein Hemmschuh sein kann und alte Prinzipien die Entwicklung einer ganzen Region behindern. Er erlebt, wie sich seine Heimat im Glanz der alten Tage sonnt, unfähig, die großen Risse im Fundament zu kitten. Doch zuschauen will Kostis dabei nicht. Der unbedingte Wille zur Veränderung und die feste Überzeugung, dass Naoussa ein großartiges Potential besitzt, sind die Basis für den kometenhaften Aufstieg von Dalamara.

Einfach, aber wirkungsvoll ist der Ansatz von Kostis. »UNDERSTANDING« ist sein Schlüsselwort. Es geht darum, zu verstehen, was im Weinberg passiert. Zu begreifen, warum die Rebe unterschiedlich auf äußere Einflüsse reagiert. Zu erkennen, wie die Bedingungen des Jahrgangs den Charakter eines Weines formen. Und daraus letztlich die richtigen Schlüsse zu ziehen. »Was muss ich unter ständig wechselnden Vorzeichen tun, um mein Ziel zu erreichen?«, ist die Frage, die sich Kostis immer wieder aufs Neue stellt. »Anfang der 90er-Jahre fanden in Naoussa viele Workshops und Seminare statt und es gab einen intensiven Wissenstransfer von außerhalb. Die Euphorie war groß«, erinnert er sich an eine Zeit, in der seine Region noch gut aufgestellt ist. Seitdem ist aber nicht mehr viel passiert. Viele kleinere Winzer sind auf dem damaligen Stand stehengeblieben und haben sich nicht weiterentwickelt. Sie arbeiten Jahr für Jahr nach eingefahrenen Mustern, ohne wirkliches Verständnis. »Es ist eine Illusion,

Dalamara Winery
G. Kyrtsi 31, 59200 Naoussa
Griechenland | Naoussa
www.dalamara.gr

Einzellage: Paliokalias
Rebsorten: Assyrtiko, Merlot, Preknadi, Xinomavro
Rebfläche: 10 ha *Alter der Reben*: 3 bis 105 Jahre
Mitgliedschaften: Winemakers & Vine Growers Association of Naoussa, SMOE Artisanal Wineries of Greece

Thoos
Den Blend aus Assyrtiko und Preknadi gibt es mit dem 20er Jahrgang. Ersterer gibt Struktur und Frische, vom Preknadi kommen Fülle und Parfum. Weich, rund, harmonische Säure. Fruchtig-pikant oder ein Pfirsich, der die Salz-Zitrone trifft.

Kapnistos
Assyrtiko, für neun Monate in französischer und ungarischer Eiche gereift. Ausgeprägte Würze, ein Touch von wilden Blumen. Fest strukturiert, sehr gut eingebundenes Holz, markante Säure. Besitzt Spannung und Länge.

Ayehoros
Assemblage aus Xinomavro und Merlot. Moderner Style. Saftige Kirsche, florale Töne. Am Gaumen die pure Frucht, eingewoben in eine seidenweiche Textur. Erst im Finish blitzt der Gerbstoff des Xinomavro etwas durch. Ein Charmeur.

Naoussa
Die rote Visitenkarte der Domaine und eine Benchmark in der Region. Je nach Jahrgang zwischen 12 und 28 Tage Extraktion, meist komplett entrappt. Ausbau im Tonneau. Die derzeit am Markt verfügbaren Jahrgänge dieses Weins zeigen wunderschön das Kontrastprogramm des Xinomavro, welches von der Eleganz eines Pinot Noir bis zum festen Biss des Nebbiolo schwankt. Mit dem 20er Jahrgang liegt ein Knüller im Fass. Delikat, subtil, voller Finesse. Vorfreude pur.

Paliokalias
Selektion der besten Parzellen, vorwiegend alte Reben. Ausgedehnte, aber sanfte Extraktion über 35 Tage, reift danach in gebrauchten 500-Liter-Fässern. Sehr eindrucksvolle Demonstration von Konzentration, Eleganz und Präzision. Braucht Zeit im Glas und in der Flasche. Ein Grand Cru von Naoussa.

Vieilles Vignes
Über 100 Jahre alte, teilweise wurzelechte Reben aus einem kleinen Plot im Zentrum des Paliokalias Vineyard. Kommt im Vergleich zum geschliffenen »normalen« Lagenwein wesentlich wilder und ätherischer daher. Tiefgründige Nase, vertikale Struktur, das richtige Maß zwischen Tannin und Textur. Sehr lang. Ein Unikat.

dass alle unsere Weine großartig sind. Gerade im Weinberg ist nach wie vor viel Potential für Verbesserung«, so Kostis.

Bereits seit Mitte der 90er-Jahre arbeitet seine Familie nach biologischen Kriterien und Kostis hat dies um einige biodynamische Praktiken ergänzt. »Vor allem der Mondkalender ist für uns von Bedeutung. Auf die sonst gängigen Präparate wie 500 und 501 verzichten wir jedoch. Grundsätzlich geht es eher darum, den Rhythmus in unserem speziellen Ökosystem zu verstehen und unsere Arbeit im Weinberg daran anzupassen.« Dass eine permanente Weiterentwicklung notwendig ist und kein Standardweg mehr funktioniert, ergibt sich nicht zuletzt durch die klimatischen Veränderungen. »In diesem Jahr hatten wir einen Peak von 42 Grad Celsius. Normalerweise steigt die Temperatur nicht über 35 Grad. Wir müssen uns darauf einstellen, dass wir künftig noch

flexibler sein müssen und damit auf die häufiger werdenden Extreme die richtige Antwort haben«, erklärt Kostis. Bestandteil der verschiedenen Antworten ist auch eine Verlagerung von Flächen weiter hoch in die Vermio Mountains. Kostis plant für das kommende Jahr die Neuanlage eines Weinbergs auf 380 Metern Höhe, einem windigen Platz mit hohen Temperaturunterschieden zwischen Tag und Nacht sowie einem längeren Vegetations- und Reifezyklus.

Konzentration und Eleganz. Diese beiden Charakterzüge des Xinomavro will Kostis in seinen Weinen zeigen. Ganz wie bei den Weinen von *Gevrey-Chambertin*, wo er nach dem Studium ein Praktikum bei der *Domaine Trapet* absolviert. »Das ist in jedem Jahrgang eine Herausforderung. Die Reife der Tannine und die nachfolgende Verarbeitung müssen perfekt zusammenspielen. Eine zu starke Extraktion führt zu harschen Weinen. Ist sie aber zu gering, fehlen Tiefe und Struktur.« In Burgund hat Kostis gelernt, seiner Sensorik zu vertrauen. Mehrmals täglich probiert er die verschiedenen Partien und entscheidet über Dauer und Intensität der Extraktion.

Dass er keinem Dogma folgt, zeigt der Einsatz von Reinzuchthefen, ganz im Gegensatz zum Trend in der Bio-Szene. »Wir haben die Erfahrung gemacht, dass wir bei der Spontanvergärung an Profil und Charakter verlieren. Durch die sehr langsame Endvergärung bilden sich ›heavy flavours‹, die an Leder und Fell erinnern«, so Kostis. Bis auf die »Vieilles Vignes« werden seit dem Jahrgang 2017 alle Rotweine mit der biodynamischen Hefe Rubino Extra vergoren. Um das komplexe Spektrum des Xinomavro an floralen, kräutrigen und fruchtigen Aromen zu erhalten, reduziert Kostis konsequent den Einsatz von neuem Holz. Das Ergebnis spricht für sich. Die Weine der aktuellen Jahrgänge haben deutlich an Fokus und Ausdruck gewonnen und stehen den burgundischen Vorbildern in keiner Weise nach.

Zwei Weißweine ergänzen das rote Spektrum von Dalamara. Neben dem Kykladen-Import Assyrtiko ist in den Weinbergen von Dalamara auch die seltene Preknadi zu finden. Früher gehört sie noch zu den meistangebauten Rebsorten in Naoussa, doch nach der Attacke der Reblaus auf Nordgriechenland ist es mit der Herrlichkeit vorbei und nur einige Reben überleben. Winzerkollege George Diamantakos ist einer der ersten, die Preknadi wieder zu Wertschätzung verhelfen. Die alte Sorte ist perfekt an trockene Bedingungen adaptiert, was unter den derzeitigen klimatischen Vorzeichen nicht die schlechteste Eigenschaft ist. Aufgrund der moderaten Säure assembliert Kostis das einheimische Urgestein mit Assyrtiko. Ein überzeugendes Crossover aus Textur, Fülle und Frische und ein Exempel dafür, dass Tradition mit Innovation gut flirten kann.

Alles auf null. Aber mit Respekt und dem Bewusstsein, hier verwurzelt zu sein. Kostis kappt nicht einfach die Stricke, verurteilt auch nicht die Fehler der Vergangenheit. Warum auch? Rückgängig sind sie sowieso nicht zu machen und gehören zur Geschichte von Naoussa dazu. Aber man kann aus ihnen lernen. Ein Ja zur Veränderung. Das ist die Botschaft, die Kostis in seinen Weinen nach außen trägt. Er brennt für Naoussa. Alles auf hundert.

Italien wird wieder italienisch

In der italienischen Weinszene hat sich eine faszinierende Parallelwelt etabliert, die nichts weniger im Schilde führt als ein »back to the roots«. Eine Bewegung, die die Klaviatur der Vielfalt spielen und die enorme Diversität der italienischen Weinregionen endlich wieder in die Flasche zaubern möchte. Noch ist es zu früh, um zu behaupten, sie läute dem Establishment bereits sein Sterbeglöcklein. Die Zeichen für eine Kurskorrektur sind jedoch unübersehbar und die Epoche der nach allen Regeln der modernen Önologie aufgebrezelten, aber kontur- und heimatlosen Vini d'Italia scheint langsam, aber sicher ihrem Ende entgegenzugehen. Protagonisten der Erneuerungsbewegung finden sich in allen italienischen Weinregionen, im Südtiroler Norden genauso wie im kalabrischen und sizilianischen Süden. Doch bislang hat sie nirgends eine ganze Region erfasst. Immer sind es einzelne Winzer oder aber es entsteht ein kleiner lokaler Hotspot. Für einen Flächenbrand reicht es noch nicht.

Lange ist Italien ein rein bäuerlich strukturiertes Weinland mit unendlich vielen Rebsorten, Terroirs und jeweils dazu passender regionaler Küche. Dann betreten mit Beginn der 80er-Jahre – zunächst in der Toskana, später auch in anderen Regionen – singuläre Autorenweine die Bühne. Sie sorgen schnell für internationale Aufmerksamkeit und lösen fast ebenso schnell einen Lawineneffekt aus. Immer mehr Winzer wollen teilhaben an dieser gigantischen Rallye. Wollen hoch hinaus und endlich auf Augenhöhe mit Frankreich, der unangefochtenen Referenz.

Französische Rebsorten, französische Barriques und das Aufkommen des in Italien bislang völlig unbekannten Berufsstandes des Flying Winemakers entpuppen sich als Väter dieser vermeintlichen Erfolgsstory. Doch zwischenzeitlich haben immer mehr italienische Winzer ihre Lektion gelernt. So gut und erfolgreich ihre Kopien internationaler Ikonen auch sein mögen, es bleiben Kopien und die sind heute out. Originalität ist gefragt. Italiens originärer Schatz liegt verborgen in der großen Wein-und Kulturgeschichte des Landes und der immensen Vielfalt der Terroirs, Rebsorten und regionalen Weinstile.

Nun wird dieser Schatz endlich geborgen. Am weitesten vorangekommen ist man am Ätna mit eleganten Nerello-Interpretationen und enorm erfrischenden, kräutrig-salzigen Carricante-Abfüllungen. Stark präsentieren sich zunehmend die Emilia mit experimentellem Lambrusco und maischevergorenen Malvasia di Candia Aromatica und das Friaul, das sowohl im windgepeitschten Karst mit den Varietäten Malvasia Istriana und Vitovska als auch in den Hügeln des Collio mit Ribolla und Friulano großartige Weißweine füllt. Im Piemont sorgt eine junge, zunehmend weibliche Generation für einen frischeren und unprätentiöseren Auftritt und schenkt den lange verschmähten Sorten Grignolino, Freisa, Croatina und Timorasso wieder mehr Aufmerksamkeit. Mit spannenden Trebbiano- und Montepulciano-Interpretationen reüssieren die Abruzzen, während in Kalabrien junge Betriebe mit alten Sorten wie Mantonico Nero, Magliocco, Guarnaccia Bianca, Greco und Mantonico Pinto für viel frischen Wind sorgen.

Italiens Weine wechseln endlich wieder von der Einfarbigkeit ins Bunte, zeigen Regionalität und reüssieren mit alten, fast vergessenen Rebsorten. Italienischer Wein wird italienischer – wenngleich zunächst noch in der Nische und mehr subversiv als hohe Wellen schlagend.

Unstillbare Lust an der Perfektion | Angiolino & Alessandro Maule | *La Biancara* | *Venetien*

Angiolino Maule bewegt die Welt und ihn bewegt die unstillbare Lust an der Perfektion. Spätestens seit der Jahrtausendwende gilt er als Vordenker, Anführer und Organisator der Naturweinszene Italiens und weit darüber hinaus. Dazu befähigen ihn eine klare Vision, ein unbeugsamer Geist und eine Idee, deren Zeit gekommen ist – die Idee des Naturweins. Angiolino und mit ihm sein Sohn Alessandro sind beseelt von der Vorstellung, die Funktions-

junge Familie nicht ausreichen, übernehmen sie 1977 die Pacht für eine Pizzeria im nahe gelegenen Monteforte d'Alpone. Rosamarias Pizzen werden schnell zur Legende. Angiolino arbeitet an der Theke und kümmert sich um die kleinen und großen Dinge drum herum. Bald haben sie so viel Geld zurückgelegt, dass sie sich ihren Traum erfüllen können. Sie erwerben das Weingut *La Biancara,* in dem sie noch heute zu Hause sind.

Weil ihm die Weine seiner Region nicht gefallen, will Angiolino von Anfang an andere Weine machen – lebendiger, ausdrucksstärker und markanter. Doch es sollen Jahre vergehen, bis er versteht, was er tun muss, um die Weine auf Flaschen füllen zu können, von denen er träumt. Die Augen öffnet ihm ein Wein von Jasko Gravner, einem Pionier der italienischen Naturweinszene. Die Lebendigkeit und Energie, die dieser Wein verströmt, lassen ihn förmlich erzittern. Er verändert sein Leben, genau wie die Begegnung mit seinem Erzeuger, der bei seinen Produkten nichts hinzufügt und nichts wegnimmt.

Allerdings stellt Angiolino bald fest, dass Naturweine die am schwierigsten herzustellenden Weine überhaupt sind. Die Arbeit ohne chemische Hilfsmittel lässt nur wenig Spielraum für Fehler. Die Weinberge müssen lebendig, ausgeglichen und kerngesund sein, die Hygiene im Weinkeller kompromisslos. Naives, gutgläubiges Laissez-faire helfe, so Angiolino, nicht weiter. Die gute Absicht rechtfertige keine fehlerhaften Weine.

Zu Beginn hat auch er diese Fehler gemacht und schmerzlich dafür bezahlt. Die Bestellungen für seine Weine gehen damals drastisch zurück. Fest entschlossen, die Fehler – Oxidation, Brettanomyces und flüchtige Säure – zu beseitigen, sucht er Kontakt zu Kollegen, die mit denselben Problemen zu kämpfen haben. Wenn die Erzeuger zusammenarbeiten und sich gegenseitig helfen würden, so seine feste Überzeugung, könnten sie die Weinbereitung schneller und zuverlässiger verbessern.

weise von Weinberg und Keller so klar und präzise zu verstehen, dass die Weinbereitung ohne fremde Hilfsmittel auskommt und guter Wein allein mit dem hergestellt werden kann, was die Natur zur Verfügung stellt.

Angiolino wird in bescheidenen bäuerlichen Verhältnissen im italienischen Dorf Gambellara geboren. Weil die Löhne in der Kleiderfabrik, in der er und seine Frau Rosamaria arbeiten, für die

Zusammen mit Jasko Gravner und einigen anderen Mitstreitern greift er diese Idee der Kooperation erstmals im Jahr 2003 mit der Gründung von ViniVeri auf. Doch nachdem dieser Zusammenschluss Angiolinos Erwartungen nicht erfüllt, steigt er aus und bereitet alsbald die Gründung von VinNatur vor, die er dann 2006 mit über 60 Weingütern erfolgreich vollzieht. Der Verband wird explizit mit dem Ziel gegründet, die Weinbereitung aller Mitglieder durch engagierte Zusammenarbeit zu verbessern. Zudem werden Forschungskooperationen mit Botanikern, Önologen und Entomologen angestoßen, um auf wissenschaftliche Grundlagen zu stellen, was im ökologischen und interventionsarmen Weinbau funktioniert und was nicht.

Seither hat sich auf *La Biancara* viel verändert. Zweimal im Jahr nehmen Angiolino und Alessandro Bodenanalysen vor. Die Analysen geben ihnen Aufschluss über die Fruchtbarkeit sowie die Qualität und Quantität der im Boden lebenden Mikroorganismen. »Je mehr Mikroorganismen und Antioxidantien im Boden vorhanden sind, desto gesünder ist die Pflanze und desto besser kann sie sich gegen Krankheiten schützen«, erklärt Alessandro. Sie setzen vermehrt pflanzliche Extrakte ein, um den Reben zu helfen, ihr natürliches Immunsystem zu stärken. Dazu gehören verschiedene Kräuter, vor allem Salbei und Rosmarin, aber auch Meeresalgen. Alessandro hat gerade zwei weitere Themen auf die Agenda von *La Biancara* gesetzt: die Erforschung von Alternativen zum Einsatz von Schwefel und Kupfer beim Pflanzenschutz und ein tieferes Verständnis der in der Schale, den Kernen und dem Hefesatz enthaltenen Eigenschaften für den Ausbau und die Reifung der Weine.

Angiolino und Alessandro sorgen gemeinsam dafür, dass es auf *La Biancara* keinen Stillstand gibt. »Der biologische und biodynamische Weinbau ist ein schöner Ausgangspunkt, aber für uns längst nicht das Ende.« Wir glauben an eine Weiterentwicklung und setzen sehr viel Hoffnung in die Forschungskooperationen von VinNatur. Weil die neuen Erkenntnisse so

La Biancara
Monte Sorio 8, 36054 Montebello Vic. (VI)
Italien | Venetien
www.angiolinomaule.com

Einzellagen: Monte Sorio, Faldeo, Taibane, Monte di Mezzo, Sossano
Rebsorten: Garganega
Rebfläche: 18ha *Alter der Reben*: 3 bis 80 Jahre
Mitgliedschaften: VinNatur

Sassaia
Spannender Wein aus teils direktgepressten, teils maischevergorenen Garganega-Trauben. Ausbau im großen Holz. Präzise, klar, energetisch. Zischt mit Kraft und Substanz vertikal über den Gaumen.

Masieri
Leichtfüßig, spielerisch, fruchtig.

Pico
Garganega von den höhergelegenen Parzellen. Kurzer Schalenkontakt. Zweijähriger Ausbau. Ungeschönt, ungefiltert, ungeschwefelt. Lang, einnehmend, substanziell. Exzellent!

Merlot
Merlot scheint sich in Gambellara ausgesprochen wohlzufühlen. Struktur und Power, geradlinig und elegant, am Gaumen stoffig und fruchtunterlegt.

bedeutsam für die Zukunft der Weinbereitung sind, wollen die beiden sie auch über die Grenzen von VinNatur hinaus teilen. »Wenn man Informationen für sich behält«, so Angiolino, »verrotten sie irgendwann. Wenn man sie teilt, vermehren sie sich wie von Zauberhand.« Eine Aussage, die zeigt, dass er eine der größten Herausforderungen für die Zukunft der Naturweinbewegung verstanden hat: Transparenz und Glaubwürdigkeit.

Obwohl sich Angiolino selbst als »Extremist« bezeichnet, so sind es die Weine, die rund um Gambellara auf vulkanischen Basaltböden aus der Rebsorte Garganega entstehen, überhaupt nicht. Seit sein Sohn Alessandro seine Hände im Spiel hat, segelt das gesamte Sortiment auf ganz hohem Niveau und jeder einzelne Wein besitzt eine Reinheit und eine Frische, wie man sie sich nur wünschen kann. Alessandro setzt das Projekt seines Vaters ebenso feinfühlig und detailversessen wie dieser fort. Unterstützt wird er von seiner Frau Emma und seinen Brüdern Francesco und Tommaso. Alle ziehen sie an einem Strang, geeint und getragen von denselben Idealen. Das Familienglück komplettiert Giacomo, ein weiterer Bruder, der auf dem Hof eine Bierbrauerei betreibt.

Kosmopoliten | Anna Martens & Eric Nairoo

Vino di Anna | Sizilien

Vino di Anna ist das Projekt zweier Kosmopoliten. Eine australische High-Tech-Önologin verliebt sich während eines Europaaufenthalts in einen Franzosen, der in London *Les Caves de Pyrene*, eines der renommiertesten Handelsunternehmen für Naturweine, betreibt. Bald darauf gründet sie mit ihm ein Weingut an den Hängen des Ätna. Die Frau ist Anna Martens. Zunächst studiert sie Mikrobiologie und Immunologie, doch ein Praktikum bei der australischen Kellermeisterlegende Brian Croser bringt sie auf einen anderen Pfad. Sie macht ihren Master in Weinbau und Önologie und arbeitet für ganze acht Jahre auf dem High-Tech-Weingut *Petaluma* in den Adelaide Hills, wo sie einige Jahre die Sektproduktion verantwortet. Dann entdeckt Anna ihre Leidenschaft fürs Reisen und kehrt Australien für immer den Rücken. Sie tourt durch Europa, besucht die Weinregionen Neuseelands und nimmt an Weinlesen in Südamerika teil.

Sesshaft wird sie erstmals wieder in der Toskana, wo sie zunächst auf der *Tenuta dell'Ornellaia* in Bolgheri arbeitet und später bei Andrea Franchetti im Weingut *Tenuta di Trinoro*. Dort kommt sie mit der Biodynamie in Kontakt und begreift, wie gut der Weinwerdungsprozess ohne Hightech und chemische Präparate gelingen kann. Von Franchetti lernt sie viel über die Bedeutung der Weinberge, die Pflege der Reben, die Vitalisierung der Böden und, dass händische Arbeiten meist zu einem besseren Ergebnis führen. Obwohl Anna anfangs keineswegs bereit ist, ihr lange für unumstößlich gehaltenes Wissen und das Gelernte über Bord zu werfen, vollzieht sich doch langsam ein radikales Umdenken.

Als Anna und Eric zum ersten Mal gemeinsam das Weinbaugebiet am Ätna bereisen, verlieben sie sich in die spektakuläre Landschaft rund um Europas höchsten und aktivsten Vulkan und in die einzigartigen und vielfältigen Weinbergterroirs, die sie dort vorfinden. Sie sind beeindruckt von den kleinen Terrassen mit uralten, vielfach noch wurzelechten Reben, der Dichtpflanzung

an einem Pfahl im Alberello-Stil, den unterschiedlichen Höhenlagen und Bodenprofilen, der vielerorts sichtbaren schwarzen Lavaerde und dem bedrohlich Asche und Dampf spuckenden Ätna selbst. Auch die Weine schließen sie schnell in ihr Herz. Sie haben Gelegenheit, alte Jahrgänge von Calabretta und Benanti zu probieren und sind begeistert. Ihnen gefallen der hohe Säuregehalt und die feinen Tannine der Rotweine aus Nerello Mascalese. Sie erinnern die beiden an seltene Symbiosen zwischen Barolo und feinem Burgunder, während die quicklebendigen, zitrisch-salzigen weißen Carricante mal wie ein Chenin Blanc von der Loire, ein andermal wie ein puristischer Saar-Riesling daherkommen.

Als Anna und Eric um das Jahr 2005 beschließen, am Ätna ihre Zelte aufzuschlagen und Rebland zu kaufen, sind die Weine aus der Region nahezu unbekannt. Viele Weinberge sind unbewirtschaftet und drohen zu verbuschen. Die Preise für Rebland und Immobilien sind im Keller. Um sich ein umfassendes Bild vom tatsächlichen Potenzial des Gebietes zu machen, sprechen die beiden mit den Pionieren im Gebiet, darunter vielen Neuankömmlingen, wie sie selbst es sind. Alle bestätigen das Wahnsinns-Potenzial der Lagen und uralten Reben am Ätna. Und sie versichern begeistert, wie herzlich und aufgeschlossen Neuankömmlinge willkommen geheißen werden. Anna sieht das heute so: »Es geht darum, offen für andere Kulturen zu sein. Das ist die neue Welle des Ätna. Die Menschen hier sind stolz auf ihre Werte und ihre Geschichte, aber sie freuen sich auch über Anregungen von außen.« Wahrscheinlich ist das einer der Gründe, weshalb es binnen weniger Jahre gelingt, den Ätna als neues Flaggschiff auf dem

Vino di Anna
Via Crasa 1, Fr. Solicchiata (SP64)
95012 Castiglione di Sicilia (CT)
Italien | Sizilien
www.vinodianna.com

Einzellagen: Monte Pomiciaro, Crasà, Piano Filici, Rampante, Pirao, Nave, Tartaraci
Rebsorten: Nerello Mascalese, Nerello Cappuccio, Alicante, Grecanico, Carricante, Insolia
Alter der Reben: 60 bis 100 Jahre

Sicilia Bianco G

80 Jahre alte Grecanico-Buschreben werden hälftig maischevergoren und hälftig Ganztrauben gepresst. Der Wein ist ungemein rein und dicht texturiert, zugleich frisch, lebendig und cremig. Endet lang und salzig-rauchig. Sehr gelungen!

Jeudi 15 Rosso

Der Jeudi 15 (Nerello Mascalese mit kleineren Anteilen Nerello Cappuccio und Alicante) kommt sehr generös daher. Würzig, leichtfüßig und belebend mit einer zarten Tanninstruktur.

Palmento Rosso

Ein wilder und urwüchsiger Wein mit viel Frische, Energie und animierender Trinkigkeit.

CR Rosso

Die Trauben kommen von einem jungen Weinberg aus einer Massenselektion von wurzelechten Nerello Mascalese-Reben. Rein, zart-duftig und komplex; ein sehr lebendiger und fest strukturierter Wein.

Rosso Qvevri

Von uralten Reben kommt dieser kräutrig-würzige, tiefgründige und charaktervolle Rotwein. Er besitzt Präzision, Fokus und große Reinheit. Exzellent!

Markt für feine, elegante Weine mit manifestem Herkunftscharakter zu etablieren.

Nachdem Anna und Eric 2008 ihren ersten Wein noch im Keller eines befreundeten Winzers produzieren, beginnen sie 2011 ein altes Weingut mitsamt einem traditionellen Palmento in der Contrada Crasà unterhalb des Dorfes Solicchiata zu restaurieren. Sie starten mit knapp zwei Hektar und wachsen dann langsam. Heute bewirtschaften sie eine Rebfläche von insgesamt sieben Hektar – ausschließlich von Hand und nach biodynamischen Grundsätzen. Die Weine werden weitgehend ohne Eingriffe hergestellt und mit natürlichen Hefen vergoren. Für die Gärung werden verschiedene Gefäße verwendet, vor allem alte Holzfässer und georgische Qvevri. Zudem kommt ein Palmento zum Einsatz, ein traditionelles, mehrstöckiges Weinbereitungssystem. Auf der obersten Ebene befinden sich Bottiche, in denen die Trauben mit den Füßen gepresst werden. Der ablaufende Saft fließt dann in einen anderen Bottich auf der nächsten Ebene, wo er gärt. Anschließend wird der Wein auf der untersten Ebene in Fässer gefüllt.

Anna und Eric wollen Weine machen, die den vielen wunderbaren lokalen Abfüllungen, die für den Hausgebrauch ähneln. Es geht ihnen nicht um internationale Rankings und Platzierungen in der Sternegastronomie. Sie wollen mit ihren Weinen Trinkfreude schenken und Gespräche und Mahlzeiten beleben. Kein anderer ihrer Weine verkörpert diese Absicht besser als der Palmento rosso, eine Cuvée aus roten und weißen Trauben, die in 700 Metern Höhe angebaut und im Palmento bereitet werden. Ein wilder und urwüchsiger Wein, der ungemein energiegeladen und zugleich fantastisch süffig daherkommt. »Wir möchten im Wein den urtümlichen Charakter der Gegend ausdrücken, nichts abschleifen und das Wilde nicht verstecken«, so Anna. »Vielleicht sehen wir es ja verklärt«, ergänzt Eric, »aber ist das nicht das Recht der Verliebten?«

Dompteur der Fermentation | Claudia Ianelli & Alberto Carretti | *Podere Pradarolo* | *Emilia-Romagna*

Alberto Carretti ist fast zwei Jahrzehnte als Mikrobiologe in der Molkereiwirtschaft tätig und dort im Wesentlichen mit dem komplexen Herstellungsverfahren von Parmesan beschäftigt. Dann wechselt er für ein paar Jahre zur Konkurrenz der Wurstproduzenten und verantwortet die durch und durch handwerkliche Bereitung des weltberühmten Culatello di Zibello, eines edlen Schinkens aus dem Fleisch zweier schwarzer Schweinerassen. Als Alberto dann um die Jahrtausendwende seine heutige Frau Claudia kennenlernt, lassen beide ihre bisherigen Jobs hinter sich und starten in den Hügeln von Parma im Val Cena ein neues gemeinsames Projekt, die *Podere Pradarolo.*

Dort wollen sie Wein nach ihren ganz eigenen Vorstellungen machen – aus alten, zum Teil längst vergessenen Rebsorten und dabei auf den Einsatz chemischer Pflanzenschutzmittel und Kunstdünger verzichten. Nachhaltigkeit ist ihnen von Anfang an ein essenzielles Anliegen. Ihre Art der Weinherstellung soll sich in den Kontext der sie umgebenden, unberührten Natur harmonisch einfügen und die natürliche Biodiversität erhalten, wenn möglich sogar mehren. Beide haben sie das große Glück, dass es sich bei den Flächen, die sie bewirtschaften, um Monopollagen handelt, die von anderen

landwirtschaftlich genutzten Flächen abgeschnitten und nur von Wäldern umgeben sind. Das erweist sich als ideal für ihr Vorhaben, direkt einen ökologischen Kurs einzuschlagen.

Das Weinbaugebiet der Emilia, vor allem der Großraum um Parma und Modena, ist mehr oder weniger schon eine ganze Ewigkeit von einem einzigen Wein geprägt, dem Lambrusco. Alberto und Claudia setzen dagegen auf andere, vornehmlich alte und weniger ertragreiche lokale Sorten. Ihre neun Hektar sind hauptsächlich mit Malvasia di Candia Aromatica bestockt, einer der interessantesten weißen Sorten, wenn es um die Produktion mazerierter Weine geht. Ergänzt wird ihr Rebsortenportfolio durch Barbera, Croatina und die von Alberto wiederentdeckte Termarina Nera, die heute wahrscheinlich nur noch auf Pradarolo kultiviert wird. »Termarina ist eine kernlose Traube mit kleinen, süßen, fruchtintensiven Beeren, die hohen Zuckergehalt generieren. In der Cuvée mit anderen Trauben kann Termarina die Qualität des Endprodukts verbessern. Wir verwenden sie für unseren Passito-Wein ›Il Canto del Ciò‹, der im Solera-System bereitet wird«, erklärt Alberto.

Bei aller Akribie, die das Winzerpaar bei der Pflege ihrer Rebanlagen aufbringt, gilt zumindest Albertos wahre Leidenschaft primär dem Gärprozess. In seinem Gärkeller ist er in seinem Temperament, zugleich Wissenschaftler, Forscher und Weinmacher, gleichermaßen Bauch- und Kopfmensch. Dort kann er sein ganzes Wissen und all seine Erfahrungen in

Società Agricola Podere Pradarolo S. r. l.
Via Serravalle 80, 43040 Varano de' Melegari
Italien | Emilia-Romagna
www.pradarolo.com

Rebsorten: Malvasia di candia aromatica, Barbera, Bonarda, Termarina Nera
Rebfläche: 9,3 ha *Alter der Reben*: 4 bis 32 Jahre

Vej Bianco Metodo Classico Brut

Hell und strahlend, leicht und frisch, saftig und beseelt. Spannend herber Ausklang.

Vej Bianco Metodo Classico Cuvée Brut

Einmalig und wirklich bewegend. Ein Verschnitt aus zwei Jahrgängen Malvasia di Candia Aromatica, die beide mit langer Mazeration vergoren und dann für eine erneute Gärung in der Flasche für 24 Monate verschnitten wurden. Ein Monument an Aromen, Kraft und Intensität.

Vej Bianco Antico

Reinsortiger Malvasia di Candia wird nach einer 210-tägigen Mazeration ohne Filtration und ohne jegliche Zusätze abgefüllt. Bernsteinfarben, duftig und körperreich mit ausgeprägtem Gerbstoffeintrag. Tiefgründig und komplex. Exzellent!

Velius Rosso Asciutto

Ein nach alter Tradition bereiteter Barbera mit langen Mazerations- und Reifezeiten. Tiefgründig, zart und elegant.

Libens Rosso Asciutto

Nach 40-tägiger Mazeration und 18-monatiger Lagerung in großen Eichenfässern kommt dieser Croatina ohne Filtration und ohne jegliche Zusätze in die Flasche. Kantig und fordernd mit viel Charakter.

Il canto el Ciò

In der Solera entstandener Passito. Reife, komplexe Nase mit einem Hauch von Bitterschokolade, Schwarzkirsche und Gewürzen. Am Gaumen ist er warm, tief, kraftvoll, zugleich sanft und ausgewogen.

die Waagschale werfen und seiner Kreativität freien Lauf lassen. Das Wissen um die Funktionsweisen von Hefen und Bakterien eignet er sich während seiner Jahre in der Käse- und Wurstproduktion an. Davon profitiert er nun als Regisseur der Transformationsprozesse von Weintrauben zu Wein. Mit diesen Prozessen zu spielen, Grenzen zu testen und immer wieder Neuland zu erkunden, das sind die Motive, die Alberto antreiben.

So wie er nie Interesse an im Eiltempo erzeugtem Industriekäse und billiger Wurstware gehabt hat, so lassen ihn schon immer auch jene banal fruchtigen, klinisch sauberen Weißweine kalt, wie sie heute weltweit mit Hilfe der modernen Önologie mit großer Uniformität erzeugt und schon wenige Wochen nach der Ernte auf den Markt geschmissen werden. Alberto will anknüpfen an der Jahrtausende alten Tradition der langen Gärung auf den Schalen. Die Mazerationsdauer reizt er bei manchen seiner Weine extrem lange aus. Oftmals sind es 90 Tage und mehr. Dann hat ihre Farbe eindeutig Orange-Charakter angenommen und ihr Mundgefühl ist von einem deutlich höheren Gerbstoffgehalt geprägt. Zudem weisen die Weine durch die aus den Schalen extrahierten Aromastoffe eine auffallend veränderte, irgendwie blumig intensive Duftigkeit auf, die eine ganz andere Sprache spricht als die der entsprechenden Rebsorte aus konventioneller Weißweinbereitung. Die Maischegärung schenke seinen Weinen nicht nur Terroirexpression und Haltbarkeit, sondern verleihe ihnen auch Charakter und Persönlichkeit, so Albertos feste Überzeugung.

Ihre Weinbergspflege haben die *Pradarolo*-Winzer während der vergangenen Jahre noch einmal deutlich intensiviert. Weine, wie sie sie machen, sind nämlich nur aus kerngesundem, handverlesenem Lesegut zu produzieren. »Es reicht eine Traube mit Essigstich und die ganze Partie kippt um. Das haben wir in den ersten Jahren schmerzlich erfahren müssen«, erinnert sich Claudia. Heute sind ihre Weine chemisch und biologisch deshalb so ungemein rein und sauber, weil sie aus kerngesunden und optimal mit Nährstoffen versorgten Trauben entstehen. Und weil akribisch selektiv gelesen wird. Dann benötigen die Weine auch keinen Schwefel. Ihre Gerbstoffe wirken antioxidativ, sie sind quasi auf natürliche Art stabil.

Was Claudia und Alberto praktizieren, ist konsequenter biologischer Weinbau, der sich nicht auf den Weinberg beschränkt, sondern auch das weitgehend unsichtbare bakterielle Ökosystem im Keller ins Visier nimmt. Ihre sanfte und zurückhaltende Begleitung der natürlichen Prozesse vertraut auf das, was die Natur aus eigener Kraft schaffen kann. Diese uralte Methode der Weinbereitung lässt auf *Pradarolo* großartige Weine mit Rückgrat, Charakter und einer unvergleichlich kraftvoll-fordernden Ästhetik entstehen. Sie sind auch eine Chance für die Emilia und alle, die eher an das kulturelle Erbe von Generationen glauben als an die allzu vergänglichen Versprechungen der Moderne. Einen Besuch ist die Region, die mit so vielen kulinarischen Highlights aufwarten kann, ohnehin wert. Auch Claudia und Alberto laden dazu ein. Sie haben neben ihrem Weinbau eine große Leidenschaft fürs Kochen und Essen und wer ihren Agrotourismus nutzt, kann daran teilhaben.

Liebe im Spiel | Francesca & Domenico Bogani

Azienda Agricola Nasciri | Kalabrien

Francesca und Domenico verkörpern das neue Kalabrien. Ihrem Naturell entsprechend jedoch noch weitgehend im Stillen. Sie beide kommen auf Umwegen zum Land- und Weinbau. Domenico nimmt nach seinem Master in Betriebswirtschaft und Marketing eine Anstellung in einem Mailänder Großunternehmen an, während Francesca nach ihrem Abschluss in Grafikdesign und Kunstpädagogik als Lehrerin in einer Waldorfschule arbeitet. Schon bald

nachdem sie sich 2009 kennenlernen, gestehen sie sich nicht nur ihre Liebe, sondern auch ihren Traum von einem Leben auf dem Land als Wein- und Olivenbauern. Sie beschließen nach Kalabrien zu gehen und dort ein ziemlich heruntergekommenes Landgut zu übernehmen, das Domenicos Familie gehört.

Der Hof befindet sich in der Nähe der Stadt Gerace in idyllischer Höhenlage mit traumhaftem Blick sowohl auf das etwa sechs Kilometer entfernte Meer als auch auf die kalabrische Bergwelt. Land gibt es in Hülle und Fülle, aber bis auf ein paar Olivenhaine ist es in schlechtem Zustand. Von all den Arbeiten, die auf das junge Paar warten, haben sie weder eine Vorstellung, noch sind sie fachlich gerüstet. Allein der Spirit, mit dem sie dann ab 2011 zu Werke gehen, ist so kraftvoll und leidenschaftlich, dass es sich in der Gegend schnell herumspricht. Fast ebenso schnell spricht sich die Qualität von Francescas und Domenicos Weinen herum. Alsbald werden diese durch die Aufnahme ins Portfolio der Londoner Les Caves des Pyrene geadelt, der Fachhandelsreferenz für naturbelassene Weine in Europa.

Mit »Nasciri« ist schnell ein Name für ihr Projekt gefunden. Er bedeutet so viel wie »neu geboren werden« und soll auf die Wiederbelebung ihrer neuen Heimat hinweisen. Auch hinsichtlich des Wertekanons, der sie tagtäglich inspirieren und auch dann Orientierung bieten soll, wenn sie im Alltag mal in zu viel Arbeit zu versinken drohen, sind sich Francesca und Domenico bald einig. Die Liebe soll die Kraft sein, die sie bei ihren Entscheidungen und ihren täglichen Aktivitäten leitet. Die Liebe zueinander, aber auch zum Land und der sie umgebenden Natur. Die Liebe und der achtsame Umgang mit den Pflanzen, Tieren und allen Menschen, mit denen sie in Kontakt stehen. Dass die Liebe auch ihre Produkte positiv beseelt, davon sind sie zutiefst überzeugt. »Was mit Liebe hergestellt wird, tut denen, die es kaufen und konsumieren, auf ganz besondere Weise gut.« Von Anfang an ist den beiden auch der Austausch mit Kolleginnen und Kollegen im In- und Ausland wichtig. »Wir reden mit Önologinnen und Wissenschaftlern und studieren die Fachliteratur. Da kommt jede Menge Ideeninput zusammen«, sagt Francesca.

Gleich am Anfang steht ein Großprojekt auf der Agenda – die Neuanlage einer Rebfläche von insgesamt 7 Hektar. Sie starten es mit einem Paukenschlag, indem sie nicht die in der Region weit verbreitete rote Gaglioppo-Traube, sondern Aglianico, Greco Nero und Calabrese sowie die weiße Traube Greco Bianco pflanzen. Einen kleinen Schatz können sie retten. Mehrere kleine Rebparzellen inmitten eines großen Olivenhains, in dem viele einheimische Sorten wachsen, die ihren »Chillu chi vulimu« (»Sie machen, was sie wollen«) ergeben. Die vor langer Zeit gepflanzten Reben sind weitgehend unbekannt und werden heute nicht mehr angebaut. Domenico und Francesca wollen Edelreiser schneiden, um besonders wertvolle Exemplare neu auszupflanzen.

»Diese Sorten«, erklärt Domenico, »erinnern an eine Zeit, als die kalabrischen Weine noch einen ausgezeichneten internationalen Ruf genossen. Das ist schon lange her.« Tatsächlich geraten sie im Laufe der vergangenen 50 Jahre immer mehr in Vergessenheit. Während im Piemont und in der Toskana die Post abgeht, verpasst Kalabrien den Anschluss oder gibt sich mit kitschigen Imitationen der Lächerlichkeit preis. Kaum einmal verirrt sich heute ein Wein aus diesem Teil Italiens auf die internationalen Märkte. Der Großteil der Trauben, der in Kalabrien angebaut wird, stammt von kleinen Betrieben – oft in Form von Mischbetrieben oder im Nebenerwerb – und ist für den lokalen Konsum bestimmt.

Domenico und Francesca gehen einen anderen Weg. Als Neuankömmlinge fühlen sie sich zwar den lokalen Traditionen verpflichtet, aber nur sofern damit keine Scheuklappen verbunden sind. Ihr Horizont ist ein globaler. Offenheit und Toleranz gehören genauso dazu wie Ehrlichkeit und Transparenz. Werte, die nicht nur in der kalabrischen Weinszene unterrepräsentiert sind. Ganz explizit laden sie Interessierte ein, sie zu besuchen und sich alles vor Ort anzuschauen. Auch die Weinberge, die sie von Anfang an nach den Methoden des ökologischen Landbaus, der Biodynamie und der Permakultur bewirtschaften und die vor Biodiversität nur so strotzen. Oder ihren spartanisch eingerichteten Keller. »Wir arbeiten minimalistisch«, sagt Domenico. Bis auf eine kleine finale Schwefelgabe

Azienda Agricola Nasciri
Contrada Salato, 2, 89040 Gerace
Italien | Kalabrien
www.nasciri.com

Rebsorten: Gaglioppo, Malvasia Nera, Greco Bianco, Malvasia Bianca, Greco Nero, Aglianico, Calabrese nero
Rebfläche: 7,5 ha *Alter der Reben*: 10 bis 50 Jahre

Greco Bianco

Geradlinig, knochentrocken und von mediterranen Kräuternoten geprägt. Die Säure ist knackig und auch der Gerbstoff trägt seinen Part zur guten Struktur bei. Ein Wein voller Energie, Spannung und Länge.

Vinu i' casa

Ein tiefgründiger, aber gleichzeitig wunderbar zugänglicher Wein mit super sanften Gerbstoffen aus der Sorte Calabrese Nero. Eine Hommage an Domenicos Großvater.

Greco Nero

Aus dieser alten, autochthonen Sorte zaubern Domenico und Francesca einen neuen Fixstern an das kalabrische Weinfirmament. Dunkelwürzig, dicht und tiefgründig im Auftakt. Generös und abgerundet am Gaumen. Feine Gerbstoffe und tolle Frische im Finale. Exzellent!

Aglianico

Ein schwereloses Kraftpaket. Komplex und voller Spannung. Druckvoll und lang im Abgang. Exzellent!

wird nichts hinzugefügt und nichts entnommen. Vor allem aber ist ihnen wichtig, dass keine schädlichen Substanzen in ihre Weine und Öle gelangen.

Zwar haben Domenico und Francesca mit ihrem spannenden Projekt »Nasciri« primär ihr persönliches Glück im Visier und ein politisches Statement sowie die Renaissance des kalabrischen Weins sind zweitrangig, aber sie demonstrieren, was möglich ist. Sie leben eine von Werten und Idealen durchdrungene Landwirtschaft und motivieren damit andere, es ihnen gleichzutun. Mit Nasciri praktizieren sie einen radikalen Gegenentwurf, der sich sowohl von der lokalen Versunkenheit vieler regionaler Betriebe distanziert als auch von den industriellen High-Tech-Strukturen, die die Landwirtschaft und den Weinbau weltweit dominieren. Domenico und Francesca leben ihren ganz privaten Traum und zugleich ein ungemein attraktives und ausstrahlungskräftiges Zukunftsmodell – wirtschaftliche Nachhaltigkeit inklusive. Ein bisschen Romantik darf da durchaus mit im Spiel sein! Auch in ihren Weinen ist diese Romantik zu spüren, so rein, so zart und brillant präsentieren sie sich. Sie besitzen eine Anmut und eine Eleganz, die selbst im Falle von gemeinhin so Gerbstoff betonter Varietäten wie der Aglianico-Traube eine Schwerelosigkeit ins Glas zaubert, die unwillkürlich zum Tanz auffordert. Auch hier ist eben Liebe im Spiel.

Grenzüberschreitungen | Kristian Keber | *Edi Keber* | *Friaul*

Die italienisch-slowenische Hügellandschaft besitzt eine unwiderstehliche Anziehungskraft. Es ist ein beeindruckender Flickenteppich aus steilen, terrassenförmig angelegten Weinbergen, Wäldern und Obstplantagen, eine schwindelerregende Mischung aus Mikroklimata, Rebsorten und Kultur. Mediterranes und kontinentales Klima treffen dort aufeinander, mit warmen Südwinden von der Adria und dem kühlen Bora-Wind aus dem Norden. Viele der von Mergelböden – den so genannten »Ponca« – geprägten Weinberge liegen zur einen Hälfte in Italien und zur anderen in Slowenien. So auch die von Kristian.

Sein Weingut im italienischen Zegla nahe Cormòns ist in besonderem Maße von der willkürlichen Grenzziehung nach dem Zweiten Weltkrieg betroffen, die 1947 Höfe, Weingärten und Felder entzweit. Damals wird quasi über Nacht das Gebiet geteilt. Ins »Collio« in Italien und die zuerst zu Jugoslawien, später zu Slowenien gehörende Region »Goriška Brda«, der der größere Teil der gemeinsamen »Hügel« angehören. Diese Teilung widerspricht der Landschaft und den natürlichen Gegebenheiten ebenso wie dem seit Generationen gewachsenen Zusammengehörigkeitsgefühl der Menschen. Kristian und viele gleichaltrige Winzerinnen und Winzer aus beiden Regionen träumen heute von mehr als nur offenen Grenzen. Sie wünschen sich ein gemeinsames Weinbaugebiet, ein und dieselbe Appellation. Es soll zusammenwachsen, was zusammengehört.

Kristian ist überzeugt, dass die Chancen für diesen Integrationsprozess besser stehen, wenn zunächst jedes der beiden Gebiete im Inneren einen Konsens über die wichtigsten Grundfragen erreicht. Im Collio ist das bisher aber leider nicht der Fall. Viele der 120 Winzer des Gebiets spielen den Namen der Herkunft auf ihren Etiketten herunter oder deklassieren ihre Weine einfach als IGT-Abfüllungen, die italienische Landweinkategorie. Die Bezeichnung lässt ein Dutzend weißer Trauben, darunter viele internationale Sorten, in unbegrenzten Kombinatio-

nen zu, was das Verständnis der Verbraucher erschwert. Kristian setzt dagegen: »Warum macht man in der Champagne Champagner? Warum macht man im Chianti Chianti? Das Territorium ist größer als der Mensch.«

Auf der Suche nach einem möglichst authentischen Ausdruck dessen, was das Collio ausmacht, ist Kristian – mit Unterstützung seiner Vaters Edi – zu einem ganz eigenen Schluss gekommen. Er ist überzeugt, dass die Cuvée der historischen Varietäten des Gebiets – Friulano, Ribolla gialla und Malvasia – den Wesenskern des Collio prägnant und in reinster Form auf den Punkt bringt. Weder durch internationale Varietäten noch durch Rebsortenweine, sondern gerade durch die Cuvée der historischen Sorten entstehe ein komplexes Abbild der vielen Gesichter des Gebiets. Tocai Friulano, der den Hauptbestandteil der Cuvée darstellt, prägt Körper und Struktur des Weins, während der Ribolla Gialla die Säure beisteuert und die Malvasia Istriana die aromatische Komponente befördert. »Durch den Verschnitt dieser Trauben entsteht ein origineller Wein, der die Seele der Region am besten zum Ausdruck bringt«, davon ist Kristian überzeugt und ergänzt: »Aus der Sicht des Marketings war diese Entscheidung eher töricht, denn die Kunden suchen vor allem nach reinsortigen Weinen.«

In der Hoffnung, die Mischung noch komplexer zu gestalten, hat Kristian Stecklinge von sechs lokalen, weitgehend unbekannten Sorten gesammelt und vermehrt. »Ich studiere die älteren Sorten, die hier vor 100 Jahren angebaut wurden«, sagt er. »Je mehr verschiedene Rebsorten man hat, desto mehr kann man mit seinen Böden spielen.« Kristian glaubt an die Stärke des Terroirkonzepts und die Bedeutung von Alleinstellungsmerkmalen, weshalb er nur einen einzigen Wein produziert und den Namen der Region prominent auf seinem Flaschenetikett positioniert. Noch ist es allerdings nicht ganz einfach, ein Terroir zu vermarkten, das unbekannt ist. Die Aufholjagd kann nur gelingen, wenn aus der One-Man-Show ein Gemeinschaftsprojekt wird.

Das Weingut ist seit ein paar Jahren biozertifiziert, immer häufiger kommen jedoch auch Verfahren und Präparate der Biodynamie und Permakultur zum Einsatz. Kristian legt zudem viel Wert auf Biodiversität. Er hat zahlreiche Obstbäume in seinen Weinbergen gepflanzt und lässt Kühe und Schafe zwischen den Reben weiden. Den Boden bearbeitet er nur noch in jungen Anlagen. Auch das übliche Schneiden des oberen Blätterdachs hat er abgeschafft. Stattdessen bindet er es hoch, so dass

Azienda Agricola Edi Keber
Loc. Zegla 17, 34071 Cormons (GO)
Italien | Friaul
www.edikeber.it

Rebsorten: Tocai Friulano, Ribolla Gialla, Malvasia Istriana
Rebfläche: 12 ha *Alter der Reben*: 30 Jahre
Mitgliedschaften: Vignaioli Indipendenti

Collio

Ein subtiler, reiner, ungemein frischer und belebender Wein mit einer cremigen und von zarten Gerbstoffen geprägten Textur und einem lange nachhallenden, dezent salzigen Finale mit sauberer Eleganz und klaren, faszinierenden Aromen.

Brda

Die Ernte erfolgt manuell, die Trauben mazerieren zwischen ein und fünf Monaten (je nach Jahr) und gären ohne Temperaturkontrolle spontan in Betontanks. Ein intensiver, artikulierter und tief orangefarbener Wein, der zu intensiven Begegnungen einlädt.

es in den heißen Wochen des Jahres Schatten spenden kann. Die Weinbereitung ist im Hause Keber äußerst simpel. Die unbehandelten Moste der drei Varietäten kofermentieren spontan in alten Betontanks aus den 60er-Jahren und reifen anschließend etwa ein Jahr auf der Vollhefe.

Teil seiner grenzüberschreitenden Integrationsbemühungen ist Kristians kleines Weinprojekt in der slowenischen Nachbarregion Brda. Nur wenige Minuten von seinem Anwesen in Italien entfernt, bewirtschaftet er einen 1,7 Hektar großen Weinberg, den er von seinem Großvater mütterlicherseits geerbt hat. Er ist oft vor Ort und nutzt jede Gelegenheit, sich mit seinen slowenischen Kollegen auszutauschen und grenzüberschreitende Projektideen auszuloten. Logisch, dass er seinen Wein von dort ganz nach lokaler Tradition bereitet. Es handelt sich um einen auf den Schalen mazerierten Orangewein hauptsächlich aus der Ribolla-Traube. »Ribolla hat eine dicke Schale. Du musst sie behandeln wie eine rote Rebsorte, sonst wird der Wein langweilig. Das Ergebnis ist dann aber eher Jazz als Pop«, erklärt Kristian. Damit meint er, dass man ein wenig genauer hinhören muss und sich von schrägen Klängen nicht ins Boxhorn jagen lassen darf. Der Wein kommt strahlend und zugleich rebellisch daher, ein außergewöhnliches Trinkvergnügen.

Kristian blickt hoffnungsvoll, aber auch mit ein paar Sorgenfalten in die Zukunft. Er sieht die Zukunft des Collio eng verwoben mit der Bildung einer starken gemeinsamen Appellation mit den slowenischen Nachbarn. Nachdem im Dezember 2007 mit dem Beitritt Sloweniens zum Schengen-Raum die Grenzübergänge geöffnet worden sind, könnte nun eine neue Initiative die beiden Seelen des Raums noch näher zusammenbringen und sie symbolisch vereinen – die gemeinsame Bewerbung als UNESCO-Welterbe. Eine engere Zusammenarbeit auch im Bereich der Weinproduktion wäre die logische Folge. Dafür zu werben, ist Kristian eine Herzensangelegenheit. »Wir gehören schließlich alle zu ein und derselben Region. Wir haben dieselbe Geschichte, tragen hier wie dort dieselben Namen und sind oft sogar miteinander verwandt.« Er leistet auf beiden Seiten Überzeugungsarbeit, weshalb er genau weiß, dass es aufgrund der unterschiedlichen Ausgangsbedingungen ein komplizierter Aushandlungs- und Abstimmungsprozess werden wird.

Freigeister | Marion Untersulzner & Martin Gojer | *Pranzegg* | *Südtirol*

Hoch über Bozen liegt abseits der Durchgangsstraße zum Kohlern und vom nahen Wald geschützt ein kleines Paradies. Es ist Marions und Martins Paradies. Hier spielt sich inmitten blühender Vegetation das pralle Leben ab. Blumen, Kräuter und Weißklee finden sich in Sichtweite zu Pfirsich- und Feigenbäumen, Hopfenbuchen und Eichen. Bienenvölker und Schmetterlinge beleben die Rebzeilen, während Hühner und demnächst auch Schafe im Schatten der Pergolen herumstreifen. Im Vergleich zum Rest der Region, die durch die Monokulturen von Obst- und Weinbau unter großem ökologischen Druck steht, ist *Pranzegg* eine Oase der Ruhe und Artenvielfalt.

Den Untergrund für dieses bunte Treiben bietet ein Porphyrsockel vulkanischen Ursprungs, auf dem sich über die Jahrmillion-

en eine sandig-lehmige Auflage abgelagert hat. Darin wurzelt auch die biodynamisch gepflegte Rebenvielfalt von Pranzegg: Vernatsch, Lagrein, Chardonnay, Viognier, Manzoni Bianco, Gewürztraminer, Sauvignon Blanc, Müller-Thurgau und ein paar weitere aus Neugierde gepflanzte Reben. Sie bilden das Fundament einer ungemein spannenden Wein-Range, die die Vielfalt ihrer Entstehungskontexte feinfühlig und versiert beleuchtet und mit viel alpiner Frische präzise akzentuiert in die Flasche bringt. Im Südtiroler Umfeld sind diese Weine absolute Solitäre. Sie sind wilder, aufregender, naturbelassener und in ihrer weltoffenen, unkonventionellen Art passen sie in keine der gängigen Schubladen.

Für Martin, der in dieser Gegend groß wird, ist es längst nicht immer ein Paradies. Er ist gerade einmal 12 Jahre alt, als sein Vater stirbt und er zusehen muss, wie seine Mutter sich krummlegt, um den kleinen, Trauben produzierenden Betrieb über die Runden zu bringen. Logisch, dass Martin schon früh mit anpacken muss. Oftmals gerade dann, wenn er eigentlich mit seinen Kumpels abhängen will. Bereits an seinem 18. Geburtstag übergibt die Mutter ihm den Stab und er übernimmt die volle Verantwortung für den Betrieb. Fürs Erste folgt er dem vorgegebenen Pfad, doch schon bald wird ihm klar, dass die Existenz als Traubenlieferant ihm zu wenig Entwicklungsmöglichkeiten bietet. Die Traubenpreise sind zwar okay, aber ihn stören die Auflagen und Direktiven. Er will sich nicht sagen lassen, was er wann und wie in Weinberg und Keller zu tun und zu lassen hat. Irgendwann kommt der Tag, an dem er all das hinter sich lässt. Doch bis er den Sprung raus aus der Genossenschaft wagt und – zusammen mit seiner Lebensgefährtin Marion – den ersten eigenen Jahrgang keltert, dauert es bis zum Jahr 2009. Nicht zuletzt, weil der soziale Druck der Genossen enorm ist.

Weil das Auskommen für die junge Familie zunächst ungewiss scheint, heuert Martin noch im selben Jahr bei den Weinbauexperten Marco Simonit und Pierpaolo Sirch im Friaul an, um alsbald als deren Mitarbeiter durch den deutschsprachigen Raum zu jetten und interessierte Winzerbetriebe in Sachen sanfter Rebschnitt zu beraten. Es sollen in vielerlei Hinsicht prägende Jahre für Martin werden. Genau das Richtige, um endlich der Enge der Südtiroler Bergwelt zu entkommen und einigen der eindrucksvollsten und außergewöhnlichsten Weinmachern der Gegenwart zu begegnen. »Ich habe mich für alles interessiert, was mir begegnet ist und alle Erlebnisse aufgesogen wie ein Schwamm. Neben und manchmal während meiner Arbeit habe ich Fragen gestellt, beobachtet, Diskussionen verfolgt und Argumente geprüft. Ich habe aufmerksam hingesehen, welche Umgangsformen praktiziert, wie Gäste bewirtet und Freunde behandelt werden. Fachlich und persönlich war das für mich ein enormer Reifungsprozess«, erinnert sich Martin. Er arbeitet schließlich sechs Jahre lang mit Simonit und Sirch zusammen und viele seiner heute besten Freunde hat er in dieser Zeit kennengelernt.

Noch etwas heben Martin und Marion in all diesen Jahren gelernt, nämlich sich selbst und ihren Idealen treu zu bleiben, jederzeit ehrlich und authentisch zu sein und scheinbar unumstößliche Wahrheiten stets zu hinterfragen. Das hat sie nicht nur gegenüber ihren Mitmenschen, sondern auch gegenüber den Reben und der Natur sensibler und aufgeschlossener gemacht. Die Entscheidung für die Biodynamie ist die logische Folge, ebenso ihre Bemühungen um mehr Biodiversität in den Rebgärten und die Integration von Tieren. Es geht den beiden um das richtige Gleichgewicht, den besten Weg für Natur und Mensch. Ihr Ziel ist es nicht, größer zu werden und mehr Wein zu verkaufen. Sie wollen qualitativ wachsen mit gesünderen und vitaleren Weinbergen, besseren Weinen und mehr Lebensqualität für alle.

Dass sich mit dieser Grundeinstellung atemberaubende Weine auf Flaschen ziehen lassen, dafür liefern Marion und Martin Jahr für Jahr die entsprechenden Beweise. »Wir haben keinen speziellen Plan und keine unumstößlichen Regeln. Wir verkosten die Weine jeden Monat und überlegen, wo der Wein derzeit steht und wie seine Zukunft aussehen könnte. Dann entscheiden wir, was zu tun ist. Es hängt alles vom Jahrgang ab, der uns sagt, wie wir zunächst mit den Trauben und später dann mit Most und Wein umgehen müssen.« Durch viel Gespür und Sensibilität im Weinberg und Keller entstehen so individuelle, eigenwillig tiefgründige Weine, die nicht nur den Boden und den Jahrgang, sondern auch die Ideen des Winzerpaars widerspiegeln.

Alle ihre Weine werden mit einem gewissen Hautkontakt vergoren, die Weißweine etwa fünf bis sechs Tage lang und je nach Jahr auch ein mehr oder weniger großer Anteil an Stielen. »Unsere Trauben sind von Natur aus nicht so säurehaltig, daher tragen die Gerbstoffe in den Stielen dazu bei, dass die Weine an Frische und Vitalität gewinnen. Hinzu kommt eine gewisse Salzigkeit, die durch die Reifung auf der Hefe noch einmal verstärkt wird. So schützen sich die Weine auf natürliche Weise selbst und benötigen deutlich weniger Schwefel«, so Martin.

Es ist schon eine beachtliche Wegstrecke, die die beiden gemeinsam zurückgelegt haben. Heute haben sie den Freiheitsgrad erreicht, den sie sich wünschen. »Wir können unsere Weine so ausbauen, wie wir es für richtig halten. Wir müssen keine Kompromisse eingehen und uns nicht einmal dem Markt unterordnen«, sagt Martin. Genau das ist es, was auch ihre Weine ausmacht: Individualität und Kompromisslosigkeit. Und Marion ergänzt bescheiden: »Wir versuchen einfach unser Bestes!« Der Erfolg gibt ihnen Recht. Die Nachfrage übertrifft das Angebot bei weitem.

Pranzegg
Via Campegno, 8, 39100 Bolzano
Italien | Südtirol
www.pranzegg.com

Einzellagen: Campill, Oberplatten, Signat, Unterplatten
Rebsorten: Vernatsch, Lagrein, Gewürztraminer, Weissburgunder, Sauvignon, Chardonnay, Müller Thurgau u.a.m.
Rebfläche: 4 ha *Alter der Reben*: durchschnittlich 35 Jahre
Mitgliedschaften: Freistil, Freie Weinbauern Südtirol, Agricoltura Vivente

Miau
Ein PetNat aus Lagrein und Vernatsch mit viel Dampf auf dem Kessel. Trinkspaß pur!

Tonsur
Die partiell maischevergorene Weißwein-Cuvée kommt mit sehr feiner, griffiger Tanninstruktur und einer zupackenden, unglaublich erfrischenden Art daher.

Campill
Ein leichtfüßiger Überflieger-Vernatsch! Wie Samt und Seide!

Caroline
Weiße Cuvée aus gemischtem Satz. Startet würzig und lebendig, wechselt dann in ruhigeres Fahrwasser, es geht runder und cremiger zu, bevor es zum Finale hin immer salziger wird und sich ein dezenter Gerbstoffeintrag bemerkbar macht.

Laurenc
Ein erdig-würziger Lagrein, zugleich kraftvoll und elegant, saftig-frisch und fokussiert.

Den Marginalisierten eine Zukunft geben | Mauro Montanara

Calafata – Cooperativa Agricola Sociale | Toskana

Ist es möglich, die Wiedereingliederung vernachlässigter Weinberge und marginalisierter Menschen in einem einzigen Projekt zu vereinen? Die *Cooperativa Agricola Sociale Calafata* tut eben dies seit 2011 in den Colline Lucchesi, einem vergessenen toskanischen Weinbaugebiet rund um die historische Stadt Lucca. Dort wird die Zukunft des Weins gerade neu geschrieben – jenseits industrieller Massenproduktion auf einem schmalen Pfad zwischen Mitmenschlichkeit und Kooperation, Nachhaltigkeit und Biodynamik. Die Weinbautradition reicht dort zurück bis in die Zeit der Etrusker und Ligurer.

Im Mittelalter werden die aristokratischen Familien von Lucca durch den Seidenhandel reich, investierten ihr Kapital im 16. Jahrhundert dann allerdings krisenbedingt in die Landwirtschaft. Es entsteht ein komplexes System von Landhäusern, das noch heute die Hügellandschaft von Lucca prägt. Und mit ihm ein stark parzelliertes Potpourri aus Olivenhainen, Ackerland und Wäldern, Obstplantagen, Weinbergen und Gemüsegärten. Diese Kleinteiligkeit verhindert bis in die Gegenwart großindustrielle Agrarstrukturen und ist der wohl größte Schatz des Lucceser Weinbaus. Nach

Calafata – Cooperativa Agricola Sociale
Piazzale Arrigoni 2, 55100 Lucca
Italien | Toskana
www.calafata.it

Einzellagen: Maolina, Mulerna, Seminario
Rebsorten: Sangiovese, Canaiolo,Ciliegiolo, Moscato d'Aburgo, Cabernet Sauvignon, Vermetino, Trebbiano, Malvasia, Moscato
Rebfläche: 8,5 ha *Alter der Reben*: 10 bis 70 Jahre, im Schnitt 50 Jahre
Mitgliedschaften: LuccaBiodinamica, AgricolturaVivente

Gronda

Die Cuvée aus Vermentino, Malvasia, Trebbiano und Moscato präsentiert sich kühl, klar und leichtfüßig. Super frisch und saftig mit viel Grip und ausgeprägter Salzigkeit!

Scapigliato

Aleatico und Ciliegiolo verbinden sich hier zu einem unkomplizierten, fröhlichen Sommerrotwein.

Iarséra

Dieser reine Sangiovese zeigt sich herrlich straff und schlank, zugleich vielfältig und verspielt. Leichtfüßigkeit pur!

Almare

Dieser Orangewein aus Trebbiano, Malvasia und Vermentino kommt ätherisch und balsamisch und mit super feinen Gerbstoffen daher. Bereitet große Trinkfreude!

Majulina

Die Cuvée aus Sangiovese und den autochthonen Sorten Canaiolo, Ciliegiolo und Aleatico verbindet animalische Erdigkeit mit zarter Finesse. Rustikale Eleganz!

einer Zeit der Vernachlässigung der Rebanlagen machen sich nun vor allem junge Leute auf den Weg, diesen Schatz zu heben. So entsteht gerade ein modernes, äußerst vielfältiges Lucca, das unter Insidern bereits als Mekka einer zukunftsorientierten, nachhaltigen und kooperativen Land- und Gastwirtschaft gilt.

Calafata ist einer der Protagonisten dieser jungen, ungemein dynamischen Bewegung. Es handelt sich um die erste landwirtschaftliche und soziale Genossenschaft der Toskana, eine Kooperative, die es sich zur Aufgabe gemacht hat, nicht nur gute und erschwingliche Weine zu keltern, sondern vergessene Weinberge zu retten und Menschen in den Arbeitszyklus zu integrieren, deren Leben sich vor allem im Schatten der Gesellschaft abgespielt hat. *Calafata* gibt Vergessenen und Ausgestoßenen eine neue Lebensperspektive und bereitet auf der Basis handwerklicher und interventionsarmer Verfahren Weine, die auch international höchsten Qualitätsanforderungen genügen.

Entstanden ist die Kooperative dank einer Reihe glücklicher Zufälle. Weil die richtigen Leute zur richtigen Zeit am richtigen Ort sind. Als der Naturwissenschaftler und Forscher Lorenzo Citti für seine Weinberge rund um die Villa Maolina in Lucca keinen Pächter mehr finden kann, bittet er den Pfarrer um Rat. Dieser verweist ihn an die Caritas, wo Donatella Turri, die Direktorin der Hilfsorganisation, auf die Idee einer landwirtschaftlichen und sozialen Genossenschaft kommt. Warum nicht die Wiederherstellung von Land mit der Wiedereingliederung von Menschen verbinden? Donatella vermittelt den Kontakt zu ein paar jungen Leuten, die ihre Ideale teilen und so trifft Lorenzo auf Mauro Montanaro und seine Freunde Maik Tintori und Marco Bechini. Keiner der drei hat je etwas mit Landwirtschaft zu tun gehabt, aber sie sagen sich: »Früher hat jeder Wein gemacht und so dachten wir, es sollte nicht so schwierig sein.«

Neben Lorenzo und Donatella verdankt *Calafata* seine Existenz einem weiteren glücklichen Umstand, der zeitgleich Fahrt aufnimmt. Ein agiles Netzwerk biodynamisch arbeitender Landwirtschaftsbetriebe entsteht rund um Lucca, aus dem ein paar Jahre später die Vereinigung Luccabiodinamica hervorgeht. Eine zentrale Figur dieser Bewegung ist von Anfang an Saverio Petrilli, der Agronom und Önologe der Tenuta di Valgiano und Schüler des legendären biodynamischen Lehrers Alex Podolinsky. *Calafata* wird Gründungsmitglied und profitiert bis heute vom Gemeinsinn und der großen Hilfsbereitschaft der Mitglieder. »Was uns an Luccabiodinamica so sehr gefällt, ist die sehr konkrete Herangehensweise an die Biodynamik. Sie ist ein Werkzeug, um ein gesundes Produkt zu erhalten«, erklärt Mauro. Tatsächlich ist diese Vereinigung ein singuläres Ereignis in der Welt des landwirtschaftlichen Verbandswesens. Kooperationen und Synergien zwischen den Mitgliedern werden großgeschrieben. Jeder unterstützt jeden, alle ziehen an einem Strang. Der Markt, der Umsatz und die Karten der besten Weinlokale zeigen, wie positiv sich dies auf die knapp 20 Mitgliedsbetriebe auswirkt.

Calafata startet 2011 mit drei Hektar. Heute sind es bereits 8,5 Hektar. Es kommen nicht nur Rebanlagen dazu, sondern auch Olivenhaine, Streuobstwiesen und Bienenstöcke – insgesamt 30 Hektar. Dieselben Nachbarn, die zunächst über das Projekt spotten, bieten ihre Flächen zur Pacht an. Das Ziel ist seit den Gründungstagen unverändert geblieben: alte, verlassene Weinberge und Ländereien in den Colline Lucchesi zu retten und sie dank der Arbeit junger, benachteiligter oder auf Abwege geratener Menschen wieder zum Leben zu erwecken. Die Integration von Migranten, Drogensüchtigen und Häftlingen sei nicht immer einfach gewesen, berichtet Mauro sichtlich berührt, aber in fast allen Fällen sei es bisher gelungen, diesen Menschen eine Perspektive und die Möglichkeit zu bieten, sich selbst zu verwirklichen. Dabei kommt die Vielseitigkeit von

Calafata zum Tragen, die neben der Bewirtschaftung der Weinberge und der Weinproduktion auch den Gartenbau, die Bewirtschaftung der Olivenhaine sowie die Produktion von Öl und Konserven umfasst. Da findet jeder ein Arbeitsfeld, das gut zu ihm passt. Mit der Zeit entwickeln sich die Mitarbeiter zu derartigen Spezialisten, dass deren Dienstleistungen immer häufiger von anderen Betrieben nachgefragt werden.

Dass unter diesen besonderen Umständen Jahr für Jahr extrem spannende Weine entstehen, ist alles andere als selbstverständlich. Mauro und das gesamte Team haben sich ungeheuer reingekniet und vor allem in die Pflege der Weinberge investiert. Sie kennen jeden Rebstock persönlich. Die meisten davon sind alt – haben 100 Jahre und mehr auf dem Buckel. Knapp 20 Sorten wurzeln in dem wilden Durcheinander der kalkdurchsetzten Tonböden: viel Sangiovese, aber auch Ciliegiolo, Canaiolo, Colorino, Malvasia Nero, Malvasia Bianco, Moscato d'Amburgo, Vermentino, Trebbiano und noch ein Dutzend anderer Sorten, die man bisher nicht zuordnen kann. Aus diesen alten Beständen werden immer wieder besonders wertvolle Rebstöcke selektioniert und daraus neue Setzlinge produziert. Ein vorzügliches Unterfangen, um die biologische Artenvielfalt in den Lucceser Weinbergen zu erhalten und einer Jahrhunderte alten Weinkultur eine Zukunft zu geben.

Heute beschäftigt *Calafata* knapp 30 Mitarbeiter, und was einmal als ein riskantes, wenig erfolgversprechendes Projekt galt, steht auf solidem Grund. Es werden tatsächlich schwarze Zahlen geschrieben. Wenn du einen Traum hast, den du für unerreichbar hältst, dann besuche *Calafata*. Mauro wird dir den richtigen Anstoß geben und dich zum alles entscheidenden Aufbruch motivieren.

Verbindungen zum Ursprung | **Michela & Francesco Cirelli** | *Azienda Agricola Cirelli* | *Abruzzen*

Die Landschaft mag gewaltig und beunruhigend erscheinen, aber sie bietet ein fast surreales Schauspiel. Im Hintergrund ragen verschneite Berggipfel empor, so einsam wie tibetisches Hochland, während nur wenige Autominuten entfernt an den Adriastränden quirliges Treiben herrscht. Zwischen diesen beiden Welten befindet sich das im Jahr 1995 eingerichtete regionale WWF-Naturschutzgebiet, die Oasi Calanchi di Atri – eine märchenhafte Schluchtenlandschaft mit bizarren Erdformationen, die nicht zu diesem Planeten zu gehören zu scheinen. In Wirklichkeit handelt es sich um ein geologisches Phänomen, das keineswegs ungewöhnlich ist und nicht nur in den Abruzzen unter der Bezeichnung »Badlands« bekannt ist. Die weitgehend unfruchtbaren Schluchten wechseln sich mit Gräben und Teichen, Wäldern und Feldern in einer wundervollen Farbpalette ab. Eine bunte Pflanzen- und Tierwelt hat hier ihren Lebensraum gefunden. Eulen, Waldkauz, smaragdgrüne Kröten, Füchse, Wiesel, Dachse und Stachelschweine leben zwischen Besenheiden, Tamarisken, Wildgladiolen und Süßholzpflanzen.

Inmitten dieser verwunschenen Landschaft hat Francesco 2003 eine heruntergekommene Farm gekauft und sich damit seinen Traum vom Leben als Bauer verwirklicht. Er hat gerade seinen MBA-Abschluss auf einer der angesehensten Business-Schools ganz Italiens unter Dach und Fach gebracht, als er sich die tief in ihm wurzelnde, ungemein lebendige Sehnsucht nach einem Leben auf dem Land endlich eingesteht. Seine Großeltern sind Bauern gewesen und in den Ferien verbringt er dort, wie er sich heute erinnert, die glücklichste Zeit seiner Kindheit. Es ist ein Mischbetrieb mit Tieren, Wiesen, Getreideanbau, Olivenhainen, einem großen Gemüsegarten und einem kleinen Rebberg gewesen. Genauso will es Francesco auch auf seiner eigenen Farm haben. Seine Eltern haben ihr ganzes Leben damit zugebracht, den sozialen, kulturellen und wirtschaftlichen Status der Familie zu verbessern, haben dabei jedoch alle Verbindungen zu ihrem Ursprung abgeschnitten: dem Boden. Wenn Francesco heute als Farmer und Weinbauer seine Felder bestellt, ist er von der Idee beseelt, die Verbindung zwischen ihm und dem Ursprung seiner Familie wiederherzustellen.

Besonders beim Weinmachen sucht er nach einer Verbindung zwischen Vergangenheit und Gegenwart. Er forscht nach Anknüpfungsmöglichkeiten zwischen seinen persönlichen Ideen und Idealen und dem Jahrtausende alten Erbe dessen, was wir als Weinkultur bezeichnen. Nur logisch, dass Ökologie, Handwerk und eine Weinbereitung, die mit minimalen Interventionen auskommt, für Francesco von Beginn an gesetzt sind. Hinzu kommt die Verwendung antiker Gefäße, sogenannter Ton- und Terrakotta-Amphoren. Er ist der festen Überzeugung, dass er durch die Bereitung seiner Weine in gebrannter Erde dem Konzept des Terroirs zusätzliche Dimensionen verleiht. Nur die besten Trauben kommen in den Genuss, in diesen besonderen Gefäßen entstehen und reifen zu dürfen. Die Ergebnisse sind absolut köstlich. Tiefe und Komplexität treffen bei diesen Weinen auf eine unglaubliche Zartheit. Francesco sagt, er habe sich vor allem auch deshalb für die Amphore entschieden, weil sie dem Wein nichts Fremdes gibt, seine Integrität respektiert und seinen Ausdruck deshalb unmittelbarer und authentischer macht. Einschränkend ergänzt er: »Wenn die Amphore in einem Wein vielleicht doch etwas betont, dann ist das seine Weiblichkeit.

Azienda Agricola Cirelli
Contrada via Colle San Giovanni, 1, 64032 Atri
Italien | Abruzzen
www.agricolacirelli.com

Rebsorten: Montepulciano, Trebbiano, Pecorino, Malvasia
Rebfläche: 7 ha *Alter der Reben*: 3 bis 10 Jahre
Mitgliedschaften: ICEA certifica, Agribiodinamica

Pecorino d'Abruzzo Anfora

So ziemlich das Gegenteil der Aroma- und Alkoholbomben, die das Image der Sorte am Markt dominieren. Francescos Pecorino kommt rein, frisch und angenehm kühl daher. Sehr fein und elegant!

Trebbiano d'Abruzzo Anfora

Ein elektrisierender Trebbiano, temperamentvoll und spannungsreich mit viel Grip und einem anhaltend salzigen Finale. Wow!

Cerasuolo d'Abruzzo Anfora

Vereint auf exzellente Weise Fülle und Konzentration mit Frische und einem cremig-runden Gaumenauftritt. Hammer schön!

Montepulciano d'Abruzzo Anfora

Hier wird die domestizierende, feminisierende Wirkung der Amphore besonders deutlich. Bei aller Kraft und Tanninbetontheit kommt er doch mit Samthandschuhen daher – nach ordentlicher Belüftung.

So wie ihre Form etwas Weibliches hat, so befördert sie seine femininen Seiten, seine romantischen Momente, seine Rundungen, seine Zartheit und seine Eleganz.«

Ihrem Wesen nach sind Francescos Weine also vor allem weitgehend unbeeinflusste Terroirweine. Sie sind geprägt vom mediterranen Klima, das hier durch die unmittelbare Nähe zum Hochgebirge eine ganz individuelle Note bekommt. Die steilen, meist nach Südost oder Südwest ausgerichteten Hanglagen mit sandigen, oft auch kalkhaltigen Lehmböden sorgen für eine gute Säureausstattung, aromatische Komplexität und für viel Finesse und Eleganz. Im Anbau sind die traditionellen lokalen Sorten Trebbiano und Pecorino für seine Weißweine und Montepulciano für Rotwein und Rosé.

Francescos Weißweine präsentieren sich super lebendig und strukturiert mit einer – vor allem im Falle des Trebbiano – wunderschönen Eleganz und Dezenz. In jedem Fall sind es Weine, die mit ihrer cremigen Haptik ergänzt durch einen zarten Gerbstoffeintrag ihre Stärken primär am Gaumen ausspielen. Auch seine beiden Montepulciano-Varianten, einmal als Rosé – im Gebiet Cerasuolo genannt – ein andermal als klassischer Rotwein, präsentieren sich trotz aller Dichte und Kraft eher leicht und kommen einem Beaujolais Cru stilistisch recht nahe, knackig-frisch mit einer lebhaften Säure. Aber immer sind es in einem ganz und gar positiven Sinne einfache Weine. Sie sind in ihrem Innersten unprätentiös, weder extravagant noch extrovertiert, weder laut noch schick. Sie sind völlig unangestrengt, strahlen Leichtigkeit aus und lassen sich daher mit Leichtigkeit genießen. Sie beglücken und beseelen all jene, die bereit sind, sich berühren zu lassen. In reinen Verkostungskontexten werden sie leicht unterschätzt.

Mit Winzern wie Francesco und seiner Frau Michela bekommen in den Abruzzen diejenigen Verstärkung, die sich – historisch erstmalig – auf den Weg gemacht haben, eine weinbauliche Identität abseits vom geschmacklichen Mainstream zu suchen, die das natürliche und kulturelle Potenzial des Gebiets in den Fokus rückt. Der wohl größte Schatz der Abruzzen besteht in der ungeheuren Vielfalt seiner Weinbergterroirs. Man bedenke, dass man innerhalb von 40 Kilometern von den Sandstränden der Adria zum südlichsten Gletscher Europas, dem Calderone-Gletscher und bis hinauf zum Gran Sasso gelangt. Dazwischen liegen Ebenen, Hügel und Berge mit zum Teil extrem unterschiedlichen Klimabedingungen. All das formt in der Summe einen Rohdiamanten, den Winzer, die diese Unterschiede respektieren, zum Strahlen bringen können.

Dafür haben Francesco und Michela in den vergangenen Jahren hart geschuftet. Sie geben zu, ein bisschen müde zu sein, und wollen es eine Zeitlang ruhiger angehen lassen. »Damit Neues entstehen kann«, sagt Francesco, »braucht es auch Müßiggang, Zeiten der Erholung und Besinnung.« Um dann doch nur wenige Augenblicke später vor neuen Ideen nur so zu sprudeln. Er lebt seinen Traum und kann sein Glück kaum fassen. Wer daran schnuppern will, kann sich für ein paar Tage in seine Lodges einmieten und inmitten einer traumhaften Naturlandschaft nach eigenen Glücksmomenten Ausschau halten.

Frischer Wind in der Oase | Myrtha, Emilio & Theo Zierock | *Azienda Agricola Foradori* | *Trentino*

Auf leisen Sohlen hat sie die Bühne verlassen und eine mit prallem Leben gefüllte Oase übergeben. Emilio und seine Geschwister Theo und Myrtha haben die Ruder eines blühenden Weinbaubetriebs in Mezzolombardo – umgeben von ödem Massenweinbau – übernehmen dürfen und schicken sich nun an, das Weingut Foradori mit eigenen Ideen in eine spannende Zukunft zu führen und vielleicht sogar auf ein neues Level zu heben. Elisabetta hat die Übergabe genauso souverän gestaltet, wie sie den Betrieb über mehr als drei Jahrzehnte gelenkt hat. Nicht nur der enormen Wertschätzung ihrer Weine wegen, sondern vielleicht mehr noch, weil sie mit den Jahren immer mehr zur moralischen Institution des Trentiner Weins geworden ist, genießt Elisabetta in der italienischen und internationalen Wein- und Winzerszene einen herausragenden Ruf. In die Geschichtsbücher wird sie sicher einmal eingehen als die Retterin der alten Trentiner Rebsorte Teroldego und als eine der Ersten in der Region, die sich auf einen ökologischen, biodiversen und später dann biodynamischen Weg gemacht haben. »Nun sind die Jungen dran«, sagt sie mit einem Lächeln und verabschiedet sich in die Berge zu ihrem Grauvieh. Elisabetta hat eine neue Berufung gefunden. Sie stellt Käse her und die Melkzeit naht.

Dass sie die Größe besessen hat, geräuschlos abzutreten und die Bühne für ihre Kinder freizugeben, ist beachtlich. Mindestens genauso beachtlich ist die Tatsache, dass Emilio, Theo und Myrtha ohne Zögern den von ihrer Mutter hingeworfenen Handschuh aufgenommen, die Köpfe zusammengesteckt und einen für die Zukunft des Weinguts großen Entwurf vorgelegt haben. Dem war eine Entscheidung vorausgegangen, die Elisabetta noch federführend mit in die Wege geleitet hat. Nämlich, dass alle drei Kinder zu gleichen Anteilen den Betrieb übernehmen. Ein im Grunde ungewöhnliches Nachlass-Modell, speziell im Bereich der Wein- und Landwirtschaft. Logisch, dass jeder einen eigenen Aufgabenbereich übernimmt, aber wichtige Entscheidungen werden gemeinsam getroffen. Ist kein Konsens möglich, ist Elisabetta das Zünglein an der Waage.

Emilio obliegt die Regie in Weinberg und Keller, Theo ist für den Vertrieb zuständig, Myrtha widmet sich dem Gemüseanbau und auch Elisabettas neue Leidenschaft findet im Zukunftsentwurf seinen Platz. In diesem Modell sind Ganzheitlichkeit und Vielfalt angelegt, darum geht es. Und um die Vision, in hoffentlich nicht allzu ferner Zukunft die Monokultur im Weinbau zu überwinden und zu landwirtschaftlichen Mischstrukturen zurückzufinden.

Elisabetta hat in den 80er-Jahren – ganz dem Zeitgeist entsprechend – aus einem Mischbetrieb, in dem neben Wein auch Gemüse und Obst produziert wird, einen reinen Weinbaubetrieb gemacht. Um das Jahr 2000 herum kommt dann die Biodynamie ins Spiel und mit ihr eine Öffnung hin zu mehr Biodiversität. Die nächste Etappe beginnt um das Jahr 2018 herum mit dem Eintritt Myrthas in den Betrieb. Mit ihr fällt der Startschuss für den Gemüseanbau in den Weinbergen. Dann kommen die Kühe hinzu, die in verschiedenen Phasen des Jahres in den Weinbergen von Fontanasanta leben. Und so hat sich der reine Weinbaubetrieb in einen Mischbetrieb zurückverwandelt, in dem selbstverständlich der Wein noch immer das wichtigste Standbein ist. Die Pläne, die Emilio und seine Familie mit viel Feuer im Herzen tragen, werden die Gewichte in Zukunft jedoch verschieben.

Mit der Abkürzung FAVO bringen sie die Ganzheitlichkeit ihres Zukunftsprojektes auf den Punkt: Foradori + Animali + Viticultura + Ortaggi. Emilio, der ausgebildete Philosoph im Team, formuliert das so: »Wir wollen mehr als nur Wein produzieren. Mit dem, was wir tun, versuchen wir, den Kreislauf zu schließen: Mensch, Tier und Pflanze.« Mehrere Hektar Land in der Gegend hinter dem Monte Baldo im Süden des Trentino sind bereits gekauft und werden nun für das große Vorhaben vorbereitet, Weinbau, Gemüsewirtschaft, Tierhaltung und Käseproduktion in einem Betrieb so zu versöhnen, dass sich die Teilbereiche gegenseitig befruchten und stärken. Ein Projekt also ganz im Sinne der Biodynamie.

Auch auf dem Feld der Weinstilistik weht im Hause Foradori seit ein paar Jahren ein neuer Wind. Nachdem Emilio von einem längeren Aufenthalt bei der für ihre eleganten und finessenreichen Pinots bekannten Bodega Chacra in Patagonien zurückkommt, ist er derart inspiriert, dass er sich sofort für weitreichende Neuerungen entscheidet. Mit dem Ziel, frischere, präzisere

Azienda Agricola Foradori
Via Damiano Chiesa 1, 38017 Mezzolombardo
Italien | Trentino
www.agricolaforadori.com

Einzellagen: Morei, Sgarzon, Fontanasanta
Rebsorten: Teroldego, Nosiola, Manzoni Bianco, Pinot Grigio
Rebfläche: 28 ha *Alter der Reben*: 1 bis 85 Jahre
Mitgliedschaften: Demeter, La Renaissance des Appellations

Teroldego Rotaliano Foradori
Die Visitenkarte des Hauses – teils in Zement, teils in gebrauchtem Holz ausgebaut – präsentiert sich ungemein frisch und kraftvoll und doch zugleich so subtil und elegant, balanciert und anmutig, dass man sich an ihn schmiegen möchte.

Sgarzon
Ein reiner Amphorenwein mit Stielen und Stängeln ausgebaut; frisch und klar, pur und präzise mit einer unnachahmlich seidigen Textur. Ein großer Wein!

Morei
Ein Abbild seiner Herkunft: ein dunkler, steinig-erdiger Teroldego, deutlich kraftvoller als der Sgarzon, ohne dessen Charme und Generosität einzubüßen.

Fuoripista
Granat-roter Orange Wine ganz ohne Sponti-Noten und Gerbstoff-Orgien. Ein leichtfüßiger, ungemein balancierter Pino Grigio mit der angenehmen Frische eines dezenten Gerbstoffeintrags.

Fontanasanta Nosiola
Diese alte weiße Sorte wird auf der Schale in Amphoren vergoren und ergibt einen super strukturierten, dicht gewebten Wein, der im Mundgefühl deutliche Rotweinzüge aufweist. Braucht Reifezeit, Luft nach dem Öffnen der Flasche und ein großes Glas.

Fontanasanta Manzoni Bianco
Wahnsinns Stoff! Der Gärung auf den Schalen in Zementtanks folgte eine 7-monatige Reifung in Akazienfässern. Dicht, cremig und seidig, zugleich super komplex und elegant. Groß!

Granato
Das Flaggschiff aus uralten Reben! Emilio ist dabei, ihm seine internationale Anmutung zu nehmen und ihn mehr zu einem echten Teroldego zu machen. Erste Hinweise zeigt bereits der 2020er, deutlicher dann ab Jahrgang 2021.

Lezèr
Erfrischend-lebendiger Trinkspaß!

und elegantere Teroldego auf Flaschen zu füllen, führt er als ersten Schritt die Ganztraubengärung ein. Auch weil er überzeugt ist, dass nur die ganze Traube die ganze Vielfalt, die in ihr steckt, mit in den Wein bringen kann. Wer im Weinberg seine Hausaufgaben macht und gesunde, physiologisch reife Trauben und Stiele erntet, der kann mit Hilfe der Ganztraubengärung frischere, tiefgründigere und letztlich auch komplexere Weine auf den Weg bringen. Wer heute Emilios Weine mit denen seiner Mutter vergleicht, wird nicht um die Beobachtung umhinkommen, dass sie lebendiger, energetischer, frischer, irgendwie auch leichter und letztlich sogar eindeutig femininer geworden sind.

In der Folge hat Emilio weitere einschneidende Veränderungen vorgenommen, die letztlich alle demselben Ziel dienen, nämliche Frische und Eleganz statt Fülle und Power zu betonen. Der riesige Barrique-Park wird durch größere Fässer ersetzt, für die Lagenabfüllungen werden spanische Tinajas angeschafft, gelesen wird, bevor die Trauben in die Überreife marschieren, die Extraktion erfolgt schonender und es werden Versuche mit ungefilterten und ungeschwefelten Abfüllungen unternommen. Selbst das traditionelle Flaggschiff des Hauses, einer der großen Rotweine Italiens, der »Granato«, bleibt von diesen tiefgreifenden Änderungen nicht verschont. Fast etwas beschwichtigend meint Emilio: »Unser Granato wird seine Identität als großer Wein von einem großen Terroir mit uralten Reben nicht verlieren, aber er wird zukünftig sicher etwas frischer, fokussierter und femininer daherkommen.«

All das ist bemerkenswert mutig und zeigt, wie selbstbewusst und unerschrocken die Geschwister das Erbe ihrer Mutter angenommen haben. Gestalten, nicht verwalten, heißt ihre Devise. Den Segen ihrer Mutter dafür haben sie und auch ihr verstorbener Vater wäre mit all dem ganz sicher höchst einverstanden, setzt es doch konsequent die Ideen und Ideale fort, die auch Rainer Zierock im Herzen getragen hat.

Perfektion mit Leichtigkeit | Philine Isabelle Dienger

Azienda Agricola Philine Isabelle | Piemont

Die junge Deutsche Philine Isabelle schickt sich an, die traditionsschwere Langhe aufzumischen und jede Menge frischen Wind zu versprühen. Im Jahr 2019 gründet sie – nachdem sie ein paar Jahre für ganz unterschiedliche Weingüter in Deutschland, Italien, Frankreich und La Palma gearbeitet hat – in Barolo ihr eigenes Weingut und startet mit dem Wunsch, ehrlichen Wein mit viel Herz zu erzeugen. Emotional und intellektuell zugleich soll er sein, mit Tiefgang, Vibration und Seele, aber nie anstrengend. Eben fein und elegant. Philine will Weine machen, die zeigen, was während des Jahres und bei der Vinifizierung passiert ist – und das auf der Basis biodynamischer Weinbergspflege und interventionsarmer Vinifizierung.

Nicht persönlicher Ruhm oder monetäre Interessen treiben sie an, sondern das tiefe Bedürfnis, mit den eigenen Händen Greifbares zu schaffen. Gemäß der japanischen Philosophie des Shokunin versteht sie Weinmachen als klassische Handwerkskunst und ist beseelt von der Idee, ihre Fertigkeiten fortwährend zu perfektionieren und eine echte Meisterin ihres Fachs zu werden. Zugleich verspürt sie eine Art innere Verpflichtung, mit ihrer Arbeit und ihren Erzeugnissen stets ihr Bestes für das Wohl anderer zu geben. Sie möchte Freude, Glück und Wohlergehen in die Welt bringen, weshalb sie allerhöchste Ansprüche nicht nur an den Entstehungsprozess, sondern ebenso an die Ästhetik und Bekömmlichkeit ihrer Weine hat.

Wie aber kommt es, dass die Tochter eines Universitätsprofessors den Weg in den Weinbau findet? Geplant ist zunächst eine andere Laufbahn, aber nach drei Semestern Politik und Verwaltung in Konstanz resigniert Philine. Sie spürt, dass das Studium nicht ihr Ding ist. Über einen Job in einem lokalen Restaurant kommt sie mit Wein in Kontakt und alsbald auf die Idee, zu testen, wie sich so ein Leben als Winzerin anfühlt. Sie ergattert einen Praktikumsplatz beim Biodyn-Weingut *Odinstal* in der Pfalz. Die Zeit mit Andreas Schumann und seinem Team begeistert Philine so sehr, dass aus den geplanten sechs Monaten am Ende mehr als vier Jahre werden. Die Arbeiten in Weinberg und Keller, aber auch die vielen spannenden Tastings mit den Kollegen beglücken und inspirieren sie so sehr, dass ihr weiterer Weg von nun an besiegelt ist. Von der Pfalz geht es weiter ins italienische Friaul zu Simonit & Sirch, den Gurus des sanften Rebschnitts, dann zum Biodynamiker Martin Gojer in Bozen und schließlich ins Management des burgenländischen Kultweinguts Heinrich in Gols. Zwischendurch nutzt Philine die wenige freie Zeit für Arbeitsaufenthalte bei Alois Lageder (Alto Adige), *Domaine Labet* (Jura), Victoria Torres Pecis (La Palma) und Giuseppe Rinaldi (Piemont).

Nicht zuletzt der Liebe wegen lässt sie sich 2019 schließlich in der piemontesischen Barolo-Metropole nieder. Sie gründet das Weingut *Azienda Agricola Philine Isabelle* und nutzt gleich im ersten Jahr die Gelegenheit, aus zuverlässiger Quelle biologisch produzierte Trauben der Sorten Dolcetto, Barbera und Nebbiolo zu kaufen. Alles, was sie in diesem Jahrgang produziert, vinifiziert sie im Keller von Beppe Rinaldi. Bereits der Premierejahrgang sorgt für Aufsehen, ist im Nu ausverkauft und nicht nur in der piemontesischen Spitzengastronomie, sondern auch in kultigen Schuppen wie dem Noble Rot in London und dem Etxebarri im spanischen Baskenland gelistet.

Azienda Agricola Philine Isabelle
Via Roma 83, 12060 Barolo
Italien | Piemont
www.philineisabelle.com

Einzellage: Preda *Rebsorten*: Nebbiolo, Dolcetto, Barbera, Chardonnay
Rebfläche: 2,2 ha *Alter der Reben*: 15 bis 40 Jahre

Barbera d'Alba

Mit einer feinen, zurückhaltenden Nase und einer super samtigen, zarten Textur hat Philine hier einen großen Schmeichler in die Flasche gefüllt.

Dolcetto d'Alba

Ein wild, ungestümer und recht aufregender Wein. Beruhigt sich erst am zweiten Tag und versprüht dann viel Frohsinn.

Langhe Nebbiolo

Ein offener, kühler und sternenklarer Nebbiolo, präzise gearbeitet mit präsenter, vielschichtiger Gerbstoffstruktur. Genialer Einstieg in die Nebbiolowelt!

Chardonnay

Kommt mit einer enormen Spannung daher. Sehr saftig und animierend. Geht salzig und anhaltend.

Barolo

Besitzt beste Anlagen und könnte zu wahrer Größe heranreifen.

12

Bereits ein Jahr später hat sie das in der Langhe seltene Glück, eine exzellente Parzelle in der Lage Preda, einer MGA (menzione geografica aggiuntiva) der Barolo-Appellation pachten zu können. Als sie von der Option erfährt, schleicht sie tagelang um das Objekt ihrer Begierde herum und macht sich mit allen Einzelheiten vertraut. Sie staunt nicht schlecht, als sie erfährt, dass die Nebbiolo-Reben bereits 1984 gepflanzt und vom Inhaber mittels des englischen Schnitts standortveredelt werden. Hinzu kommen ein paar Reihen Chardonnay im unteren Hangbereich. Nach ein paar Tagen steht für Philine unumstößlich fest, dass sie diesen Schatz unbedingt pachten und bewirtschaften will. Und tatsächlich bekommen sie und ihr Kollege Tom Myers aus Neuseeland den Zuschlag.

Das erste Jahr in und mit der Lage »Preda« und auch die erste Ernte hat sie nun hinter sich. Wie nicht anders zu erwarten, betreibt sie einen enormen Pflegeaufwand. »Dieser enorme Aufwand ist nur möglich, wenn man wenig Fläche zu bewirtschaften hat. Deshalb kommt Wachstum für mich erst mal nicht infrage. Ich möchte alle Arbeiten selbst erledigen, weil allein das mir die Möglichkeit gibt, ganz nah am Weinberg, an jedem einzelnen Rebstock dran zu sein und die Eingriffe fortwährend zu optimieren«, bilanziert sie. Die Nebbiolo-Trauben aus der Lage »Preda« wandern allesamt in ihren Barolo, der sich im Sommer 2021 – aus dem großen Holzfass der Bozener Fassbinderei Mittelberger verkostet – bereits sehr vielversprechend präsentiert. Dem offiziellen Produktionsdisziplinar zufolge wird er allerdings erst Ende 2023 in den Handel kommen.

Wer mit Philine einen Tag in ihrer neuen Wahlheimat verbringt, der spürt mit jedem Atemzug ihre Power. Sie ist angekommen, bewegt sich wie ein Fisch im Wasser. An jeder Straßenecke trifft sie Bekannte, hält ein Schwätzchen, herzt und scherzt. Dabei versprüht sie eine riesige Lebensfreude – durch und durch italienisch. Auf der Terrasse einer Osteria in Monforte mit ihr zu lunchen, ist ein unvergessliches Erlebnis.

Zutiefst dankbar ist Philine, dass sie in so kurzer Zeit neben all der Zuneigung, die sie erfährt, bereits echte Freunde gefunden hat. Winzer wie Paolo Giordano, Mario Fontana, Elio Sandri und Fabio Burlotto teilen ihre unprätentiöse, bodenständige Art. Es sind Gleichgesinnte, denen sie vertraut, mit denen sie verkostet und sich berät, wenn Probleme auftreten. Noch enger ist ihr Verhältnis zu den beiden Jungwinzerinnen Lara und Luisa von der *Azienda Agricola Lalù*, zu Tom Myers von der *Cantina D'Arcy* und den Geschwistern Rinaldi. Dieser identitätsstiftende Gemeinschaftsgeist und Philines Streben nach Perfektion versprechen Großes für die Zukunft – sowohl ihre persönliche Entwicklung und die Qualität ihrer Weine betreffend als auch für die geistige Erneuerung der Region.

Lombardisches Abenteuer | Silvia & Federico Steffini | *1701 Franciacorta* | *Lombardei*

1701 ist ein lombardisches Abenteuer, ein relativ junges Projekt mit bemerkenswertem historischen Background. Auf den Schultern von Generationen erfinden die Geschwister Silvia und Federico dort die Geschichte noch einmal ganz neu. Mit *1701* starten sie ein Herzensprojekt und setzen sich damit an die Spitze eines Gebietes, das weltweit Maßstäbe setzt. Zwei Drittel der Anbaufläche sind biozertifiziert, was nicht nur italienischer, sondern auch internationaler Rekord ist. Aber *1701* geht noch einen Schritt weiter. Es ist das erste biodynamische und zudem nachhaltig agierende Weingut in der Appellation Franciacorta am Fuße des Iseo-Sees, die seit nunmehr zwei Jahrzehnten die mit Abstand spannendsten Schaumweine Italiens hervorbringt.

Ihr Weingutsprojekt starten Silvia und Federico im Jahr 2011 nach dem Erwerb einiger exzellenter Weinbergslagen von einem historischen Erzeuger in Cazzago San Martino, der adligen Familie Bettoni. Den Namen *1701* haben die beiden gewählt, um an das Jahr der ersten Weinernte ihrer wichtigsten Rebanlage zu erinnern. Ihrem »Brolo«, einem vier Hektar großen Weinberg, der von Mauern aus dem 11. Jahrhundert umschlossen ist. Zunächst können sie die alte Betriebsstätte der bisherigen Erzeugerfamilie, die prächtige Villa Palazzo Cazzago auf dem Gipfel des Hügels Santa Giulia, nutzen. Die Villa aus dem 18. Jahrhundert befindet sich in unmittelbarer Nähe zum Brolo.

Heute ist *1701* ein zehn Hektar großes, biologisch und biodynamisch zertifiziertes Weingut und Mitglied sowohl bei Demeter als auch im berühmten Club von Nicolas Joly, der »Renaissance des Appellations«. Federico und Silvia geht es jedoch um mehr als nur um Bio-Zertifikate. Die beiden möchten beim Prozess des Weinmachens eng mit der Natur und der Rebe zusammenarbeiten, ihren Lebenszyklus verstehen und ihre Eigenarten respektieren. Ihr Verständnis von Landwirtschaft ist geprägt von Naturschutz- und Nachhaltigkeitsüberlegungen. Sie haben bereits begonnen, hier und da die Monokultur aufzubrechen, Brachen einzurichten sowie Bäume und Sträucher zu pflanzen. Aktuell haben sie Konzepte ausgearbeitet, wie sie Tiere und Nutzpflanzen in die Rebanlagen integrieren können. Zudem fragen sie sich, wie sich Treibhausgase reduzieren und Abfälle verringern lassen. Das gesamte Team prüft fortlaufend, wie betriebliche Abläufe so organisiert werden können, dass der Energieverbrauch sinkt und die verwendeten Flaschen und Verpackungsmaterialien umweltfreundlicher werden. Nur dann – davon sind alle bei *1701* zutiefst überzeugt – können die Trauben ihre Vitalität, ihren Charakter und die Authentizität ihrer Herkunft in der Flasche maximal zum Ausdruck bringen. Nur dann kann es gelingen, diese wundervollen Produkte auch glaubwürdig zu vermarkten.

Wenn Silvia und Federico heute zurückblicken, stellen sie zufrieden fest, dass ihre Entscheidung für die Biodynamie – ergänzt durch Grünveredelungen bestehender Anlagen, das Pflanzen alter, angepasster Klone aus der Region, den sanften Rebschnitt und eine kontinuierliche Reduzierung der ausgebrachten Kupfermengen – die einzig richtige war. Auch Giulio, der Önologe von *1701*, ist begeistert von den vielen positiven Effekten, die sich seither eingestellt haben. Er hat den Eindruck, dass die individuellen Besonderheiten der bewirtschafteten Lagen mit ihren mineralischen Böden, die hier überwiegend durch den Rückzug der Gletscher entstanden sind, von Jahr zu Jahr deutlicher sichtbar werden. Für die nahe Zukunft denkt er deshalb über die Bereitung von Lagen-Franciacorta nach. Die Zeit sei allmählich reif dafür. »Wir sollten uns daran machen, die Lagendiversitäten herauszuarbeiten und Crus zu identifizieren«, sagt er.

Zudem beobachte Giulio über alle Lagen hinweg, dass die Trauben sehr deutlich an geschmacklicher Tiefe zugelegt hätten, vor allem sei die Beerenschale kräftiger und unempfindlicher geworden. Deshalb sinnt er nach Möglichkeiten, den geschmacklichen Reichtum der Schale für die Franciacorta-Bereitung zukünftig effektiver zu nutzen. Da das Produktionsdisziplinar Maischestandzeiten und Schalenkontakt ausschließt, sucht Giulio nach Alternativen, nach Lücken beziehungsweise Spielräumen in den Gesetzestexten, um vielleicht auf Umwegen den Most doch irgendwie in Kontakt mit den Schalen zu bringen. Wenn das nicht gelingen sollte, möchte er trotzdem einen entsprechen-

HL21
HL21
3
4

den Schaumwein auf den Weg bringen, könnte ihn dann allerdings nicht mehr Franciacorta nennen. Erste Experimente in diese Richtung sind so vielversprechend, dass das Team von *1701* an der Idee schalenvergorener Schaumweine unbedingt festhalten möchte, wenngleich ihnen bewusst ist, dass der Zugewinn an Struktur und Grip wahrscheinlich mit einem Verlust an Eleganz einhergeht.

Aktuell stehen in den Rebanlagen von *1701* nur Chardonnay und Pinot Noir. Aber es gibt bereits Pläne, einige Parzellen mit der uralten autochthonen Sorte Erbamat zu bestocken. Erbamat ist eine spät reifende weiße Rebsorte, die recht neutrale Weine mit hohem Säuregehalt hervorbringt. Giulio kann sich vorstellen, ihren Anteil am Rebbestand bis zu zehn Prozent hochzuschrauben, denn er ist überzeugt, dass die Sorte Säure und Finesse in die *1701 Franciacorta* einbringt und deshalb auch ein »Verbündeter« im Kampf gegen den Klimawandel sein kann.

Wer sich durch die aktuellen Sortimente der

1701 Franciacorta
Via Gallileo Galliei 44, 25046 Cazzago San Martino
Italien | Lombardei
www.1701franciacorta.it

Einzellagen: Brolo, Cappella, Sabbioni, Magrì, Collina
Rebsorten: Chardonnay, Pinot Noir
Rebfläche: 11 ha *Alter der Reben*: 15 bis 20 Jahre
Mitgliedschaften: Demeter

Brut Nature

Tanzt rasierklingenscharf und ultrapräzise über die Zunge. Angriffslustig, zupackend und ungemein belebend. Ein kompromisslos trockener Franciacorta. Spannend!

Satèn Brut Millesimato

Auf der Basis von 100 % Chardonnay, vergleichsweise geringem Kohlensäuredruck, Null-Dossage und 42 Monaten auf der Hefe ist ein extrem geschmeidiger, zugleich ungemein edler und komplexer Franciacorta entstanden. Dezente Reduktion und salziges Finale. Großartig!

Rosé Nature Millesimato

Auf einen straffen, fordernden und sehr temperamentvollen Auftakt folgt eine mildere und generösere Phase mit einer fantastischen Cremigkeit, bevor dann Richtung Finale das Tempo wieder anzieht. Sinnlich und raffiniert!

Riserva Dossaggio Zero

In Punkto Rasse, Feinheit und Komplexität schwer zu überbieten. Super originell und eigenständig. Extrem fordernd. Love it or hate it!

Surnàt

Minimal geschwefelt, unfiltriert, ungeschönt und in der Amphore ausgebaut – ein Chardonnay weitab des stilistischen Mainstreams. Quicklebendig, erfrischend leicht, aber enorm druckvoll und mit viel Grip. Love it!

Sullerba

Exzellenter PetNat! Mit Maischestandzeit und anschließender Gärung in Beton und Amphoren. Zweite Gärung mit tiefgekühltem Chardonnay-Most aus derselben Ernte. Bietet jede Menge Trinkfreude!

verschiedenen Franciacorta-Produzenten trinkt, wird um eine Beobachtung nicht umhinkommen, dass nämlich schon heute und ganz ohne Erbamat die Abfüllungen von *1701* zu den mit Abstand knackigsten, vitalsten sowie säure- und frischebetontesten des gesamten Gebietes zählen. Das gilt insbesondere für den straffen Satèn, der im Falle der meisten Häuser doch recht weichgekocht daherkommt. Sowohl beim Satèn als auch bei den anderen Franciacorta von *1701* wird die gesetzliche Mindestlagerzeit auf der Hefe deutlich überschritten. Das kostet Zeit und Geld, ergibt aber die komplexeren, charaktervolleren Produkte.

Einen Tag mit den avantgardistischen, aber zugleich ungemein bodenständigen Machern von *1701* zu verbringen, ist ein großartiges Erlebnis. Alle sind beseelt und durchdrungen von ihrem Manifest, in dem sie ihre Überzeugungen und ethischen Prinzipien festgelegt haben. Diese gelten nicht nur für die Praxis in Weinberg und Keller, sondern auch für das soziale Miteinander im Team sowie Geschäftspartnern und Kunden gegenüber. Von diesen Menschen und ihren Weinen dürfen wir zukünftig noch jede Menge erwarten.

Österreich vorn!

Das Weinland Österreich hat einen atemberaubenden Aufschwung hingelegt und präsentiert sich seit Jahren so dynamisch wie nur wenige andere Weinbaunationen. Immer mehr Winzerinnen und Winzer setzen auf stilistische Originalität statt auf geschmacklichen Mainstream, auf Frische, Tiefe und Vielschichtigkeit statt auf wohlfeile Fruchtigkeit, auf Charakter und persönliche Handschrift statt auf simple technische Perfektion. Sie stellen sich den Herausforderungen der Zukunft, konvertieren zum nachhaltigen Bioanbau und implementieren Bausteine und Ideen der Permakultur und regenerativen Landwirtschaft. Österreich hat den höchsten Anteil an biologisch bewirtschafteten Weinbergen auf der Welt. Dabei haben die Winzerinnen und Winzer sowohl die Gesundheit ihrer Rebgärten und deren natürliche Umgebung im Visier als auch das Wohlergehen der Menschen, die in den Rebgärten arbeiten und die Weine genießen.

Mehr als anderswo in der Welt haben sie erkannt, dass die Verfolgung dieser Ziele mit einer konsequenten Qualitätsorientierung und originellen, herkunftsgeprägten Weinstilistik Hand in Hand geht. Nur logisch, dass die Interventionen im Keller runtergefahren werden und der Faktor Zeit an Bedeutung gewinnt.

Anstelle von Pumpen setzen die Winzerinnen und Winzer auf Schwerkraft, um den Wein zu transportieren. Sie lassen wilde Hefen anstelle von fabrikmäßig hergestellten Kulturen den Gärprozess übernehmen und sie investieren in große traditionelle Fässer, die über Jahrzehnte verwendet werden können und kehren neuen, französischen Barriques den Rücken.

Die Zahl der Winzerinnen und Winzer, die noch einen Schritt weitergehen und sich alternativen Projekten wie »Orangeweinen«, »Naturweinen«, »PetNats« oder »Gemischten Sätzen« verschrieben haben, ist in Österreich nicht nur vergleichsweise hoch, sondern hat auch qualitativ ein herausragendes Niveau erreicht. Oft sind es dieselben Akteure, die auch längst in Vergessenheit geratene Terroirs (Spitzer Graben, Spitzerberg, Leithaberg) mit zum Teil uraltem Rebbestand neu entdecken und lange bestenfalls für mittelmäßige Qualitäten bekannte Varietäten wie Blaufränkisch und Grüner Veltliner zu ungeahnten Höhenflügen mobilisieren. Aber auch Sorten wie Welschriesling, Sankt Laurent und Zweigelt reüssieren in ihren Händen zu neuen Gipfelstürmern. Der Sauvignon Blanc, in der Steiermark gerne als fruchtintensive Aromabombe inszeniert, tauscht immer öfter seine vordergründige Fruchtigkeit gegen Tiefgründigkeit, Struktur und Finesse ein und geriert zu einem markanten österreichischen Original.

Das Weinland Österreich präsentiert sich heute stark, selbstbewusst und innovativ und ist damit auf bestem Weg, den Herausforderungen der Zukunft erfolgreich zu begegnen. Ein noch kleiner, aber stetig wachsender Teil dieser Erfolgsgeschichte geht auf das Konto von vornehmlich jungen Menschen, die mit dem Winzerberuf einen alternativen Lebensentwurf verbinden. Einen Gegenentwurf zum immer Höher, Schneller, Weiter dieser Tage. Sie nehmen Tempo raus, wollen lieber klein bleiben, statt zu wachsen und Authentizität und Nachhaltigkeit sind ihnen wichtiger als das schnelle Geld. Ihre Weine sind rare Köstlichkeiten und nicht immer leicht zu finden. So oder so bleibt Österreich in der Welt der Weine auf absehbare Zeit ganz weit vorne.

Gegen den Strom | Adriana González & Martin Lichtenberger | *Weingut Lichtenberger González* | *Burgenland*

Zeit lassen. Der Rebe, dem Wein, sich selbst. Bewusst das Tempo rausnehmen. Nicht so einfach in einem Markt, wo Schnelligkeit als einer der wichtigsten Parameter für Erfolg gilt. »Wer schneller wächst, signalisiert, dass er etwas besser kann als andere«, heißt es in einem Portal für Existenzgründer. Darüber lässt sich zwar streiten, aber die Welt des Weines ist da längst keine Ausnahme mehr. Schnelligkeit herrscht in der Bearbeitung des Weinberges,

Kenngelernt haben sie sich 2007 in Kalifornien, und bald ist es Adriana klar, dass es nicht zurück nach Galizien geht. Zusammen machen sie sich auf in die Heimat von Martin, nach Breitenbrunn am Rande des Neusiedler Sees. Ihr Wunsch: ein gemeinsames Weingut. 2009 produzieren sie die ersten 300 Flaschen und Schritt für Schritt erweitern sie in den Folgejahren Rebfläche und Flaschenzahl. Zunächst nur nebenbei, denn beide jobben noch als Kellermeister für zwei andere renommierte Weingüter der Region. Kein Nachteil, denn so lernen sie verschiedene Perspektiven kennen und sammeln Erfahrungen, die ihnen helfen, ihren eigenen Stil zu finden sowie Weine zu machen, die Ruhe und Gelassenheit ausstrahlen. Weine, die zeitlos sind.

In jedem Moment den Überblick behalten, das ist das Wichtigste für Adriana und Martin. Sie wollen das Weingut bewusst klein halten, lieber in die Tiefe gehen und den komplexen Charakter ihrer Herkunft reflektieren. Mittlerweile sind es knapp 10 Hektar Rebfläche geworden, verteilt auf unzählige Parzellen an den Hängen der Leithaberge. Insbesondere im oberen Teil des Gebirgszugs gibt es viele kleine Lagen mit unterschiedlichsten mikroklimatischen Bedingungen und inmitten von Streuobstwiesen, Waldabschnitten und Buschlandschaften. Die Böden werden von Muschelkalk und Schiefer dominiert, immer wieder gibt es Übergangsbereiche, wo sich beides vermischt. »Diese Gegebenheiten bieten uns unglaublich viel Spielraum für völlig unterschiedliche Weine«, erklären die beiden. Jede Parzelle wird separat gelesen und verarbeitet. »Alle Solochargen bleiben dann bis zur Füllung separat. Nur so können wir die Entwicklung verfolgen und rückblickend Lage und Jahrgang verstehen.«

Entsprechend eng geht es im Keller zu. Eine Vielzahl an kleinen Edelstahltanks und Fässern in verschiedenen Größen findet sich auf zwei verschiedene Räume aufgeteilt. Holz ist ein wesentliches Stilmittel von Adriana und Martin. Dabei geht es nicht um den vordergründigen Eintrag

im Keller und bei der Vermarktung der Weine. Alles ist ausgerichtet auf die Optimierung des Cashflows. Adriana und Martin haben sich dagegen entschieden. Mit der Gründung ihres Weinguts haben sie beschlossen, sich Zeit zu nehmen. Zeit für die Entwicklung des Weinguts, für das Verstehen ihrer Weingärten, für den Reifeprozess der Weine. Langsamkeit und Geduld sind ihre Parameter für Erfolg.

von Holzaromen, sondern vielmehr um ein natürliches Umfeld für den Reifeprozess der Weine. Grundsätzlich bleiben alle Weine für mindestens ein Jahr auf der Vollhefe, viele auch wesentlich länger. Adriana zieht einen Vergleich zum reellen Leben. »So wie unsere Kinder sollen auch unsere Weine sich selbst entwickeln dürfen.« Da ist sie wieder, die Zeit. Abwarten können, bis sich die Persönlichkeit eines Weines geformt hat, bis er bereit ist, in die weite Welt hinauszugehen.

Die Weine von Adriana und Martin sind darum auch nichts für Speed-Trinker. Wer das erste Mal eine Flasche der beiden öffnet, tut sich vielleicht zunächst schwer und spürt die Zurückhaltung. Doch wenn vorher die Langsamkeit das beherrschende Prinzip bei der Herstellung ist, dann muss es auch im Glas so sein. Wer sich die Zeit nimmt, wird belohnt mit vielen kleinen

Weingut Lichtenberger González
Seestraße 42, 7091 Breitenbrunn
Österreich | Burgenland
www.lichtenbergergonzalez.at

Einzellagen: Edelgraben, Vorderberg
Rebsorten: Blaufränkisch, Grüner Veltliner, Muskat Ottonel, Neuburger, Weißburgunder, Welschriesling, Zweigelt
Rebfläche: 9,5 ha *Alter der Reben*: 10 bis 60 Jahre

Pet Nat Bubbles

100 % Blaufränkisch, direkt gepresst. Kurz vor Ende der Spontangärung erfolgt die Abfüllung in Flaschen, zehnmonatige Reife auf der Hefe. Knochentrocken, dezentes Tannin, sanfte Perlage. Nicht nur perfekt als appetitanregender Opener, sondern auch zum Essen.

Muschelkalk weiß

Grüner Veltliner, Weißburgunder und Neuburger glücklich vereint. Im großen Holz ausgebaut. Hohes Niveau für einen »Einstiegswein«, zeigt kalkigen Grip und tolle Länge.

Muschelkalk rot

Blend aus Blaufränkisch und Zweigelt. Kühle, saftige Frucht, genau das richtige Maß zwischen Anspruch und Zugang. Hoher Spaßfaktor!

Leithaberg weiß

Neuburger vom Kalk. Kurz mit den Stielen vergoren, im großen Holz gereift. Zeigt burgundischen Charakter, kann ein paar Jahre Flaschenreife durchaus vertragen.

Weißburgunder

Kurze Maischestandzeit, Vergärung in gebrauchten Barriques, knapp ein Jahr auf der Vollhefe. Braucht im Glas viel Zeit, läuft aber dann zur Hochform auf. Trotz der cremigen Textur bleibt er immer schlank und diskret.

Rot und Weiß

Ein Freak-Wein. Uralter gemischter Satz im Zwischenspiel von Kalk und Schiefer. Transparent, kühl, linear. Elektrisiert bis in die Haarspitzen.

Leithaberg rot

Blaufränkisch in Bestform, vereint die beiden Bodentypen des Leithagebirges. Im großen Holz gereift. Schlehe, Heidelbeere, florale Untertöne. Feinkörniges Tannin, geizt nicht mit Tiefe und Länge.

Vorderberg

Das Flaggschiff. Alte Blaufränkisch-Reben. Offene Vergärung mit händischen Unterstoßen, Ausbau im gebrauchten Holz. Zeigt die taktile Dichte des Kalks, kann und muss reifen. Vereint Konzentration mit Eleganz.

Facetten, die sich Stück für Stück zu einem Gesamtbild formen. So ist es auch beim Neuburger, der sicherlich der puristischste Wein von *Lichtenberger-González* ist. Dank Winzerkollegen wie Erwin Tinhof hat diese einheimische Rebsorte in den letzten Jahren zumindest eine kleine Renaissance erfahren. Neuburger benötigt Zeit im Weinberg und Geduld im Keller. Wer das nicht beherzigt, bekommt die Quittung in Form barocker und neutraler Weine. Der Aufwand im Weingarten ist enorm. »Um die Wüchsigkeit in den Griff zu bekommen, wickeln wir die Haupttriebe, anstatt diese zurückzuschneiden. Die Apikaldominanz der Rebe wird nicht unterbrochen und es werden weniger neue Seitentriebe ausgebildet. Zusätzlich bekommen wir damit höhere Säurewerte, was beim Neuburger besonders wichtig ist«, so Martin.

Rot und Weiß. Aus einer nach Norden ausgerichteten Mini-Parzelle kommt einer der individuellsten Weine der beiden. In den gemischten Reihen stehen über 60 Jahre alter Blaufränkisch sowie zehn weitere weiße Rebsorten. Das kühle Umfeld schafft einen energiegeladenen und puristischen Wein, der in einer Blindverkostung sicher nicht ohne weiteres in das Burgenland verortet würde. Zu sehr ist das Image der Region noch von Opulenz geprägt. Das Gegenteil suchen Adriana und Martin. Die feinere Seite des Blaufränkisch herauszuarbeiten, ist ihnen wichtig. Blaufränkisch mit Kraft und saftiger Frucht, aber nie fett und zu dicht. Das Tannin ist spürbar, aber integriert, insgesamt steht die Finesse immer im Vordergrund. Die Fassproben der aktuellen Jahrgänge zeigen, dass die beiden konsequent ihren Stil weiterentwickelt und die Weine an Fokus und Strahlkraft zugelegt haben. Das Prinzip der Langsamkeit, es funktioniert.

Vergessenes Terroir wach geküsst | Dorli Muhr

Carnuntum | Österreich

Lange hat Österreich seine beste Rotweinlage vergessen. Dabei ist es eine einzigartige Lage in der österreichischen Weinregion Carnuntum – exakt an der Schnittstelle zwischen den Alpen und den Karpaten und damit gut 60 Kilometer östlich von Wien gelegen. Im Sommer sind Niederschläge dort extrem selten, dafür peitscht ein beständiger Wind durch die Reben. Sie stehen auf kargen Muschelkalkböden und müssen um jeden Tropfen Wasser kämpfen. Die Trauben, die hier wachsen, sind klein und die Erträge gering, aber ihr Geschmack ist intensiv und komplex.

Selbst die heutigen Protagonisten des Gebietes geben einmütig zu, »ihren Berg« nicht auf dem Schirm für große Weine gehabt zu haben. Lange haben sie ihn vergessen, weil die Jahrzehnte nach dem Zweiten Weltkrieg Wirtschaftlichkeitsanforderungen formulieren, die den Spitzerberg in den Hintergrund und die leichter mechanisierbaren und klimatisch zuverlässigeren Lagen in den Vordergrund drängen. Ein paar Feierabendwinzer sind dort immer schon aktiv, aber das, was sie ernten, geht in den Abfüllungen der lokalen Genossenschaft identitätslos unter. Dann geschieht ein Wunder und das, was noch vor wenigen Jahren niemand zu denken wagt, ist heute eine Tatsache: Die Blaufränkisch-Weine vom Spitzerberg zählen in Punkto Eleganz und Tiefgründigkeit zu den spannendsten und interessantesten Rotweinen. Nicht nur in Österreich, sondern weltweit.

Derzeit stehen am Spitzerberg nur rund 100 Hektar unter Reben. Einst sind es mehr als 1.000 gewesen und auch die wären sicher in absehba-

rer Zeit verschwunden, hätte nicht Dorli den Erhalt dieses großen Schatzes zu ihrer Herzensangelegenheit gemacht. Sie ist im Örtchen Rohrau nahe dem Spitzerberg aufgewachsen, verlässt aber bereits in jungen Jahren ihre Heimat fürs Business und später dann auch für die Liebe. Als Inhaberin einer bekannten PR-Agentur rund um die Themen Wein und Genuss jettet sie durch die ganze Welt, bevor sie mit ihrem Mann, dem Douro-Winzer Dirk Nieport, ein paar Jahre in Portugal lebt. Der Wein spielt in Dorlis Leben stets eine große Rolle. Aber ein Wunsch bleibt lange unerfüllt: der Wunsch, selbst Wein zu machen.

Ihre frühe Idee, dieses Projekt in ihrem Lieblingsland Italien zu realisieren, gibt sie auf, obwohl sie in der Toskana bereits unbepflanztes Rebland gekauft hat. Ihr wird bewusst, dass sie die Art Wein, die sie liebt, dort nicht wird machen können. Um elegante, leichtfüßige Weine mit viel Frische und Tiefgang in Flaschen zu füllen, sind ihrer Meinung nach zwei Faktoren unabdingbar: alte Rebanlagen und gemäßigtes, besser noch kühles Klima. Also nur konsequent, das Toskana-Projekt auf Eis zu legen, aber doch auch verwegen, die Lösung des Problems in ihrer alten Heimat zu vermuten, selbst wenn sie dort ein paar Quadratmeter geerbte Weinbergflächen besitzt.

Referenzweine gibt es am Spitzerberg damals keine. Um herauszufinden, was in diesen Lagen möglich ist, bleiben Dorli also zunächst nur Experimente. In einer ersten Phase geht es ihr darum, zunächst einmal das Potenzial des Spitzerbergs für Ursprungsweine mit einer eigenen, unverkennbaren Identität zu erforschen. Ein kluger Schachzug von Dorli ist es, von Anfang an eine kleine Gruppe gleichgesinnter Winzerinnen und Winzer um sich zu scharen und so

Weingut Dorli Muhr
Kirchengasse 24, 2472 Prellenkirchen
Österreich | Carnuntum
www.dorlimuhr.at

Einzellagen: Spitzerberg, Spitzer, Kobeln, Roterd
Rebsorten: Blaufränkisch, Syrah
Rebfläche: 10,5 ha *Alter der Reben*: 1 bis 72 Jahre
Mitgliedschaften: Österreichische Traditionsweingüter, Rubin Carnuntum Weingüter

Samt & Seide

Eine Primaballerina jüngerer Einzellagen. Ungemein zart, leichtfüßig und komplex, ohne die Tiefe der Lagenabfüllungen.

Spitzer

Exzentrisch, fordernd und enorm tiefgründig. Die Gerbstoffe sind seidig und die lebhafte Säure hält den Spannungsbogen hoch bis ins lange Finale. Großer Wein aus dem besonders kargen Westen des Spitzerbergs!

Roterd

Ein Wein aus der Lage von Dorlis Oma. Cremig, abgerundet und feminin – sehr elegant, sehr generös!

Liebkind Kobeln

Kobeln ist die höchste Lage, extrem trocken, extrem karg, kleiner Ertrag. Von jungen Reben entsteht hier ein fordernder, intensiver Wein mit Power und vielen Ecken und Kanten in der Jugend. Von Jahr zu Jahr mit mehr Tiefe und Komplexität.

Syrah

Das Lesegut entstammt den Rieden Roterd und Spitzer. Langer Ausbau in gebrauchten 500-Liter-Eichenfässern. Extrem faszinierend, weil das Spiel mit Gegensätzen perfekt gelingt: frisch und präzise, seidig strukturiert und aufs Feinste balanciert.

das Projekt auf breitere Füße zu stellen. Zusammen suchen sie nach Lagen mit alten Reben, die sie pachten oder kaufen können – oder zumindest die Trauben erwerben. Für die Beurteilung der ersten Ergebnisse ziehen sie externe Experten hinzu, vor allem führende österreichische Blaufränkisch-Winzer wie zum Beispiel Roland Velich, Uwe Schiefer und Gernot Heinrich. Immer geht es um die Frage, ob der Spitzerberg ein Terroir ist, das sich zu entwickeln lohnt und, ob die Weine genügend Eigenständigkeit und wiedererkennbaren Charakter besitzen. Als man sich sicher ist, positive Antworten gefunden zu haben, legt die Gruppe gemeinsam die Kriterien fest, unter welchen Bedingungen ein Wein als Spitzerbergwein bezeichnet und vermarktet werden darf.

Obwohl die Bewegung für die Renaissance des Spitzerberges im Großen und Ganzen ein Gemeinschaftsprojekt ist, so ist Dorlis führende Rolle in dieser Bewegung doch unverkennbar. Auch als bekannt wird, dass nicht der Spitzerberg, sondern 12 Einzelrieden im Kataster als anerkannte Weinlagen eingetragen sind, ist es Dorli, die sich der Sache annimmt. Sie ist es, die den Lagenunterschieden auf den Grund geht und erkennt, dass es tatsächlich markante stilistische Differenzen von Lage zu Lage gibt. Ihr Eindruck wird dann durch gemeinsame Verkostungen im Kollegenkreis bestätigt. So ist es nun seit 2019 gesetzlich möglich, einzig die Bezeichnung »Spitzerberg« als auch »Spitzerberg plus« die Bezeichnung der Einzellage auf dem Etikett anzugeben.

Dorlis Ziel ist es, den Spitzerberg weltberühmt zu machen. Sie ist sicher, dass der Weg dorthin nur über alte Reben führt. Denn alte Reben ergeben den besten Wein, auch das ist für sie eindeutig. Deshalb richtet sie alle Arbeiten im Weinberg darauf aus, dass die Reben alt werden können. Sie hat zu diesem Zweck auf Bio und den sanften Rebschnitt umgestellt. Sie fördert die Biodiversität und die Durchwurzelung in den unterschiedlichen Tiefen, so dass die Vielfalt der Mikroorganismen steigt und das Leben im Weinberg reicher wird. Sie ist damit auf einem guten Weg und strahlt Zufriedenheit aus. »Ich habe den Eindruck, dass die Weine viel entspannter und harmonischer geworden sind«, erklärt sie.

Bislang hat Dorli ihre Weine in einer gemieteten Scheune bereitet. Nun geht sie den nächsten Schritt und baut eine eigene Kellerei am Ortsrand von Prellenkirchen. »Kein Hightech-Bau«, betont sie. Nachhaltig soll er sein, mit extrem dicken Wänden aus Ziegel, verputzt mit Lehm als natürlicher Dämmung, mit eigenem Wasserkreislauf und Solarstrom vom Dach. Wenn alles nach Plan läuft, wird diese Kellerei einen Paradigmenwechsel einläuten. Weg vom Steuerungswahn der jüngeren Vergangenheit hin zu mehr Natürlichkeit. Dorli ist zuversichtlich, bereits den Jahrgang 2022 dort vinifizieren zu dürfen. Aber sie bleibt auch gelassen: »Weinbau, das ist nichts für Eilige.«

Die Grenzgänger | **Franz Hofbauer & Michael Linke** | *Grabenwerkstatt* | *Wachau*

Ein Start aus dem Nichts. Und das im Niemandsland des Spitzer Grabens. Eine Irrsinns-Idee, die während eines gemeinsamen Trips am anderen Ende der Welt geboren wird. Doch für Michael und Franz ist klar, dass es nur in diesem blinden Fleck an der Grenze der Wachau sein kann, wenn sie gemeinsam ein Weingut aufziehen. Inmitten vergessener, dem Untergang geweihter

Weinberge, übersehen von der etablierten Riege der Starwinzer an der Donau. Dabei ist das naturgegebene Potential in diesem Landstrich mehr als spannend. Am Übergang zum Waldviertel gelegen, wird der Spitzer Graben von den dortigen kühlen Winden geprägt. Die Donau hat dort keinen mildernden Einfluss mehr, das Klima ist insgesamt etwas rauer. Bis auf 550 Metern Höhe erstrecken sich die alten Terrassen, beeinflusst von wechselnden Hangneigungen und Himmelsrichtungen sowie komplexen Böden aus Gneis, Amphibolit, Glimmerschiefer und Graphit. Einige der besten Terrassenlagen aus ihrem Dornröschenschlaf zu wecken, ist das erklärte Ziel der beiden *Graben*winzer. Und der Welt zu beweisen, dass die Weine aus Trenning, Bruck oder Brandstatt keinen Vergleich zu den berühmten Donaurieden zu scheuen brauchen und höchst eigenständige Weine erbringen. Sie wollen zeigen, dass Grenzen oft nur im Kopf existieren.

Zurück aus Australien geht es mit Enthusiasmus zur Sache. Die erste verwilderte Parzelle erwerben sie 2013 in der Riede Schön. Zehn Jahre des Brachliegens haben zu dieser Zeit schon deutliche Spuren hinterlassen. Schritt für Schritt restaurieren Michael und Franz die alten Trockenmauern und pflanzten Grünen Veltliner in der traditionellen Einzelpfahlerziehung. Das erste Werkzeug dafür kaufen sie in einem nahegelegenen Baumarkt. Die Rebfläche der *Grabenwerkstatt* ist mittlerweile auf fünf Hektar angewachsen, die ältesten Zeilen sind mit bis zu 70 Jahre alten Reben bestockt. Der Fokus liegt auf Riesling und Grünem Veltliner und es werden parallel zur Rekultivierung alter Parzellen auch kontinuierlich junge Reben dieser beiden Sorten gepflanzt. Es ist eine wahnsinnig schweißtreibende Arbeit, denn in den kleinstrukturierten Terrassen kann nur mit Schubkarre, Hacke und Minipflug gearbeitet werden. So kommen schnell 1.000 Arbeitsstunden und mehr je Hektar zusammen. In einer mechanisierten Direktzuganlage wären 200 Arbeitsstunden pro Hektar ausreichend.

Alle Rieden werden biologisch bewirtschaftet und Dauerbegrünung mit teilweise eigenen Kräutermischungen ist ein zentrales Element in der Bewirtschaftung der Terrassen. Fehler blieben in den ersten Jahren nicht aus, denn die richtige Balance zwischen Rebe und Begrünung zu finden, die zudem dem Standort entspricht, ist eine Herausforderung. Heute strahlen die Terrassen der *Grabenwerkstatt* eine wunderbar kultivierte Wildheit aus. Neben der Begrünung spielt auch das Laubwandmanagement eine große Rolle. Die Schattenseite ist in der Traubenzone über die gesamte Wachstumsperiode freigestellt, kurz vor der Lese wird auch die Sonnenseite partiell entblättert, um die Belichtung der Trauben sowie strukturelle Elemente im Wein zu fördern. Parallel zum richtigen Lesezeitpunkt steht die Gesundheit des Lesegutes im Fokus und es wird entsprechend konsequent selektiert. Die Lesehelfer müssen gut zu Fuß sein, denn teilweise müssen die Lesekisten bis zu 300 Meter aus den Terrassen geschleppt werden.

Die ersten Weine werden noch in der Garage von Franz' Eltern vinifiziert. Seit dem Jahrgang 2020 steht die neue Kellerei in Trandorf zur Verfügung. Abgesehen davon, dass die beiden Winzer nun wesentlich mehr Platz haben, hat sich am Grundsatz des Weinmachens nichts geändert. Fast minimalistisch geht es im Keller zu, praktisch und funktional ist das Equipment. Michael und Franz sehen sich eher als Begleiter und Beobachter im Prozess des Weinwerdens. Es ist eine gleichermaßen intensive und doch zurückhaltende Begleitung. »Fühlen, Riechen, Schmecken« ist die Devise – bei Entscheidungen im Keller stehen die eigenen Sinne im Vordergrund. Viel Wert wird auf einen schonenden Prozess gelegt, so geht es beispielsweise langsam in die Vergärung und auf Umpumpen und Filtration wird komplett verzichtet.

Was am Ende dabei herauskommt, ist ein kompromissloses Abbild der verschiedenen Rieden. Verbindende Elemente aller *Graben-*

Weine sind eine zurückhaltende Primärfrucht und die Reduzierung auf Struktur. Es sind puristische Weine, geprägt von einer ernsthaften Schönheit. Sie besitzen den elementaren Charakter und die subtile Spannung, die einen unwillkürlich an das zeichnerische Spätwerk von Ernst Barlach erinnern. Die Fokussierung auf den Umriss, das Weglassen aller schmückenden Details. Zum Höchstmaß wird dies bei den Rieslingen aus den Rieden Kalkofen und Trenning getrieben, die mit ihrer laserscharfen Linearität und zupackenden Salzigkeit hohes Polarisationspotential besitzen und sicher für endlose Debatten am Tisch sorgen werden.

Nach wenigen Jahren sind Michael und Franz schon fast ganz oben angekommen und haben noch so viel vor in den kommenden Jahren. Allein in der steilsten Lage, dem Kalkofen, warten zwei weitere verwilderte Parzellen auf den Weckruf. Bei allem Erfolg wollen sie jedoch klein bleiben, um alles selbst beeinflussen zu können. Lieber noch mehr in die Tiefe gehen, ein tieferes Verständnis für ihre Weinberge entwickeln. Sich selbst mehr und mehr zurücknehmen, kulturelle Eingriffe in die Natur minimieren. Ein komplexes Ökosystem entwickeln, in dem die Reben am Ende nur ein Bestandteil sind. In einer Welt ohne Grenzen.

Grabenwerkstatt
Feldweg 6, 3622 Trandorf
Österreich | Wachau
www.grabenwerkstatt.at

Einzellagen: Brandstatt, Bruck, Kalkofen, Schön, Trenning
Rebsorten: Grüner Veltliner, Riesling
Rebfläche: 4 ha *Alter der Reben*: 3 bis 72 Jahre

Grüner Veltliner Federspiel Wachauwerk

Der etwas sanftere Einstieg in die Welt der Extremwinzer und der einzige Wein, der von Weinbergen an der Donau kommt.

Grüner Veltliner Federspiel Grabenwerk

Zeigt klar und direkt den Charakter des Spitzer Grabens. Kühle Frucht, schlank, vibrierende Säure, zupackend.

Grüner Veltliner Smaragd Schön

In der Schön fing alles an. Besitzt Konzentration und Dichte sowie die intensivste Frucht im Portfolio der Graben-Weine.

Grüner Veltliner Smaragd Brandstatt

Der Name ist Programm. Nichts zum Runterfahren. Phenolischer Grip, salzige Säure. Straff und vertikal. Ein fordernder Wein.

Riesling Smaragd Bruck

Terrassen auf 400 Metern Höhe, Südwestausrichtung. Subtile Nase, großartiger Fokus. Sehr feingliedrig und mit weicher Textur, erst auf den zweiten Blick zeigen sich die perfekt eingebundenen strukturellen Komponenten.

Riesling Smaragd Kalkofen

Sehr steile und heiße Lage, fordert Mensch und Rebe alles ab. Glasklar und tiefgründig, sehr fester Kern, ohne jedes Gramm Fett. Für Strukturliebhaber. Leider gibt es derzeit nur wenige 100 Liter dieses Ausnahmeweines.

Riesling Smaragd Trenning

Zeigt die Dimension und den gegensätzlichen Charakter dieser spektakulären Riede an der Grenze zum Waldviertel. Die kleinen Terrassen erstrecken sich bis auf 550 m Höhe. Komplexe Böden, Gneis, Granit, Kalk. Kombiniert Power mit Finesse, sehr lang. Ein Konzentrat.

Ein enkeltaugliches System | Gerhard & Herbert Triebaumer | *Weingut Ernst Triebaumer* | *Burgenland*

Wer die Tür zum idyllischen, rebenüberdachten Innenhof des Weinguts öffnet, hat unwillkürlich den Eindruck, eine vergangene, längst vergessene Welt zu betreten. Dort scheint die Zeit still zu stehen. Es ist ein Ort, der der Moderne den Zugang verwehrt. Davon zeugen nicht nur herumstehendes Handwerkszeug, alte Fässer und eine uralte, offenbar selbst gebaute Pumpe, auch die Menschen, die dort leben und arbeiten, machen einen so entspannten Ein-

druck, als kämen auch sie tatsächlich aus einer längst vergangenen Zeit.

Dieser aus der Zeit gefallene Ort findet sich am Neusiedlersee im barocken Weinstädtchen Rust. Dort residiert Österreichs berühmte Weinakademie und in den Sommermonaten klappern die Störche von den Schornsteinen. Der beschriebene Innenhof gehört zum *Weingut Ernst Triebaumer*, ein Leuchtturm nicht nur in der österreichischen, sondern in der gesamten europäischen Winzerschaft. Der 1986er Blaufränkisch aus der Einzellage Mariental hat die Triebaumers weltbekannt gemacht, aber die verantwortungsethische Konsequenz, mit der dort Weinbau betrieben wird, ist mindestens genauso außergewöhnlich wie die Qualität der Weine. Heute wird das Weingut von Herbert und Gerhard zusammen mit deren Ehefrauen Claudia und Stephanie geführt. Alle miteinander sind sie Querdenker im positiven Sinne des Wortes, genauso wie schon ihre Eltern, die Initiatoren der seit Mitte der 80er-Jahre anhaltenden Erfolgsstory des Weinguts.

Herbert bezeichnet ihre Herangehensweise als »Ökologisierung«, als unkonventionelles, ganzheitliches und enkeltaugliches System, das er keineswegs nur auf die Bewirtschaftung der Weinberge begrenzt wissen will. Auch die Prozesse der Weinbereitung und Vermarktung orientierten sich an diesem Anspruch genauso wie ihre persönliche Lebensführung. Die Triebaumers sind kritische, unangepasste Zeitgenossen, dabei stets ehrlich, authentisch und unverwechselbar. Dazu passt, dass sie das Weingut in Form einer Genossenschaft führen und alle wichtigen Entscheidungen gemeinsam treffen. Nach ihrer Inspirationsquelle gefragt, verweist Gerhard auf den großen österreichischen Künstler und Querdenker Friedensreich Hundertwasser und dessen Überlegungen zu einer nachhaltig geprägten, Humus mehrenden Landwirtschaft. Deshalb verstehen sich die Triebaumers auch nicht primär als Weinmacher, sondern als Weinbauern und Handwerker, die in jeder Beziehung mit der Natur kooperieren und Wein als wertvolles Kulturgut ansehen. Mit ihrer tagtäglichen Praxis als Weinbauern, aber auch als politisch denkende und handelnde Bürger positionieren sie sich bewusst gegen die ökologischen, sozialen und ästhetischen Degenerationen unserer Zeit. »Wir wollen ein Beispiel vorleben«, so Herbert.

Ihre Vorstellung von ökologischer Landwirtschaft geht weit über alle gängigen Konzepte und Praktiken hinaus. Bei den Triebaumers wird nicht nur auf den Einsatz von künstlicher Bewässerung, Kunstdünger, Herbiziden, Insektiziden und chemisch-synthetischen Pflanzenschutzmitteln verzichtet. Seit nunmehr über zehn Jahren sind alle ihre Weinberge dauerbegrünt und mit Schafen beweidet. In dieser Zeit kann der Humusgehalt um etwa eine Tonne pro Hektar und Jahr erhöht werden, was zu deutlich homogeneren Wachstumsbedingungen über die Trocken- und Feuchtperioden des Jahres hinweg führt. Bodenleben und -fruchtbarkeit nehmen signifikant zu. In Anlehnung an die Ideen der »Permakultur« handelt es sich nicht um eine Landwirtschaft, die Natur verbraucht, sondern um eine regenerative, die sie stärkt und mit der man auch den Fragen der Enkelgeneration selbstbewusst begegnen kann. In diesem Kontext experimentieren die Triebaumers mit dem Konzept der »Terra Preta«, also der Idee, die Humusgehalte durch die Zugabe von Pyrolysekohle zu erhöhen, dadurch die Bodenfruchtbarkeit zu steigern und zugleich dem Kreislauf klimawirksam Kohlenstoff zu entziehen.

Heute wird von den Triebaumers eine 20 Hektar große Rebfläche bewirtschaftet. Noch einmal 10 Hektar werden bewusst brachliegen gelassen. Dort finden sich Blumen, Hecken, Büsche und Bäume. Es sind Oasen der Vielfalt, die Tieren Unterschlupf, Brutmöglichkeiten und Nahrung bieten. Alle Lagen befinden sich im Ruster Hügelland, einer Kette kleiner, flacher Hügel in unmittelbarer Nähe des Neusiedler Sees. Die Lagen westlich von Rust werden von einem 16 Millionen Jahre alten Korallenriff des Urmeeres gebildet, weshalb die Böden stark vom Muschelkalk geprägt sind. Hier fühlen sich die Burgundersorten, aber auch der Blaufränkisch ganz besonders wohl. Südlich von Rust dominieren dagegen verwitterte Urgesteinsböden mit viel Quarz und Gneiss.

Dazu beschert der nahegelegene See den Lagen ein einzigartiges Mikroklima. Es wird von der pannonischen Ebene im Osten und dem See mit seiner großen Wasserfläche bestimmt, die die Sonne wie ein Spiegel reflektiert. Durch seine geringe Wassertiefe erwärmt sich der See im Hochsommer schnell und lässt dann die Luftfeuchtigkeit enorm ansteigen. Obwohl die Sonnenscheinstunden dort weit über dem österreichischen Durchschnitt liegen, reifen die Reben nicht allzu schnell. Der Grund: Die Trauben können sich im Morgentau abkühlen und erfrischen. »Diese komplexe mikroklimatische Situation rund um den See macht nicht nur die exzellenten Rotweine möglich«, erklärt Gerhard, »sondern auch trockene Weißweine und – in besonderer Nähe zum See – von edelfaulen Trauben geprägte Süßweine profitieren davon.«

Die selektive Handlese ist ebenso selbstverständlich wie die interventionsarme, schonende Weinbereitung. Erfahrung, Fingerspitzengefühl und ein tiefes Urvertrauen in die natürlichen Prozesse gelten Gerhard und seiner Familie mehr als alle Versprechungen moderner Technologie und Chemie. Vor allem gilt die Devise, jedem Wein die Zeit zu schenken, die er für seine optimale Entwicklung benötigt. Die Weißweine werden überwiegend reduktiv ausgebaut und im Frühjahr nach der Ernte abgefüllt. Die meisten Rotweine kommen nach längerer Reifezeit unfiltriert in die Flasche. Im Ergebnis entstehen ungemein entspannte, in sich ruhende Weine, die die Rebsorte und das breite Spektrum ihrer Herkunft facettenreich zum Ausdruck bringen. »Wir sind unseren Weg noch längst nicht zu Ende gegangen«, sagt Herbert. »Wir wollen noch ökologischer, natürlicher und nachhaltiger werden und ein Beispiel geben, wie verantwortungsvoller Weinbau der Zukunft aussehen kann.«

Weingut Ernst Triebaumer
Raiffeisenstraße 9, 7071 Rust
Österreich | Burgenland
www.triebaumer.com

Einzellagen: Vogelsang, Greiner, Marienthal, Bandkräftn, Gemärk, Oberer Wald,
Rebsorten: Chardonnay, Gelber Muskateller, Sauvignon blanc, Blaufränkisch, Merlot, Cabernet Sauvignon, Grüner Veltliner, Traminer, Furmint
Rebfläche: 20ha *Alter der Reben*: 3 bis 70 Jahre
Mitgliedschaften: Renommierte Weingüter, Ruster Cercle

Sauvignon Blanc Ried Vogelsang

Ein reiner, frischer, kristalliner und anhaltend salziger Sauvignon, der von den Behörden als Qualitätswein abgelehnt wurde.

Gelber Muskateller Ried Greiner

Frisch, pikant und leicht. Ein fantastischer Wein!

Grüner Veltliner

Wunderschön rein und kristallin, nicht mit vordergründigen, aber dennoch intensiven Fruchtaromen. Eindringlich und zugleich ungemein entspannt.

Chardonnay Bandkräftn

Wird 15 bis 18 Monate in 300- und 500-Liter-Fässern ausgebaut und unfiltriert abgefüllt. Kalksteinprägung! Rein, frisch und ungemein fokussiert. Ein exzellenter Wein voller Spannung!

Urwerk M

In einem 800-Liter-Eichenfass ausgebaut, unfiltriert und ohne Schwefeldioxid-Zusatz abgefüllt. Intensiv und dicht, dabei rein, trocken und anregend salzig. Mit enorm viel schönem Grip ausgestattet.

Blaufränkisch Rusterberg

Von jüngeren Rebstöcken, die auf Kalksteinböden angebaut und in großen 1.000 bis 3.000 Liter fassenden Eichenfässern ausgebaut wurden. Ein seidiger, konzentrierter und zugleich gut strukturierter Rotwein mit unschlagbarem Preis-Genuss-Verhältnis.

Blaufränkisch Gemärk

Von 25 bis 50 Jahre alten Rebstöcken auf lehmigen Böden. Ein charmant fruchtiger, saftiger und erfrischender Rotwein mit bemerkenswerter Frische und Präzision.

Blaufränkisch Oberer Wald

Der Weinberg wurde 1947 vom Großvater Paul Triebaumer gepflanzt. Rein, frisch und seidig. Perfekt balanciert! Ein wirklich großer Wein.

Blaufränkisch Mariental

Faszinierend tiefgründig und leidenschaftlich intensiv. Kommt monumentaler und kraftvoller daher als der femininer und kühler wirkende Obere Wald. Großer Wein!

Ruster Ausbruch

Ein süßer und konzentrierter, aber elektrisierender, salzig-pikanter und lebendig-frischer Ausbruch mit faszinierender Präzision und Finesse. Groß!

Das Dorf und die Kultur | Hannes Schuster

Weingut Rosi Schuster | Burgenland

Hannes übernimmt 2007 die Verantwortung für den familiären Betrieb. Eigentlich kann er den Weg der Eltern einfach weitergehen, denn das Weingut ist fest im Markt etabliert und hat sich eine sehr gute Reputation für langlebige Weine erarbeitet. Das Burgenland jener Tage reitet auf dem Höhepunkt einer internationalen Welle, die Mitte der 80er-Jahre beginnt. Konzentrierte und im neuen Holz ausgebaute Weine, oft Blends aus oder mit französischen Sorten, liegen voll im Trend und heimsen reihenweise Spitzenbewertungen ein. Doch Hannes ist das zu wenig, ihm fehlt die Identität in den Weinen. Zu austauschbar sind sie, ohne regionalen Fingerprint. Dabei ist Potential für authentische Weine zweifellos da. Ein besonderes Klima, besondere Böden, einheimische Rebsorten und eine lange Weinbaukultur. Alles ist vorhanden, um Weine mit einem ganz eigenen Charakter zu formen.

Hannes richtet sofort den Fokus auf die Sorten des ungarisch-österreichischen Kulturraums, zunächst sind es Blaufränkisch und St. Laurent. Später kommen weiße Sorten wie Grüner Veltliner, Welschriesling und Furmint dazu. »Generell war unser Gebiet früher mehr für seine Weißweine bekannt, die Dominanz der roten Sorten ist eher eine neue Entwicklung«, erzählt er. Konsequent werden die Weingärten mit internationalen Rebsorten verkauft, gerodet oder getauscht. Bereits während seiner Schulzeit macht Hannes erste Weine und beginnt, sich mit den heimischen Sorten auseinanderzusetzen. In dieser Zeit entwickelt er auch das Faible für St. Laurent. Unbestritten gehört Hannes heute zu der kleinen Anzahl burgenländischer Winzer, die Spitzenweine aus dieser Rebsorten-Diva produzieren.

St. Laurent gilt im Weingarten als schwierig, kränkelt leicht, ist blüte- und frostempfindlich und liefert niedrige, unregelmäßige Erträge. Zudem stellt er große Ansprüche an die Lage, benötigt möglichst tiefgründige Böden. Hoher Aufwand und niedrige Erträge bedeuten unweigerlich, die Qualität und der Preis am Markt müssen stimmen, sonst lässt sich damit kaum Geld verdienen. Auch der Verkauf ist zunächst keine einfache Aufgabe. Aufgrund seines Nischendaseins ist das Bild des St. Laurent beim Konsumenten sehr unscharf und im höheren Preissegment wird daher meist zu bekannteren Sorten gegriffen. Das alles schreckt Hannes nicht ab, Mainstream ist ja sowieso nicht sein Ding. Für den Tüftler, der an jedem Detail akribisch feilt, ist es somit genau die richtige Sorte. Und folglich ist es auch kein Zufall, dass sein St. Laurent Zagersdorf heute in der Szene fast schon Kultstatus genießt.

Dass die Grundlage für Qualität im Weinberg liegt, ist natürlich auch Hannes sonnenklar, trotzdem schenkt er der Arbeit im Keller die gleiche Aufmerksamkeit. »Für mich ist Wein ganz klar ein Kulturprodukt. Es sind hundert kleine Entscheidungen im Laufe eines Jahres zu treffen, davon auch eine Menge im Keller.« Leicht könnte so der Eindruck entstehen, dass Hannes im Keller ständig an den Weinen schraubt und alle önologischen Möglichkeiten ausschöpft. Das Gegenteil ist der Fall. So wie er rigoros die Weinberge neu strukturiert und auf biologische Bewirtschaftung umstellt, genauso konsequent reduziert er die Eingriffe im Keller. Als Erstes geht er den Einsatz von Holz an und nimmt dessen Einfluss deutlich zurück. »Im Keller roch es plötzlich wieder nach Wein statt nach Holz«, stellt er rückblickend fest. Das bedeutet nicht, dass er Holz aus dem Keller verbannt, es spielt beim Ausbau der Weine nach wie vor eine zentrale Rolle. Doch es soll nicht vordergründig

Weingut Rosi Schuster
Prangergasse 2, 7062 Sankt Margarethen im Burgenland
Österreich | Burgenland
www.rosischuster.at

Einzellagen: Hinkenthal, Lamer, Ungerberg, Hafner, Saurüssel
Rebsorten: Blaufränkisch, Furmint, Grüner Veltliner, Sankt Laurent, Welschriesling, Weißburgunder
Rebfläche: 16 ha *Alter der Reben*: 5 bis 80 Jahre

Aus den Dörfern weiß

Ein Abbild verschiedener Terroirs. Grüner Veltliner, weitere Sorten im gemischten Satz. Ausbau im Edelstahl und großen Holz. Florale Noten, Birne, pikante Würze. Am Gaumen straff, aber auch mit viel saftiger Frucht. Schafft den Spagat zwischen Anspruch und Zugänglichkeit.

Dorfkultur weiß

Die neue Linie von Hannes, der erste Jahrgang ist 2020. Welschriesling, Grüner Veltliner, Furmint, bis zu 45 Jahre alte Reben. Spontan vergoren, Reifung im großen Holz. Die Nase ist ein Picknick auf der Wiese. Konzentrierte Frucht, viel Grip und Substanz, jedoch nicht fett. Endet lang. Mehrdimensionaler Wein.

Grüner Veltliner Ried Ungerberg

45 Jahre alte Reben aus einer Hanglage in Schützen am Gebirge. Spontangärung, reift über zehn Monate im gebrauchten Holz. Leichte Reduktionsnoten, Kräuterwürze. Dicht, straff, cremig. Die salzige Säure balanciert die Power perfekt aus.

Sankt Laurent

Selektion aus vier Dörfern, bis zu 35 Jahre alte Reben. Im gebrauchten Holz ausgebaut. Delikate Frucht, Weichsel, dazu viel Würze. Fester Kern, insgesamt eher schlank gehalten. Stiller Wein. Zeigt deutlich die Handschrift von Hannes.

Sankt Laurent Zagersdorf

Hügellage mit Lehm-Tonböden auf Kalk. 60 Jahre alte Reben. Reift im 300-Liter-Holzfass für 11 Monate. Großes St. Laurent-Kino. Komplex, ätherisch, energetisch. Spannung pur vom ersten Sniff bis zum letzten Schluck. Tiefgründig und lang. Besser geht´s nicht.

Aus den Dörfern rot

Zweigelt, Blaufränkisch, St. Laurent. Teilweise mit den Stielen vergoren, sanfte Extraktion, Ausbau für zehn Monate in einem Mix aus Edelstahl und Holz. Animierende Nase, Kirsche, dezente florale Töne. Saftig, moderates Tannin, erfrischende Säure. Easy going Burgenland.

Dorfkultur rot

Die Kultur dreier Dörfer ist in diesem Wein vereint. Sankt Margarethen, Müllendorf, Zagersdorf. Zum Teil sehr alte Reben, bis zu 60 Jahre. Vorwiegend Blaufränkisch. Dichte, aber nuancierte Frucht. Der florale Touch sorgt bereits in der Nase für viel Frische. Zeigt am Gaumen die Wärme des Pannonischen Klimas, besitzt aber auch einen guten Schuss Kühle, da knistert es gewaltig im Glas.

Blaufränkisch

Kommt von verschiedenen Parzellen in Zagersdorf und Sankt Margarethen. Bis zu 40 Jahre alte Reben. 14 Monate Ausbau im großen Holz. Fokussiert und feinsinnig, kein lauter Wein. Eleganz ist die Überschrift. Zeigt mit dem langen Finish, dass trotz der gefühlten Leichtigkeit viel Substanz vorhanden ist. Great Value!

Blaufränkisch Sankt Margarethen

Sehr alte Reben, Rieden Hinkenthal und Lamer. 20 Monate Ausbau im großen Holz. Krasser Nasenwein. Die gezähmte Wildheit oder Natur trifft Kultur. Nur wenige Weine schaffen diese Mischung aus Zartheit und Power. Ultra-elegant. Kalkiges Finish. Großes Burgenland!

schmeckbar sein, sondern der Persönlichkeit der Rebsorten den Vorrang lassen. »Sowohl beim St. Laurent als auch beim Blaufränkisch ist das enorm wichtig. Es sind Rebsorten, die eher Feinheit statt Power in ihrer DNA haben«, erklärt Hannes. Und so stehen statt neuer Barriques fast nur noch gebrauchte Fässer in verschiedenen Größen im Keller.

Auch mit dem Blaufränkisch hat sich Hannes akribisch auseinandergesetzt und einen eigenen Stil entwickelt, der noch vor 15 Jahren im Burgenland kaum existent ist. »Höchstmögliche Frische bei höchstmöglicher Reife«, so Hannes' Devise. Er definiert Blaufränkisch über Feinheit und Energie, ohne dass dies zu Lasten der Komplexität und Substanz geht. Neben dem perfekten Reifezeitpunkt und dem richtigen Ertrag steht das Tanninmanagement im Vordergrund. »Die Extraktion ist der Key zum Blaufränkisch«, ist sich Hannes sicher. Dauer und Intensität entscheiden wesentlich über die spätere Balance und Finesse im Wein. Meist werden die Trauben komplett entrappt, auch wenn Hannes in den letzten Jahren hin und wieder einige Partien mit ganzen Trauben verarbeitet hat. In warmen Jahren wie 2018 lässt Hannes seine Weine mittlerweile wesentlich länger reifen. »Sie bekommen deutlich mehr Frische und Zug«, begründet er diesen Schritt.

Die Weingärten von Hannes sind auf die fast irrsinnige Anzahl von rund vierzig Parzellen in sechs burgenländischen Dörfern verteilt. Eine logistische Herausforderung, insbesondere zur Lese. Auf der anderen Seite sind diese unterschiedlichen Terroirs das Fundament für höchst individuelle Weine. »Jedes Dorf hat seinen eigenen Charakter. Früher war unsere Region vor allem für die Dorfweine bekannt. Lagenweine, wie wir sie aus anderen Gebieten kennen, spielten faktisch keine Rolle.« Und so reflektieren vier seiner Weine das Wesen der Dörfer, vereinen Terroir und Kultur. Unabhängig davon kann sich Hannes durchaus vorstellen, neben dem Grünen Veltliner Ried Ungerberg künftig auch zwei weitere Parzellen solo abzufüllen. Der im Fass schlummernde 20er Blaufränkisch Hinkenthal aus Sankt Margarethen ist einer der Kandidaten dafür, ein Wein mit einer irren kristallinen Frucht und vertikalen Struktur.

Zeitlose Weine will Hannes machen. Und Weine mit Wurzeln. Er sieht sich und sein Weingut als integralen Part einer regionalen Weinkultur. Einer lebendigen Kultur, die für ihn eine stetige Weiterentwicklung, eine permanente Auseinandersetzung mit einem sich immer wieder ändernden Umfeld bedeutet. Und so wird Hannes weiter tüfteln, das ist sicher.

Kompromisslos natürlich | Herbert Zillinger

Weingut Herbert Zillinger | Weinviertel

Das für einfachen Massen- und Sektgrundwein bekannte Weinviertel zeigt in Gestalt der Weine von Carmen und Herbert Zillinger aus Ebenthal ein neues, bislang völlig unbekanntes Gesicht. Schon seit Jahren geht das Winzerpaar ungewöhnliche Wege, kümmert sich weder um die regionalen Traditionen noch um althergebrachte Vorstellungen. Das Ergebnis dieser kompromisslos individuellen Herangehensweise sind Gewächse von so puristischer, in sich ruhender Schönheit, dass sie dem Gebiet den Weg in eine vielversprechende Zukunft weisen und die Neu- und Wiederentdeckung lange vergessener Weinbergslagen anstoßen könnten.

2003 übernimmt Herbert den weinbaulichen Teil des elterlichen Mischbetriebs, nachdem er zuvor die Weinbauschule Klosterneuburg und anschließend den Diplomstudiengang der Ruster Weinakademie erfolgreich absolviert hat. Schnell wird ihm klar, dass er mit seinem Lehrbuchwissen nicht die Weine machen kann, die ihm vorschwebten. Die Tage in Rust und die zahlreichen Tastings bringen ihn mit so vielen spannenden Gewächsen aus der ganzen Welt in Kontakt, dass er bereits sehr früh präzise Vorstellungen davon entwickelt, welche Weine er einmal selbst machen will. Ein echtes, ungeschminktes Abbild ihrer Herkunft sollen sie sein, bäuerlich-handwerklich produziert und puristisch im Ausdruck. Nur wie das gehen kann, muss er selbst herausfinden. Vorbilder, an denen er sich hätte orientieren können, gibt es in Ebenthal keine.

Entsprechend schwer ist der Anfang. Wer wie Herbert in einem qualitativ wenig ambitionierten Weinbaugebiet ein bislang ebenfalls nur mäßig ambitioniertes Weingut von Grund auf umkrempeln will, wird mit zahlreichen Herausforderungen konfrontiert. Die auf Hochleistung getrimmten Weinberge müssen zunächst von der Überversorgung durch Dünger und Pflanzenschutz entwöhnt und peu à peu in einen Zustand selbstgenerierter Vitalität und innerer Balance geführt werden. Wer im Prozess der Vinifizierung Interventionsverzicht üben will, muss Alternativen finden, um die mikrobiologische Stabilität der Weine sicherzustellen. Und er muss für seine neuen, tiefgründigen, aber tendenziell eher leisen und unauffälligen Weine einen Markt auftun.

Nicht gerade einfacher wird der eingeschlagene Weg auch durch die Entscheidung, das Weingut als eines der ersten im ganzen Weinviertel ökologisch zu bewirtschaften. Die Geburt der Tochter und massive Allergien in der Familie veranlassen Herbert und seine Frau Carmen 2008 – trotz familiärer Widerstände und der Häme von Kollegen – zu diesem Schritt. Ob sich diese primär an gesundheitlichen Aspekten orientierte Neuausrichtung einmal betriebswirtschaftlich auszahlen würde, ist zu dieser Zeit noch völlig ungewiss. Doch schon nach wenigen Jahren zeigt sich, dass genau das der richtige Weg gewesen ist. »Immer mehr Probleme in Weinberg und Keller begannen sich, in Luft aufzulösen«, berichtet Herbert. »Die Vitalität der Weinbergsböden wuchs, die Pflanzen wurden robuster, der Pilzdruck nahm ab und die Trauben gerieten kleiner und lockerbeeriger und schmeckten trotz geringerem Zuckergehalt deutlich intensiver und komplexer.«

Diese Erfahrungen bestärken ihn, den eingeschlagenen Weg konsequent weiterzuverfolgen. Dazu gehört unter anderem der Wechsel zur Biodynamie, die Einführung des sanften Rebschnitts, der Verzicht auf künstliche Bewässerung sowie die Bereitschaft, vergleichsweise niedrige Erträge in Kauf zu nehmen und durch stetiges Experimentieren die Grenzen des Machbaren immer weiter auszuloten. Im Zuge dieser Entwicklungen gelingt es Herbert, längst vergessene Weinbergslagen zu erwerben. Terroirs, die einst ausrangiert worden sind, weil sie unter dem Primat des Massenweinbaus als zweitklassig gelten. Sie sind meist schlecht mechanisierbar und die Erträge sind ungewiss, da die Trauben nicht in jedem Jahr voll ausreifen. Doch unter den Bedingungen des Klimawandels und in den pfleglichen Händen eines qualitäts- und ökologisch orientierten Winzers können sie nun ihr wahres Gesicht zeigen.

Von Jahr zu Jahr gelingt es Herbert immer besser, auf der Basis vitaler und balancierter Anlagen gesundes und sensorisch wie analytisch ausbalanciertes Lesegut mit niedrigen pH-Werten zu ernten. Ebendies ist die Voraussetzung, um in den Prozess der Weinbereitung kaum noch eingreifen zu müssen. Herbert lässt seine Moste nach dem extrem schonenden Pressvorgang nur grob sedimentieren, um sie dann für die anschließende Spontangärung möglichst »dreckig«, also mit viel Trub, in die Fässer zu

legen. Für die Stabilität seiner Weine setzt er auf Mostoxidation und es ist ihm wichtig, dass die alkoholische und die malolaktische Gärung zügig verlaufen. Die Vinifizierung ist in jeder Phase darauf ausgerichtet, Geschmack und Ausdruck des jeweiligen Entstehungskontextes – also der Lagen und Witterungsbedingungen – möglichst unverfälscht in die Flasche zu bringen. Da ergibt es sich fast zwangsläufig, dass die Weine unfiltriert abgefüllt werden. Seit dem Jahrgang 2020 gilt das für alle Weine des Betriebs, nicht mehr nur für die Top-Linien. Einen weiteren, sicher keineswegs finalen Schritt hat Herbert bereits ins Visier genommen: Er möchte seine Weine noch länger reifen lassen, bevor er sie für die Vermarktung freigibt.

Weingut Herbert Zillinger
Hauptstraße 17, 2251 Ebenthal
Österreich | Weinviertel
www.radikal.bio

Einzellagen: Weintal, Hirschenreyn, Kalkvogel
Rebsorten: Grüner Veltliner, Welschriesling, Weißburgunder, Chardonnay, Traminer, Sauvignon Blanc, Zweigelt
Rebfläche: 16 ha *Alter der Reben*: 2 bis 60 Jahre
Mitgliedschaften: respekt-BIODYN

Goldfish

Happy-Hour-Wine!
Und ein exzellenter Fisch-Begleiter!

Neuland Grüner Veltliner

Strahlt pure Lebensfreude aus!
Unkomplizierter Trinkspaß!

Horizont Grüner Veltliner

Die Visitenkarte des Hauses ist geprägt von gelbfruchtiger Saftigkeit, viel Grip, enormem Zug und finaler Salzigkeit. Ziemlich frech und verspielt!

Hirschreyn Grüner Veltliner

Ein extrem cooler Veltliner von einem Löss-Hang mit nördlicher Ausrichtung. Sehr pikant, saftig und vibrierend lebendig.

Kalkvogel Grüner Veltliner

Karger Kalkboden bringt Feingliedrigkeit, Säurepikanz und eine enorm attraktive Textur in diesen Veltliner. Ein echter Langstreckenläufer, der am Gaumen viel Druck erzeugt.

Weintal Grüner Veltliner

Von einer kühlen, windexponierten Lage mit Lössboden kommt ein druckvoller Veltliner mit einer wunderbar kühlen Eleganz.

Radikal Grüner Veltliner

Von den ältesten Rebstöcken in Ebenthal und Ollersdorf (also auf Löss- und Kalksteinböden) entsteht dieses Energiebündel. Er rockt den Gaumen, zeigt zugleich enorme Eleganz, Tiefgang und Länge.

Elementar Grüner Veltliner

Hier lotet Herbert Zillinger das Spannungsfeld zwischen Kraft und Leichtigkeit aus. Der Wein wirkt ruhig, zeigt Aromen von Akazienblüten, Rosmarin und Basilikum. Am Gaumen entfalten sich Druck und Fülle, er wirkt saftig, erdig und zeigt kühle Mineralik.

Profund Traminer

Traminer mal ganz anders: Alte Reben und strenge Selektion lassen einen Wein von fast wilder Kräuterwürze entstehen. Ungemein lebendig, zugleich ruhig und abgeklärt. Ein Wein für nachdenkliche Stunden und zur Verlangsamung der Zeit.

Beim aktuellen Portfolio handelt es sich um eine faszinierende Palette unvergleichlich schöner und beeindruckender Weine – maximal natürlich und zugleich extrem fein, brillant und elegant. Vor allem die Grünen Veltliner präsentieren sich kristallklar, voll vibrierender Spannung, moderat im Alkohol, vital, energisch und druckvoll. Es sind Weine mit enormem Tiefgang und Dichte, ohne auch nur ansatzweise schwer oder aufdringlich intensiv zu wirken. Sie demonstrieren überzeugend, dass der Grüne Veltliner auch unter den Bedingungen des Klimawandels eine vielversprechende Zukunft im Weinviertel hat.

Schade nur, dass das herrschende Produktionsdisziplinar an einem Status quo festhält, der es diesen Weinen verwehrt, unter der Flagge der DAC Weinviertel zu segeln. Sie wären exzellente Botschafter der Region. Darüber sind Carmen und Herbert als waschechte Weinviertler betrübt, aber sie sagen: »Wir verbiegen uns nicht, um dem System zu gefallen.« Bleibt zu hoffen, dass noch weitere junge Winzerinnen und Winzer in der Region dem Vorbild der beiden folgen und die großen Chancen nutzen, die das Weinviertel bereithält. Dann kommt vielleicht auch Bewegung ins System.

Wider den Egotrip | Katharina Tinnacher

Weingut LacknerTinnacher | Südsteiermark

Katharina ist stilsicher. Wenn sie ihren Betrieb Traditionsweingut nennt, sind das keine leeren Worte. Sie hat höchst präzise Vorstellungen davon, was sie unter dieser Bezeichnung versteht und was nicht. Und das gleich von Anfang an. Als ihre Eltern ihr in 2013 das Zepter übergeben, ist sie gerade einmal 27 Jahre alt, aber selbstbewusst genug, um als eine ihrer ersten Amtshandlungen die Umstellung aller Weingärten auf biologisch-organische Bewirtschaftung einzuleiten. Damit hat sie keine Abkehr von den Traditionen des Weinguts im Sinn. Vielmehr will Katharina Wein auf eine Weise machen, wie ihn bereits ihr Großvater und in etwa auch ihr Vater in den 70er-Jahren gemacht haben. Also ohne all den Firlefanz und Machbarkeitswahn der 80er- und 90er-Jahre, ohne Reinzuchthefen und Gärenzyme und ohne den Einsatz von Filtern und Schönungsmitteln. Sie will Wein mit möglichst einfachen handwerklichen Mitteln machen, weil der Einsatz von zu viel Technik und Chemie ihrer Meinung nach nur dazu führt, dass die Weine ihren Herkunftscharakter einbüßen. Aber genau um diesen Herkunftscharakter geht es ihr von Anfang an und bis heute.

Zur Herkunft gehören für Katharina nicht nur Lage, Rebsorte und Wetter. Dazu gehören auch die regionalen Traditionen der Weingartenpflege, die stilistische Identität im Gebiet und die Weinkultur der Familie. Die geografische Lage zwischen Alpen und Mittelmeer bringe ein einzigartiges Klima mit sich. Mal sonnig und mediterran, dann wieder kühl und alpin. Weine, die diese Einflüsse ausdrücken, die mit den Extremen spielen und sie zugleich in Balance halten, bezeichnet Katharina als authentisch für ihre Heimat. Es sind saftige, elegante und feingliedrige Weine. Sie sind einerseits tänzelnd leicht, andererseits stoffig und dicht, komplex und tief. Südsteirische Weine dürften zudem über eine gewisse Fruchtigkeit verfügen, ergänzt sie. Ihre innere Spannung lebe geradezu von den Polen Frucht und Struktur.

Katharina weiß, dass sie – nicht zuletzt aufgrund der großartigen Vorarbeit ihrer Eltern – bereits sehr gut im eigenen Weingut vorangekommen ist. Ihre Eltern haben das Projekt »Herkunftsweine« bereits auf dem Schirm, als viele andere Winzer in der Region sich noch vornehmlich an internationalen Trends und den Meinungen der Kritiker orientieren. Dass ihr Vater seinerzeit nicht der Versuchung erliegt, die auch in der Südsteiermark in Mode gekommenen Barrique-Fässer einzusetzen, rechnet Katharina ihm hoch an. Er hat widerstanden und damit schlechtere Bewertungen in den einschlägigen Fachpublikationen in Kauf

Weingut LacknerTinnacher
Steinbach 12, 8462 Gamlitz
Österreich | Südsteiermark
www.tinnacher.at

Einzellagen: Ried Eckberg, Ried Flamberg, Ried Gamitz, Ried Sernau, Ried Steinbach, Ried Türken, Ried Welles
Rebsorten: Sauvignon Blanc, Morillon, Weißburgunder, Grauburgunder, Gelber Muskateller, Traminer, Riesling, Welschriesling
Rebfläche: 27,5 ha *Alter der Reben*: 5 bis 60 Jahre
Mitgliedschaften: Steirische Terroir- und Klassikweingüter (STK)

Sauvignon Blanc Gamlitz

Bemerkenswert seriöse Ortsweinqualität mit feinster Balance. Reife Frucht trifft auf einen temperamentvollen Gaumenauftritt mit tollem Grip und viel Struktur. Sportlich!

Gelber Muskateller Ried Gamitz (1 STK)

Intensiv aromatische Nase trifft auf einen fein abgestimmten Gaumenauftritt mit seidiger Textur, lebendiger Säure und schöner Phenolik. Ein ausdrucksstarker, großartiger Muskateller!

Sauvignon Blanc Ried Steinbach (1 STK)

In einer wärmeren Lage auf sandigem, kiesigem und mergeligem Boden gewachsen zeigt dieser Sauvignon reife, intensive und sehr elegante Frucht. Am Gaumen kraftvoll, konzentriert, sehr frisch und spektakulär salzig im Finale. Fantastisches Trinkerlebnis!

Sauvignon Blanc Ried Flamberg (G STK)

Im Kitzeck-Sausal-Gebiet auf Korallenkalkstein in 400 bis 450 Metern Seehöhe gewachsen. Bestechend komplett! Saftig, rund, dicht und elegant! Großartiges Alterungspotenzial!

Sauvignon Blanc Ried Welles (G STK)

Stammt von der nach Osten ausgerichteten Monopollage des Hauses mit kalkfreien, kiesigen Schotterböden in 480 bis 510 Metern Höhe. Ein ungemein dichter, pikanter und in manchen Jahren kantiger Sauvignon. Hat Größe und ein bemerkenswertes Alterungspotenzial!

Weißburgunder Ried Steinbach (1 STK)

Ein wirklich großer, sehr langer und salzig-komplexer, nuancierter und spannungsreicher Weißburgunder mit bemerkenswerter Eleganz.

Morillon Ried Eckberg (1 STK)

Von einer vergleichsweise kühlen, nach Osten ausgerichteten, steilen Lage auf rund 450 Metern Seehöhe kommt dieser straffe, enorm vitale und spannungsgeladene Morillon. Toller Grip und langer Nachhall! Exzellent!

Morillon Ried Flamberg (G STK)

Vielschichtige Nase und intensiver, saftiger und sehr eleganter und runder Gaumenauftritt. Der Abgang ist herrlich salzig und unendlich lang. Großer Wein!

genommen. Diese moralische Messlatte will Katharina auch bei der eigenen Arbeit anlegen.

Es geht ihr immer um die Frage, was dem Herkunftscharakter ihrer Weine dienlich ist. Das ist ihr Kompass, wenn sie darüber nachdenkt, was von der Hinterlassenschaft ihrer Eltern bewahrenswert ist und was weiterentwickelt werden darf. Maischevergorene Weißweine wird es deshalb bei ihr nicht geben, zumindest nicht als Abfüllungen des Hauses LacknerTinnacher. Nicht, weil auf diesem Weg keine großartigen Weine erzeugt werden können, sondern weil die resultierenden Weine weder zum traditionell eleganten und leichtfüßigen Weinstil des eigenen Weinguts noch zur fruchtgeprägten Identität südsteirischer Weine passen.

Einen entscheidenden Schub haben die Diskussionen um den Herkunftscharakter südsteirischer Weine mit dem Jahrgang 2017 bekommen. Mit der biologischen Bewirtschaftung der Weingärten hat sich – nicht nur im Hause *LacknerTinnacher* – die Qualität der Trauben verändert. Es werden kleinere Beeren mit dickeren Schalen, höherem Gerbstoffgehalt und größerer geschmacklicher Tiefe sowie innerer Dichte geerntet. Darauf muss im Keller reagiert werden, sofern die immer auch über die Frucht geprägte Identität südsteierischer Weine nicht gänzlich aufs Spiel gesetzt werden soll. Andererseits sieht Katharina in diesen Entwicklungen eine Chance, die allzu sehr über die Frucht definierte regionale Identität weiterzuentwickeln, zumal immer mehr Betriebe den Bogen überspannen und mittels übertriebenen Einsatzes von Aromahefen, Enzymen und Kaltgärung die Fruchtausprägung ihrer Weine ins kitschig-belanglose abdriften lassen. Mit dem Jahrgang 2017 sind deutlich mehr Würze und Struktur in eine ganze Reihe südsteirischer Weine gelangt. Dadurch wirken sie noch einmal kompletter, erwachsener und seriöser. Sie präsentieren sich tiefgründiger und vielschichtiger und bilden damit eine Stilistik ab, die einen langfristig tragfähigen Kompromiss für das Gebiet signalisieren könnte.

Daraus leitet die junge Winzerin zwei Kernaufgaben für die nächsten Jahre ab: Erstens will sie das eigene Weingut so aufstellen, dass es jedes Jahr noch etwas besser gelingt, herkunftsgeprägte Weine auf Flaschen zu füllen. Zweitens will sie dazu beizutragen, dass auch das Gebiet sich in dieser Frage weiterentwickelt und eine nach innen und außen tragfähige Identität ausbildet. Den stilistischen Fokus weiter zu schärfen und ein homogenes und in sich stimmiges Bild vom südsteirischen Wein zu kommunizieren, können die Winzer nur gemeinsam schaffen. Es verlangt Korpsgeist und die Bereitschaft, Komfortzonen zu verlassen. Bleibt zu hoffen, dass es Katharina und ihren Mitstreitern in der Vereinigung Steirische Terroir- und Klassikweingüter (STK), aber auch gemeinsam mit ihren Kollegen in der Gruppe »Schmecke das Leben« gelingt, Brücken zu bauen, die irgendwann auch von all jenen begangen werden, die heute noch jedwedes Abrücken von der fruchtgetriebenen Identität als Hochverrat empfinden.

Raum für individuelle Positionierungen, für Lagenunterschiede, Rebsortenvielfalt und Ausbauvarianten bleibt noch genug. Katharina jedenfalls schaut nach vorn und hat ein neues Projekt bereits fest im Visier: längere Lagerzeiten und eine spätere Vermarktung ihrer Weine. »Das wird dem gesamten Sortiment noch einmal einen mächtigen Schub geben.«

Back to the roots | Stefan Wellanschitz | *Kolfok* |
Burgenland

Neckenmarkt – ein Ort mit Geschichte und Tradition. Gelegen an einer der alten Handelsstraßen von Nord nach Süd und stets im Spannungsfeld unterschiedlicher Kulturen ist die Ortschaft immer schon von Diversität geprägt – auch beim Wein. Die oft unheilvolle Allianz aus Rationalisierung und Mechanisierung macht in der zweiten Hälfte des vergangenen Jahrhunderts dieser Vielschichtigkeit im Weinbau ein Ende. Neckenmarkt wird wie das gesamte Mittelburgenland rot. Von klein auf bekommt Stefan mit, wie die weiße Seele seines Ortes buchstäblich herausgehackt und die Neckenmarkter Rieden auf Uniformität getrimmt werden. »Der Bezug zu allem, was wir hatten, ging von heute auf morgen verloren. Wir wurden Leugner unserer eigenen Geschichte«, erzählt er. Als Stefan 2015 beginnt, seine ersten eigenen Flächen zu bewirtschaften, steht von Anfang an fest: Er gibt dem weißen Neckenmarkt sein Gesicht zurück und setzt sich mit einer Zeit auseinander, in der die beiden Farben noch auf Augenhöhe miteinander verkehren.

Durch die Rekultivierung alter Parzellen und Neuanpflanzungen ist mittlerweile mehr als die Hälfte der *Kolfok*-Rebfläche mit weißen Rebsorten besetzt. »Das Probieren gereifter Weine mit meinem Großvater öffnete mir die Augen für das Potential der Weißweine in unserer Region«, blickt Stefan zurück. Eigentlich kein Wunder, dass er heute einige der spannendsten Weißweine des gesamten Burgenlands produziert. Neben Grünem Veltliner, Weißburgunder und Furmint steht gleichberechtigt auch der Welschriesling. Eine verkannte Rebsorte, zu oft nur als Basis für dünne und neutrale Weine verdammt. Anspruchsvolle Lagen, alte Reben, moderate Erträge und eine von Zurückhaltung geprägte Vinifikation zeigen, dass der Welsch durchaus ein grandioser Botschafter seines Terroirs sein kann.

Und dieses ist in Neckenmarkt durchaus komplex. Stefan spricht vom pannonisch-alpinen Mix. Es ist ein Zusammenspiel aus dem warmen und trockenen Klima der pannonischen Tiefebene und verschiedenstem Gestein aus den Alpen, die mit dem Ödenburger Gebirge im Mittelburgenland einen ihrer östlichsten Ausläufer besitzen. Mit aufsteigender Höhe finden sich in den Rieden so neben Lehm und Kalk auch Gneis und Schiefer, wie beispielsweise in der auf 480 Metern gelegenen höchsten Riede Hochberg. Trotz der moderaten jährlichen Niederschläge arbeitet Stefan völlig ohne Bewässerung, sieht allerdings im Kontext des Klimawandels das Wassermanagement als eine der größten Herausforderungen für die Zukunft.

In den biologisch bewirtschafteten Weinbergen setzt er auf hohe Pflanzdichte, teilweise wird das Doppelstocksystem mit 10.000 Stöcken pro Hektar praktiziert. Erfrischend für das Auge ist die Vielfalt an anderen Pflanzen, so finden sich in allen Rieden Obstbäume, Sträucher und verschiedenste Kräuter. Stefan versucht ein selbstregulierendes System im Weinberg zu erreichen, das entsprechend ohne großen Input auskommt. Dies ermöglicht weniger Laubarbeit, den fast völligen Verzicht auf grüne Lese und es wird ein ausgewogenes Blatt-Frucht-Verhältnis erreicht. Die kleinbeerigen, lockeren Trauben mit dickerer Schale sind weniger anfällig gegenüber Pilzkrankheiten und die Grundlage für Konzentration und Dichte im späteren Wein. Zusätzlich eingesetzte Kräuterpräparate aus Eigenproduktion unterstützen die Vitalität der Reben und sorgen für eine bessere Blattstruktur.

Auch im Keller springt Stefan in der Zeit zurück und verwendet ausschließlich österreichi-

IETS
FRANS

sche statt der so populär gewordenen französischen Eiche. Teilweise kann er dabei sogar auf Neckenmarkter Holz aus den eigenen Familienwäldern zurückgreifen. Regionaler geht es nicht. Sensorische Kontrollen statt analytische Werte prägen das Handeln im Keller, auf Behandlungsmittel wird bis auf eine geringe Schwefeldosis vor der Abfüllung komplett verzichtet. Alle Weine werden spontan vergoren und blubbern teilweise bis zur nächsten Lese in den Fässern vor sich hin. Partiell praktiziert Stefan die intrazelluläre Gärung, bei der die Bildung von Ethanol innerhalb der intakten Beeren ausschließlich unter dem Einfluss traubeneigener Enzyme in einem geschlossenen Gärbehälter erfolgt. Nach mehreren Wochen wird der Wein abgezogen und im Holzfass fertig vergoren. Die auf diesem Weg erzeugten Weine glänzen mit noch mehr Biss und zeigen ein aufregend anderes Aromenspiel.

Kolfok
Lange Zeile 28, 7311 Neckenmarkt
Österreich | Burgenland
www.kolfok.com

Einzellagen: Hussi, Bodigraben, Hochberg, Grunderitsch, Stinkenbrunn, Preinerberg, Pollersgraben, Zinnersack, Kühberg
Rebsorten: Blaufränkisch, Rotburger, Grüner Veltliner, Welschriesling, Weißer Burgunder, Furmint
Rebfläche: 9 ha *Alter der Reben*: 3 bis 80 Jahre

Querschnitt weiß

Reflektiert die Sorten- und Bodenvielfalt und damit die Kultur des Burgenlandes. Kombiniert auf wunderbare Weise Anspruch mit Offenheit.

Welschriesling Nolens Volens

Ein Welsch der Superklasse aus der direkt an der ungarischen Grenze gelegenen Riede Burgstall. Straff, dicht, energetisch. Räumt mit den alten Klischees deutlich auf.

Grüner Veltliner Vulkan Alte Reben

Kommt aus drei verschiedenen Weingärten, die mit bis zu 80 Jahre alten Reben bestockt sind. Kompromisslos auf Struktur gebaut und trotzdem mit Feinheit, kann reifen.

Weißer Burgunder Muschelkalk Alte Reben

Nur ein 600-Liter-Fass gibt es von diesem 1962 gepflanzten Weißburgunder aus der Lage Hussi. Ästhetik pur, der Wein strahlt eine wahnsinnige Ruhe aus, zeigt Fokus und Tiefe. Ein Solitär!

Querschnitt Rot

Die rote Variante des Kulturweines für den Alltag. Saftige Frucht, geschmeidig und lebhaft. Easy going Burgenland mit Charakter.

Güterweg Neckenmarkter Blaufränkisch

Kühle Frucht, florale Akzente, trotz der Dichte überhaupt nicht schwerfällig, sondern sehr animierend. Tolle Interpretation eines Neckenmarkter Ortsweines.

Güterweg Neckenmarkter Ried Bodigraben

Ungewöhnliche Lage, die sowohl nach Süd und Nord ausgerichtet ist. Purer Orthogneis, die Reben stehen bis auf 400 Metern Höhe. Beweist eindrucksvoll, wie elegant das rote Mittelburgenland sein kann, vom ersten Sniff bis zum Finale ist alles von Frische geprägt.

Alle Weine von Stefan sind richtige Tiefgänger. Mit Bravour meistern sie den Spagat zwischen Konzentration und Leichtigkeit und bei jedem Wein wabert eine pulsierende anregende Säure im Untergrund. Die Weißweine sind weit weg von jeglicher vordergründigen Frucht. So zeigt der Grüne Veltliner »Vulkan« mit seiner irren Kräuterwürze, dass nicht jeder Vertreter dieses österreichischen Kassenschlagers zwangsläufig in einem Einerlei von Grapefruit und Steinobst enden muss. Die Rotweine vom Blaufränkisch reflektieren unverkennbar die pannonische Wärme und strahlen doch aromatische Kühle und Zartheit aus. Mehr und mehr kombiniert Stefan wärmere Südlagen mit den Trauben der kühleren Nord- oder Ostlagen, um diese Nervigkeit und Balance zu erreichen. Klar, dass Stefan mit seinen Blaufränkischen auch im Hidden Treasures Projekt des burgenländischen Visionärs Roland Velich vertreten ist, wo innovative Winzer ein völlig neues Bild des Burgenlandes auf die Leinwand bringen.

Auch für die kommenden Jahre hat Stefan noch zahlreiche Ideen. Neben der weiteren Fokussierung auf Blaufränkisch und neue Weine aus den umliegenden Ortschaften wird Furmint einen größeren Stellenwert einnehmen. Eine Rebsorte, die außer den berühmten Süßweinen auch großartige trockene Weine erbringt und nach Jahrzehnten eines Schattendaseins derzeit ein großartiges Comeback erlebt. Mit Winzern wie Stefan ist Neckenmarkt auf dem besten Weg, wieder ein Stück seiner Diversität zurückzuerlangen. Die Schätze dieser großartigen Kulturlandschaft wieder an die Oberfläche zu bringen, das ist seine Vision. Back to the roots!

Leises Portugal

Noch nie war das südwestlichste Land Europas so aufregend wie heute. Fast unbemerkt vom Rest der Welt ist es zunächst eine leise Revolution, die in Portugals Weinlandschaft stattfindet. Der Nachholbedarf an Wissen, Investitionen und neuen Ideen ist bedingt durch die lange politische Isolation und eine von Großkellereien und Genossenschaften dominierte Periode riesig. Abseits von Port und Madeira gibt es mit wenigen Ausnahmen bis zum Beginn der 90er-Jahre kaum Weine, die im internationalen Rampenlicht stehen.

Im Spannungsfeld zwischen maritimem und kontinentalem Klima bietet Portugal völlig unterschiedliche Bedingungen für den Weinbau. Mit dem Nachbarn Spanien teilt man sich sowohl den riesigen Schatz an autochthonen Rebsorten als auch eine sehr alte Kultur, die eigenständige Methoden und Techniken hinterlassen hat. Es ist spannend zu sehen, wie im heutigen Portugal die Vergangenheit und Moderne zusammenfließen, wie eine neue Generation an gut ausgebildeten Winzern beides nutzt, um Weine mit einem unverwechselbaren Fingerprint zu machen.

Bedingt durch die Nähe zum Atlantik kommen viele Weinberge in den Genuss moderater Temperaturen und ausreichend Feuchtigkeit, die Grundlage für feinsinnige und erfrischende Weine. Hier ist das neue Portugal zu Hause. Im Norden streift das Vinho Verde sein Image vom leicht prickelnden »Grünen Wein« ab und beweist, dass er mit den beiden Stars Alvarinho und Loureiro auch auf großer Bühne bestehen kann. Die stilistische Breite ist enorm – vom Schaumwein und Naturwein bis zum komplexen, in der Amphore oder im Holz gereiften Lagenbotschafter ist alles zu finden.

Unterhalb von Porto putzt sich die kleine Region Bairrada gerade für die Zukunft heraus, hat mit Baga ein echtes Ass im Ärmel. Bairrada spielt auch die Vorreiterrolle im Bio-Anbau. Ein Thema, bei dem Portugal im Vergleich zum Rest Europas noch Nachholbedarf hat. Die Nachbarregion Dão ist dabei, den großartigen Ruf der Vergangenheit wiederherzustellen, sucht aber noch ihr eigenes Profil. Wie so oft spielt dabei der Einsatz von Holz eine wesentliche Rolle. Die besten Weine zeigen jedoch, warum der wahre Weinenthusiast auf einen Dão im Keller nicht verzichten kann.

Die vom Kalkstein geprägte Küstenregion von Lissabon hat zweifellos das Potential zu den führenden Regionen des Landes aufzuschließen, was auch die Weine der neuen Ära nachdrücklich belegen. Seite an Seite stehen sie mit dem faszinierenden Dinosaurier Colares, dessen leise Weine zu den eigenständigsten in ganz Europa gehören. Hier schließt sich der Kreis zum neuen Stil. Es sind die leisen Weine, die in Portugal heute überzeugen. Weine, die unter die Haut gehen. Der Gegenentwurf zur lauten Welt.

Zwischen zwei Welten | António Madeira | *Dão*

Der Wein bringt António zurück in die Heimat. Wie viele Portugiesen fliehen auch seine Eltern in den frühen 70er-Jahren vor dem Salazar-Regime, gehen nach Frankreich. António wird in Paris geboren und wächst hier auf, später ist er oft in den Sommerferien im Dão, wo die Wurzeln seiner Familie liegen. Er studiert in Frankreich, macht als Ingenieur Karriere und beginnt sich für Wein zu interessieren. Zuerst ist es Burgund, dann die anderen großen Weine der Welt. Irgendwann reift der Entschluss, selbst Wein zu machen, denn aus dem Interesse ist längst Leidenschaft geworden. António überlegt, wo er sein Vorhaben in die Tat umsetzen will.

Die Wahl fällt auf die Heimat der Familie. Zunächst agiert er aus der Ferne, in jeder freien Minute geht es von Paris in das Hochland des Dão, die Serra da Estrela. Schließlich wagt er den kompletten Absprung, verkauft die Eigentumswohnung in Paris und siedelt 2017 um. Vom Erlös der Immobilie finanziert er eine kleine Halle und das notwendige Equipment für den Keller.

Über Jahre kartographiert António die Region, in Gesprächen mit den Einheimischen sucht er nach den besten Weinbergen der Vergangenheit. Hochgelegene Parzellen mit alten Reben. Meist schwierig zu bewirtschaften und mit geringen Erträgen, aber dafür mit dem Potential für eigenständige Weine. Als António zurückkommt, erlebt das Dão gerade einen Aufschwung. Früher ist die Region eine der großen Adressen für portugiesischen Rotwein in Portugal, dümpelt dann aber in den Jahrzehnten der Diktatur vor sich hin. Fast die gesamte Produktion liegt seinerzeit in der Hand von Genossenschaften und einer Handvoll überregionaler Betriebe, dazu machen viele Familien Wein für den privaten Verbrauch. »Die meisten Weine in dieser Zeit waren weit weg vom Renommee der Vergangenheit, waren oft rustikal und derb«, so António. Mit Pionieren wie Alvaro Castro, einem der späteren Lehrmeister von António, beginnt eine neue qualitative Ära im Dão. »Allerdings hatte dieser Aufstieg auch seine Schattenseiten. Viele der alten Weinberge wurden jetzt als unrentabel angesehen und gerodet. Seit 2010 sind rund 90 Prozent dieser historischen, genetisch so wertvollen Parzellen verschwunden. Mit der Neuanlage von Weinbergen kam auch die Monotonie und es wurden nur noch wenige Rebsorten angepflanzt, darunter auch welche, die keine Tradition im Dão haben, wie beispielsweise die Tinta Roriz«, beschreibt António die konträre Entwicklung der letzten zwei Dekaden.

»Für mich stand immer fest, dass ich ausschließlich mit den alten Parzellen arbeiten will, sie besitzen die wahre Seele des Dão«. Das ist zunächst nicht einfach, misstrauisch beobachten die Einheimischen das Vorhaben des portugiesischen Franzosen. »Früher war ich in Frankreich der Portugiese, heute bin ich hier der Franzose, schon eine verrückte Welt mit diesem nationalen Denken«, erzählt António. Nach und nach gelingt es ihm Vertrauen aufzubauen, auch durch die Kontakte von Alvaro Castro sowie dem Vater seiner Frau. Er überzeugt die Einwohner der umliegenden Dörfer, ihm die alten Plots zu verpachten, und übernimmt im Gegenzug die komplette Bewirtschaftung. Eine Win-win-Situation für beide Seiten.

Die Subregion Serra da Estrela gilt als einer der qualitativ besten Spots des Dão, der größte Teil der Weinberge liegt auf einer Höhe von 300 bis 800 Metern. António bewirtschaftet mittlerweile sechs Hektar, die sich auf 24 Einzellagen verteilen. Eine logistische Herausforderung, insbesondere in der Lesezeit. Der Aufwand in der Wachstumssaison ist enorm, in den alten Anlagen ist eine maschinelle Bearbeitung kaum möglich. Von Alvaro Castro lernte er die traditionellen Methoden der Bewirtschaftung. Schrittweise hat er dies in den letzten Jahren durch eigens hergestellte, an die Biodynamik angelehnte Präparate ergänzt, auch wenn António nicht an die spirituelle Komponente dieses Konzepts glaubt. Er legt den Fokus auf eine hohe mikrobiologische Aktivität im Boden, ist überzeugt davon, dass damit Komplexität und Charakter in hohem Maß geformt werden. »Es gibt mehr unterschiedliche Hefestämme und Bakterien, die später den Geschmack des Weines entscheidend beeinflussen. Nur in einem gesunden Weinberg mit einer hohen Population an Mikroorganismen schmecke ich später die Aromen der Landschaft, die Blumen, Gräser und Kräuter.«

Antónios Weinberge sind ein genetisches Füllhorn, er schätzt, dass er über 40, heute zum Teil fast ausgestorbene Rebsorten im Bestand hat. Bei den weißen Sorten dominieren Cercial und Bical, bei den Roten sind es Baga, Jaén,

Tinta Pinheira und Tinta Amarela. Baga ist heute der Star im Nachbargebiet Bairrada, aber António vertritt die These, dass diese Sorte ursprünglich aus der Serra da Estrela kommt. Für die Lese und Verarbeitung der Trauben ist Burgund sein Vorbild, er sieht jede Parzelle als eigenständigen Cru. Dementsprechend werden fast alle Plots getrennt gelesen und vinifiziert. Erst später entscheidet er, welche Partien gemeinsam assembliert werden. António bevorzugt eine sanfte Extraktion. Die Haupteigenschaften des klassischen Dão sind für ihn Eleganz und Feinheit. Alle Weine werden spontan vergoren und reifen in einem Mix aus Edelstahl und Holz verschiedener Größen. Mehr passiert nicht im Keller. »Neben Burgund hat mich auch die Naturwein-Szene und deren ›Low Intervention Philosophie‹ inspiriert.« Komplett auf Schwefel möchte er aber trotzdem nicht verzichten, eine geringe Schwefelung von zehn Milligramm pro Liter trägt für António entscheidend zur Stabilität des abgefüllten Weines bei.

»Zwischen zwei Welten, so habe ich mich oft gefühlt.« Es sei kein einfacher Weg gewesen, manchmal hat António mit dem Gedanken gespielt, die Zelte wieder abzubrechen. Die Leidenschaft für die Weine des Dão hat ihn daran gehindert. In Bestform gehören sie für ihn in eine Reihe mit den großen Weinen der Welt. Nicht zuletzt in seinen beeindruckenden

António Madeira
Avenida 16 de Septembro 5B, 6270-222 São Marthino
Portugal | Dão
www.envinate.com

Rebsorten: Arinto, Baga, Bical, Cercial, Encruzado, Fernão Pires, Jaén, Negro Mouro, Tinta Amarela, Tinta Pinheira
Rebfläche: 6 ha *Alter der Reben*: 30 bis 130 Jahre

A Liberdade

Die Freiheit im Wein. Über 30 Jahre alter weißer Mischsatz, darunter Encruzado und Cercial. Im Edelstahl vergoren und ausgebaut, so gut wie kein Schwefel. Braucht Luft, zeigt dann ein Intermezzo aus Wiesenkräutern und Steinfrucht. Fest strukturiert, besitzt Grip und Länge.

Branco Vinhas Velhas

Selektion aus verschiedenen Parzellen, die ältesten Reben sind rund 130 Jahre alt. Ausbau über zwei Jahre, davon ein Jahr im 500-Liter-Holzfass. Sehr puristisch, zunächst fast karg. Ätherische Noten, etwas Feuerstein. Am Gaumen salzig, mit viel Biss. Ein Wein für Strukturtrinker.

Tinto Vinhas Velhas

Kommt aus den ältesten Plots von António, die meisten Reben sind über 100 Jahre alt. In oben offen Behältern vergoren, sehr moderate Extraktion. Reift über 18 Monate in gebrauchter französischer Eiche. Fein akzentuierte Frucht. Florale Noten, Waldbeeren, Pinie. Großartige Frische, feinkörniges Tannin. Konzentriert, dicht und trotzdem fast leicht. Kann lange reifen.

A Palheira

Die Palheiras sind kleine Steinhäuser in den Weingärten. Drei verschiedene Parzellen, der Hauptanteil ist Baga. Viel Würze, Lakritz, staubig-steinige Noten. Muskulös, fest, lang. Die Interpretation des Granit.

A Centenária

Ein über 100 Jahre altes Plot, vorwiegend mit Jaén bepflanzt, dazu rund drei Dutzend weitere weiße und rote Sorten. Das Gegenstück zum A Palheira. Fast seidige Textur, duftig und verspielt in der Nase. Erst später ist der feste Kern spürbar, das Tannin ist präsent, jedoch perfekt integriert. Zeigt Tiefgang und Größe.

Weinen zeigt sich, dass António mittlerweile wirklich angekommen ist. Fast spiegeln sie etwas von seinem steinigen Weg wider. Sie sind zunächst zurückhaltend, etwas abweisend, brauchen Zeit und Beschäftigung. Dann entwickeln sie eine faszinierende Tiefe, nehmen mit auf eine Reise in verschiedene geschmackliche Dimensionen, überschreiten die Grenzen einer rationalen Beschreibung und lassen einen zwischen den Welten zurück.

Die Baga Terroirista | **Filipa Pato & William Wouters** | *Bairrada*

Fragestunde unter Sommeliers. Welche sind die drei großen B der Weinwelt? Bordeaux, Burgund und Barolo. Falsch. Erstaunte Blicke in der Runde. Was dann? Baga, Bical, Bairrada. So jedenfalls sieht es die Familie Pato, tief überzeugt von der Einzigartigkeit des Weinbaus in der Atlantikregion südlich von Porto. Bereits Filipas Großvater ist ein Visionär, füllt als einer der ersten Winzer der Region die autochthone Rebsorte Baga unter eigenem Namen ab. Der Vater Luis Pato gilt heute in Portugal als lebende Legende, untrennbar ist sein Name mit dieser einzigartigen Rebsorte verbunden. Und Filipa? Sie ist auf dem besten Wege, dieses Werk in neue Höhen zu führen und schreibt sie weiter, die Geschichte der Baga Terroirista.

Kurz nach der Jahrtausendwende beginnt Filipa mit den Vorbereitungen für ihr eigenes Weingut. Akribisch studiert sie die unterschiedlichen Bedingungen von Bairrada, besichtigt zahllose Weinberge. Sie redet mit den Einwohnern der umliegenden Dörfer und schaut, wo sich historisch die besten Lagen für Baga und die anderen einheimischen Rebsorten befinden. Bewusst entscheidet sich Filipa für den eigenen Weg, losgelöst vom Weingut des Vaters, obwohl dies vermutlich einfacher und sicherer gewesen wäre. Rückblickend ist es mehr als eine gute Entscheidung. Nicht nur für sie, sondern für die ganze Region. Ihr ist es gelungen, eine ganz andere Seite des Baga zu zeigen. Diese Seite existiert bisher fast nur im Verborgenen, Filipa holt sie an die Oberfläche. Die elegante Seite, das Subtile und Delikate. Der Kontrapunkt zum Image des robusten Tanninmonsters.

Sie bemerkt in dieser Zeit aber auch, dass der Weinbau ihrer Heimat auf der Kippe steht. Weinberge werden gerodet und die einheimischen Spezies durch internationale Rebsorten ersetzt. Für Filipa ist das purer Vandalismus, der gestoppt werden muss. Unerwartet bekommt sie einen engen Verbündeten im Kampf für den Erhalt ihres kulturellen Erbes. Sie trifft den Belgier William Wouters, entzündet auch in ihm das Feuer für die drei Bs. Das Team der Baga Terroirista wächst.

Unverkennbar drückt der nahe Atlantik der vom Jura-Kalkstein geprägten Region seinen Stempel auf. Die meisten Weinberge sind nur 15 bis 20 Kilometer von der Küste entfernt und atmen die Frische des Ozeans. Weiter im Inland, an der Grenze zum Dão, prallen die Winde am Höhenzug der Serra do Caramulo ab und fallen zurück in die kleinen Täler von Bairrada. Die meisten Reben stehen auf nach Osten ausgerichteten Hügeln und genießen ein morgendliches Sonnenbad. Olivenbäume und kleine Wälder umsäumen vor allem die historischen Parzellen und tragen zusätzlich zu den sehr variablen mikroklimatischen Bedingungen bei. Für Filipa und William ist das ein ganz entscheidender Faktor bei der Erzeugung vielschichtiger Weine.

BAGA
TERROIRISTA
BAGA
TERROIRISTA

Filipa Pato & William Wouters
Rua de Sto André 41, 3780-502 Óis do Bairro
Portugal | Bairrada
www.patowouters.com

Rebsorten: Arinto, Baga, Bical, Cercial, Arinto, Maria Gomes
Rebfläche: 21 ha *Alter der Reben*: 3 bis 140 Jahre
Mitgliedschaften: ABIOP

3B Blanc de Blancs Brut Nature

Blend aus Bical, Maria Gomes und Cercial. Traditionelle Flaschengärung, neun Monate Reifezeit auf der Hefe. Fruchtbetonter Schäumer. Birne, Fenchel. Knochentrocken, aber nicht anstrengend. Linear gebaut, ohne Firlefanz.

3B Rosé Extra Brut

Zwei Drittel Baga, der Rest Bical. Direktes Pressen, der Grundwein ist spontan vergoren, ebenfalls nur kurze Reifezeit auf der Hefe. Sehr saftige, intensive Frucht. Unkompliziert, aber nicht banal.

Dinâmica Bical & Arinto

Ganztraubenpressung, temperaturkontrollierte Vergärung. Ein geringer Teil reift im Holz. Birne, florale Noten, etwas Jod. Präsente Säure, geradlinig, leicht salziges Finale. Der Atlantik in der Flasche.

Nossa Calcário Bical

Einzellage in Óis do Bairro. Ganztraubenpressung, Ausbau über acht Monate in Pipas. Zurückhaltende, aber konzentrierte Nase. Kräuter, Mandel, Birne. Baut sich im Mund schichtenartig auf, endet lang und kalkig.

Post Quer..s Bical

Vergärung und Ausbau in der Amphore. Mehr Textur als der Nossa, aber auch direkter. Dezente Rauchigkeit, Thymian. Von der Frische des Ozeans getragen, der herbe Kick im Finish sorgt für zusätzliche Dramatik.

Dinâmica Baga

Komplett entrappt. Lange, aber sanfte Extraktion. Walderdbeere, Lakritze, weißer Pfeffer. Schlank, moderates Tannin, saftige Frucht im Finish. Great Value.

Território Vivo Baga

Verschiedene kleine Plots mit alten Reben. Teilweise mit den Stielen vergoren, leichte Extraktion. Ausbau im Holz verschiedener Größen. Geradlinig, fast schlank. Feinkörniges Tannin, saftige Frucht. Ein Schmeichler.

Nossa Calcário Baga

Kommt von den ältesten Parzellen, 80 bis 130 Jahre alte Reben. Sehr behutsame Extraktion in offenen Gärbehältern, reift in gebrauchten Pipas. Kühler Charakter. Kirsche, ätherische Noten, balsamische Würze. Auf Eleganz gebaut, genau das richtige Maß an Struktur und Grip. Braucht Zeit im Glas, kann eine Dekade reifen.

Nossa Missão Baga

Das kulturelle Erbe. Ein halber Hektar mit Pre-Phylloxera Reben. Nur wenige Hundert Flaschen. Partiell mit den Stielen vergoren, für 18 Monate in Pipas gereift. Kein Schwergewicht, aber mit Tiefgang. Komplex, ätherisch, surreal.

Espírito de Baga

Extraktion mit den Füßen, Aufspriten während der Gärung, um die natürliche Süße zu erhalten. Zwei Jahre Ausbau in alten Pipas. Schwarzkirsche, Cassis, Bitterschokolade. Zeigt Power und Dichte, ohne behäbig zu sein. Das Tannin puffert die Süße super ab, die im Hintergrund pulsierende Säure sorgt für Frische und Spannung.

Besonders stolz sind sie auf ihre Parzellen, die noch vor der Reblaus angelegt wurden. Die bis zu 140 Jahre alten Baga Reben haben Generationen vorbeiziehen sehen, ihre Geschichten könnten ganze Bücher füllen. Ein lebendiges Museum, wie William sagt. Quelle ihrer Inspiration und das Herz ihres Weinguts. Und selbst wenn diese alten Reben irgendwann Geschichte sind, lebt ihr Geist weiter. Gezielt werden von ausgewählten Reben Triebe geschnitten, die damit der Ausgangspunkt für Neuanpflanzungen sind. Die Diversität der alten Weingärten bleibt auf diesem Weg erhalten. Filipa schaut auf den Erhalt der Vielschichtigkeit des ganzen Umfeldes, fördert gezielt das mikrobiologische Leben im Boden. Sie pflanzt Bäume und Sträucher, um die Ansiedlung von Bienen und anderen Insekten zu fördern, und nutzt diese gleichzeitig als natürliche Barrieren und Ausgleichsflächen. »Es gilt zu begreifen, dass alles seinen Sinn hat.« Wenn die Balance stimmt, entstehe eine symbiotische Beziehung zu allen Lebewesen, davon ist Filipa überzeugt. Je stärker der Mensch in diese Balance eingreife, desto stärker sei die Gegenreaktion der Natur. Ein Teufelskreis, der sich dann verselbstständige.

Weine ohne Make-up. Akribisch arbeiten Filipa und William im Keller und doch ist alles von Zurückhaltung geprägt. Die zarte Strenge des Kalksteins, die Unendlichkeit und Kühle des Atlantiks. Diesen Hauch von Salzigkeit in die Flasche zu bekommen, ist das Ziel. Nicht Power und Konzentration, sondern Nuancen, Facetten und Zwischentöne. Diese Überschrift charakterisiert alle Weine – egal ob weiß oder rot – und ist die Vorgabe für den gesamten Prozess. Neues Holz ist auf ein Minimum reduziert, in den letzten Jahren finden mehr und mehr Amphoren Verwendung im Keller. Bis auf wenige Ausnahmen sind die Weine das Ergebnis vieler kleiner Parzellen, von denen jede einzelne ihren Charakter einbringt. Für William ist es einer der spannendsten Momente im Jahr, wenn es darum geht, die verschiedenen Charaktere zu einem organischen Ganzen zu formen. So wie der Dirigent sein Orchester führt, ein Musikstück erst durch ihn einen harmonischen Klangteppich ergibt.

Für Bairrada sind die Patos eine Initialzündung. Mehr und mehr kleine Winzer starten ihre eigenen Projekte und erkennen, wie wertvoll Baga ist. Sie wächst weiter, die Equipe der Baga Terroirista. Noch ist viel zu tun, denn die Weine der Region sind außerhalb Portugals eher ein Geheimtipp. Die Einzigartigkeit der kleinen Atlantikregion in die Köpfe der Welt zu bringen, das sei der nächste wichtige Schritt, so William. Bairrada gehört die Zukunft, davon sind Filipa und er felsenfest überzeugt.

Raus aus dem Ödland | Pedro Marques

Vale da Capucha | Torres Vedras

Die Region nördlich von Lissabon ist berühmt für ihre spektakuläre Steilküste, die von versteckten Buchten und kleine Sandstränden unterbrochen wird. Für Connaisseurs ist es eher Ödland und der Wein von dort spielt keine Rolle. »Unsere Region hat keine einfache Zeit hinter sich. Nach dem Zweiten Weltkrieg wurde die Weinproduktion industrialisiert, wir verloren einen Großteil unserer traditionellen Rebsorten. Bis heute ist noch ein großer Teil Bulkwein, dieser verschwindet in einfachen Markenweinen oder wird destilliert«, erklärt Pedro. Auch seine Familie verkauft ihre Trauben an die großen Produzenten, schon im Kindes-

alter hilft er oft während der Lese mit. Als Pedro zusammen mit seinem Bruder 2007 das Landgut übernimmt, ist für ihn der Traubenverkauf nicht länger eine Option. Zu viel hat er während der Ausbildung und Praktika gesehen, ist beeindruckt, was in anderen Ländern und Regionen passiert.

Pedro glaubt an das Potential seiner Heimat, ist überzeugt, dass er hier genau solche Weine machen kann, die ihn auf seinen vielen Trips begeistert haben. Und da halbe Sachen nicht sein Ding sind, verordnet er dem Weingut eine komplette Restrukturierung. Innerhalb von drei Jahren werden fast die gesamten Weinberge neu bestockt. Ausgepflanzt werden vor allem weiße Rebsorten, die früher in der Atlantikregion um Lissabon stehen. Pedro selektioniert diese aus den letzten verbliebenen alten Plots. Dazu kommen einige experimentelle Parzellen mit anderen portugiesischen Sorten, unter anderem Alvarinho und Touriga Nacional. Auch französische Varietäten probiert er aus, merkt jedoch schnell, dass dies ein Fehler ist. Syrah und Viognier sind für das Atlantikklima nicht geeignet, die meisten Reben werden nach einigen Jahren umgepfropft. Und eigentlich braucht er sie auch nicht, wie Pedro rückblickend feststellt. Er hat mit den einheimischen Sorten genug, um sich stilistisch auszutoben.

Die Weinberge liegen in Torres Vedras, nur wenige Kilometer von der Küste entfernt. »Es herrscht ein vollkommen anderes Klima in diesem schmalen Bereich. Perfekte Bedingungen für Weißwein oder für Weine mit Frische und betonter Säure im Allgemeinen. Es ist kühler, feuchter, windiger. Nur eine halbe Stunde weiter landeinwärts verändert sich das Klima drastisch, es ist heiß und trocken.« Die Böden der Region sind aus purem Muschelkalk, der Grundlage für Weine mit Struktur und Eleganz. *Vale da Capucha* ist seit 2012 biozertifiziert und gehört damit zu den Vorreitern im Gebiet. Für Pedro ist es ein Selbstverständnis, ökologisch zu arbeiten. »Von Beginn haben wir das Konzept des Terroirs für unsere Weine zugrunde gelegt. Wenn ich das Konzept wirklich leben will, kann ich nicht anders arbeiten. Dann ist Bio die essenzielle Grundlage.« Das wiederum bringt Herausforderungen mit sich und stellt im feucht-kühlen Atlantikklima besondere Anforderungen an das Management von Blattwerk und Frucht.

Der optimale Lesezeitpunkt für Pedro ist die volle Reife der Trauben. Die heute in vielen Betrieben praktizierte frühere Lese kommt für ihn nicht in Frage. »Natürlich spielen uns da auch die hiesigen Bedingungen in die Karten, wir haben selbst bei Vollreife immer eine hohe Säure und moderaten Alkoholgehalt.« Hinzu kommt, dass die meisten portugiesischen Weißweinsorten aus aromatischer Perspektive eher neutral sind und bei einer zu frühen Lese nichtssagend ausfallen würden. Auf der anderen Seite sind sie der perfekte Botschafter des Meeresklimas und des Muschelkalks, zeigen unmaskiert deren subtilen Ausdruck und Charakter. Es drängelt sich keine zu intensive Frucht in den Vordergrund. Darauf ist auch die Arbeit im Keller abgestimmt. Generell wird spontan vergoren und Pedro bevorzugt eher höhere Temperaturen, um mehr Komplexität und Dichte zu erhalten. Partiell stehen die weißen Trauben auch etwas auf der Maische, was später mehr Struktur und Grip ergibt.

Für Pedro ist Zeit der wesentliche Faktor für die Herausarbeitung des individuellen Profils von Rebsorte und Herkunft. Jeder Wein reift mindestens 10 Monate auf der Hefe, für die besten Partien können das auch 20 bis 30 Monate sein. Während in den Anfangsjahren noch fast alles im Stahltank vergoren und ausgebaut wird, nutzt Pedro heute vor allem gebrauchtes Holz und Beton. »Die Weine haben davon enorm profitiert. Durch den minimalen Kontakt mit Sauerstoff sind sie wesentlich lebendiger und zeigen mehr Facetten«, erklärt er. Ungeschönt und unfiltriert geht es in Flasche, das Schwefeln der Weine sieht Pedro ganz pragmatisch. »Wenn es notwendig ist, wird gering geschwefelt. Alle Weine durchlaufen den biologischen Säureabbau, in Kombination mit dem langen Ausbau sind diese so stabil, dass wir meist ohne auskommen.«

Standen in den letzten Jahren vor allem die Weißweine im Fokus, will sich Pedro künftig auch mehr den roten Sorten widmen, bei denen er das gleiche Potential sieht. »2018 haben wir eine neue Parzelle mit Castelão und Tinta Miúda angelegt. Letztere ist hier fast nicht mehr existent, gehört aber zu den historischen Sorten rund um Lissabon.« Tinta Miúda ist identisch mit dem spanischen Graciano. »Wenn ich mir

Vale da Capucha
Quinta de São José, Largo Eng.
António Batalha Reis 2, 2565-781 Turcifal
Portugal | Torres Vedras
www.valedacapucha.com

Rebsorten: Antão Vaz, Alvarinho, Arinto, Castelão,
Fernão Pires, Gouveio, Tinta Miúda, Tinta Roriz, Touriga Nacional, Viosinho
Rebfläche: 20 ha *Alter der Reben*: 3 bis 15 Jahre

Fossil branco

Fernão Pires, Arinto, Castas regionais. Ganztraubenpressung, sehr sanftes Pressen. Langer Ausbau auf der Vollhefe, vorwiegend in Edelstahl. Glasklare Frucht. Wiesenkräuter, ein Touch Waldhonig, Feuerstein. Präzise, linear, kalkig. Der Einstiegswein von Pedro, wobei das Wort Einstieg völlig falsch am Platz ist. Great Value!

Vale da Capucha branco

Hauptsächlich Fernão Pires, dazu etwas Arinto. Langer Ausbau auf der Hefe. Symbiose aus Harmonie und Spannung. Die Kombi aus Textur, Extrakt und Säure pendelt hin und her, mal beruhigend, mal mit Attacke. In der Nase Salzlimette, Kräuter und kalkige Noten. Ein Wellenwein.

Gouveio Poço do Gado

Gouveio aus einer kleinen Einzellage. Sanftes Pressen, Vergärung ohne Temperaturkontrolle im gebrauchten Holz, reift 20 Monate auf der Hefe. Steinobst, florale Noten, ein Touch Petrol. Besitzt viel Schmelz und Fülle, die im Untergrund pulsierende Säure gibt Spannung und Lebendigkeit.

Arinto

Kommt aus verschiedenen Plots. Pedro bevorzugt beim Arinto keinen zu linearen Style, deswegen sehr langer Ausbau auf der Hefe, teilweise bis zu 30 Monate. Grapefruit, Zitronenmelisse, Jod. Saftige Frucht, eine dicke Schicht Textur, im Finish dezenter Kalk. Trotz der Fülle überhaupt kein Schwergewicht, die Säure balanciert wie immer alles perfekt aus. Ein Wein für höchste Ansprüche.

Castelinho

100 % Castelão. Überwiegend komplett entrappt, wobei Pedro künftig einen höheren Anteil an Ganztrauben verwenden will. Sehr sanfte Extraktion, Ausbau im Edelstahl. Erdbeere und Kräuterwürze. Schlank, sehr moderater Alkohol, erfrischend. Der rote Atlantik.

Fossil tinto

Touriga Nacional, Tinta Roriz, etwas Syrah. Teilweise mit den Stielen im Beton vergoren, nur sanfte Pigeage. Im Vergleich zu den Weißweinen eher kurzer Ausbau im Edelstahl und gebrauchten Holz. Holunderbeere, Pfeffer, florale Noten. Zeigt Struktur und Biss, viel Primärfrucht, sehr gut integriertes Tannin. Macht jung viel Spaß, kann aber durchaus reifen.

die Weine vom Graciano unter ähnlichen Bedingungen in der Rioja anschaue, bin ich überzeugt, dass wir hier auch tolle Weine machen können«, so Pedro. Darüber hinaus glaubt er, dass der gegenwärtige Trend nach leichteren und frischeren Rotweinen ihm und seinen Winzerkollegen voll in die Karten spielt. »Es hat sich vieles geändert, ich spüre und sehe die Dynamik in unserer Region. Es wird investiert, der Wissenszuwachs ist hoch, viele nutzen die Chancen, die sich jetzt bieten.«

Ohne Übertreibung gehören die Weißweine von *Vale da Capucha* heute zu den eigenständigsten Weinen des Landes und sind Quelle der Inspiration für andere Winzerinnen und Winzer, nicht nur im unmittelbaren Umfeld. Pedro und seine Familie haben etwas geschafft, was vor 15 Jahren kaum jemand geglaubt hätte. Die Transformation eines Stücks Ödland zu einem Hot Spot des weißen Portugals.

Spirit Yourself | Vasco Croft | *Aphros Wine* | *Vinho Verde*

Portugal in den letzten Jahren des Salazar-Regimes: Die Emigrationswelle erreicht ihren Höhepunkt, getragen vom Bedürfnis nach einer Verbesserung der wirtschaftlichen und sozialen Lebensbedingungen und mit weitreichenden Folgen für das Leben auf dem Land. Der familiär geprägte Weinbau verschwindet vielerorts fast vollständig, es beginnt die Ära der industriellen Produktion. Das »Trauma des Lifestyles«, so bezeichnet Vasco diese Zeit. Eine Zeit, in der sich der Weinbau im Norden Portugals zur Monokultur entwickelt. Die großen Betriebe, die jetzt die Szene beherrschen, konzentrieren sich auf nur noch wenige, kommerziell erfolgreiche Rebsorten, was mit einem Verlust an Diversität einhergeht.

Nach der Begegnung mit einem buddhistischen Mönch, mit dem er eine Flasche Wein teilt, reift in Vasco der Entschluss, den familiären Weinbau in seiner Heimat wiederzubeleben. Er empfindet dieses Schlüsselerlebnis als ein persönliches Treffen mit Dionysus. Der ekstatische, kreative und subversive Dionysos wird zur Quelle für die eigene Spiritualität. Zum neuen Lebensmittelpunkt wird Quinta do Casal do Paço, ein romantisches Landgut, das bereits seit Generationen im Besitz der Familie ist. Ein emotionaler Platz für Vasco, hat er doch seit seiner Kindheit eine sehr enge Bindung an diesen Ort. Wie viele Landgüter in der Gegend ist es jedoch seit vielen Jahren fast verlassen, jetzt kehrt wieder Leben ein. In den alten Kellern von Casal do Paço wird 2004 der erste Jahrgang von *Aphros Wine* produziert.

Bereits in den Jahren zuvor hat sich Vasco mit den Lehren der Anthroposophie auseinandergesetzt, ist einer der Initiatoren der Waldorf-Bewegung in Portugal. Dementsprechend verfolgt er bei *Aphros* einen ganzheitlichen Ansatz, sieht das Weingut als lebendigen Organismus und die Weinberge werden nach biodynamischen Kriterien bewirtschaftet. Im feuchten atlantischen Klima der Vinho Verde Region ist die biologische Bewirtschaftung generell eine Herausforderung, der jährliche Niederschlag beträgt zwischen 1.200 und 1.600 Milimeter. Aber für Vasco gibt es keine Alternative. Um einen Wein mit Seele zu produzieren, muss das Umfeld intakt sein, braucht es ein lebendiges, funktionierendes Ökosystem. Auf Casal do Paço wird heute neben Wein auch wieder Gemüse und Obst angebaut, auf den Wiesen tummeln sich Ziegen und Schafe, in der Luft ist das leise Summen der Bienen zu hören.

Die auf mehrere Parzellen verteilte Rebfläche von 20 Hektar ist eingebettet in pure Natur, umgeben von Wäldern, wilden Hecken und

Sträuchern. Auf dem Weg zu einem natürlichen Gleichgewicht in den Weinbergen wird bei *Aphros* viel ausprobiert. Das Team rund um Vasco ist ständig auf der Suche nach Möglichkeiten zur Optimierung. Die Experimente helfen dabei, Entscheidungen im folgenden Jahrgang oder in Extremsituationen zu treffen und ein Verständnis für die komplexen Beziehungen in der Natur zu bekommen. Generell vertraut Vasco eher der eigenen Wahrnehmung und der Selbsterkenntnis. »Wir sind heute zu oft konditioniert von Routine und Erfahrungen.«

Neben der Wiederbelebung des familiären Weinbaus geht es Vasco auch darum, den autochthonen Loureiro wieder ins Bewusstsein zu holen. Die heimische Rebsorte des Lima Valleys findet dort auf den felsigen Granitböden und in der ständigen Abfolge von heißen und kühlen Tagen die perfekten Bedingungen, um zur Hochform aufzulaufen. In den vergangenen

Aphros Wine
Rua de Casa Nova 374, 4990-696 Ponte de Lima
Portugal | Vinho Verde
www.aphros-wine.com

Einzellagen: Casa Nova, Casal Paço Padreiro, Casa Nova, Espadanal, Moinho, Valflores
Rebsorten: Alvarelhão, Arinto, Loureiro, Vinhão
Rebfläche: 20 ha
Mitgliedschaften: Biodyvin

Loureiro
Kurze Mazeration mit den Beerenhäuten, kühle Vergärung, mehrmonatige Reife auf der Hefe. Großartiger Fokus, transparente Frucht. Orange, Wiesenkräuter. Schlank, aber mit Grip und Substanz.

Ten
Kühle Vergärung, kurzer Ausbau auf der Hefe. Die Schwerelosigkeit des Loureiro. Zart, kristallin, subtil. Mandarine, Limettenschale. 10 Volumenprozent Alkohol. Nur ein Hauch von Süße im Finish.

Melissae
Die Honignymphe. 100 % Loureiro. Partiell mit den Stielen vergoren, drei Monate Ausbau auf der Hefe im Beton-Ei. Grapefruit, Wiesenblumen, Limette. Weich, verspielt, erfrischend. Pure Eleganz.

Phaunos Loureiro
Vergärung und Ausbau über sieben Monate in Amphoren aus dem Alentejo. Frische Kräuter, Citrus, weißer Pfeffer. Fester Kern, schlank, vibrierende Säure. Ätherische Noten im Finale.

Ouranos
100 % Alvarelhão. Ein Viertel Ganztrauben, reift für sechs Monate im Kastanienholz. Keine Filtration. Verrückte Nase. Weiße Johannisbeere, Passionsfrucht, Zitronenpfeffer. Schlank und fest, von Frische und Leichtigkeit getragen.

Vinhão
In Granit-Lagares vergoren, Extraktion mit den Füßen. Holunderbeere, Cassis, Menthol. Robust, säurebetont, würzig. Ein Landwein im besten Sinne.

Phaunos Palete
Blend aus Loureio und Vinhão. Komplett entrappt, auf der Maische vergoren. Ausbau in der Amphore. Wie bei allen Weinen von Vasco ist es die einmalige Verbindung zwischen Leichtigkeit und Tiefgang. Strahlt eine tiefe Ruhe aus, symbolisiert das »Angekommensein«.

Jahrzehnten steht Loureiro oft im Schatten des berühmteren Alvarinho. Zu Unrecht, wie Vasco findet. »Kaum eine andere Sorte des Landes hat diese Leichtigkeit und Finesse, diesen einzigartigen filigranen Charakter. Loureiro kann zudem in vielen Sprachen sprechen, besitzt die Eigenschaft völlig verschiedene Weine zu ergeben«, erklärt Miguel Viseu, Vascos rechte Hand im Keller. Eine weitere, heute nahezu unbekannte Seite sind die Rotweine des Vinho Verde. Sorten wie Vinhão und Alvarelhão erbringen Weine, die sicher zu den eigenständigsten in Portugal gehören. Auch diese hat Vasco wieder hervorgeholt.

Mit den Jahren wird es auf Casal do Paço zu eng und 2015 entsteht eine moderne und funktionale Kellerei mit wesentlich mehr Platz und verschiedensten technischen Möglichkeiten. Der mittelalterliche Keller der Familienquinta wird renoviert und einhundertjährige Talhas – Amphoren aus dem Alentejo – halten Einzug in die alten Räume. Das ist die Geburtsstunde der Phaunos-Weine, benannt nach dem altitalienischen Gott der Natur. Vasco kann endlich eine Idee umsetzen, die er schon jahrelang mit sich trägt. Ein Wein als Ergebnis einer direkten Verbindung zwischen Mensch und Natur. Ohne dazwischengeschaltete Technik, nur geformt von der Hand und Energie seines Schöpfers. Die Trauben werden manuell entrappt, vergären spontan über mehrere Wochen und reifen anschließend unter einer schützenden Schicht aus Olivenöl dem Tag des Lichts entgegen. In der Stille des alten Kellers besteht die Möglichkeit den Trauben zuzuhören, die Geräusche des Entstehungsprozesses wahrzunehmen, die unterschiedlichen Schichten des werdenden Weins zu spüren.

Für Vasco ist Wein ein integraler Bestandteil des täglichen Lebens und soll in erster Linie Vergnügen bereiten. Damit ist er denkbar weit weg von Statusdenken, elitärem Gelaber und dem Bewertungs-Hype der modernen Weinwelt. Wein verbindet Menschen, lässt sie Zeit miteinander verbringen und sorgt dafür, dass sie sich gegenseitig inspirieren. So schreibt auch der ungarische Schriftsteller Béla Hamvas: »… der Wein ist kein Lebenszweck; doch hilft er, sich des Lebens bewusst zu werden«. Spirit yourself.

Schweizer Schätze

Wein aus der Schweiz? Soll das ein Aprilscherz sein? Majestätische Gebirgspanoramen, herrliche Bergdörfer, gewaltige Seenlandschaften und zuverlässig tickende Uhren – damit kann die Schweiz aufwarten. Aber Wein? Wer es nicht mit eigenen Augen gesehen hat, glaubt es nicht. Und staunt dann umso mehr. Nicht wenige Weinberge liegen inmitten fantastischer Natur, mal an steilen Hängen hoch über einem der großen Seen, mal in schwindelerregender Höhe, terrassenförmig angelegt und nur von alten Trockenmauern gehalten. Manche Parzellen befinden sich sogar in unmittelbarer Nähe zu alpinen Gipfeln. Noch mit Schnee bedeckt, wenn im Frühjahr die ersten Triebe kommen, und schon wieder mit Schnee bedeckt, wenn die Lese beginnt. Wo sonst findet man diese

Dramatik, diese atemberaubende Spannung? Der Sonne so nah und doch von so viel Kühle und Frische umgeben. Ein gigantisches Potenzial für Weine voll innerer Spannung und Tiefe.

Um mit einem Schweizer Wein in Kontakt zu kommen, muss man jedoch hinfahren, denn die Schweizer exportieren ihn nicht. Fast alles wird vor Ort getrunken. Und auch das reicht gerade einmal, um ein Drittel des Weindursts der Eidgenossen zu stillen. Absatzprobleme gibt es keine und deshalb auch keinen Grund, kommerziell erfolgreiche Vermarktungskonzepte in Frage zu stellen und Weinstile zu ändern. Die Schweiz ist seit jeher ein konservatives Weinland.

Das Gros der Weine präsentiert sich – wenig überraschend – unkompliziert und leicht zugänglich, ohne Ecken und Kanten, überwiegend fruchtig und säure- und tanninarm. Es sind sanfte und charmante »Everybody's Darlings«. Doch hinter den Kulissen rumort es. Längst ist auch in der Schweiz eine Bewegung aktiv geworden, die nach naturbelasseneren, authentischeren Weinen strebt. Ökologie, Nachhaltigkeit und Handwerk sind die Ideale einer neuen Winzergeneration. Puristik, Vitalität und Spannkraft prägen die Stilistik ihrer Weine. Es sind kühle Bergweine, denen es überzeugend gelingt, die frischen und oft kargen alpinen Entstehungskontexte authentisch einzufangen – ganz gleich ob als PetNat, Natur- oder Terroirwein.

Weit vorangekommen sind die Schweizer beim Blauburgunder. Graubünden, Zürich und die Drei-Seen-Region sind die Top-Destinationen mit zum Teil spektakulär schönen Pinots. Die besten sind einzigartig und unverwechselbar und stehen mit den edlen Abfüllungen aus dem Burgund und Deutschland auf einer Stufe. Im Falle der anderen großen Schweizer Nationalrebe, des Chasselas, ist noch bedeutend mehr Luft nach oben. Das Potenzial der vor allem im Waadtland und im Wallis beheimateten Sorte ist riesig und seit ein paar Jahren steigt die Zahl der charaktervollen, tiefgründigen und langlebigen Vertreter deutlich an.

Ein Schatz, der noch weitgehend im Verborgenen schlummert, besteht in einigen Dutzend alter einheimischer Varietäten. Rèze, Humagne Blanc und Completer, aber auch Räuschling, Heida, Petite Arvine, Cornalin und Rouge du Pays – sie alle sind zu Großem fähig. Lange haben sich die Schweizer zu wenig um diese Sorten gekümmert, einige sind sogar vom Aussterben bedroht. Nun treten vor allem junge Winzerinnen und Winzer auf den Plan, die sich diesen alten einheimischen Sorten mit großer Leidenschaft zuwenden und damit das originäre Potenzial der Schweiz wieder zum Vorschein bringen. Das verspricht viel für die Zukunft und könnte sogar den Export der bislang recht introvertierten Schweizer Weinszene beflügeln.

Mehr als eine Utopie | Hans-Peter Schmidt

Mythopia | Wallis

Die höchsten Gipfel der Alpen in Sichtweite, sind die steilen Hänge des *Mythopia*-Weinbergs zu einem Paradies geworden. Dort koexistieren die Reben mit duftenden Blumen, Obstbäumen, seltenen Vögeln und mehr als 60 Schmetterlingsarten. Es ist ein Weinberg, der vor Biodiversität nur so strotzt und dessen Ökosystem von einem symbiotischen Netzwerk unzähliger Arten getragen wird. Es ist vermutlich das mit Abstand konsequenteste Gegenmodell zur klassischen Monokultur im Weinbau – in der Schweiz und weltweit. Für einen Moment dort zu verweilen, die Augen zu schließen, dem Gesang der Hummeln zu lauschen und den Duft all der vielen Wildblumen und Kräuter einzuatmen, ist einfach traumhaft. Wenngleich für viele sicher die reinste Utopie. Und doch gibt es diesen Ort.

Für Hans-Peter Schmidt, den Schöpfer dieses kleinen Paradieses, steht indes von Anfang an fest, dass es diesen spektakulär schönen und ergreifenden Ort einmal geben würde. Doch, dass er einmal von den Trauben, die dort wachsen, Weine keltern würde, die in den feinsten Gourmet-Tempeln in New York, Tokio, Kopenhagen und Berlin ausgeschenkt werden, das übertrifft seine Erwartungen bei weitem. Heute ist er allerdings überzeugt, dass das Terroir nur in Weinbergen mit hoher Biodiversität seinen vollkommenen Ausdruck finden kann. Dann, wenn die Winzer sich zurücknehmen und der Weinberg zeigen darf, was wirklich in ihm steckt.

Die Geburtsstunde von *Mythopia* geht zurück auf das Jahr 2005. In Kooperation mit dem Delinat-Institut möchte Hans-Peter herausfinden, ob gelungener Weinbau nicht auch in natürlichen, biodiversen Systemen ohne gesundheitsschädliche Hilfsmittel betrieben werden kann. Ihn interessierten die Auswirkungen verschiedener Biodiversifizierungsstrategien auf das Ökosystem Weinberg. Im Kern geht es ihm also um die Frage, welchen Beitrag eine gezielte Erhöhung der Biodiversität des Bodens zur nachhaltigen Kultivierung gesunder, hochwertiger Ertragsreben leisten kann. Ob es gelingen würde, unter diesen Bedingungen exzellenten

Wein zu keltern, ist eine offene Frage und Scheitern durchaus möglich.

Zunächst wird die vorgefundene Monokultur konsequent aufgebrochen, ganze Rebzeilen werden entfernt und durch Hecken und Sträucher ersetzt. An den Nordenden der Zeilen werden Bäume gepflanzt und inmitten der Rebflächen kleine Flächen mit Aromakräutern und Blumen angelegt. Zwischen den Zeilen wachsen üppige Leguminosenbegrünungen (Klee, Luzerne, Erbsen, Wicken), die den Boden mit Nährstoffen und Stickstoff versorgen und vielfältigen Lebensraum für Insekten bieten.

Durch neue Pflanzenschutzstrategien auf pflanzlicher Basis kann auf *Mythopia* mittlerweile gänzlich auf den Einsatz von Schwefel verzichtet werden. Auf zahlreichen Versuchsflächen sucht Hans-Peter nach neuen Optionen für weitere Ökologisierungsmaßnahmen. Die Resultate werden durch umfangreiche Mess-

reihen und Beobachtungen wissenschaftlich dokumentiert und ausgewertet. So wird unter anderem nachgewiesen, dass durch die Gründüngung mit Leguminosen gänzlich auf zusätzlichen Stickstoffdünger verzichtet werden kann und der Eintrag von Biokohle die Wasserspeicherkapazität der Böden so sehr steigert, dass keine Bewässerung mehr nötig ist. Innerhalb von drei Jahren nimmt die Vielfalt spontaner Wildkräuter zwischen den Rebzeilen deutlich zu und auch die Anzahl der im Weinberg heimischen Schmetterlingsarten steigt um ein Vielfaches.

Es erklärt sich von selbst, dass auch die Vinifizierung auf *Mythopia* keinen gängigen Mustern folgt. Im traditionellen Steinkeller entstehen die Weine weitgehend interventionsarm. Außer einer pneumatischen Presse sind – von der Ernte bis zur Abfüllung – keine Maschinen mehr nötig. Der entscheidende Faktor ist Zeit. Hans-Peter gibt die geernteten Trauben lediglich mit Rappen in Gärbehälter, bevor er sie dann im nächsten Mai – wenn die Gärung abgeschlossen ist – zum Ausbau in alte Holzfässer oder georgische Tonamphoren füllt, sie verschließt und wartet. Nicht Wochen oder Monate, sondern Jahre. In der Regel hält er sie mindestens drei, oft auch vier Jahre unter Verschluss, bevor er sie verkostet und entscheidet, wann sie abgefüllt werden können. Der gesamte Prozess findet ohne den Einsatz des klassischen Konservierungsmittels Schwefeldioxid statt. Ihre Stabilität erhalten die Weine durch den Sauerstoffeinfluss im Fass. Hans-Peter versichert, dass seine Weine nach diesem Reifungsprozess so stabil sind, dass man sie bei Zimmertemperatur rund drei Wochen geöffnet aufbewahren kann, ohne dass sie an Qualität einbüßen.

Es dürfte ebenfalls klar sein, dass die Weine von *Mythopia* nicht dem geschmacklichen Mainstream entsprechen. Wer Schubladen liebt, packt sie einfach in die Kategorie der Naturweine. Hans-Peter ist dieser Begriff nicht so wichtig, er möchte einfach außergewöhnliche Weine herstellen und dem Genießer ein Erlebnis bieten. Genau deshalb seien seine Weine in der Spitzengastronomie so beliebt. Die Sommelieres im »Noma« oder »Eleven Madison Park«, wo seine Weine auf der Karte stehen, suchen perfekte Begleiter für ein spezielle Gerichte und wollen den Gästen ihrerseits ein außergewöhnliches Geschmackserlebnis bieten. Auf die Weine von *Mythopia* muss man sich allerdings einlassen, denn eine gewisse Eigenwilligkeit ist ihnen nicht abzusprechen. Dem einen eröffnen sie neue Horizonte, anderen sind sie zu funky. Deshalb ist die Gastronomie sicher der perfekte Ort, um sie zu präsentieren.

Mythopia ist etabliert, die Weine meist nach kurzer Zeit ausverkauft. Manch einem würde das genügen, doch Hans-Peter ist ein rastloser Geist und immer auf der Suche nach spannenden Forschungsfragen und neuen Projekten. Eines betreut er in Andalusien, einer der heißesten Weinbauzonen Europas. Der Aufbau des Weinguts *Los Arcos* demonstriert auf beeindruckende Weise, wie man in einer extrem heißen und trockenen Umgebung erfolgreichen Qualitätsweinbau auf Basis von Biodiversität und Ressourcenmanagement betreiben kann. Immer dann, wenn man visionäres Denken mit einer gesunden Portion Realismus verbindet und mutig genug ist, Grenzen zu überwinden. Genau das ist Hans-Peters Ding.

Mythopia
Ancienne Eglise 9, 1974 Arbaz
Schweiz | Wallis
www.mythopia.ch

Rebsorten: Pinot Noir, Chasselas, Silvaner *Rebfläche*: 3 ha Alter der Reben: über 50 Jahre

Illusion
Ausdrucksstark und facettenreich. Voller Überraschungen! Ein Pinot mit viel Funkyness!

Finito
Ein spannender Orange-Silvaner mit kraftvollem Gaumenauftritt, fordernd, intensiv und mit viel Grip ausgestattet. Großartiger Speisenbegleiter!

Shining
Shining ist außergewöhnlich, selbst für Mythopia-Verhältnisse. Genauso wie Stanley Kubricks Vermächtnis, das dem Wein seinen Namen gab, regt er zum Nachdenken an und ist unvergesslich.

Pi-No
Ein berührender Pinot! Subtile, komplexe Nase trifft auf eine ungemein seidige, fast zarte Textur. Super vitales Finish!

Disobedience
Chasselas vom Feinsten. Ungeschönt, ungefiltert und ungeschwefelt. Komplex in der Nase, elegant und mit viel Grip am Gaumen. Beeindruckend!

Blue Velvet
Der kraftvollste Pinot von Mythopia. Trotzdem fein balanciert und mit unerwarteter Frische im Finale. Exzellent!

Keine Angst vor Piwis | Karin & Roland Lenz

Bioweingut Lenz | Thurgau

Roland Lenz ist ein kerniger, durchtrainierter Naturbursche. Sichtlich stolz auf das, was er und seine Frau seit der Jahrtausendwende zusammen erreicht haben, stellt er fest: »Wir sind das größte Bio-Weingut in der Schweiz und mit mittlerweile rund 80 Prozent pilzwiderstandsfähigen Sorten, vollständiger Energieautarkie und einer umfassenden Nachhaltigkeitspraxis auch das fortschrittlichste.« Roland ist ein Perfektionist. Einer, der keine Ruhe gibt, bevor er seine

Vorstellungen von Ökologie, Umweltschutz und sinnvoller Ressourcen-Nutzung nicht umgesetzt hat. Er ist zutiefst davon überzeugt, dass insbesondere all jene, die in und mit der Natur arbeiten und ihren Lebensunterhalt verdienen, große Verantwortung für eine intakte Umwelt, die Bewahrung der biologischen Vielfalt und möglichst geringen Ressourcenverbrauch auf ihren Schultern tragen.

Im Kern basiert sein Gesamtkonzept auf zwei Säulen, der Biodynamie und dem Einsatz von pilzwiderstandsfähigen Rebsorten (Piwis). Beides hängt für Roland unmittelbar zusammen. »Ich kann bei mir die biodynamische Wirtschaftsweise gerade deshalb so gut umsetzen, weil ich mit Piwis arbeite«, erklärt er. Diese neuen, robusten Rebsorten kommen weitgehend ohne den Schutz kupferhaltiger Fungizide aus und eliminieren damit einen Makel, der dem Bioweinbau schmerzlich immanent ist. Roland kann ausschließlich pflanzliche Stärkungsmittel wie Baumrindenextrakt und wässrige Auszüge aus Brennnessel, Wallwurz, Baldrian oder Ringelblumen verwenden. Zusätzlich setzt er Meeresalgen ein. Sie stimulieren die natürlichen Abwehrkräfte der Pflanzen und haben gleichzeitig eine Düngerfunktion. Geringerer Spritzmitteleinsatz, weniger Hilfsstoffe, niedrigere Maschinenkosten, weniger Überfahrten und deshalb geringere Bodenverdichtungen, weniger Risiken und eine schlussendlich deutliche Verringerung des CO2-Fußabdrucks sind die zahlreichen Vorteile.

Das stellt sich im Falle der klassischen Vinifera-Reben in der Regel ganz anders dar. Als Negativbeispiel führt Roland den Spätburgunder an, von dem er derzeit noch ein paar Anlagen im Bestand hat. Der Pflanzenschutz gestalte sich bei dieser Sorte so aufwendig, dass in Sachen Umweltbelastung kein großer Unterschied mehr zwischen bio und konventionell bestehe. In beiden Fällen brauche es den Sommer über jede Woche eine Behandlung mit Pflanzenschutzmitteln, und zwar genau zur richtigen Zeit. Verpasse man eine Punktlandung, könne das einen Befall begünstigen. Bei dem Piwi Cabernet Jura zum Beispiel reiche hingegen eine Behandlung kurz vor der Blüte und das Timing spiele keine große Rolle.

Rolands Weinberge sind von Delinat, Bio-Suisse und Demeter zertifiziert, und obwohl er unter jeder dieser Zertifizierungen Kupfer- und Schwefelbehandlungen einsetzen könnte, verzichtet er darauf. Das Ergebnis kann bestaunen, wer seine Weinberge betritt. Sie strotzen nur so vor Leben und Energie, sind voll mit Blumen und Kräutern, Insekten, Vögeln und Reptilien. Es finden sich Obst- und Nussbäume zwischen den Rebzeilen und ganze vier Hektar sind sogar als ökologische Ausgleichsflächen ausgewiesen.

Gerade hat Roland zusammen mit dem Biowinzer Martin Ligerz vom Bielersee das Eigenlabel »Pesticide free« lanciert. Weine, die dieses Label tragen, sind nicht nur pestizidfrei und biologisch angebaut, sondern auch ohne Kupfer-Einsatz produziert. Außerdem dürfen die Reben nicht bewässert werden. Das Zertifikat wird von einem externen Labor vergeben. Der Rote aus der Piwi-Sorte Cal 1-28 aus dem Jahr 2018 ist der erste Wein, der mit diesem Label auf die Reise geschickt wurde.

Wie sehr Roland an die Zukunft von Piwis glaubt, manifestiert sich in einem weiteren Projekt. Er hat einen »Weinberg der Zukunft« angelegt und testet dort rund 150 neue Piwi-Sorten des Schweizer Züchters Valentin Blattner. Er ist von all dem so überzeugt, dass er – angesichts des enormen Pilzdrucks im Sommer 2021 – nun sogar wild entschlossen ist, seine letzten Europäer-Reben zu eliminieren. »Bis zum Ende des Jahres reiße ich alles aus«, erklärt er. Bei Neupflanzungen greift Roland mittlerweile sehr gerne auf den sogenannten gemischten Satz zurück. Dieser fast in Vergessenheit geratene Sortenmix im Weinberg sei in der Lage, den Krankheitsdruck, dem Monokulturen ausgesetzt seien, zu mildern.

Auch in der Kellerei werden biologische Richtlinien befolgt. »Gesunde Trauben und eine zügige Verarbeitung sind das A und O«, sagt Roland. Lediglich zwei Zusatzstoffe kommen zum Einsatz: Bentonit und ein wenig Schwefel zur finalen Stabilisierung der Weine. Alle Weine sind vegan. Auch bei der Verpackung wird darauf geachtet, dass leichtes Glas, unbedruckte Kartons und Korken aus biologischem Anbau verwendet werden. Schraubverschlüsse hält Roland aufgrund der benötigten Kunststoff- und Aluminiummaterialien für wenig nachhaltig. Besondere Anstrengungen hat er zudem im Hinblick auf den Energieverbrauch unternommen. Seit 2015 ist der Betrieb das erste energieautarke Weingut weltweit. Alle Gebäude werden mit Erdwärme beheizt, der Strom wird durch Photovoltaik erzeugt und durch Batteriespeicher vom Weingut selbst verwaltet.

Tatort dieser radikalen Neuausrichtung ist die Gemeinde Uesslingen im Schweizer Kanton Thurgau. Weinbau gibt es hier schon seit Jahrhunderten. Sein Herzstück ist der Iselisberg – ein prächtiger, ideal nach Süden ausgerichteter Hang, eine Moräne, die der zurückweichende Rheingletscher am Ende der Eiszeit hinterlassen hat. Roland, der mit 24 Hektar den Großteil der Parzellen an diesem sonnenverwöhnten Hang besitzt, hofft nun, dass der ein oder andere Kollege seinem Vorbild folgt. Doch noch immer sind die Vorbehalte gegenüber den neuen pilzwiderstandsfähigen Sorten groß. Im Zeitraum von 2007 bis 2017 ist die Anbaufläche der Piwi-Sorten in der gesamten Schweiz nur um gut 87 Hektare auf 256 Hektar angestiegen und macht gemessen an der Gesamtrebfläche

Bioweingut Lenz
Iselisberg 23, 8524 Uesslingen-Buch
Schweiz | Thurgau
www.weingut-lenz.ch

Rebsorten: 40 verschiedene Rebsorten, 10 Europäer + 30 PIWIS
Rebfläche: 21 ha und 5 ha vernetzte Biodiversitätsflächen
Alter der Reben: 1 bis 54 Jahre *Mitgliedschaften*: Demeter

Sauvignac
Frischer und fruchtiger Weißwein mit mildem Gaumenauftritt und dezenter Süße im Finale.

Souvignier Gris Handwerk
Er gefällt durch eine saftige Säure und seine erfrischende Leichtigkeit. Sehr gefällig!

Gemischter Satz Weiß
Spielt mit Exotik, Säurefrische und Restsüße. Leichtfüßig und erstaunlich anhaltend!

Gemischer Satz Rot
Ein deutlich fruchtbetonter Rotwein mit mildem, gerbstoffarmem Gaumenauftritt.

Léon Millot
Ein leichter, fruchtiger und recht temperamentvoller Rotwein, der mit schöner Samtigkeit und einer gewissen Eleganz daherkommt.

Cabernet Jura Meister Handwerk
Ein extrovertierter Wein mit deutlicher Fassprägung! Intensiv aromatisch und samtig am Gaumen.

Rote Revolte
Eine Mariage der besten Piwi-Fässer aus den zwei Jahrgängen 2019 und 2020. Mainstream auf sehr gutem Niveau!

Naturrot
Animierender Rotwein mit schöner Balance, Frische und Würze. Gutes Potenzial!

nur bescheidene 1,8 Prozent aus. In Deutschland liegt der Anteil bei etwas über 3 Prozent.

Echtes Qualitätspotenzial trauen den Piwis aktuell immer noch die wenigsten zu. Das gilt für Konsumenten und Winzer gleichermaßen. Doch in dieser Hinsicht ist das letzte Wort sicherlich noch nicht gesprochen, zumal immer wieder neue Sorten das Licht der Welt erblicken und sich mit zunehmendem Alter einer Anlage die Qualität zumeist steigert. Fakt ist, dass es der Klimawandel und Aspekte der Nachhaltigkeit notwendig machen, Weine aus pilzwiderstandsfähigen Sorten langfristig ernst zu nehmen. Bodenverdichtungen und Pestizidbelastungen können auf Dauer nicht als notwendiges Übel im Weinbau in Kauf genommen werden – insbesondere, wenn es um die Bereitung einfacherer Konsumweine geht.

Der zivilisierte Wein | Laura Paccot | *La Colombe* | *Waadt*

Laura hat zwar gerade erst den elterlichen Betrieb übernommen, doch bereits mit ihren ersten Jahrgängen zeigt sie Flagge. Die Kollektion präsentiert sich noch einmal präziser, fokussierter und puristischer. Schon ihr Vater Raymond macht sich nichts aus Chichi und Brimborium. Nun aber hat Laura ihre Weine vom letzten bisschen Überfluss, das sie noch mit sich trugen, befreit. Auf diese Weise abgespeckt und reduziert haben sie eine Strahlkraft gewonnen, die in dieser Gegend ihresgleichen sucht.

Als wäre das für den Start nicht genug, setzt Laura mit der Eröffnung des »Conservatoire Mondial du Chasselas« noch eins drauf. Das Kooperationsprojekt mit der Forschungsanstalt Agroscape unterstützt sie mit enormem Engagement, nicht zuletzt weil ihr die Terroirs ihrer Heimat und die dort seit Jahrhunderten heimische Rebsorte Chasselas so sehr am Herzen liegen. Es geht ihr um die Rettung der großen Klonvielfalt dieser Rebsorte und um die Beantwortung der Frage, welche Klone am besten an die Bedingungen der Weinbergslagen rund um Féchy angepasst sind und zugleich gute Eigenschaften mitbringen, um mit den Herausforderungen des Klimawandels fertig zu werden.

Ihre Begeisterung für den Chasselas kommt von Herzen und Laura ahnt, dass sie ihm ähnlich ist. Beide haben sie eine unaufdringliche, ja quellwasserklare Fröhlichkeit, die man leicht unterschätzen könnte. Doch stammt der Chasselas von einem großen Terroir und hat er einige Jahre der Flaschenreife hinter sich, entwickelt er eine zunächst für unvorstellbar gehaltene Größe, eine von der Mineralität gleichsam dynamisierte Komplexität. Lauras familiären Kontext im Hinterkopf, lässt sich auch ihr eine große Zukunft prophezeien.

Stolz zeigt Laura die vorbildlich lebendigen und biodiversen Einzellagen, darunter die Grand Crus Bayel, Brez und Petit Clos. Unten im Tal liegt der See und gleich dahinter die sich auftürmenden, zum Teil noch mit Schnee bedeckten Alpen. Ein gigantisches Panorama, ein atemberaubender Ort.

Es handelt sich um La Côte, jenen Teilbereich des Schweizer Weinbaugebietes Waadt, der sich im Nordwesten des Genfer Sees zwischen Lausanne und Genf erstreckt. Der Rhônegletscher hat vor Urzeiten die sanften Konturen der Landschaft geformt und auch in der Erde deutliche Spuren hinterlassen. Hier herrscht ein verwirrendes Durcheinander von Böden, allein der Kalkstein ist eine echte Konstante. Es sind ideale Bedingungen für terroirgeprägte Weine und Chasselas ist – wie nur wenige andere Sorten – in der Lage, Herkunft zu zeigen. Er besitzt zwar nicht den unverwechselbaren Charakter eines deut-

schen Rieslings oder eines Chardonnays aus dem Burgund, doch die vermeintliche Schwäche ist seine Stärke: Die wenig akzentuierte Aromatik der Sorte erlaubt es dem Terroir sich im Wein fast ungeschminkt zu artikulieren.

Bereits Lauras Vater hat Ende der 1990er-Jahre begonnen, die Weinberge ökologisch zu bewirtschaften und mit biodynamischen Methoden zu experimentieren. Weil ihn die Winzerkollegen damals jedoch für verrückt halten, hat er über das, was er gemacht hat, in der Öffentlichkeit geschwiegen. »Das war keine leichte Zeit für meinen Vater. Keine Ahnung, ob ich den Mut aufgebracht hätte, an meinen Überzeugungen so standhaft festzuhalten und gegen den Strom zu schwimmen. Meine Generation hat es da heute sehr viel leichter«, so Laura.

Seit 2013 sind die Weinberge der *Domaine La Colombe* Demeter zertifiziert. Laura ist überzeugt davon, dass sich die Weine durch die Umstellung auf Biodynamie verändert haben. »Unsere Weine sind heute weniger schnell trinkreif, vielleicht am Anfang ein bisschen verschlossener, aber tiefer, eleganter, frischer und subtiler.« Sie freut sich auf die Zeit, die vor ihr liegt. Dabei gilt ihre ganze Aufmerksamkeit der Entstehung und Reifung authentischer und lebendiger Weine. Solcher Weine, die die histo-

La Colombe
Route du Monastère 1, 1173 Féchy
Schweiz | Waadt
www.lacolombe.ch

Einzellagen: Bayel, Bérolon, Brez, Curzilles, Petit Clos
Rebsorten: Chasselas, Pinot Gris, Savagnin Blanc, Pinot noir und Gamaret
Rebfläche: 19ha *Alter der Reben*: 4 bis 70 Jahre
Mitgliedschaften: Académie Internationale du Vin, Mémoire des Vins Suisses, Arte Vitis, Conservatoire

Féchy La Colombe

Ein Klassiker und der Einstieg in Lauras Chasselas-Welt. Feinfruchtig in der Nase, startet am Gaumen schlank und filigran, klingt charmant und abgerundet aus.

Bayel

Super frisch, vital und balanciert mit einem knackigen, ungemein animierenden Finish. Sehr nachhaltig und entwicklungsfähig. Großer Chasselas!

Brez

Mineralisch, dynamisch und gradlinig wie ein Blitz. Braucht Zeit!

Petit Clos

Ein generöser, charmanter Chasselas. Sehr feine Nase, vitaler, kraftvoller Gaumenauftritt und ein deutlich salziger Ausklang. Perfekt balanciert!

Curzilles

Gemischter Satz aus einer vom Kalk geprägten Lage. Nach einjährigem Ausbau in Betoneiern präsentiert sich dieser Wein ungemein vital, facettenreich und mit tollem Grip. Fesselnd!

Pinot noir

Ungemein süffiger Pinot! In der Nase fruchtig, am Gaumen frisch, saftig und animierend. Gute Länge!

Colombe Noire

Ein Pinot mit viel Charakter. Bei aller Tiefe und Komplexität besitzt er etwas Leichtes, Beschwingtes, ja tatsächlich Fröhliches. Wundervoll!

De Facto

De facto, weil er ohne Erklärung auskommt«, sagt Laura Paccot. Dieser PetNat ist ein Meisterwerk – ausdrucksstark, energisch, belebend!

rischen Lagen rund um Féchy ebenso wie die Besonderheiten des jeweiligen Jahrgangs widerspiegeln. Laura weiß, dass das nur mit Respekt vor den Rhythmen der Natur gelingen kann. Dabei hilft ihr die Biodynamie. »Die Biodynamie stellt die Natur in den Mittelpunkt. Wir sind ihr Partner, sind aufgefordert, zu beobachten und zu verstehen. Kein simples Laissez-faire. Lebendiger Wein ist nicht identisch mit wildem Wein. Es geht mir um den zivilisierten Wein, den Wein der Emotion.« Kein Zweifel, Laura hat ihre Berufung gefunden.

Ihr Anspruch, ursprungstypische Weine zu erzeugen, lässt sie auch kritisch mit den gesetzlichen Statuten ins Gericht gehen. In der Absicht, die Herkunftsbezeichnungen zu vereinfachen, hat der Gesetzgeber die Zahl der Appellationen im Waadt drastisch reduziert und dabei auch ihrem Heimatort den Appellationsstatus aberkannt. Für Laura steht fest, dass die AOC Féchy und die anderen Ortsappellationen zurückgeholt werden müssen.

Doch das ist nicht das Einzige, das sie in den nächsten Jahren peu à peu verändern will. Weil der filigrane Charakter des Chasselas eine Vinifikation mit viel Fingerspitzengefühl verlangt, will sie sich vor allem die Prozesse im Keller vorknöpfen und ausloten, was geschieht, wenn sie dem werdenden Wein mehr Freiheiten und mehr Zeit gibt. »Ich möchte der ganzen Welt zeigen, wie sensationell gut Chasselas reifen kann.« Wenn sie das Tempo, mit dem sie gestartet ist, auch nur annähernd beibehält, wird das schon bald der Fall sein.

Immer einen Schritt voraus | Markus Ruch

Weinbau Markus Ruch | Klettgau

Manchmal ist ein Außenstehender am besten in der Lage, das latente Potenzial einer historischen, aber lange verschlafenen Weinregion zu neuem Leben zu erwecken. So geschehen im Klettgau, dem Hauptweinbaugebiet des Kantons Schaffhausen in der Deutschschweiz. Der Weinbau geht hier bis in die Römerzeit zurück. Historische Dokumente belegen, dass das Kloster Allerheiligen bereits um 1100 Weinberge im Klettgau besitzt und Mönche den Schaffhauser Weinbau zu seiner ersten Blüte bringen.

Heute sind hier 70 Prozent der Rebfläche mit Pinot Noir bepflanzt, weshalb die Klettgauer gerne den Status »Blauburgunderland« für sich reklamieren. Allerdings fließt fast die gesamte jährliche Ernte in die Tanks der großen Kellereien. Sie dominieren mit ihrer industrialisierten Produktion und den weitgehend standardisierten Abfüllungen die Szenerie.

Markus ist dort ein Außenseiter. Nicht etwa, weil er aus dem benachbarten Thurgau kommt, sondern weil seine Konzepte vom Weinmachen der gängigen Praxis im Gebiet entgegenstehen. Dort die siloähnlichen Drucktanks und Gabelstapelroboter, bei ihm eine kleine Weinmanufaktur, angesiedelt in einem spätmittelalterlichen Haus, das einst den Bischöfen von Konstanz als Zehntscheune dient.

Doch gerade dieses »Blauburgunderland« hat sich Markus nach ausgiebigen Recherchen bewusst als seine neue Wahlheimat ausgesucht, denn es bietet für sein Herzensprojekt, die Bereitung kühler, ungeschminkter Pinots mit Ursprungsidentität, tatsächlich exzellente Voraussetzungen. Kalk, moderate Niederschläge, kühle Winde im Herbst, eine vergleichsweise lange Vegetationsperiode und einige vielversprechende Terroirs mit altem Rebbestand.

Mitstreiter hat er keine und so muss er das Projekt im Alleingang stemmen. Damals wie heute ist Markus seiner Zeit voraus.

Mit Mitte 20 nimmt er an einer Degustation von rund zwei Dutzend Pinots aus ganz Europa teil. Er verkostet viele sehr gute Weine, doch nur zwei berühren ihn so sehr, dass er Nachforschungen anstellt und herausfindet, dass sie aus anderer Produktion stammen – biodynamisch im Weinberg, Lowtech im Keller. Diese Degustation soll nicht nur seine Beziehung zum Wein, sondern sein ganzes Leben verändern.

Er quittiert seinen Bankerjob und beginnt eine Winzerausbildung in Wädenswil. Doch schon bald realisiert er, dass die Theorien und Methoden, die dort gelehrt werden, wenig mit der Art von Weinbergspflege und Weinbereitung zu tun haben, die er sich vorstellt. Die Lehrmeinungen folgen einer Logik, die sich mehr an Technik, Effizienz und Naturbeherrschung orientiert als an den Bedürfnissen der Ökologie von Weinberg und Rebanlage sowie einem natürlichen Weinwerdungsprozess.

Dann geht er auf Wanderschaft, heuert bei Betrieben an, die bereits so arbeiteten, wie er es sich wünscht – unter anderem bei Koryphäen wie Werner Stucky und Christian Zündel im Tessin, Marie-Thérèse Chappaz im Wallis und der *Domain Derain* im Burgund. Auch der Querdenker und Jules Chauvet-Schüler Hans Ulrich Kesselring von *Schloss Bachtobel* ist ihm ein wichtiger Lehrer und Mentor.

Die Wanderjahre enden, weil Markus sesshaft werden und ein eigenes Projekt starten will. So kommt der Thurgauer 2007 in den Klettgau und damit ganz nah an den Ort, an dem er aufgewachsen ist. Er kommt mit glasklaren Vorstellungen. »Ich wollte Wein ohne Hokuspokus machen, Wein, der den Ort abbildet, puristische Terroirstudien, nur das interessierte mich«, erklärt Markus. Im Weinberg setzt er auf Biodynamie, im Keller auf low intervention. Stilistisch zielt er

Weinbau Markus Ruch
Mühlengasse 24a, 8213 Neunkirch
Schweiz | Klettgau
www.weinbauruch.ch

Einzellagen: Hallau Buck, Hallau Chölle, Hallau Haalde, Hallau Schumpen, Gächlingen Schlemmweg
Rebsorten: Pinot Noir, Riesling, Müller-Thurgau
Rebfläche: 3.5 ha *Alter der Reben*: 15 bis 73 Jahre

Klettgau Pinot

Ein kraftvoller und ungemein geschmeidiger Pinot Noir aus verschiedenen Klettgauer Weinberglagen. Einjähriger Ausbau in Burgunder-Pièces und unfiltriert abgefüllt.

Hallauer Chölle

Die über 70-jährigen Rebstöcke ergeben auf schwerem kalkhaltigen Lehmboden nur sehr geringe Erträge. Nach langer, aber extrem schonender Mazeration und Gärung entsteht ein straffer, kühler, feinziselierter Pinot mit animierender Säure und feinkörnige Tannin.

Hallauer Haalde

Aus der steilsten Lage in Hallau kommt pure Pinot-Eleganz. Er paart Kraft und Tiefe mit viel Frische und Lebendigkeit. Perfekt balanciert. Ein großer Pinot!

Gächlinger Schlemmweg

Aus dieser bereits im 14. Jahrhundert urkundlich erwähnten, stark vom Kalk geprägten Einzellage kommt der spannendste Pinot von Markus. Mit einer laserartigen Präzision, enormer Salzigkeit und einer quicklebendigen Säure besitzt er die Klasse eines Grand Cru aus dem Burgund.

von Anfang an auf die Erzeugung kühler, lebendiger und trinkfreudiger Pinots.

Aber es gilt auch, Verlockungen zu widerstehen. Zum Beispiel die alten Schweizer Pinot-Klone durch vermeintlich hochwertigere Klone aus dem Burgund zu ersetzen. »Dann hätte ich vielleicht nie herausgefunden, dass die lokalen Reben bestens geeignet sind, das hiesige Terroir auszudrücken, und ihre spätere Reife zusätzliche Vorteile im Zuge des Klimawandels bringt.« Eine andere Versuchung besteht für Markus darin, die Bodenfruchtbarkeit über externe organische Materialien zu verbessern. »Weil ich darauf verzichte, ist die Chance größer, den puren Weinberg in die Flasche zu bringen«, sagt er heute. Und schließlich hat er auch der Versuchung widerstanden, zu wachsen und Mitarbeiter zu beschäftigen. Heute ist er überzeugt, dass ein wirklich exzellenter Wein nur dann entstehen kann, wenn vom Rebschnitt bis zur Flaschenabfüllung alle Arbeitsschritte in denselben Händen liegen.

Bereits wenige Jahre, nachdem er seine ersten eigenen Weine gekeltert hat, wird Markus als Pionier der auch in der Schweiz aufkeimenden Naturweinbewegung gefeiert. Im Jahre 2021 befindet sich ebendiese Naturweinbewegung auf einem ersten echten Höhepunkt, doch Markus ist gedanklich längst einen Schritt weiter. Er entwirft Szenarien einer Landwirtschaft der Zukunft und sucht nach radikalen Alternativen zu den Monokulturen der Gegenwart – auch im Weinbau. Ökologisch zu wirtschaften und die Biodiversität zu fördern, ist löblich und anerkennenswert, ihm aber letztlich zu wenig. Ihm schweben Sekundärkulturen wie Obstbäume, Beeren und Gemüse im Weinberg vor. Sie könnten nicht nur zur Biodiversität und einem stabileren Ökosystem beitragen, sondern zusätzlich ein willkommener Nebenerwerb für den Winzer sein. Wenn er darüber spricht, leuchten seine Augen auf. Schwer zu sagen, ob vor Unternehmungslust oder Zuversicht.

Aktuell sorgt ihn der Klimawandel. »Das ist hier eine der kühlsten Ecken der Schweiz. Früher wurden die Trauben Ende Oktober gelesen und alle waren happy, wenn sie dann auch reif waren. Das hat sich in den vergangenen Jahren stark verändert«, erklärt er. Wer wie er den Anspruch hat, kühle Weine zu machen, kommt unweigerlich an die Grenzen des Machbaren. Speziell im hochwertigen Segment, wenn alte Anlagen mit niedrigen Erträgen an Top-Standorten im Spiel sind.

2018 erntet Markus seine Pinot-Trauben riskant früh, zu einem Zeitpunkt, als sie noch gar nicht optimal reif sind. Er geht davon aus, dass er durch die extrem frühe Lese schlankere, frischere Weine bekommt. Aber so kommt es nicht. Das Resultat findet er beängstigend. Denn Frische und Leichtigkeit sind gerade nicht das Merkmal dieser Weine. Die Suche nach der richtigen Strategie geht also weiter – demnächst mit einem höheren Stockbehang. Aber das passt ja zu Markus, der seiner Zeit immer einen Schritt voraus ist.

Respektvoller Generationenwechsel | Myra Zündel

Zündel Azienda Agricola | Tessin

Myra hat gerade das väterliche Weingut in Beride übernommen und schickt sich an, seine Koordinaten neu zu justieren. Denn so, wie es über mehr als drei Jahrzehnte – alles in allem überaus erfolgreich – funktioniert hat, ist es hundertprozentig auf Vater Christian zugeschnitten. Es ist eine absolute One-Man-Show und bis in alle Details geprägt von seiner Persönlichkeit gewesen, seiner Art zu denken, das Leben zu gestalten und die Arbeitsprozesse im Weingut zu organisieren. Myra ist von Anfang an klar, dass sie ihren eigenen Stil entwickeln und ihre eigenen Ideen verwirklichen will. An manchen Tagen ist sie ungeduldig und möchte am liebsten gleich alles auf einmal anpacken, dann aber kann sie auch wieder akzeptieren, dass manches langsamer gehen wird, als es ihr lieb ist. Denn Christian ist längst noch kein Pensionär und will – ganz im Gegenteil – zumindest im Hintergrund noch eine Weile mitmischen.

Christian gehört zum harten Kern profilierter Tessiner Winzer, die in den 80er-Jahren beginnen, Weine ganz anderer Art zu keltern, als sonst im Tessin üblich. Diese Winzer kommen fast alle aus der Deutschschweiz und sind Quereinsteiger ohne echte Kenntnisse im Weinbau, die aber alle einen Narren an der im Tessin seit über 100 Jahren heimischen Sorte Merlot gefressen haben. Im Tessin Weine nach dem Vorbild des Pomerol zu keltern, das ist ihr großer Traum. Auch Christian träumt ihn und startet Anfang der 80er-Jahre mit nicht viel mehr als Enthusiasmus und Tatendrang und dem Wunsch, dunklen, dichten, fruchtintensiven und vom Neuholz geprägten Rotwein zu produzieren.

Noch bis über die Jahrtausendwende hinaus arbeitet er weitgehend konventionell im Weinberg und orientiert seine kellertechnische Strategie am stilistischen Ideal des Pomerol. Dann überkommt ihn eine Sinnkrise. Er stellt Fragen, denkt nach und macht eine mehrfache Kehrtwende. Er konvertiert zum Bioweinbau und verabschiedet sich vom Vorbild des Pomerol, was spätestens ab dem Jahrgang 2007 auch schmeckbar ist. Seine beiden Top-Weine, der reinsortige Merlot Terraferma und die Orizzonte genannte Merlot-Cabernet-Cuvée (der Cabernet-Sauvignon-Anteil beträgt je nach Jahr 5 bis 10 Prozent), erleben eine Verwandlung, und kommen nicht mehr als Blockbuster, sondern mit fast schon burgundischer Feinheit daher. Sie sind zurückhaltend und subtil in der Aromatik, elegant, leicht und enorm frisch am Gaumen.

In diese Fußstapfen tritt nun Myra, die lange gar nicht weiß, ob sie dieses Erbe wirklich antreten will. Doch nun ist die Entscheidung gefallen und mit dem 2018er verantwortet Myra den ersten Jahrgang. Im selben Jahr erfolgt auch die Demeter-Zertifizierung. Christian, der mit zunehmendem Alter optisch immer mehr an Hermann Hesse erinnert, wirkt gerührt, wenn er darüber spricht. Für ihn ist ein Traum in Erfüllung gegangen, denn sein Lebenswerk findet eine Fortsetzung – und zwar eine exzellente. Das gibt der ansonsten eher zurückhaltend optimistische Tessiner ganz offen und mit einem verschmitzten Lächeln zu. »Mir bleibt aber noch für eine gewisse Zeit der Rebberg, der Ort also, an dem ich mich sowieso immer am wohlsten gefühlt habe. Dort konnte und kann ich die Welt um mich herum einfach vergessen«, ergänzt er.

Die Reorganisation der betrieblichen Prozesse ist das erste große Projekt, an dem Myra arbeitet. Dazu gehören die Optimierung der Arbeitsabläufe, ein neuer Webauftritt und eine zeitgemäßere, transparentere Kundenkommunikation. Myra erklärt, dass sie keine Ahnung habe, wie ihr Vater das alles in den vergangenen Jahren hinbekommen habe, ohne dass es zu einem Desaster gekommen sei. Er sei absolut kein Freund von Zahlen und habe sich deshalb nicht sonderlich um die Buchhaltung gekümmert. »Vermutlich hat er nie einen exakten Überblick über die Ein- und Ausgaben, Umsätze und Betriebsergebnisse gehabt. Im Grunde meines Herzens bin ich genauso«, gibt Myra zu. Deshalb ist sie besonders froh darüber, dass ihr Bruder, der Zahlen über alles liebt, mittlerweile Teil des Betriebes geworden ist.

Eines ihrer wichtigsten Herzensprojekte ist die Weiterentwicklung des Weinguts hin zu einem lebendigen Hof-Organismus. Die Rebanlagen sieht sie künftig durchmischt mit Obstbäumen, vielleicht sogar mit Getreide und anderen Nutzpflanzen. Sie träumt vom langsamen Abschied von der Monokultur und beschäftigt sich mit alternativen Konzepten: Mischkultur, Agroforst, Permakultur. Wenn es ganz nach ihr ginge, würde der Hof zum Zoo. Zwei Hunde und die Schafe der Nachbarn gibt es bereits. Nun denkt Myra an Tiere, die für den Boden nützlich sein und die das Gras pflegen könnten. Zudem gibt es ein Arbeitspferd, das sie künftig häufiger einsetzen will, um bestimmte Maschinen zu ersetzen.

Zündel Azienda Agricola
Beride 31, 6980 Castelrotto
Schweiz | Tessin
www.zuendel.ch

Einzellagen: Beride Nisciora, Beride Campagna di Sotto, Beride Carbonisc, Beride Dosso, Ronco-Castelrotto Sass, Castelrotto Villa Orizzonte, Castelrotto Villa Rossi, Castelrotto Ronco, Bedigliora Coò
Rebsorten: Merlot, Chardonnay, Erbaluce
Rebfläche: 4.3 ha *Alter der Reben*: 2 bis 100 Jahre

Chardonnay Coò

Spannend, weil zugleich komplex und fein! Ein traumhafter Mix aus burgundischer Finesse und alpiner Kühle. Salziges Finale mit großer Persistenz.

Chardonnay Velabona

Ein eleganter, raffinierter und kalkig-mineralischer Chardonnay mit großer Reinheit, aber bemerkenswerter Konzentration und Saftigkeit sowie einem gut strukturierten Finale.

Albaluce

Auf den ersten Blick unscheinbar, leise und zurückhaltend. Doch am Gaumen ist die Hölle los. Lebendig, saftig und mit viel Grip und Zug ausgestattet, will er einen gar nicht mehr loslassen.

Merlot Terraferma

Ein fruchtig-eleganter, seidiger, frischer und raffinierter Merlot aus den Alpen. Kein Eichenholz, keine Extraktion – nur seidig und rein. Fantastischer Wein!

Merlot Orizzonte

Ein Wein mit einer extremen Spannung! Konzentriert und tief, zugleich alpin, mit feiner Säure, feinen Tanninen und ungeheuer viel Finesse. Großes Kino!

Merlot Sass

Wunderbar rein, ausgewogen und delikat, ohne den Reichtum oder die Süße so vieler anderer großer, fetter Merlots. Großes Trinkvergnügen!

Merlot Villa

Sehr präziser, fokussierter und wirklich kühler Merlot. Extrem fein texturiert. Subtil und raffiniert wie ein perfekter Pinot Noir.

Sehr viele Gedanken macht sich Myra über die Zukunft des Rebsortenspiegels. Sie hält Merlot nur für bedingt geeignet, um im Tessin vor dem Hintergrund des Klimawandels weiterhin gut zu performen. Zwar will sie nicht als Totengräberin des vor über 100 Jahren in ihre Heimat gekommenen Merlots in die Geschichte eingehen, doch nicht nur die Klimaerwärmung spreche ihrer Ansicht nach gegen die Sorte: Ihre Empfindlichkeit gegenüber dem Falschen Mehltau, die mangelnde Eignung als Begleiter der lokalen Küche und nicht zuletzt auch die Konkurrenz aus Übersee, die viel billiger guten Merlot erzeugen könne, spielten ebenso eine Rolle. Für das Tessin gebe es passendere Sorten. Dabei denkt sie an Cabernet Franc und sicher mehr noch an Chardonnay. Dass ihr der Chardonnay besonders am Herzen liegt und sie ein feines Händchen für die Sorte hat, wird deutlich, wenn man die Weine im Glas hat. In puncto Feinheit gelingt Myra mit ihren Chardonnay-Abfüllungen noch einmal eine Steigerung im Vergleich zu den schon exzellenten Weinen ihres Vaters. »Das ist die weibliche Handschrift«, erklärt der stolze Papa.

Verantwortung übernehmen | Nadine & Cédric Besson-Strasser | *Weingut Besson-Strasser* | *Zürich*

Nur einen Steinwurf vom spektakulär tosenden Rheinfall in Schaffhausen entfernt, entstehen seit ein paar Jahren im *Weingut Besson-Strasser* ausdrucksstarke Weine. Es sind eigenständige, ungemein charaktervolle Gewächse, die mit viel Strahlkraft, Substanz und einer tänzerischen Leichtigkeit daherkommen. Sie wirken verblüffend relaxed und balanciert, stets mehr von Frische und Trinkfluss als von Fülle und Alkohol geprägt.

Weinbau wird im Züricher Land rund um Uhwiesen schon seit dem Mittelalter betrieben. Früher gehören die Weinberge zum Kloster in Schaffhausen, heute sind sie Teil der Appellation Zürich. Die Rebflächen sind seither dramatisch geschrumpft, doch die berühmteste Einzellage, der Chlosterberg, hat alle Turbulenzen überlebt. Nadine und Cédric sind stolz, ebendiese besonders steile, von Sand und Moränenschotter geprägte Lage bewirtschaften zu dürfen.

Nadine und Cédric sehen sich als Teil dieser Jahrhunderte alten Weinkultur mit historischen Terroirs und den uralten Rebsorten Räuschling und Pinot Noir. Sie glauben an den Auftrag, diese nach Kräften zu erhalten und – wenn möglich – zu verbessern. Dort, wo in der Vergangenheit die Bedürfnisse der Böden und Rebanlagen zu sehr vernachlässigt worden sind und im Keller allzu leichtfertig den Methoden und Präparaten der modernen Önologie Vertrauen geschenkt worden ist, gehen sie einen anderen Weg. Einen Weg auf der Basis der Biodynamie und der regenerativen Landwirtschaft.

Nach Abschluss der Lehrzeit bei der Walliserin Marie-Therese Chapaz und dem Weinbaustudium in Changins arbeitet Nadine in einer großen chilenischen Kellerei. Dort lernt sie die industrialisierte Weinbereitung in Reinkultur kennen. »Das war für mich eine lehrreiche Zeit. Auf den Einsatz der vielen chemisch-synthetischen Hilfsmittel zur Bekämpfung von Pilzkrankheiten und Schädlingen habe ich mit massiven gesundheitlichen Problemen reagiert. Mir wurde bewusst, dass ich einen anderen Weg gehen wollte, ja gehen musste.«

Aber auch die Art der Weinbereitung findet Nadine abtörnend. »Es waren durch und durch gemachte Weine, fast schon Kunstprodukte.

Immer kam die neueste Technologie zum Einsatz und den letzten Schliff bekamen die Weine mit Hilfe dutzender chemischer Präparate.« Als ihre Tage dort vorüber sind, weiß sie genau, wie sie es selbst niemals machen will.

Verständlich, dass sie und Cédric sich von Anfang an dazu entschließen, die Weinbergspflege ökologisch beziehungsweise biodynamisch und die Prozesse der Weinbereitung so natürlich wie möglich zu gestalten, auch wenn das von so manchem Kollegen in der Region zunächst mit Kopfschütteln quittiert wird. Seither versuchen sie, jedes Jahr ein bisschen besser zu werden und alles zu tun, damit es den Reben möglichst gut geht. Sie pflanzen Hecken und Büsche und eine bunte Blumen- und Kräuterwelt zwischen die Rebzeilen. Das sind willkommene Lebensräume für Kleintiere und Insekten. Hinzukommen tierische Angestellte: eine alte Hühnerrasse aus dem Appenzell, die Schädlinge um die Rebstämme ausmerzt, und Ouessant-Schafe, die das Bodenleben

Weingut Besson-Strasser
Dorfstrasse 75, 8248 Laufen-Uhwiesen
Schweiz | Zürich
www.wein.ch

Einzellagen: Chlosterberg Uhwiesen, Hamenberg Rudolfingen
Rebsorten: Räuschling, Müller-Thurgau, Chardonnay, Riesling, Pinot Noir, Zweigelt, Malbec, Merlot
Rebfläche: 7 ha *Alter der Reben*: 1 bis 50 Jahre
Mitgliedschaften: Demeter Schweiz, BioSuisse, Biodyvin

Räuschling vom Rheinfall

Es handelt sich um einen herrlich frischen, gradlinigen, spannenden und bezaubernden Räuschling, der in einem salzigen Finale anhaltend ausklingt.

Fumé

Bei der Cuvée aus Chardonnay und Räuschling handelt es sich um einen mittelkräftigen, feinen und eleganten Weißwein mit guter Struktur, anregender Frische und tollem Grip im Abgang. Ungemein animierend!

Zweigelt vom Rheinfall

Ein kernig-frischer und ungemein würziger Wein, der an jungen Syrah von der nördlichen Rhône erinnert. Am Gaumen präsentiert er sich mittelkräftig, mit seidiger Textur und feinkörnigen Tanninen. Wunderschön balanciert!

Pinot Noir vom Rheinfall

Ein Pinot zum Zischen! In der Nase lebendig und dezent fruchtig, am Gaumen vital und seidig. Mit mehr Muße zeigt er Tiefe und Finesse. Trinkspaß auf hohem Niveau!

Pinot Noir Grand Cru Chlosterberg

Er stammt aus einem 500 Jahre alten Weinberg auf sandigen Gletscherböden, wo Nadine und Cédric drei Parzellen mit über 50 Jahre alten Rebstöcken besitzen. Wunderbar reines und elegantes Bouquet. Am Gaumen ist er frisch und seidig, ein lebendiger, fester und nachhaltiger Pinot mit einer würzigen Frische und einer schönen Reinheit.

Pinot Noir ALBI

Dieser Pinot stammt aus dem Klettgau und ist auf schwerem Jurakalk mit hohem Tonanteil entstanden. Er bietet ein tiefes, intensives und würziges Bouquet und präsentiert sich am Gaumen vollmundig, intensiv und elegant, mit seidiger Textur und anhaltend salzig im Finale. Beeindruckender Pinot!

befördern und den Wuchs anderer Pflanzen begrenzen.

Die Weinbereitung gestaltet sich bei Nadine und Cédric ziemlich lowtech und kommt ohne Zusatz von Hefen oder anderen Mitteln aus. Beide sind überzeugt, dass Zeit in dieser Phase der wichtigste Erfolgsfaktor ist. Die Gärung findet in kleineren Fässern statt, um die Temperaturen moderat und die Aromen intensiv zu halten. Die Weißweine gären in Eichenfässern, Barriques oder Betoneiern und werden bis zum nächsten Sommer auf der Hefe gelagert, wenn die Assemblage zusammengestellt wird. Die erste Zugabe von Schwefeldioxid erfolgt immer erst kurz vor der Flaschenabfüllung. Nach der Reifung in Eichenholz werden alle Weine noch einige Monate in Edelstahltanks gelagert. Die roten Trauben werden moderat extrahiert und wahlweise in Edelstahl- oder Holzfässern vergoren. Die Reifung erfolgt in Barriques oder größeren Fässern.

Nadine und Cédric haben ihr Weingut seit der Betriebsübernahme im Jahr 2009 enorm weiterentwickelt und mittlerweile an die absolute Spitze in der Schweiz geführt. Die Aufnahme in die angesehene französische Vereinigung biodynamischer Winzer »Biodyvin« hat die beiden noch zusätzlich motiviert. Sie sind begeistert vom kollegialen Austausch und den Ideen und Inspirationen, die sie von den Treffen mit nach Hause nehmen. Besonders glücklich sind sie darüber, dass die elsässische *Domaine Zind-Humbrecht* die Patenschaft für sie übernommen hat und dadurch eine Verbindung ganz besonderer Art in Gang gekommen ist. »Die Gespräche und gemeinsamen Tastings mit Olivier sind die beste Seelennahrung, die man sich wünschen kann«, sagt Nadine.

Tatsächlich fällt auf, dass die jüngeren Jahrgänge von Nadine und Cédric noch einmal präziser geworden sind. Sie wirken reifer und erwachsener, ohne ihre tänzelnde Leichtigkeit verloren zu haben. Sie haben eine Würzigkeit und Tiefe erreicht, die beweisen, dass sie ihrer Idee vom Wein als Abbild seiner Herkunft noch ein Stück nähergekommen sind. Mit viel Fingerspitzengefühl ist es ihnen gelungen, in diesen vergleichsweise warmen Jahren kühle Weine mit viel Frische und Vitalität auf die Flasche zu füllen. Ganz klar also, dass die beiden zum Vorbild für immer mehr junge Winzerinnen und Winzer werden und die Nachfragen nach einem Ausbildungsplatz das Angebot bei weitem übertreffen.

Wie Phönix aus der Asche

Die Slowakei, Ungarn und Rumänien sind drei Weinregionen mit einer uralten Weinkultur, doch nach zwei Weltkriegen und dem Kommunismus ist davon nicht mehr viel übrig. Jahrhundertealte Weinbergslandschaften sind zerstört worden und an ihrer Stelle großflächige, von Kooperativen industriell bewirtschaftete Rebflächen entstanden. Erst mit dem politischen Neubeginn nach 1989 werden diese Flächen, die sich oft in einem miserablen Zustand befinden, repri-

vatisiert. Die Wiederbelebung eines jahrhundertealten Erbes beginnt und entpuppt sich als eine der aufregendsten Geschichten der heutigen Weinwelt. Es ist die Suche nach einer zeitgemäßen weinbaulichen Identität im Fadenkreuz von Tradition und Moderne.

Die Renaissance des slowakischen Weins beginnt 1991. Unter allen Staaten im sozialistischen Block sind Landwirtschaft und Lebensmittelproduktion in der Slowakei am stärksten zentral verwaltet und kollektiviert. Infolgedessen entwickelt sich die Zahl der unabhängigen Familienbetriebe nur sehr langsam und der Markt wird bis heute von einigen wenigen großen Unternehmen beherrscht. Der größte Teil des Marktes ist lokal ausgerichtet und konzentriert sich auf eine kostengünstige Produktion.

Eine Parallelwelt entwickelt sich erst ab etwa 2010 mit Winzerinnen und Winzern, die andere Vorstellungen von Weinqualität und nachhaltiger Produktion haben. Sie sind Teil der slowakischen Natur- und Ökoweinbewegung und ihre Zahl ist klein und ihre Weinmenge wirtschaftlich absolut bedeutungslos. Ihre Anliegen vertreten sie jedoch lautstark und so werden sie tatsächlich gehört. Immer mehr Weinproduzenten – darunter selbst größere konservative Familienbetriebe – entscheiden sich für den biologischen Weinbau. Andere beginnen mit Methoden der Naturweinwinzer zu experimentieren. Besonders jüngere slowakische Weinproduzenten erkennen die Chancen einer werteorientierten Weinproduktion und die Winzervereinigung Autentistas Slovakia ist auf bestem Wege, ihr Sprachrohr zu werden.

Der Nachbar Ungarn zieht gleich nach dem Fallen des Eisernen Vorhangs ausländische Investoren an. Der Erneuerungsprozess kommt zügiger und zugleich konventioneller voran. In vielen Regionen setzen die Akteure zunächst auf internationale Sorten, viel neues Holz und damit auf Weine, die durch Kraft und Reife beeindrucken. Heute ist es vor allem die jüngere Generation, die die Bedeutung lokaler Traditionen und Terroirs erkennt und nach authentischen, durch Frische und Eleganz geprägten Abfüllungen aus lokalen Rebsorten strebt. Ihr Hauptproblem besteht in dem weitgehend abgeschotteten ungarischen Weinmarkt, der dafür sorgt, dass auf dem Inlandsmarkt Weine mit einer internatio-

nalen Stilistik die besten Chancen haben. Viele junge Winzer suchen deshalb im Export ihr Heil. Doch sie sind überzeugt, dass auch Ungarn bald für ihre Weine bereit sein wird. Extrem vielversprechend sind die Entwicklungen in der Tokaj-Region, wo aus den Sorten Furmint und Hárslevelű spannende trockene Vertreter entstehen, Somló reüssiert mit grandiosen Juhfark-Abfüllungen und originelle Neuinterpretationen entstehen in Sopron mit Kékfankos und in Szekszárd mit Kadarka.

Die Weinwirtschaft Rumäniens ist dagegen nach der politischen Wende bis heute nicht wieder richtig auf die Beine gekommen. Noch immer ist ein Großteil des Marktes von namenloser Tankware geprägt, die ins Ausland verscherbelt wird. Es sind vor allem Billigabfüllungen aus internationalen Rebsorten, die die einheimischen Varietäten zunehmend verdrängen. Dabei ist das Potenzial für eine diverse und qualitativ hochwertige Weinproduktion – auch auf der Basis einheimischer Rebsorten – riesig. Doch die Infrastruktur ist miserabel, die Bürokratie uferlos. Zwar verlassen viele junge talentierte Winzerinnen und Winzer deshalb das Land, doch es gibt auch diejenigen, die die Herausforderungen annehmen, den Widrigkeiten kreativ und bisweilen unkonventionell trotzen und so zu Vorbildern für noch Unentschlossene werden. Die Chancen sind riesengroß.

Aus Trümmern entstanden | Agnes, Andrea, Katarina & Miso | *Slobodné Vinárstvo* | *Nitra*

Die Geschichte des Weinguts der Familie Lovecka ist eine Geschichte voller Brüche – von Unterbrechungen und Aufbrüchen gleichermaßen. Alles beginnt im Jahr 1912. In den Anfangsjahren ist das heutige Weingut in erster Linie eine Tabakfarm, die auch Weine produziert. Der Wein wird vor allem in der Region verkauft, ist aber auch in der Prager Künstlerszene sehr beliebt. Infolge des Zweiten Weltkriegs und der anschließenden Enteignung während der kommunistischen Herrschaft geht vieles von all dem verloren, am Ende sogar beinahe auch die Erinnerungen.

Nur dank einer alten Kiste mit wichtigen Dokumenten, die in Prag unter einer Treppe versteckt gewesen ist, können die Eltern der heutigen Besitzer das Land ihrer Familie zurückgewinnen und den Wiederaufbau beginnen. Heute zählt das Weingut *Slobodné Vinárstvo,* das gemeinsam von Agnes, Katarina,

Andrea und Miso geführt wird, zu den Protagonisten einer immer lebendiger und umtriebiger werdenden slowakischen Naturweinszene und ihre Weine finden sich nicht nur in den einheimischen Szenebars, sondern auch in so illustren Locations wie dem KOL von Santiago Lastra in London.

Die dramatischen historischen Ereignisse, die sich hinter der Geschichte dieses Weinguts in Zemianske Sady, etwa 100 Kilometer östlich von Bratislava, verbergen, werden von der Familie jahrzehntelang verschwiegen und tabuisiert. »Es war wie eine verbotene Geschichte«, sagt Katarina. Weil während des Kommunismus die Zugehörigkeit zu einer Landbesitzerfamilie in der Tschechoslowakei als Stigma gilt, übt man sich in Stillschweigen und verbirgt die Indizien vor neugierigen Blicken. Mit den Jahren geraten sie in Vergessenheit.

Als 1989 die kommunistische Herrschaft zu Ende geht und es durch eine Reihe glücklicher Umstände gelingt, die Besitzurkunden ausfindig zu machen und das Eigentum zurückzuerhalten, ist zunächst völlig unklar, was mit dem zurückerlangten Besitz geschehen soll. Zu dieser Zeit ist die Familie so sehr an das Leben in der Stadt gewöhnt, dass das Interesse an dem 300 Hektar großen Bauernhof, der sich zudem in einem schrecklichen Zustand befindet, eher gering ist. Doch der Vater nimmt Mitte der 1990er Jahre das Gut wieder in Besitz und beginnt mit ersten Aufbauarbeiten.

Es dauert noch ein paar Jahre, dann folgen auch die Kinder Agnes, Andrea, Katarina und Miso nach. Mit der Zeit hat sich bei ihnen eine gewisse Enttäuschung über das Stadtleben breitgemacht. Plötzlich locken das Land und das wiederentdeckte Familienerbe, —so dass sie schließlich ihre Jobs kündigen. »Wir beschlossen, dass es ein größeres Abenteuer wäre, hierher zu kommen und etwas Eigenes zu beginnen, als dieses schöne Leben in Bratislava zu führen«, erzählt Katarina.

Die Chance, ein eigenes Projekt zu entwickeln und etwas mit den eigenen Händen zu erschaffen, ist extrem verlockend. Genau wie die Hoffnung, dem darniederliegenden slowakischen Weinbau wieder Leben einzuhauchen, ihn zurück auf die internationale Bühne zu heben und dabei an alte, längst vergessene Traditionen anzuknüpfen. Kein einfaches Vorhaben in einer Gegend, in der die großen Schaumweinkonzerne aus Spanien und Deutschland das Sagen haben und die Traubenpreise diktieren.

Doch sie malen Tag für Tag weiter an ihrem Bild von einer anderen, einer besseren Zukunft. Dieses Bild wird immer bunter, vielgesichtiger und attraktiver und strahlt – verglichen mit ihren früheren Jobs als Anwälte und Finanzberater – schon bald eine so identitätsstiftende Sinnhaftigkeit aus, dass die Entscheidung, all ihre Zeit, Kraft und Lebensenergie in dieses Projekt zu stecken, längst alternativlos ist. Die beiden Paare belegen einige Kurse in Weinbereitung, vertiefen sich in die einschlägige Literatur und suchen den fachlichen Austausch mit Kollegen – in der Slowakei und darüber hinaus.

Zum Glück müssen sie nicht ganz bei null beginnen. Dass zunächst Katarinas und Agnes' Vater und etwas später auch ihre Mutter bereits erste wertvolle Aufbauarbeiten geleistet haben, stellt sich als willkommene Starthilfe heraus. Einige Weinberge sind bereits neu bepflanzt und der Umbau des Keller schon weit fortgeschritten.

Dennoch sind die Aufgaben, die vor ihnen liegen, immens. Sie müssen die individuellen Besonderheiten der Lagen und Rebanlagen verstehen, die Witterungsbedingungen einschätzen und mit den Prozessen der Weinbereitung vertraut werden. Allein ihre Liebe für das neue Projekt lässt die Geschwister in kurzer Zeit große Lernfortschritte machen. Im Jahr 2010 wird der erste Jahrgang unter dem Namen *Slobodné Vinárstvo* (»Freiheitsweingut«) geboren.

Entsprechend ihrem gemeinsamen Ideal bewirtschaften sie ihre 17 Hektar schon bald umweltbewusst und ökologisch. Heute arbeiten sie biodynamisch und gehören zum kleinen Kreis der Demeter-Mitglieder in der Slowakei. Sie halten Bienen und bauen Kräuter an, um ein gesundes Bodenklima zu fördern, das sie für die Herstellung großer Weine für unerlässlich halten. Sie widmen sich der Weinherstellung mit minimalen Eingriffen und bauen nur Rebsorten an, die historisch aus der Region stammen oder in ihr heimisch geworden und für das kontinentale Klima geeignet sind. Das sind vor allem Blaufränkisch, Grüner Veltliner und Welschriesling, Devin und Alibernet. Hinzu kommen kleinere Mengen Rheinriesling, Grauburgunder, Sauvignon Blanc und Cabernet Sauvignon.

Miso, der im Wesentlichen für die Vinifizierung verantwortlich ist, setzt anders als andere Betriebe in der Region nicht auf Konzentration, sondern auf Frische. Bei den Weißweinen nennt er deutschen Riesling als Vorbild und Cool-Climate-Pinots bei den Rotweinen. Trotz dieser klaren Zielvorgaben wirken seine Weine nicht überinszeniert, sondern besitzen ein hohes Maß an Natürlichkeit. Respekt vor der Natur, dies schließt für Miso ganz unmissverständlich die Arbeit im Keller mit ein. Die Weine danken es ihm, indem sie Persönlichkeit zeigen, Charakterstärke und auch mal Kante. Sie repräsentieren eine Ästhetik, die sich nicht gleich bei der ersten Begegnung erschließt. Das ist auch nicht sein Ziel. Gemeinsam mit seinen Mitstreiterinnen will er den eingeschlagenen Weg fortsetzen und das Weingut behutsam weiterentwickeln.

Slobodné Vinárstvo
Hlavná 56, 925 54 Zemianske Sady
Slowakei | Nitra
www.slobodnevinarstvo.sk

Einzellagen: Stavný Háj, Lopata
Rebsorten: Sauvignon, Grüner Veltliner, Riesling, Devín, Traminer, Pinot Gris, Frankovka, Cabernet Sauvignon, Alibernet
Rebfläche: 17 ha *Alter der Reben*: 13 bis 40 Jahre
Mitgliedschaften: Demeter, AUTENTISTA SLOVAKIA, Cech vinárov Hlohovecka

Partisan Cru
Das Flaggschiff des Hauses. Blaufränkisch, Cabernet und Alibernet. Ausbau über 18 Monate in großem Holz. Zart, elegant, tiefgründig und entwicklungsfähig. Exzellent!

Supermajer
Auf den Schalen vergorener Grüner Veltliner – leicht, frisch, lebendig und extrem trinkanimierend.

Devina
100 % Devin – auf der Maische vergoren. Mit viel Grip und toller Länge.

Deviner
Devin und Traminer. Expressive, fruchtintensive Nase trifft auf ungemein frischen und lebendigen Gaumenauftritt. Trinkspaß garantiert!

Veltlina
Grüner Veltliner mit Tiefe und Würze. Selbstbewusster Individualist. Exzellent!

Interval
100 % Riesling, aber die Antithese zu seinen Verwandten in Deutschland. Faszinierend ungestüm und fordernd!

NATURAL WINE

Weinmachen mit der Sensibilität eines Musikers

Edgar Brutler | *Weingut Edgar Brutler | Crisana*

Einer, der das vergessene Potenzial des rumänischen Weinbaus reanimieren und der Welt die verborgenen Kostbarkeiten seiner Heimat zeigen möchte, ist Edgar Brutler. Sein 2018 gegründetes Weingut liegt in Bildegg im Nordwesten Transsylvaniens in der Weinregion Crisna. Die vier Hektar Weingärten, die er von Anfang an ökologisch bewirtschaftet, sind – wie für die Region üblich – nach dem Prinzip des gemischten Satzes und in der traditionellen Einzelpfahlerziehung bepflanzt. Es ist ein wilder Mix aus fast zwei Dutzend Sorten, darunter etliche, deren Identität bis heute nicht eindeutig ermittelt werden kann. Das Durchschnittsalter seiner Reben ist immens, in der Spitze sind sie älter als 90 Jahre. Bereits für seine ersten Abfüllungen hat Edgar von der internationalen Sommelierszene viel Lob und Zustimmung erhalten, vor allem weil er einen kompromisslos eigenständigen Weg verfolgt und dabei auf die originelle Strahlkraft der lokalen Rebsorten setzt.

Eigentlich will Edgar Musiker werden. Er gilt als außergewöhnliches Talent, nicht zuletzt weil er neue Instrumente binnen weniger Monate virtuos beherrscht. Nur mangelnder Fleiß lässt ihn die Aufnahmeprüfung an einer Musikhochschule vermasseln. Postwendend entscheidet er sich, den familiären Weinpfaden zu folgen und schreibt sich in Geisenheim ein, um Weinbau und Önologie zu studieren. Groß geworden ist er in einer Familie von Donau-Schwaben, die sich im 19. Jahrhundert in Rumänien niederlassen. Seine Urgroßeltern und Großeltern haben in Bildegg nahe der Grenze zu Ungarn einen kleinen landwirtschaftlichen Betrieb aufgebaut, zu dem immer schon ein paar Weinberge gehören. Edgars Eltern entscheiden sich im Jahr 1982 nicht mehr von einer Reise nach Deutschland in das kommunistische Rumänien unter Ceaușescu zurückzukehren.

Erst ein paar Jahre nach dem Ende der kommunistischen Herrschaft wagen sie in Rumänien einen Neuanfang. Sie haben einen Teil der familiären Rebfläche zurückbekommen, können Fördermittel generieren und gründen alsbald in einem Joint Venture zusammen mit einem Geschäftspartner das Weingut *Nachbil*– einen Biobetrieb, der schnell bis auf 25 Hektar anwächst. Wegen interner Unstimmigkeiten beschließt die Familie Brutler jedoch 2018, ihre Anteile zu verkaufen und das Projekt zu verlassen. Mit dem Verkaufserlös darf Junior Edgar dann auf der Basis der im Familienbesitz verbliebenen vier Hektar Weinbergsfläche sein eigenes Projekt starten.

Edgar hat unmittelbar nach seinem Hochschulabschluss im Jahr 2006 die Gelegenheit ergriffen, bei einem österreichischen Promi-Weingut als Kellermeister anzuheuern. Ganze 11 Jahre bleibt er bei Leo Hillinger in Jois am Neusiedlersee, bevor er von 2016 bis 2019 eine Anstellung bei Gerhard Markovic im Carnuntum annimmt. Auf diese wertvollen Erfahrungen kann er zurückgreifen, als er selbst zum Weingutschef wird. Ihm wird plötzlich klar, dass er nun die Freiheit hat, sein Weingut so führen zu können, wie er es für richtig hält und er endlich den Wein machen kann, den er selbst gerne im Glas hat.

Draußen in den Weinbergen will er biologisch arbeiten. Außer Frage steht für ihn auch die interventionsarme Weinbereitung. Auf jeden Fall will Edgar die regionalen Traditionen fortführen und mit den heimischen Rebsorten und dem gemischten Satz arbeiten. Ein besonderes Augenmerk möchte er zudem auf die Varietät Grünspitz richten, die nur noch in seinen Rebgärten vorhanden ist. Weil es von ihr nur noch einige alte Stöcke gibt, haben Edgar und sein Vater daraus schon vor Jahren Edelreiser geschnitten und sie in einen neuen Weingarten gepflanzt. Jüngst hinzugekommen sind die Sorten Baras, Juhfark und Feteasca alba. Edgar selbst beschreibt seinen Zugang zum Weinmachen heute als »Old School Avantgarde«. Hinzu kommt aber auch viel Bauchgefühl, denn der sensible Musiker vertraut ganz und gar seinen Sinnen, auf die er mehr gibt als auf alle technischen Analysen. »Diesen Firlefanz hinter mir zu lassen, war wie eine große Befreiung. Endlich allein meiner Wahrnehmung und Intuition vertrauen zu dürfen, war ein riesiges Geschenk«, so Edgar.

Seine Art, natürlichen Wein zu machen, ist nicht einfach nur eine Abkehr von industriellen Methoden, sondern auch ein permanentes Kalibrieren der eigenen Sinne, ohne dadurch ins Esoterische abzudriften. Er liest die Trauben nicht mehr in Abhängigkeit von bestimmten Analysewerten, sondern wenn sie ihm persönlich schmecken. Genauso verfährt er, bevor er einen Wein von der Hefe nimmt oder einen anderen auf die Flasche zieht. Das klingt einfach und romantisch, doch hierfür sind sehr viel Erfahrung und Weitsicht erforderlich. Vom ersten Austrieb im Frühjahr bis zum Tag der Lese hat Edgar den späteren Wein fest im Blick. »Es sind Details«, sagt er, »die alleine für sich kaum einen Unterschied zu machen scheinen. Aber viele kleine Details machen für das Ergebnis einen großen Unterschied.«

Präzision ist ihm enorm wichtig. »Je sorgfältiger und gründlicher ich in Weinberg und Keller unterwegs bin, desto besser werden meine Weine.« Aber Edgar hat auch gelernt loslassen zu können, Geduld und Vertrauen zu haben und Ruhe zu bewahren, wenn Aktionismus nicht hilft. Seine exzellenten Weine zeugen von Präzision und Geduld, von Akribie und Laissez-faire. Sie besitzen eine wunderbare Balance und halten Gegensätze spielerisch aus. Sie vereinen enorme Tiefgründigkeit mit einer tänzelnden Leichtigkeit, die auf jedem Party-

Weingut Edgar Brutler
Strada Pietii 547, Beltiug 447040
Rumänien | Crisana
www.brutler.com

Rebsorten: Grünspitz, Feteasca regala, Blaufränkisch, Merlot, Jufark, Baras
Rebfläche: 5 ha *Rebalter*: 1 bis 95 Jahre

Sisu PetNat
Kommt mit 9 Volumenprozent Alkohol, 10 Gramm Restsüße und 11 Gramm Säure daher – fruchtig, geradlinig, vibrierend. Extrem gelungener PetNat aus der Sorte Grünspitz!

Grünspitz
Ein ungemein reiner Wein, schlank, straff und voller Spannung bis hinein ins anhaltend salzige Finale.

Drum Bun
Aus der Königlichen Mädchentraube keltert Edgar einen echten Party-Knaller – ohne jeden Kitsch!

Saito
Aus gemischtem Satz und 6-tägiger Maischestandzeit entsteht ein dezent orangefarbener, spannungsreicher und enorm frischer sowie lebendiger Wein mit feinem Gerbstoffeintrag. Vielschichtig!

Codru
Ein zugleich reiner, schlanker und tiefgründiger Blaufränkisch. Kühl und dunkelfruchtig. Lebendige Säure und seidige Gerbstoffe tanzen auf der Zunge. Cooler Blaufränkisch!

Parkett für einen coolen Auftritt sorgt. Sie sind Geschöpfe eines selbstbewusst-sinnlichen Mannes, der eine tiefe emotionale Bindung zu den Orten ihrer Entstehung hat. Edgars bodenständige und zugleich kreative Art hat binnen kürzester Zeit Weine in die Welt gebracht, die nicht nur die Herzen der Menschen erreichen und verzaubern, sondern auch Glück für seine Familie gebracht haben. »So happy und gut zueinander waren wir noch nie!«, gesteht Edgar sichtlich bewegt. Das ist wohl auch ein Glück für Rumänien.

Der Faszination des Weins erlegen | Arpad Tomcsanyi

Tomcsanyi Birtok | Somló

Ein Leben in der Bergidylle. Arpad und seine Frau Nóra haben diesen Traum Wirklichkeit werden lassen. Sie leben in ihrem wunderschön gelegenen Häuschen am Westhang des Berges Somló inmitten des zweitkleinsten ungarischen Weinbaugebietes. Die beiden haben ihr Leben in der Großstadt hinter sich gelassen und sind einer Idee gefolgt. Der Idee, ein entschleunigtes Leben auf dem Land zu führen und Wein zu machen wie vor 1000 Jahren. Eine Schnapsidee, könnte man denken, die Flausen eines jungen Filmemachers und seiner Frau, die gerade dabei ist, eine Schauspielkarriere zu starten.

Zuvor arbeitet Arpad bei einem Fernsehsender, hat seinen eigenen YouTube-Kanal, eine Radioshow und liebt kraftvolle Rotweine. Das wäre sicher noch eine Weile so weitergegangen, hätte sein Vater nicht ein kleines Häuschen mit ein paar Rebzeilen in Somló gekauft, jenem sagenumwobenen Berg, der wie ein Brotlaib auf einer Tischplatte aus der pannonischen Tiefebene herausragt und einst als Quelle der besten ungarischen Weißweine gilt. Alle Seiten seiner steilen Hänge sind terrassenförmig mit Reben bepflanzt und wegen der geringen Parzellengröße wirkt das Ensemble wie ein bunter Flickenteppich.

Diese Landschaft erwartet die Familie Tomcsanyi, als sie erstmals den Ort besucht. Das erworbene Grundstück wollen sie als Urlaubsdomizil nutzen, um Zeit mit ihren Freunden zu verbringen. Bereits während seines ersten längeren Aufenthalts verliebt sich Arpad in diesen Landstrich und die feurigen Weine, die von den Basaltböden des vor über zehn Millionen Jahren erloschenen Vulkans kommen. Von dieser Liebe angetrieben, absolviert er zügig die drei Stufen der WSET-Ausbildung, belegt einen Weinbaukurs, schaut in der Freizeit den benachbarten Winzern über die Schulter und hilft ihnen bei allen möglichen Arbeiten.

Mindestens genauso lehrreich sind die monatlichen Verkostungen einer privaten Tasting-Gruppe, denen er in Budapest regelmäßig beiwohnt. Sie probieren Naturweine aus der ganzen Welt und schon bald stellt sich bei Arpad das Gefühl ein, dass in diesen Weinen so viel mehr Energie und Schwingung steckt, so viel mehr Leben, dass er nichts anderes mehr trinken mag. Und so geht es auch Nóra.

Fortan nutzen sie jede Gelegenheit, das Thema Wein zu vertiefen. Nora, die zu dieser Zeit an der Universität für Theater- und Filmkunst studiert, wählt biodynamische Weine als Thema eines ihrer Prüfungsfilme. So gibt es ausreichend Gelegenheit, Demeter-zertifizierte Winzer zu besuchen und ausführlich mit ihnen zu sprechen. Ein ganz ähnliches Ziel verfolgt Arpad mit seinem Interview-Podcast. Episode für Episode spricht er mit einem Winzer über die spannenden Weinthemen der Zeit.

Dann folgen nächtelange Diskussionen, die den beiden immer klarer machen, wohin die Reise gehen soll. Ein neues, entschleunigtes Leben beginnen, Winzer werden und Naturweine produzieren – das wollen sie. Ihr Glaube und ihre Zuversicht tragen sie über alle Hindernisse hinweg. Die beiden ziehen nach Somló und schon 2016 lassen sie tatsächlich ihren ersten Jahrgang auf Flaschen füllen.

Arpad ist sichtlich bewegt, wenn er sich an diese Tage erinnert. »Wurzeln zu schlagen in einem Gebiet, das sich so stark und beständig in seinen Weinen auszudrücken vermag wie dieser kleine Felsbrocken mitten im Nirgendwo von Ungarn, verspricht meiner Familie eine gut geerdete Zukunft«, erzählt er mit Überzeugung.

Bis heute hat sich das einstige Selbstverwirklichungsprojekt eines jungen Budapester Intellektuellenpaares enorm weiterentwickelt. Nora und Arpad fühlen sich in ihrer neuen Heimat immer weniger als Fremde, sondern spüren von Tag zu Tag deutlicher, dass sie eine echte Bindung zu diesem Gebiet aufgebaut haben. Es geht längst nicht mehr nur um ihr privates Glück. Immer mehr rücken das kulturelle Erbe und die Verpflichtungen, die sie mit ihrer Entscheidung, in Somló Wein zu machen, eingehen, in den Fokus. »Der Wein, den wir herstellen, muss der Tradition von Somló würdig sein.« Tatsächlich zählt der Wein aus Somló einst zu den großen trockenen Weißweinen der Welt und ist wegen seiner Vitalität und Langlebigkeit an Europas Königshäusern begehrt wie nur wenige andere.

Arpad und Nóra sind überzeugt, alles getan zu haben, um ihren Lagen einen echten, würdigen Somlóer zu entlocken. Sie kultivieren die Reben auf biodynamische Weise und verbringen sehr viel Zeit mit ihnen, um die besonderen Bedürfnisse jeder Pflanze und jeder Lage beobachten und studieren zu können. Ihr Ziel ist es, das

Tomcsanyi Birtok
8483 Somlószőlős, Somlóhegy 2701/2
Ungarn | Somló
www.tomcsanyibirtok.hu

Rebsorten: Hárslevelű, Olaszrizling, Juhfark, Furmint, Chardonnay, Tramini, Syrah
Rebfläche: 2,5 ha *Alter der Reben*: 5 bis 40 Jahre
Mitgliedschaften: Biogarancia Hungary

Szívhangok 2018

Szívhangok sind die Klänge des Herzens, eine Cuvée aus Jufark, Hárslevelű, und Olaszrizling. Ein bezaubernd schöner Wein mit einer traumhaften Balance!

Hárslevelü

30 % ganze Trauben gepresst, 50 % einen Tag auf der Haut, 20 % zwei Wochen Hautkontakt. Abgefüllt ohne Filtrierung oder Schönung, ohne Zusatz von Sulfiten.

Juhfark

Von einer noch ganz jungen Anlage kommt ein fordernder Wein mit beeindruckender Struktur und Substanz, mit viel Grip und dezenter Fruchtigkeit. Steinig und salzig im druckvollen Finale.

Olaszrizling

Straff, geradlinig und schlank. Die saftige Säure verleiht dem Wein eine trinkanimierende Frische, der Maischekontakt bringt eine feine, mürbe phenolische Struktur, ordentlich Präsenz und einen wunderbar langen Nachhall.

Furmint

Ein feuriger Wein, der auf unwiderstehliche Weise die pannonische Würze mit der Frische und Struktur des Basaltbodens vereint.

natürliche Immunsystem der Reben so zu stärken, dass sie beim Pflanzenschutz bald ganz auf Schwefel und Kupfer verzichten können.

Jeden Jahrgang begreifen sie als neue Chance, wertvolle Erfahrungen zu sammeln und dazuzulernen. Deshalb streben sie im Keller eine intensive, gleichwohl doch zurückhaltende Begleitung an. Fühlen, Riechen, Schmecken ist die Devise – bei allen Entscheidungen stehen die eigenen Sinne im Vordergrund. Es kommt nichts zum Einsatz, was die natürlichen Prozesse verändern würde. Die Moste werden in Holzfässern und Amphoren vergoren und die Weine dürfen anschließend bis zur Abfüllung so lange auf der Hefe reifen, bis sie flügge sind. Dann werden sie ohne Schönung, Filtration und Schwefelzusatz abgefüllt. Ihr Credo für die Weinwerdung lautet: So schonend wie möglich!

Die ersten Jahrgänge von Arpad und Nóra streifen allmählich die Merkmale ihrer Jugend ab, beginnen ihre wahre Identität zu zeigen und echte Repräsentanten ihrer Herkunft zu werden. In ihrer Jugend sind die Weine von Somló spritzig und straff sowie stets geprägt von den Merkmalen des Jahrgangs und der Rebsorte. Mit zunehmender Reife kehren die Weine zu ihrem zutiefst mineralischen Kern zurück und schmecken weniger nach der Traube, aus der sie gekeltert wurden. Sie schmecken einfach nach Somló.

Sanfte Revolution | Zoltán Heimann Jr.

Heimann & Fiai | Szekszárd

Szekszárd ist historisch betrachtet eines der potentesten und vielversprechendsten Weinterroirs Ungarns. Deshalb sei es eine Schande, so Zoltan Heimann, dass heutzutage von dort entweder qualitativ einfache oder für die Region untypische Weine kommen. »Dieses kulturelle Erbe verpflichtet gerade uns junge Winzer, die wir mit so viel besseren Vorausset-

zungen gesegnet sind, als unsere Eltern das vor 30 Jahren waren«, erklärt er mit Überzeugung.

Allein diese Haltung hebt Zoli, wie ihn Freunde liebevoll nennen, unter allen Produzenten des Gebiets hervor, macht ihn zum Vorreiter und Hauptakteur einer Bewegung, die einen Großteil ihrer Kraft und Zuversicht aus den für Weinbau exzellenten natürlichen Rahmenbedingungen Szekszárds generiert. Doch auch er muss zunächst eine beschwerliche, gelegentlich frustrierende Wegstrecke zurücklegen, bis er seine Ideen und Ideale so mit den lokalen Gegebenheiten arrangiert, dass eine kluge und tragfähige Strategie daraus hervorgeht.

Als Zoli nach seiner Ausbildung und zahlreichen Auslandsaufenthalten bei renommierten Weingütern in Deutschland, Österreich, Italien und Australien zurück nach Szekszárd kommt, sprudelt er nur so vor Tatendrang. Doch schon bald fühlt er sich ausgebremst, muss feststellen, dass die Zustimmung für die Art von Wein, an die er sein Herz verloren hat, weder im Elternhaus noch auf dem ungarischen Markt vorhanden ist. »Es gab Momente, da habe ich für mich hier keine Zukunft als Winzer gesehen, da hätte ich am liebsten alles hingeschmissen.«

Erst ein Strategie-Workshop bringt die Lösung. Zunächst einmal gelingt es, den Blick auf die Ausgangsbedingungen zu schärfen. Zolis Eltern haben den ungarischen Markt seit Anfang der 90er-Jahre sehr erfolgreich mit Weinen bespielt, die dort zu dieser Zeit angesagt sind. Also vor allem mit kraftvollen, konzentrierten Rotweinen aus internationalen Varietäten. Das ist eine kluge Positionierung im Hinblick auf einen extrem geschlossenen ungarischen Weinmarkt, auf dem die Im- und Exportanteile bis auf den heutigen Tag verschwindend gering sind. Das Produktportfolio der Heimanns kann im Inland so erfolgreich sein, weil ernstzunehmende Importkonkurrenz für diesen Weinstil so gut wie nicht existiert. Während der ungarische Markt die schweren Heimann-Roten als edel und hochwertig honoriert, werden anspruchsvolle, aber vergleichsweise leichte Rotweine in ihrer besonderen Qualität in der Regel nicht verstanden und deshalb in die Nähe der einfachsten und billigsten ungarischen Rotweine gerückt.

Und was genau will Zoli? Darum dreht sich der zweite Teil des Strategie-Workshops. Statt wie seine Eltern weitgehend auf internationale Sorten zu setzen, beabsichtigt er den Fokus auf die beiden einheimischen Sorten Kadarka und Kékfrankos zu legen. Spontane Ganztraubengärung, zurückhaltende Extraktion sowie große Holzfässer und Amphoren sollen die High-Tech-Vinifizierung mit anschließendem Barriqueausbau ersetzen. Zoli ist überzeugt, nur so die Besonderheiten der Herkunft Szekszárd einzufangen. Die Stilistik seiner Weine würde sich dann ganz automatisch weg von der gewohnten Heimann-Power hin zu mehr Frische und Eleganz entwickeln.

Weil aber dem Typ Rotwein, der Zoli so sehr am Herzen liegt, auf dem ungarischen Markt wenig Chancen eingeräumt werden, muss eine Strategie gefunden werden, um eine dezidierte Exportorientierung auf den Weg zu bringen.

Somit bleibt noch die Frage, was all diese Einsichten für die strategische Positionierung des Familienweinguts Heimann bedeuten. Denn das, was Zoli vorhat, ist eine radikale Abkehr von einigen Grundfesten des betrieblichen Selbstverständnisses seiner Eltern. Im Vergleich dazu ist die Umstellung auf Bio, die Zoli schon 2014 einleitet, ein vergleichsweise entspannter und unumstrittener Veränderungsprozess.

Der Workshop bringt auch in dieser Frage einen Durchbruch. Unter dem Label *Heimann & Fiai* wird 2018 eine neue Terroir-Linie mit dem Ziel eingeführt, den einzigartigen Charakter von Szekszárd und seinen Einzellagen mit federleichten Kadarkas und geschmeidigen Kékfrankos zu zeigen. Damit ist der Generationswechsel im Hause Heimann erfolgreich auf den Weg gebracht. Ganze vier Jahre des Suchens und Bangens sind vorüber und der Kopf ist wieder frei für das, worum es eigentlich geht: die Terroirs von Szekszárd noch einmal von Grund auf zu beleuchten, die Pflegemaßnahmen anzupassen und Neupflanzungen in Angriff zu nehmen.

Bereits mit den beiden Jahrgängen 2019 und 2020 ist es Zoli mit zurückhaltenden, konsequent puristischen Abfüllungen gelungen, eine erste, höchst überzeugende Kostprobe zu geben. Bereits ungemein stilsicher setzt er seine Idee von Herkunft und Rebsorte um. Sein Können blitzt ganz besonders im feinfühligen Umgang mit den unterschiedlichen Einzellagen auf.

Obwohl in Szekszárd die Diversität der klimatischen Bedingungen und der vor allem vom Löss geprägten Böden nicht besonders ausgeprägt ist, bestehen eindrucksvolle Lagenunterschiede. Der Kékfrankos aus der Lage Bati Kereszt liegt auf 275 Metern und damit rund 70

Meter höher als der aus der Lage Baranya-Völgy, weswegen die Weine mehr Frische und aromatische Komplexität zeigen. An der Spitze der Kollektion von *Heimann & Fiai* steht der Kékfrankos Szivém aus einer 1969 gepflanzten Parzelle in Baranya-Völgy. Die alten Reben sorgen für eine Tiefgründigkeit und Balance, wie man sie sonst nur selten findet. »Kadarka gelingt nur, wenn man die Rebe ernst nimmt«, erklärt Zoli. »In manchen Jahren vergehen oft nur ein paar Tage zwischen unreif und faul. Deshalb ist die selektive Handlese Pflicht. Wir prüfen jede einzelne Traube und entfernen die faulen Beeren.«

Mit seinem zarten Stil bespielt Zoli eine Marktnische. In seiner beschwingten Leichtigkeit erinnern seine Kadarka an Poulsard aus dem Jura, der derzeit in keiner hippen Weinbar von Berlin bis Kopenhagen fehlen darf. Dementsprechend gut läuft der Absatz in Nordeuropa, aber auch in den USA und Kanada. Schwerer hat es der Kadarka nach wie vor bei ungarischen und osteuropäischen Verbrauchern, die in der Zeit vor 1990 groß geworden sind. Damals ist Kadarka der Lambrusco des Ostblocks. Doch Zoli ist glücklich darüber, dass junge Ungarn wieder Freude an der Sorte finden. Nicht ohne Grund nennt sich Zoli im Internet »Kadarka Man«.

Heimann & Fiai
H-7100 Szekszárd, Iván-völgy 9814/13. hrsz.
Ungarn | Szekszárd
www.heimann-fiai.hu

Einzellagen: Iván-völgy, Porkoláb-völgy, Csötönyi-völgy, Baranya-völgy, Bati Kereszt
Rebsorten: Kadarka, Kékfrankos (indigenous), Merlot, Cabernet Franc, Syrah, Sagrantino, Tannat, Portugieser, Pinot Noir, Viognier (international)
Rebfläche: 25 ha *Alter der Reben*: 5 bis 50 Jahre
Mitgliedschaften: Szekszárd Winemakers' Guild, Pannonian Winemakers' Guild, Junibor – Young Winemakers' Association

Kadarka Szekszárd

Genialer Einstieg in die Kadarka-Welt. Ein Wein voller Frische und Lebendigkeit. Animierendes Trinkvergnügen! Exzellente Kadarka-Interpretation!

Kadarka Porkoláb-Völgy

Die Trauben kommen von einer der historisch besten Lagen des Gebiets, die mit drei verschiedenen Kadarka-Klonen bepflanzt ist. Spontan vergoren mit 30 % Ganztraubenanteil, dann acht Monate lang in Amphoren ausgebaut. Die Tannine sind so seidig und schlüpfrig, dass sie den Wein beim Verkosten fast ausziehen. Exzellent!

Kekfrankos Szekszárd

Ein federleichter Kekfrankos mit kühler Frucht. Setzt ganz auf Frische. Rund und balanciert!

Kekfrankos Bati Kereszt

Aus der höchsten Parzelle der Heimanns. Seit 2019 extrem fokussiert und saftig. Der Beweis, wie fein texturiert und elegant ein Szekszárd-Kekfrankos sein kann.

Kekfrankos Baranya-Völgy

Mit 25 % ganzen Trauben vergoren. Angenehm runder, ungemein fein strukturierter Gaumenauftritt. Gleichermaßen frisch und tief.

Kekfrankos Szivém

Zoltáns Flaggschiff aus einer 1969 bestockten Parzelle in Baranya-Völgy. Feingliedrig und filigran, mit feinkörnigem, griffigem Tannin und imposanter Fruchtkomplexität.

Slowenien meets Kroatien

Wer auf Slowenien und Kroatien schaut, kann nicht übersehen, dass sich die beiden Weinländer auf einem vielversprechenden Weg befinden. Immer erfolgreicher lassen sie die Kriege und politischen Verwerfungen des vergangenen Jahrhunderts hinter sich und verwandeln sich in pulsierende Communitys mit einer immer lebendiger werdenden Weinkultur. Die Weine beider Länder versprühen Energie und Optimismus.

Weiter vorangekommen als andere postkommunistische Länder ist Slowenien. Angeregt durch die geografische Nähe zu Italien und Österreich beginnen die Slowenen früh, sich produktiv mit ihrem weinkulturellen Erbe auseinanderzusetzen. Dabei entdecken sie nicht nur den großen Reichtum einheimischer Rebsorten, sondern auch die immense topografische und mikroklimatische Vielfalt und die handwerklichen Traditionen im Prozess der Weinbestellung.

Heute sticht insbesondere die Dichte spannender Natur- und Orange-Weine hervor. Nicht, weil diese Weine trendy sind, sondern weil sie die lange Weingeschichte des Landes konsequent fortschreiben. Und weil sich viele der einheimischen weißen Rebsorten für ausgedehnten Schalenkontakt besonders eignen. Unter diesen Varietäten entwickelt sich Rebula immer mehr zu einem echten identitätsstiftenden Aushängeschild. Es entstehen Weine mit unglaublicher Tiefe, innerer Spannung und herzhafter, salziger Komplexität. Die stilistischen Gesichter dieser enorm vielseitigen Rebsorte reichen jedoch weit über die Varianten mit ausgedehntem Schalenkontakt hinaus. Das Spektrum erstreckt sich von komplexen, erfrischenden und eleganten Schaumweinen über fruchtig-frische, im Edelstahl vergorene Abfüllungen bis hin zu im Holz ausgebauten, dichten, reichhaltig-würzigen und komplexen Vertretern.

Kroatien ist dagegen ein schlafender Riese, der gerade erst erwacht. Die Jahrtausende alte Weinkultur zwischen Istrien und Mazedonien birgt einen fantastischen Mikrokosmos aus unterschiedlichen Klimazonen und Böden, wenig bekannten Rebsorten, einer Fülle an Stilen und großartigen handwerklichen Fertigkeiten bei der Weinbereitung. All das wird gerade wiederentdeckt.

Immer mehr Winzerinnen und Winzer werden sich dieses kostbaren Erbes bewusst. Der Erhalt historischer Weinbergslagen liegt ihnen ebenso sehr am Herzen wie die Pflanzung autochtoner Rebsorten. Neben den bekannten internationalen Varietäten gibt es in Kroatien 130 einheimische Sorten. Der weiße Star in Istrien ist die Malvazija istarska. Meistens wird sie ohne Eichenholz zu einem frischen, fruchtigen Wein mit Apfel- und Pfirsicharomen vinifiziert. Immer mehr Winzerinnen und Winzer erkennen aber auch ihr gigantisches Potenzial für einen Ausbau mit längerem Schalenkontakt. In Dalmatien heißt die wichtigste Weißweintraube Pošip. Andere interessante, hellhäutige dalmatinische Sorten sind Debit, Vugava, Bogdanuša, Gegic und Maraština. Extrem beeindrucken können auch Weine der Varietät Grk. Ihre strukturierte, salzige Schönheit ist solo oder in Kombination mit Meeresfrüchten genossen ein großartiger Genuss. Für trockene Rotweine steht in Kroatien vor allem die Sorte Plavac Mali mit ihrer enormen Fruchtkomplexität und großzügigen Tanninstruktur. Babić ist eine weitere hochwertige Rotweintraube, deren großes Potenzial aber gerade erst entdeckt wird.

Sowohl in Slowenien als auch in Kroatien wenden sich vor allem junge Winzerinnen und Winzer zunehmend vom konventionellem Weinbau ab. Es ist in erster Linie ihnen zu verdanken, dass die biologisch bewirtschafteten Rebflächen in beiden Ländern auf rund fünf Prozent gewachsen sind. Zwar bleibt auch in dieser Hinsicht noch viel Luft nach oben, aber die Richtung stimmt.

Natürlich, biodynamisch & ultramodern | Zmago Petrič

Guerila | Primorska

Guerila ist der visionäre Traum von Zmago Petrič. Mit dem Geld, das er in das Weingut investiert, hätte er ein sehr komfortables Leben führen können. Aber stattdessen entscheidet er sich für einen anderen Weg. Er will den Weinbau seiner Heimat auf ein höheres Niveau schrauben und der Welt zeigen, zu welchen Glanzleistungen die lokalen Rebsorten imstande sind. Heute produziert er auf einer Rebfläche von 20 Hektar rund 80.000 Flaschen Wein auf qualitativ sehr hohem Niveau – biodynamisch, aus vorwiegend lokalen Rebsorten und weitgehend interventionsarm. Respekt!

Zmago stammt aus einer Bauernfamilie. Seine Eltern führen einen gemischten Betrieb mit Obst, Mais und Kartoffeln sowie ein paar

Schweinen und Rindern. Auch etwa ein Hektar Reben gehören dazu. Das Leben ist beschwerlich und die Einkünfte gering. Aber Werte, mit denen die Menschen gut durchs Leben gehen, spielen immer schon eine große Rolle. Sein Vater hat sie Zmago mit auf den Weg gegeben: Bescheidenheit, Aufrichtigkeit, Verantwortung sowie Respekt und Liebe für die Erde, die Natur und den Nächsten.

Aber auf dem Hof zu bleiben, ist für Zmago keine Option. Zunächst nimmt er einen Job in Primorje an, bevor er Anfang der 90er-Jahre sein eigenes metallverarbeitendes Unternehmen gründet. Dennoch bewirtschaftet er die Weinberge seiner Eltern weiter und produziert jedes Jahr ein wenig Wein für seine Familie und seine Freunde. Die versuchen ihn immer wieder zu überreden, einen Teil des verdienten Geldes in die Erweiterung der Weinberge rund um sein Heimatdorf Planina im Vipava-Tal zu investieren.

Das Vipava-Tal ist ungemein malerisch. Es schlängelt sich zwischen den sanften Hügeln des Karst-Plateaus im Süden und den dramatischen Bergrücken des Trnovska-Plateaus im Norden entlang. Hier spürt und atmet man eine einzigartige Mischung aus Wind und Luft, die sowohl adriatisch als auch alpin und doch wieder keines von beidem ist. Seit Urzeiten eilt dem Tal der Ruf voraus, die stilistisch spannendsten und vielfältigsten Weine Sloweniens zu ergeben – sicher nicht zuletzt aufgrund einer großen Bandbreite lokaler Rebsorten.

In einem Buch über den Weinbau Europas aus dem 19. Jahrhundert wird von mehr als 140 Varietäten gesprochen. Leider ist davon heute kaum noch etwas übrig. Nach Verlusten durch Reblaus und Weltkriege setzt sich das Sortensterben in der Ära des Kommunismus fort. Die historische Cuvée, die jeweils zur Hälfte aus Zelen und Pinela besteht und lange Zeit der wichtigste Wein der Region ist, verschwindet fast zur Gänze, weil das Landwirtschaftsministerium den Anbau internationaler Sorten erzwingt und Neupflanzungen von Zelen und Pinela unter Strafe stellt.

Zmago ist sichtlich betroffen, wenn er über diese Dinge spricht und er bedauert, dass sein Leben zu kurz sein wird, um einen wirklich sichtbaren Beitrag zur Veränderung zu leisten. Sein metallverarbeitendes Unternehmen hat er an seine Söhne übergeben. Das gibt ihm freie Hand für sein Weingut, das er seit 2005 »*Guerila*« nennt. »Ich wollte einen provokanten Namen«, erklärt er. Die Botschaft ist klar: Es handelt sich um eine Rebellion gegen den Anbau kommerzieller Sorten. Und er ergänzt: »Die Einzigartigkeit unseres Gebietes können wir nur mit den seit Generationen hier heimischen Rebsorten ausdrücken, mit echten Ursprungsweinen, denen man mit allen Sinnen anmerkt, dass es Produkte unserer Region und unserer Geschichte sind – einmalig und unverwechselbar.«

Seither vergeht kaum ein Jahr, in dem nicht eine neue Parzelle mit Reben bepflanzt wird. Sie stehen allesamt auf exzellenten, aber vergessenen und von Zmago rekultivierten Standorten. In extrem steilen, von kargen Flyschböden geprägten Südlagen mit viel Sonne, aber auch mit extrem viel Wind. Die Temperaturschwankungen zwischen Tag und Nacht sind hoch. Alle Weinberge sind terrassiert und werden nach der Guyot-Methode bewirtschaftet. Beim Rebschnitt wird darauf geachtet, den Fluss der inneren Säfte nicht zu verletzen und so die Vitalität jedes einzelnen Stocks zu bewahren.

Einen besonderes Schmuckstück besitzt Zmago mit der Lage Gmajnca, die 2014 mit massenselektierten Rebula-Reben aus einem Weinberg der friulanischen Winzerikone Joško Gravner bestockt wird. Dies ist die einheimische Varietät mit dem größten Qualitätspotenzial. Sie besitzt eine schöne natürliche Säure und reift bei moderaten Alkoholwerten voll aus. Rebula ist zudem enorm vielseitig. Sie eignet sich hervorragend für die Herstellung von Schaumwein nach traditioneller Methode, ebenso für lebendige, frische Weißweine und für vielschichtige, komplexe und alterungsfähige Gewächse. Zmago experimentiert seit ein paar Jahren erfolgreich mit Schalenkontakt und dem Ausbau in Amphoren. Stolz ist er auch auf seine Pinela-Parzellen, denn die Sorte gedeiht nach übereinstimmender Meinung auf den mageren und höher gelegenen Mergelböden in und um das Dorf Planina am besten.

Die Weinberge werden seit der Gründung von *Guerila* biologisch bewirtschaftet. Bis sie 2011 die Bio-Zertifizierung erhalten, arbeiteten sie mit einem externen Önologen zusammen. Als Zmago nachdenklich, aber inspiriert von einem Biodynamik-Kurs im Piemont zurückkehrt, beschließt er nicht nur die Biodynamie für *Guerila* einzuführen, sondern macht auch Schluss mit all den Weinbereitungspraktiken

Guerila
Planina 111, 5270 Ajdovščina
Slowenien | Primorska
www.guerila.si

Einzellagen: Pri Pili, Zavrh, Preske, Gmajnca, Vine
Rebsorten: Pinela, Zelen, Rebula, Malvazija, Merlot, Barbera, Cabernet franc, Welschriesling, Blaufränkisch
Rebfläche: 20 ha *Rebalter*: 13 bis 40 Jahre Mitgliedschaften: Demeter

Castra Brut Nature
Cremig-runder Auftakt, bevor diese Cuvée aus Zelen, Rebula und Pinela straff und puristisch ausklingt.

Malvazija
Enorme Fruchtkomplexität, körperreich und intensiv. Ein Knaller für den kleinen Preis!

Pinela
Fruchtgeprägt, knackig, klar und erfrischend. Herrlich animierend!

Retro Selection
Dieser ungemein harmonische und elegante Klassiker der Region aus den vier einheimischen Sorten ist das Ergebnis von Handlese, einwöchiger Mazeration, Spontangärung, sanfter Pressung und einjähriger Reifung des Weins in einem großen alten Eichenholzfass auf seiner eigenen Hefe. Exzellent!

Zelen
Wunderschön individuell und tiefgründig, zugleich federleicht und salzig im Finale.

Rebula Extreme
42 Tage Mazeration. Köstlich bereits in der Jugend, gewinnt aber mit weiterer Reifung. Wow!

Rebula Amphora
Ein großer, wirklich beeindruckender Wein. Unbeschreiblich tiefgründig und unendlich lang.

Cabernet Franc
Körperreicher, zugleich ungemein geschmeidiger Cabernet Franc. Generös!

der modernen Önologie. Im Jahr 2019 wird etwas oberhalb von Planina das brandneue, moderne Weingutsgebäude fertiggestellt. Von dort oben genießt man einen atemberaubenden Blick auf das Vipava-Tal und die Hänge von Nanos, Chavno und der Trnovo-Hochebene.

Mit den dort geschaffenen Möglichkeiten kann die Qualität des gesamten Sortiments noch einmal ein gutes Stück verbessert werden und hat damit ein Niveau erreicht, das zur absoluten Spitze in Slowenien zählt. Aber Zmago sieht noch Potential. »Wir haben unsere Möglichkeiten längst noch nicht ausgeschöpft. Wir werden weiterarbeiten und Jahr für Jahr dazulernen.«

Ab auf die Insel | Maia & Denis Bogoević

Vinaria Križ | *Dalmatien*

Eines Tages beschließen Denis und sein Vater Mile ihr Leben in der Großstadt aufzugeben und ziehen aufs Land, genauer gesagt auf die Halbinsel Pelješac in Süddalmatien. Für Vater Mile ist es die Rückkehr in seine alte Heimat, der er im Alter von 30 Jahren entflohen ist. Für seinen Sohn Denis bedeutet es ein Abenteuer mit ungewissem Ausgang. Beide haben sich in den Kopf gesetzt, Weinbauern zu werden. Keine gänzlich abwegige Idee, zählt die Halbinsel doch seit mehr als 3000 Jahren zu den von der Natur gesegnetsten Anbaugebieten Kroatiens, wenn nicht sogar des gesamten Mittelmeerraums. Es gibt noch ein paar vernachlässigte Weinberge, die der Familie gehören und ein altes Haus, das allerdings so baufällig ist, dass zunächst nicht daran zu denken ist, dort zu wohnen. Es gibt also jede Menge zu tun, doch die beiden Männer sind so überzeugt von ihrem Vorhaben, dass sie schnell Wurzeln schlagen und die Dinge angehen.

Obwohl Mile bereits 72 Jahre alt ist, packt er mit an wie ein junger Kerl. Als Ratgeber ist er seinem Sohn eine große Hilfe, denn sie wollen Weine machen, wie die Generationen vor ihnen es dort gemacht haben: handwerklich, ökologisch und natürlich. Wie das geht, weiß Mile nur zu gut. Er hat schließlich mitbekommen, wie sein Opa, sein Vater und das ganze Dorf es angestellt haben. Kopf des Projektes ist aber Denis, der zwar damals vom Weinmachen noch nicht viel Ahnung hat, es aber versteht, neue Projekte strategisch und planvoll anzugehen. Auch baut er ein Netzwerk von Freunden und Unterstützern auf, deren Tipps und Empfehlungen man jederzeit einholen kann.

Vater und Sohn pflanzen nach und nach Weinberge an, renovieren das Haus und richten die Weinkellerei ein. »Wir mussten quasi bei Null anfangen«, erklärt Denis im Rückblick. »Ich weiß nicht, ob es die Liebe zum Dorf und meinem Vater war oder die Liebe zum Wein, auf jeden Fall hat mich eine innere Kraft Tag für Tag motiviert, durchzuhalten und diesen langen Weg bis zur heutigen Position der *Weinkellerei Križ* zurückzulegen.« Schon wenige Jahre nach ihrem Start schreiben die beiden Männer Geschichte. *Križ* wird zum Vorreiter für den ökologischen Landbau in der Region und ist 2008 eines der ersten biozertifizierten Weingüter in Kroatien. Mehr noch, indem sie sich mit ihrer durch und durch natürlichen Weinbereitung ganz explizit dem kulturellen Erbe der Region verpflichten, setzen sie auch überregional sichtbare Akzente. Anders als viele andere Weinbaubetriebe Dalmatiens kommen auf *Križ* ausschließlich alte lokale Rebsorten zum Einsatz. »Wieso dieses wundervolle Erbe verraten?«, fragt Denis zu Recht.

Mittlerweile ist Denis mit Maia verheiratet und zusammen haben sie nicht nur ein gemeinsames Kind, auch das Weingut ist ihr gemeinsames Projekt geworden und ihnen gleichermaßen ans Herz gewachsen. Die Bedingungen in ihren Weinbergen sind extrem. Es sind einerseits dramatisch schöne Lagen mit traumhaftem Meerblick, andererseits ist das Gelände extrem felsig und mit einer Neigung von bis zu 45 Grad meist in Terrassen angelegt und eingefasst von Trockenmauern. Eine maschinelle Bewirtschaftung ist hier in der Regel ausgeschlossen. Mal dominiert eine Kombination aus Kalkstein und Dolomit, ein andermal roter tonhaltiger Kieselstein.

Einige der historisch wertvollsten kroatischen Weinterroirs befinden sich auf Pelješac, darunter Dingač, das älteste geschützte Weinbaugebiet des Landes. Aber auch die Nachbarlagen Postup, Potomje und Milij, in denen Maia und Denis jeweils einige Parzellen bewirtschaften, genießen seit Generationen einen legendären Ruf. Diese Steillagen bringen extrem kleine Erträge, oft sogar weniger als ein halbes Kilo auf den Rebstock, aber die Konzentration, die geschmackliche Tiefe und die Tanninstruktur sind ganz außergewöhnlich. Nicht wenige kroatische Sommeliers sind sich sicher, dass die besten Rotweine ihrer Heimat von ebendiesen sonnenverwöhnten Terroirs kommen.

Wenn in Dalmatien über Rotwein gesprochen wird, ist so gut wie immer die Sorte Plavac Mali gemeint, gemäß neueren DNA-Analysen vermutlich eine natürliche Kreuzung zwischen Primitivo und Dobričić. In Pelješac gelingt sie am besten. Exzellente Vertreter, wie die von Denis, Maia und Mile, spielen mit denselben Gegensätzen wie die Landschaft, der sie entstammen. So wie das kühle Meer anscheinend friedlich mit der flimmernden Hitze auf den Felshängen koexistiert, so friedlich begegnen sich in einem Plavac süßliche Frucht und herbe Kräuterwürze, fleischig-muskulöser Body und Gerbstoffstrenge.

Nach der Biozertifizierung 2008 hat sich Denis für die Anwendung biodynamischer Prinzipien entschieden. Nach nunmehr ein paar Jahren Erfahrung ist er sicher, dass die Vitalität seiner Böden zugelegt hat und der Geschmack der

Vinarija Križ
Prizdrina 10, 20244 Potomje
Kroatien | Dalmatien
www.vinarijakriz.com

Einzellagen: Postup, Potomje und Milij *Rebsorten*: Plavac Mali, Grk
Rebfläche: 2,2 ha *Alter der Reben*: 5 bis 70 Jahre Mitgliedschaften: Slowfood

Plavac Mali

Das Flaggschiff von Križ ist ein typisch kroatischer Wein, der reiche, intensive schwarze Beerenfrüchte mit einem Hauch von Mineralität und Salzigkeit verbindet. Trotz des hohen Alkoholgehalts sehr elegant und ausgewogen.

Plavac Mali Trica

Sehr großzügig im Stil, mit viel Konzentration, die durch eine erfrischende Säure ausgeglichen wird, so dass man immer wieder einen Schluck trinken möchte.

Grk

Handlese, dann entrappt, gequetscht und 12 Stunden lang eingemaischt. Nach dem Pressen wurde der Saft spontan in Stahltanks vergoren. Abfüllung nach 8 Monaten ohne Schönung oder Filtration mit etwas Schwefel. Perfekt balanciert und super schön strukturiert. Gänsehautwein!

Trauben reichhaltiger geworden ist. »Meine Plavac-Weine sprechen jetzt noch mehr die Sprache unserer besonderen Lagen. Sie sind kräutriger und mineralischer geworden.« Er hat das Glück, dass Alan Podolinski, einer der Pioniere der Biodynamik, ihn vor ein paar Jahren besucht und ihm hilfreiche Ratschläge zur Anwendung der biodynamischen Prinzipien gibt. »Das war Gold wert«, erzählt er heute.

Seit kurzem haben sich Denis und Maia neu verliebt. Diesmal in eine Rebsorte, die weiße Grk. Die beiden haben die Sorte zurück nach Pelješac geholt. Sie ist seit vielen Jahrzehnten auf der Halbinsel verschwunden und kommt eigentlich nur noch auf Korčula vor. Mit dieser Sorte haben sie gefunden, wonach sie schon lange gesucht haben: eine authochtone weiße Traube, die sich für die Mazeration und Maischegärung eignet. Die bisherigen Resultate sind absolut genial.

Bei aller Freude und Euphorie über die bisherigen Ergebnisse mit seinem neuen Orangewein kann Denis nicht verstehen, dass nicht noch mehr Winzer auf Pelješac den Mut haben, es ebenfalls mit dieser alten einheimischen Varietät zu versuchen. Stattdessen werden Welschriesling, Traminer und Sauvignon Blanc gepflanzt. »Wenn bei uns auf der Halbinsel der Name Grk fällt, denken alle immer zuerst an den Fußballverein in Potomje, der auf denselben Namen hört«, meint Denis etwas zerknirscht. Der Grk ist heute sein mit Abstand teuerster Wein und er kann gar nicht so viel produzieren, wie die angesagte Sommelierszene in Europa und den USA nachfragt. Denis und Maia sind stolz darauf, mit dieser genialen Sorte arbeiten zu dürfen.

Explosives Spanien

Spanien – der neue Hotspot Europas? Vieles spricht dafür. Von Natur aus ist alles da, was das Winzerherz begehrt, denn kaum ein anderes Land hat mehr Diversität zu bieten. Das kulturelle Potential ist ebenfalls nahezu unendlich. Eigenständige Rebsorten, einzigartige Lagen, alte Methoden und dazu eine neue Generation von Winzerinnen und Winzern mit Visionen. Ein explosives Gemisch. Noch immer überqueren zahllose Trucks mit gesichtslosem Fasswein die Grenzen und es gibt zu viele Weine, die wie aus der Retorte schmecken. Aber die andere Seite des spanischen Weins reflektiert ein neues Bewusstsein, demonstriert Kreativität und Innovation.

Die Winzerinnen und Winzer von heute sind top ausgebildet, weit gereist und international vernetzt. Sie haben Erfahrungen in den besten Betrieben gesammelt. Im eigenen Land, in Frankreich, in der Neuen Welt. Sie erleben die Welt des Weines in allen Facetten und kommen zurück mit einem Bag voller Ideen. Ein wesentlicher Unterschied zu früher ist, dass sie sich zwar inspirieren lassen, aber nicht kopieren. Das Vertrauen in die eigenen Stärken ist zurück, Spanien entdeckt sich wieder.

Die Wiederentdeckungswelle rollt. Verlassene Weingärten, unterschätzte Rebsorten, vergessene Stilistiken und Techniken. Es handelt sich um eine neue Wertschätzung der eigenen Kultur und einen nachhaltigen Umgang mit der eigenen Geschichte. Nachhaltigkeit prägt auch das Handeln im Weinberg. Viele Winzerinnen und Winzer haben einen anderen Blick auf die Natur und setzen sich kritisch mit dem eigenen ökologischen Fußabdruck auseinander. Mehr Zurückhaltung und die Reduzierung auf das Wesentliche ist für sie die Devise.

Generell ist weniger das neue Mehr. Nicht nur im Weinberg, auch im Keller. War früher Holz das Erkennungszeichen des spanischen Weins, ist es nun die Frucht. Subtiler und frischer schmeckt das neue Spanien. Das lässt mehr Raum für den Ausdruck der Herkunft und die Persönlichkeit der Rebsorte.

Spaniens Ressourcen sind unerschöpflich. Sorten wie Mencía, Cariñena, Godello oder Albariño stellen eindrucksvoll ihr Potential unter Beweis. Angeführt von der Garnacha. Sie hat es geschafft, zählt jetzt zu den Großen. In Aragón, in der Sierra de Gredos, in der Rioja oder in Katalonien, überall entstehen Weine, die es mit den besten der Welt aufnehmen können.

Ein Flächenbrand hat Spanien erfasst. Egal ob Nord oder Süd, egal ob auf dem Festland oder auf den Inseln. Überall, wo Reben stehen, ist die Aufbruchsstimmung zu spüren. Noch sind lange nicht alle Widersprüche aufgelöst, zeigt der industrielle Weinbau entschlossen seine Zähne. Aber die Welle lässt sich nicht mehr aufhalten. Langsam verschwindet das alte Spanien. Und ein neues kehrt zurück.

Respekt und Tradition | Alvar de Dios | *Zamora*

Der Landstrich um Zamora und Toro im Herzen von Castilla y León ist geprägt von Extremen. Klimatisch, geschichtlich, stilistisch. Im Sommer klettert das Thermometer ohne weiteres bis auf 40 Grad, im Winter ist es rau und bitterkalt. Kontinentales Klima in seiner drastischsten Ausprägung. Eine ständige Herausforderung für Mensch, Tier und Rebe. Selbst die Reblaus findet diese Bedingungen wohl zu abschreckend und so kann sich die Region mit ihren sandig-steinigen Böden rühmen, einige der ältesten Weinberge Europas zu besitzen. Berühmt sind auch

CHENINGUEVARA
hasta el terroir siempre

die Weine und füllen ehemals königliche Keller, später dienen sie als gesichtsloser Ersatz für die in Frankreich durch die Reblaus eliminierten Weinberge. Die anschließende Depression dauert mehr als ein halbes Jahrhundert, dann macht sich wieder Goldgräberstimmung breit. Investoren entdecken die Region und deren Potential für dichte, vollfruchtige Weine, die einem internationalen Geschmacksprofil entsprechen und zum Garanten für hohe Punktebewertungen werden. Der Stier im Namen wird Programm und das gegenwärtige Bild von Toro & Co ist gezeichnet von Weinen, die zu den Konzentriertesten in ganz Spanien gehören.

Geboren und aufgewachsen in diesen Extremen startet Alvar de Dios vor zehn Jahren mit einer kleinen Produktion. Gerade einmal ein Fass ist es anfangs, das er unter dem eigenen Namen auf den Markt bringt. Bereits einige Jahre zuvor hat er den Familienweinberg mit knapp einhundertjährigen Reben in El Pego vom Großvater übernommen. Die ersten Ernten unter seiner Regie gehen noch an einen der berühmten Platzhirsche in Toro, bevor Alvar sich entscheidet, den kompletten Ertrag selbst zu verwenden. Begleitend zum Studium sammelt er Erfahrungen bei einigen der wichtigsten Vertretern der neuen Szene in Spanien und Frankreich. Das in Weingütern wie *Comando G* in der Sierra de Gredos oder Eliàn da Ros in Marmandais erworbene Wissen beeinflusst maßgeblich seinen weiteren Weg und formt seine Vorstellung von Wein.

Anstelle von Konzentration setzt Alvar auf Frische. Vorbild sind für ihn die schlanken Vino de la Tierra der Vergangenheit. Ihm gelingt es, Weine mit einer Dynamik und Nervigkeit in die Flasche zu bringen, die sie wie Tag und Nacht von den vielen Kraftbolzen der Region unterscheidet. Trotz des klaren Aufbaus sind seine Weine nicht überinszeniert und besitzen ein hohes Maß an Natürlichkeit. Auf der Suche nach weiteren, für seinen Stil geeigneten Weinbergen und auch aufgrund der enorm gestiegenen Landpreise in Toro landet Alvar in Arribes. Die fast märchenhaft anmutende Region an der Grenze zu Portugal ist wie viele andere spanische Gebiete lange Zeit in Vergessenheit geraten und nur noch einige hundert Hektar Weinberge werden dort derzeit bewirtschaftet. Das Klima ist etwas gemäßigter und in den schiefergeprägten Böden spiegelt sich die Nähe zur Heimat des Portweins wider.

Alvar forscht nach den besten Parzellen, studiert alte Quellen und interviewt die alteingesessenen Bewohner der umliegenden Dörfer. Er taucht ein in eine beinahe vergessene Zeit, die fast nur noch durch mündlich überlieferte Geschichten lebendig geblieben ist. Mittlerweile sind es mehr als 30 verschiedene Plots rund um Villadepera, bestockt mit bis zu 120 Jahre alten Reben und einer schwindelerregenden Anzahl an Sorten, die einmal mehr den Reichtum Iberiens offenbaren. Bastardo, Mandon, Mencia, Rufete, Gajo Arroba, Tinta Jeromo, Doña Blanca und Juan Garcia sind nur einige Beispiele dafür. Schritt für Schritt holt Alvar diese Juwelen aus der Schattenwelt zurück. Der Respekt vor diesem kulturellen Erbe setzt sich konsequent in der biodynamischen Bewirtschaftung seiner Weinberge sowie im Erhalt der Biodiversität fort.

Alvars kürzlich eingeweihte, in hellen Farben gehaltene Kellerei ist schlicht und funktionell. Sie offenbart seinen zurückhaltenden Ansatz bei der Weinbereitung. Alvars Portfolio umfasst gegenwärtig zwei Vino de Pueblo, welche die unterschiedlichen Bedingungen und Rebsorten von Toro und Arribes reflektieren. Je nach Jahrgang kommen vier bis fünf Lagenweine hinzu, die fast ausschließlich von den ältesten, teilweise im Mischsatz gepflanzten Parzellen stammen. Für alle Rotweine werden die Stiele komplett mitverwendet, für die Weißweine werden die ganzen Trauben sanft gepresst. Für den Ausbau stehen Holzfässer in verschiedenen Größen sowie Edelstahl und Amphoren zur Verfügung. Der Vergleich der ersten Jahrgänge mit den aktuellen Weinen zeigt, wie diese an

Subtilität gewonnen haben. Wenn Holz verwendet wird, unterstreicht es nur die Struktur, lässt den jeweiligen Rebsorten den Raum, ihren Charakter und ihre ganze Schönheit zu zeigen. Respekt vor der Natur schließt für Alvar unabdingbar auch die Arbeit im Keller ein.

Im Keller ist leise der düster-melancholische Song »Pendulum« von Pearl Jam zu hören. *The future's bright, lit up with nowhere to go.* Wohin führt der Weg, wo ist das Ziel? Für Alvar de Dios ist die Antwort klar, entschlossen der Gesichtsausdruck. »Meine Zukunft liegt hier«, erklärt er, »sie liegt in dem, was uns die vergangenen Generationen mit auf den Weg gegeben haben. Weiter diesen Weg zu gehen, behutsam dieses Vermächtnis mit unserer Zeit, unseren heutigen Vorstellungen, Ideen und Herausforderungen zu verbinden, es zukunftsfähig zu machen und all das in meinen Weinen auszudrücken, das ist das Ziel.« Hin und her schlägt das Pendel, hin und her.

Alvar de Dios
Calle Higinio Crespo 29, 49154 El Pego
Spanien | Zamora
www.alvardedios.com

Einzellagen: Aciano, Vagüera, Rapadal, Cabeza, Yavallo, Frecho
Rebsorten: Tinta de Toro, Trincadeira, Mencia, Rufete, Juan Garcia, Bastardo, Sumoll, Doña Blanca, Verdejo, Godello, Albillo sowie weitere lokale Sorten
Rebfläche: 10 ha *Alter der Reben*: 10 bis 120 Jahre

Vino de Pueblo

Tio Uco

Der Ortswein von El Pego. Tinta de Toro und etwas Garnacha, für sechs bis acht Monate im Foudre gereift. Verbindet Struktur mit Charme.

Camino de los Arrieros

Das Gegenstück aus Arribes. Verschiedene Parzellen und Schieferformationen, fast alle im traditionellen Mischsatz bepflanzt. Wild und doch zart, sehr eigenständig, lässt sich in keine Schublade pressen.

Vino de Parcela

Aciano

Wurzelechte Tinta de Toro, gepflanzt im Jahr 1919. Robust aber auch mit Feinheit, sehr fokussiert, endet erfrischend wie kaum ein anderer Wein aus Toro.

Yavallo

Mini-Produktion aus einer 0,2 Hektar großen Parzelle. Field Blend aus Bastardo und zehn weiteren roten und weißen autochthonen Sorten. Gereift im Holz und in der Amphore. Sicherlich Alvars radikalster Wein. Schwebend, sphärisch, surreal.

Vagüera

Ein kleiner, nach Norden ausgerichteter Weinberg in der Gemeinde El Maderal auf 950 Metern Höhe. Einhundertjährige Doña Blanca Reben erbringen einen sehr eigenständigen Wein mit großartigem Spannungsbogen. Aus der Mikroparzelle »Rapadal« vom gleichen Weinberg kommt in sehr guten Jahren ein gemischter Satz aus über zehn lokalen Rebsorten. Unbedingt Ausschau danach halten!

Las Vidras

Ebenfalls Doña Blanca, weißer und grauer Schiefer auf 800 Metern Höhe in Villadepera. Ein Energiebündel, straff und doch ausgesprochen elegant. Der perfekte Pirat für eine Blindprobe großer Weißweine unserer Welt.

COMANDO · G ·
VITICULTORES

Die Garnachistas | Daniel Landi & Fernando García | *Comando G* | *Sierra de Gredos*

Niemand kann sie aufhalten. Sie beginnt in den Bergen westlich von Madrid. Zunächst langsam und noch weitgehend unbemerkt. Dann wird sie schneller, größer, gewaltiger. Eine Lawine, die sich nicht mehr aufhalten lässt. Losgetreten wird sie von zwei Weinverrückten, die nicht nur die Herausforderung suchen, sondern auch das Unmögliche wagen. Über Nacht rücken sie eine Region in den Mittelpunkt, deren Bekanntheitsgrad bisher kaum über den Radius der Hauptstadt hinausreicht. Und sie beschleunigen die Renaissance der Garnacha, die bis auf wenige Ausnahmen lange den Ruf eines Underdogs hat. Nun steht sie wieder auf Augenhöhe mit den großen Rebsorten der Welt – nicht zuletzt aufgrund der Weine aus der Sierra de Gredos.

Daniel und Fernando lernen sich an der Uni kennen, bemerken schnell, dass sie ähnlich ticken und werden Freunde. Sie teilen die Begeisterung für Musik, Reisen und guten Wein sowie eine tiefe Leidenschaft für die Natur. Im Jahr 2008 starten sie zusammen mit Marc Isart ihr gemeinsames Projekt in Daniels Heimatregion, das zur Quelle der Inspiration für eine neue Winzergeneration wird. Es ist der Gegenentwurf zur Flut des trivialen Weins, mit dem Spaniens Großkellereien das Land überrollen. Das Konzept der Freunde ist so einfach wie wirkungsvoll: Außergewöhnliche Weinberge mit außergewöhnlichen Bedingungen finden und im Einklang mit der Natur arbeiten, um außergewöhnliche Trauben zu erhalten. Und diese anschließend mit minimaler Intervention in einen außergewöhnlichen Wein zu verwandeln.

Woche für Woche fahren die beiden in die Berge von Gredos, suchen nach den höchsten und kühlsten Lagen und nach Anlagen mit alten Garnacha-Reben. »Wir wollten wissen, wie weit wir nach oben können. Wir wollten an das absolute Limit des Weinbaus und der Garnacha gehen«, beschreibt Fernando die erste Phase ihres Projekts. Sie kontaktieren die Eigentümer, Parzelle für Parzelle tragen sie zusammen, gelangen so an spektakuläre Einzellagen wie Las Umbrias und Rumbo al Norte. Die Topografie und die klimatischen Bedingungen von Gredos sind durchaus komplex. Innerhalb der drei autonomen Regionen Castilla y León, Madrid und Castilla-La Mancha gelegen, umfasst das Gebiet drei verschiedene Täler. Temperatur und Regenfall zwischen den Tälern variieren extrem, unterschiedliche Ausrichtungen und die Höhe sind zusätzliche Puzzleteile der Diversität von Gredos. Die höchsten Parzellen liegen auf rund 1.200 Metern, wo die Vegetations- und Reifeperiode bedingt durch das raue Bergklima unwahrscheinlich lang sind und Spätfröste keine Seltenheit sind. Sandige Granitböden sind der rote Faden in der gesamten Region, vereinzelt gibt es auch Böden mit Schiefer und Quarz.

Die derzeit 13 Hektar Rebfläche von *Comando G* reflektieren die Unterschiede der drei Täler. Ganz nach dem Vorbild von Burgund haben Daniel und Fernando ihre Lagen in eine interne Klassifikation eingeteilt und es ist genau festgelegt, welcher Wein wo entsteht. Entsprechend variiert auch die Bewirtschaftung. Die Parzellen der Vino de Pueblo und Vino Regional werden biologisch bewirtschaftet, während in den Einzellagen biodynamisch gearbeitet wird. Im Bestreben nach dem maximalen Ausdruck im Wein versuchen sie das Wesen jeder Lage zu entschlüsseln und positiv zu beeinflussen, ohne jedoch die individuelle Struktur zu verletzen. »Unsere größte Herausforderung ist die Balance zwischen Komplexität und Frische, wir versuchen durch Erziehungssystem, Rebschnitt und Blattwerkmanagement einen möglichst langsa-

Bodegas Comando G
Avenida Constitucion, 28640 Cadalso de los Vidrios
Spanien | Sierra de Gredos
www.comandog.es
Einzellagen: El Tamboril, La Breña, Las Umbrias, Tumba del Rey Moro, Rumbo al Norte
Rebsorten: Garnacha, Listán Prieto, Morate
Rebfläche: 16 ha *Alter der Reben*: 30 bis 100 Jahre

Vino de Pueblo

La Bruja de Rozas

Die Hexe von Rozas. Bis zu 65 Jahre alte Reben aus verschiedenen Weinbergen. Ausbau über neun Monate im Holzfuder. Geradlinig, fester Kern, belebende Säure. Saftige Frucht, Kirsche, dezente Kräuterwürze.

Vino Regional

Mataborricos

Blend aus lokalen roten und weißen Sorten, darunter Listán Prieto, Garnacha und Morate. Super fokussierte Nase, im Mund eine Mischung aus schroff und elegant. Hält die Spannung bis zum Schluss. Ein Original.

Vino de Paraje

Rozas 1er Cru

Kommt aus verschiedenen Parzellen um das Dorf Rozas de Puerto Real, 50 bis 60 Jahre alte Garnacha Reben auf sandigen Granitböden. Duftig und subtil. Florale Noten, Süßkirsche, zarte Würze. Schlank, leichtfüßig, elegant.

Vino de Parcela

El Tamboril blanco

Garnacha Blanca und Garnacha Gris von einer Miniparzelle auf 1.230 Metern Höhe. Über 60 Jahre alte Reben auf Sandstein. Ganztraubenpressung, spontan vergoren im Holz. Ausbau über 14 Monate im Beton-Ei. Puristisch, linear, salzig. Messerscharfe Präzision. Nur 400 bis 800 Flaschen gibt es jährlich von diesem Ausnahmewein.

El Tamboril tinto

Sehr alte Garnacha Reben auf purem Granit. Vergärung und Ausbau im großen Holz. Unverkennbar ein Abbild der Höhe. Transparent, komprimiert, vertikal. Feine, tiefsinnige Frucht. Fordernde, jedoch balancierte Säure. Steinige Würze im langen Finish.

Las Umbrías

Einzellage auf 1.000 Metern Höhe, sandiger Granit, Ton. Sanfte und lange Extraktion, reift im Holzfuder über 14 Monate. Delikate, florale Nase. Festes Rückgrat, markantes, jedoch sehr feines Tannin. Energetisch und sehr lang.

Tumba del Rey Moro

Zwischen 60 bis 70 Jahre alte Garnacha Reben auf 1.100 Metern Höhe, gepflanzt auf kleinen natürlichen Terrassen. Reift über 14 Monate im Fuder aus französischer Eiche. Komplex und tiefgründig. Walderdbeere, Cassis, mediterrane Kräuter. Ein Wein, in dem sich Widersprüche auflösen. Leicht und trotzdem kraftvoll. Garnacha in seiner feinsten Ausprägung.

Rumbo al Norte

Spektakuläre Lage auf 1.200 Metern Höhe, zwischen riesigen Felsbrocken stehen in unregelmäßigen Abständen bis zu 70 Jahre alte Garnacha Reben. Konzentrierte Frucht, besitzt mehr Textur im Vergleich zu den anderen Weinen. Ausgeprägte Würze, Johannisbeere, Graphitnoten. Großartige Finesse. Verschlungen, unergründlich, mehrdimensional.

men Reifeprozess zu erreichen.« Der Rebschnitt erfolgt so spät wie möglich im Frühjahr und wird individuell auf jede Rebe angepasst. Insgesamt wird ein niedriger Ertrag von etwa 25 Hektolitern je Hektar angestrebt, um im Bestfall mittelgroße Trauben zu erhalten, die ausreichend Saft und Aromastoffe beinhalten. Die traditionelle Buscherziehung ermöglicht es, dass die Trauben durch die Blätter vor direkter Sonneneinstrahlung und Sonnenbrand geschützt werden. Auf der anderen Seite wird versucht, mit einem lockeren Blattwerk und weniger Blattmasse die Einlagerung von Zucker in den Beeren zu verlangsamen. Bei diesen gegensätzlichen Zielstellungen sei jedes Jahr eine Herausforderung und es sei je nach Wetterverlauf immer eine Gratwanderung, wie Fernando die Arbeit im Weinberg zusammenfasst.

Die Arbeit im Keller steht ganz im Zeichen der Eleganz. Daniel und Fernando sind der festen Überzeugung, dass es die Garnacha in Punkto Finesse durchaus mit Rebsorten wie Pinot Noir oder Nebbiolo aufnehmen kann. Es brauche nur den richtigen Zugang. Eine behutsame, aber sehr lange Extraktion und niedrige Temperaturen während der Vergärung sind wichtige Eckpunkte der Philosophie im Keller. Die ganzen Trauben werden vor Beginn der Gärung vorsichtig mit den Füßen getreten, um Pigmente und andere Inhaltsstoffe zu extrahieren. Alles danach ist eher eine Infusion, auf Umpumpen und ein Unterstoßen des Tresters wird völlig verzichtet. Um eine Oxidation der Oberfläche des Tresters und eventuelle Fehlaromen durch mikrobiologische Aktivitäten zu vermeiden, wird zweimal täglich nur etwas Saft oder später Wein auf den Tresterhut gegeben. Ein enormer Aufwand von mehreren Stunden täglich und das über einen Zeitraum, der durchaus zwischen 50 und 70 Tage dauern kann. Dafür werden Daniel und Fernando später jedoch mit Weinen belohnt, die bis vor wenigen Jahren wohl niemand für möglich gehalten hätte.

Rar und gesucht sind die Vino de Parcela mittlerweile, allen voran der Rumbo al Norte und Tumba del Rey Moro. Individuelle Klasse besitzen jedoch alle Weine, bereits der Einstiegswein La Bruja de Rozas, der von über 40-jährigen Reben stammt, ist ein klares Statement und zeigt, was die Kombination aus Garnacha, Granit und Gredos kann. Mit dem El Tamboril Blanco gibt es seit wenigen Jahrgängen auch den ersten Spitzenwein aus der weißen und grauen Garnacha. Vorerst aber leider nur in homöopathischen Mengen. Mehr Weißwein soll es in den nächsten Jahren geben, die ersten Schritte dafür sind bereits getan. Darüber hinaus wird mit Listan Prieto eine andere alte Rebsorte Kastiliens zukünftig mehr in den Fokus rücken. Neben der Beteiligung an anderen Gemeinschaftsprojekten ist auch die Neuanlage von Weinbergen bereits in der Überlegung, Daniel und Fernando eilen damit ihrer Zeit weit voraus. Sie schaffen die Voraussetzung für den Weinbau in den nächsten Jahrzehnten. Immerhin bewirtschaften auch sie jetzt die Weinberge früherer Generationen. Für die beiden ist es selbstverständlich, ein Stück dessen zurückzugeben, was sie jetzt nutzen. Damit die Lawine weiter rollt und nicht wieder zum Stillstand kommt. Daniel und Fernando haben gerade erst begonnen.

Der Kampf gegen Windmühlen | Elías López Montero

Bodegas Verum | *La Mancha*

Im Land des Don Quijote schlägt das Herz einer Industrie. Doch statt gegen Windmühlen würde der hagere Ritter heute gegen riesige Türme aus Edelstahl kämpfen. Kontinuierlich ist der Ausstoß aus dem Geflecht zahlloser Pipelines, versorgt von einem endlosen Meer an Rebenmaschinen. Alles ausgelegt auf ein Ziel: maximalen Ertrag. Europas größte Sektproduzenten, Destillateure, die Hersteller von Markenweinen mit fantasievollen Namen – alle kaufen sie hier ein. Eine Region ohne Gesicht, ohne Erwähnung in den Büchern des kulturbeseelten Weines. Auf ewig scheint dies das Los der La Mancha zu sein.

Und doch gibt es Hoffnung. Alternative Gedanken, eine kritische Auseinandersetzung mit dem eigenen Status. Keine große Gegenbewegung, die denkt, dass sich von heute auf morgen das Antlitz dieser Region verändert und der kulturbeseelte Weinbau die industrielle Epoche ablöst. Aber immerhin ein Anfang. Elías López sieht eine andere Zukunft für seine Heimat, ist der Überzeugung, dass an diesem Platz auch andere Weine entstehen können. »Wir versuchen bei unseren Weinen eine eigene Identität herauszuarbeiten. Wir wollen Weine machen, die den Charakter und den Ausdruck der Landschaft einfangen«, erklärt er. Elías weiß, wovon er redet. Er kennt die beiden Seiten der Weinwelt wie kaum ein anderer. Erfahrungen sammelt er in High End Weingütern wie *Bodegas Aalto* genauso wie bei den globalen Giganten der Neuen Welt. Ausgestattet mit dem nötigen Wissen, steigt er in das auf Spirituosen und Wein spezialisierte Familienunternehmen ein und übernimmt das Management von *Bodegas Verum*. Eine der ersten Entscheidungen ist die Implementierung des ökologischen Anbaus sowie eine Rückbesinnung auf traditionelle Rebsorten.

Doch Elías will mehr. Auf der Suche nach Identität initiiert er »Ulterior«, ein Projekt, das noch weiter zurückschaut und tief in der Geschichte der La Mancha gräbt. Tinto Velasco, Albillo Real oder Albillo Mayor sind nur einige der Rebsorten, die im Fokus des Projektes stehen. Hinzu kommt die Beschäftigung mit alten Techniken. Kultur bedeutet für Elías nicht nur Bodenbearbeitung, sondern auch die Pflege der geistigen Güter. Dabei ist es kein purer Abklatsch des Früheren, was er anstrebt. Kein Festhalten an einer Vergangenheitsromantik. Vielmehr geht es ihm um die Frage, wie sich traditionelle Methoden mit den Fragen und Herausforderungen der Zukunft verbinden lassen. Und es geht um Glaubwürdigkeit. Elías sieht Identität in einem komplexen Kontext und dieser schließt die eigene Vergangenheit untrennbar mit ein. Auch die Fehler.

Wasser ist eines der großen Zukunftsthemen in der La Mancha. »Man muss kein Pessimist sein, um zu sehen, dass es knapp wird«, sagt Elías über die gewaltige Herausforderung für die kommenden Generationen. Weinberge und Reben auf die größer werdende Knappheit vorzubereiten, ist einer der zentralen Aspekte bei der Bewirtschaftung. Neben einem gezielten Aufbau von Biomasse zur Verbesserung der Speicherkapazität in den Böden geht es auch darum, welche Sorten trotz des Wassermangels eine gute Performance zeigen und Weine erbringen, die später nichts von dem Stress im Weinberg spüren lassen. Ein angepasster Rebschnitt und das richtige Ertragsverhältnis sowie ein modifiziertes Blattwerkmanagement sind weitere wichtige Bestandteile der Anpassungsstrategie für morgen.

Im Keller setzt Elías neben Edelstahl und Holz zunehmend Tonamphoren ein. Die La Mancha hat eine lange Tradition in der Herstellung von Amphoren und nutzt diese natürlich auch für die Vinifizierung und den Ausbau der Weine. Im Zuge der Industrialisierung sind sie jedoch fast völlig aus den regionalen Kellern verschwunden. Für eine standardisierte, auf Menge ausgerichtete Weinproduktion sind die geringe Größe und der Aufwand keine Option. Der Weißwein aus den beiden Albillo Sorten wird bei Elías zum großen Teil in den Amphoren vergoren und auch fast alle Rotweine des Projektes »Ulterior« reifen partiell über zehn bis zwölf Monate darin. Der geschmackliche Einfluss von Holz spielt nur eine untergeordnete Rolle, im Prozess der Identitätsfindung geht es schließlich auch um eine klare Abgrenzung von einem der Lieblingsinstrumente des Mainstreams.

Derzeit umfasst »Ulterior« sechs Weine, doch das soll erst der Beginn sein. Elías will weitere Rebsorten hinsichtlich ihres Potentials für die La Mancha von morgen erforschen. Im Fokus steht auch Airén, eine Rebsorte mit dem wohl

Bodegas y Viñedos Verum
C/ Antonio López Ramírez, 4, 13700 Tomelloso
Spanien | La Mancha
www.bodegasverum.com

Einzellagen: Las Tinadas, El Romeral
Rebsorten: Airén, Albillo Real, Albillo Mayor, Cabernet Sauvignon, Garnacha, Graciano, Malvar, Malvasía, Mazuelo, Merlot, Syrah, Tempranillo, Tinto Velasco
Rebfläche: 100 ha *Alter der Reben*:12 bis 70 Jahre

Las Tinadas Airén de Pie Franco

70 Jahre alte, wurzelechte Reben. Kühle Vergärung, danach vier Monate Ausbau in den traditionellen Tinajas. Honigmelone, Limette, floraler Touch. Schlank, luftig, weich. Dezente Bitternote im Finish, ein Hauch von Kalk. Übertrifft alle Erwartungen.

Ulterior Albillo Real Parceala 7 y 9

Die Ulterior-Weine kommen aus dem Weinberg El Romeral auf 700 Metern Höhe, der in verschiedene Parzellen unterteilt ist. Die Gärung erfolgt in 600-Liter-Fässern aus französischer Eiche. Ausbau über 12 Monate in großen Amphoren. Subtile Nase. Roter Apfel, Quitte, etwas Zimt. Elegant, seidige Textur. Moderate, aber erfrischende Säure, gute Länge.

Ulterior Garnacha Parcela 6

Kaltmazeration mit den Stielen für fünf Tage, die Gärung erfolgt im Edelstahl. Ausbau in Tinajas für 12 Monate. Erdige Noten, Rosenblätter, Walderdbeere. Zeigt am Gaumen viel Schmelz und Substanz, die präsente Säure balanciert die Fülle sehr gut aus.

Ulterior Graciano Parcela 17

In der Amphore und im Tonneau aus französischer Eiche gereift. Intensive Frucht. Schwarzkirsche, Veilchen, Kakaowürze. Schlank, geschliffen, balsamische Noten im Finish.

Ulterior Mazuelo Parcela 4

Mazuelo ist ein in der La Mancha gebräuchliches Synonym für Cariñena. Ausbau für ein Jahr in 300-Liter-Fässern aus französischer Eiche. Waldfrucht, Lakritz, balsamische Noten. Strukturiert, fest, intensiv. Dazu die hervorragende Frische, ein Markenzeichen der Weine von Elías.

Ulterior Tinto Velasco Parcela 10

Vergärung in 400-Liter-Fässern, reift über 12 Monate in gebrauchter französischer Eiche und Amphoren. Brombeere, Kräuterwürze, schwarzer Tee. Moderates Tannin, saftige Frucht. Präsente Säure, sehr gute Länge. Eleganz statt Power.

weltweit schlechtesten Image. Elías ist dankbar, dass sich noch einige wurzelechte Reben in seinen Weinbergen befinden. Er will zeigen, dass Airén auch anders kann und nicht dazu verdammt ist, für immer in der Unterwelt des Weins zu schmoren. Er wird weiter daran feilen, seiner Region – zumindest in Facetten – ein anderes Gesicht zu geben. Elías weiß, dass es ein weiter Weg ist, den er noch zu gehen hat. Der Kampf gegen die Windmühlen der Gesichtslosigkeit in seiner Heimat wird noch lange dauern. Aber der Anfang ist gemacht.

Die Seele unserer Erde | Esmeralda García | *Rueda*

Ein Superstar ist geboren. Fast über Nacht katapultiert sich Rueda auf den dritten Platz in der spanischen Produktionsstatistik, direkt hinter den beiden Altstars Rioja und Ribera del Duero. Das neu ausgetüftelte Profil des einheimischen Verdejo hat das Zeug zum Kassenschlager. Etwas Citrus, etwas Kräuter, etwas erfrischend. Vor allem aber unkompliziert. Nach den ersten Erfolgen werden flugs die alten Zöpfe abgeschnitten, weitere Investoren finden sich ein und ein in Reihe und Glied formiertes Rebenmeer bestimmt ab jetzt die Landschaft. Um der Welt zu zeigen, wie fortschrittlich das neue Rueda tickt, werden als Ergänzung die mondialen Sorten des französischen Nachbarn inthronisiert. Die Kommunikationsmaschine kreiselt und die kollektive Freude, sich einen Ruf als moderne Region mit internationalem Profil verschafft zu haben, wird fleißig um den Erdball getragen.

Aus heutiger Sicht ist das alles für Esmeralda eine Art von Piraterie, dabei ist sie einige Zeit als Direktorin für Qualitätssicherung bei einem überregional tätigen Produzenten ein Teil der Maschinerie. Nach neun Jahren ist sie müde, steigt aus und startet über Zwischenstationen ihr eigenes kleines Weingut in der Nähe von Segovia. Zusammen mit einigen anderen Winzern stemmt sie sich gegen den totalen Ausverkauf, versucht ein Stück ihrer Kindheitserinnerungen und ein Stück Seele des alten Rueda zu bewahren. »I´ve learned that my work should be limited to conserving and interpreting the best version of my land, its heritage and culture«, erzählt sie. Esmeralda begreift sich und ihre Arbeit als integralen Part eines ländlichen Lebens. Jede Flasche ihrer Weine ist ein Spiegel der sichtbaren und unsichtbaren Dinge, die ihre Heimat zu einem einzigartigen Ort formen.

Mittlerweile bewirtschaftet sie sechs Hektar rund um ihren Wohnort Santiuste de San Juan Bautista. Ihre Weinberge gehören zu den ältesten der Region und wahrscheinlich auch Europas, die Verdejo-Reben bringen es auf das fast biblische Alter von 140 bis 210 Jahren. Viele Parzellen sind längst verlassen, als Esmeralda ihnen Stück für Stück ein zweites Leben einhaucht. Immer wieder bekommt sie neue Parzellen angeboten. Doch mehr schafft sie nicht, die jetzige Fläche ist genug für den Einfraubetrieb. Zumal sie noch einen zweiten Job hat. Ihre beiden Töchter, wie sie mit einem Augenzwinkern erzählt. In den alten Weingärten mit ständig variierenden Stockabständen und frei erzogenen Reben, die zum Teil wie Fabelwesen aussehen, muss alles händisch gemacht werden. Dadurch fällt die Arbeit im Weinberg natürlich sehr zeitintensiv aus.

Schon der Rebschnitt ist eine Herausforderung. Esmeralda rückt die Physiologie der Rebe in den Mittelpunkt. Für einen ungehinderten Saftfluss und die Minimierung potenzieller Infektionen durch Pilze wie Esca gilt es, größere Wunden durch den Rebschnitt zu vermeiden. »Manchmal brauche ich einige Minuten, bevor

Esmeralda Garcia
Calle Molino 4, 40460 Santiuste de San Juan Bautista
Spanien | Rueda
www.esmeraldagarcia.es

Einzellagen: El Carrascal, El Vallejo, El Carrascal, Fuentecilla, Las Miñañas, Vayuste,
Rebsorte: Verdejo *Rebfläche*: 6 ha Alter der Reben: 140 bis 220 Jahre

Vino de Pueblo

Arenas de Santyuste

Esmeraldas Ortswein, ein Blend aus allen Lagen. Komplett entrappt, sanft gepresst und im Edelstahl vergoren, Ausbau auf der Vollhefe. Der pure Kräuterkorb, dazu etwas grüne Exotik. Robust, dezenter Gerbstoff, erfrischend unaufgeregter Wein.

Vino de Paraje

El Carrascal

Auf rund 900 Metern Höhe gelegen, sandig-lehmiger Kalkstein mit Kies. Sehr alte Reben, 180 bis 200 Jahre alt. Ein Wein der Widersprüche. Sehr konzentriert, aber auch fein. Zurückhaltend und doch voller Ausdruck. Das Spannungsfeld ist hoch, strahlt trotzdem eine enorme Ruhe aus.

Fuentecilla

Die Reben sind bis zu 180 Jahre alt, in dieser Einzellage gibt es mehr Wasser und der Wein fällt etwas fruchtiger aus. Ausbau wie für alle Lagenweine über sechs Monate in der Amphore. Expressive Nase. Wiesenkräuter, dazu ätherische Noten. Saftige Frucht, viel Textur, darunter blitzt die Säure durch und sorgt für viel Energie.

Vayuste

Unglaublich sandiger Boden, die Reben sind zwischen 180 und 220 Jahre alt. Kleine Parzelle, in einen Pinienwald eingebettet. Vielleicht verleiht das dem Wein die ausgeprägten ätherischen Noten, dazu Citrus und Jod. Schlank, linear, vielschichtig. Großer Verdejo.

Vallejo

Sandiger Boden mit Kies, darunter kompakter Lehm. Der »Rotwein« unter den Lagenweinen. Sehr fest, fast schroff, phenolischer Grip. Würze und Kräuter. Da ist nichts geschönt, die Steinfaust im Mund. Polarisiert.

Vino de Parcela

Las Miñañas

Kleine Parzelle aus Familienbesitz, das emotionale Rückgrat von Esmeralda. 200 Jahre alte Reben, reift etwas länger als die anderen Weine. Strahlt Tiefe und Ruhe aus, baut sich im Mund schichtartig auf. Viel Substanz, aber perfekt verpackt. Endet ultrafrisch und lang. Verdejo-Wahnsinn.

Vino de Crianza

Michika

Das urtraditionelle Rueda. Verdejo aus Vayuste, reift in alten 125-Liter-Fässern unter einer Florschicht. Femininer Style, delikat, schlank. Wie eine feine Manzanilla, die markante Säure und der feste Kern sind dann aber doch ganz Verdejo.

Michiko

El Carrascal. Wie der Michika unter Flor gereift, aber in 500-Liter-Fässern von Gutierrez Colosia aus Jerez. Jod, Salzmandel, Fenchelsaat. Dicht, kompakt, fest. Geradlinig, ohne jeglichen Firlefanz.

ich die Entscheidung treffe, wo und wie ich schneide. Jede Rebe ist für mich ein Individuum, das ich respektiere.« Esmeralda folgt keinem Lehrbuch, sondern hat gelernt, ihrer Beobachtung und Intuition zu folgen. Entsprechend unterschiedlich fällt die Bewirtschaftung ihrer Weinberge aus, ist angepasst an das jeweilige Terroir und darauf ausgerichtet, das über Jahrzehnte entstandene Gleichgewicht zwischen Rebe und Umfeld zu erhalten. Ein Roadtrip durch ihre verschiedenen Lagen zeigt eindrucksvoll, wie drastisch die natürlichen Bedingungen auf kleinstem Raum variieren. Marsähnliche Landschaften wie die Lage El Carrascal demonstrieren das Spannungsfeld des kontinentalen Klimas in dieser Höhe. Im Winter kann es mit minus 20 Grad sibirisch kalt sein, im Sommer sind Temperaturen zwischen 40 Grad am Tag und 15 Grad in der Nacht keine Seltenheit.

Esmeralda will den Charakter der enorm unterschiedlichen Plots in ihren Weinen einfangen und demgemäß fällt die Arbeit im Kellerzurückhaltend aus. Die Lagenweine reifen ausschließlich in Tonamphoren, für den Vino de Pueblo kommt auch Edelstahl zum Einsatz. Alle Weine zeigen eine positive Kargheit, völlig befreit von jeglichem unnützen Ballast. Das lässt Platz für die subtilen Unterschiede und das Wesen jeder einzelnen Lage. Zudem zeigt es die markante, fast schroffe Seite des Verdejo, weit weg von den weichgespülten Artgenossen der Moderne. Esmeraldas Weine sind keine spektakulären Weine und besitzen gerade deswegen so viel Ausstrahlung. Sie sind ein normaler Bestandteil des natürlichen Kreislaufes und nicht das Ergebnis, sie reflektieren die Präzision und Ruhe der Natur. Eben ein Spiegelbild der sichtbaren und unsichtbaren Dinge.

Angesprochen auf zukünftige Ziele, überlegt Esmeralda kurz. Andere Winzer zu motivieren, ihnen zu helfen, den nächsten Schritt zu tun und ihre eigenen Weine zu produzieren, das ist es, was sie möchte. Und auf diese Weise ein Stück mehr Leben in das verlassene, ländliche Spanien zurückbringen. Ansonsten kreisen ihre Gedanken eher um die einfachen Dinge des Lebens. »Ich bin genau hier, wo ich sein möchte, und mache genau das, was ich liebe. Was will ich mehr?« Einfach nur ein Teil sein von Rueda.

Magie und Vision | Fernando & Fabio González

Adega Algueira | Ribeira Sacra

Entrückt von der Wirklichkeit, wie ein achtes Weltwunder, präsentiert sich die Terrassenlandschaft der Ribeira Sacra beim ersten Kennenlernen. In einer fast grafischen Struktur schmiegen sich die unendlich vielen kleinen Steinterrassen an die steilen Hänge zu beiden Seiten des Río Sil. Eine menschliche Meisterleistung. Eine unmittelbare Urgewalt geht von diesen Terrassen aus, es scheint, als würden in dieser magischen Kulisse die Energien des Universums und der Menschen zusammenfließen. Sie verschmelzen an diesem Platz zu einem komplexen Konglomerat, bilden Grundlage und Rahmen für einzigartige Weine.

Doch auch die besondere Atmosphäre bewahrt die Ribeira Sacra nicht vor dem Verfall und insbesondere das letzte Jahrhundert hinterlässt deutlich seine Spuren. Galicien hat unter der Franco-Diktatur besonders zu leiden, selbst die eigene Sprache wird verboten. Armut und fehlende Perspektiven führen zu einer massiven Abwanderung, ganze Dörfer werden entvölkert, landwirtschaftliche Strukturen brechen komplett zusammen. Auch der Weinbau kommt fast völlig zum Erliegen und Schritt für Schritt holt sich die Natur die alten Terrassenlandschaften zurück. Nur noch einige wenige bleiben erhalten. Die letzten Zeugen einer glorreichen Vergangenheit.

Ende der 80er-Jahre verfällt Fernando González dem Zauber dieser Landschaft und weckt eine kleine Parzelle aus dem Dornröschenschlaf, die der Familie seiner Frau gehört. Ein wenig Wein für die Familie zu machen ist das Ziel. Doch schnell entwickelt sich aus dem ersten Zauber eine Leidenschaft und zwingt Fernando sein Leben komplett zu überdenken. Er tauscht den Schreibtisch gegen den Weinberg, denn es warten noch unendlich viele dieser alten Terrassen auf ihre Wiederbelebung. Fernando entwickelt sich in den nachfolgenden Jahren zu einer der tragenden Figuren der Ribeira Sacra 2.0, der mittlerweile mehr als ein Dutzend Weingüter angehören. Das Zusammentreffen mit dem nordspanischen Vordenker und Visionär Raúl Pérez ist dabei ein wichtiges Schlüsselerlebnis für ihn. Die Impulse aus dieser fruchtbaren Beziehung sind essenzielle Eckpunkte in der Ausarbeitung seines Projektes und wichtiger Input im Verständnis für Stil und Ausdruck seiner Weine.

Kurz vor der Jahrtausendwende ist es so weit und die neu gebaute Kellerei kann bezogen werden – ein wichtiger Schritt in die Professionalität. »Das war der eigentliche Start des Real Business«, erzählt Fernandos Sohn Fabio über diesen Schritt. Fabio bildet seit einigen Jahren zusammen mit seinem Vater das Führungsteam von *Algueira* und bereitet sich darauf vor, die Zepter des Weinguts in naher Zukunft komplett in die eigenen Hände zu nehmen. Auf der einen Seite ist er noch im Lernprozess, auf der anderen Seite bringt er schon jetzt neue Ideen in die tägliche Zusammenarbeit ein. Die bewirtschaftete Rebfläche ist in den letzten beiden Dekaden auf rund 25 Hektar angewachsen und verteilt sich auf verschiedene Einzellagen in der Subregion Amandi. Für Fabio sind diese verschiedenen Einzellagen die Essenz von *Algueira*, reflektieren sie doch mit ihren verschiedenen Höhen, Ausrichtungen und Bodenprofilen die Diversität der Ribeira Sacra.

Die Hauptrebsorte ist Mencía, die seit rund 200 Jahren in der Ribeira Sacra angebaut wird und ursprünglich aus Bierzo stammt. Vorher werden vor allem Sorten wie Brancellao oder

Mouratón angebaut, die heute in der Region noch teilweise im Blend mit Mencía verwendet werden. *Algueira* hat auch hier eine Vorreiterrolle und gehört zu den ersten Weingütern in der Ribeira Sacra, welche die alten Varietäten reinsortig ausbauen und abfüllen. Vergessene Rebsorten und damit ein Stück der alten Identität wieder zurückzubringen, ist für die Fernando und Fabio auch künftig wichtig. So gibt es bereits erste Versuche mit der roten Espadeiro und der weißen Branco Lexítimo.

»Ehrliche Weine wollen wir machen«, sagt Fabio. Weine, bei denen die Herkunft sichtbar und ein Zusammenhang zur jeweiligen Lage sowie zum Jahrgang unverkennbar ist. Es soll weder etwas hinzugefügt oder weggelassen werden. Das dabei in den mit so viel Mühe rekultivierten Terrassen nichts verwendet wird, das der Natur schaden kann, versteht sich von selbst. Gleiches gilt auch für die Arbeit im Keller. »Wir wollen

Adega Algueira
Doade s/n, 27460 Lugo
Spanien | Ribeira Sacra
www.algueira.com

Einzellagen: Carballo Cobo, Escalada, Sevilla, Capeliños, Meixemán, Ladredo, Vidual, A Ponte, Cortezada, Abeleda, A Hermida, Montefurado, Aviador
Rebsorten: Mencía, Menrenzao, Brancellao, Garnacha, Sousón, Caíño, Espadeiro, Godello, Treixadura, Albariño, Branco Lexítimo
Rebfläche: 25 ha *Alter der Reben*: 10 bis 90 Jahre

Finca Cortezada

Godello, Albariño und Treixadura von Südwest-Terrassen. Spontan vergoren, sechs Monate auf der Hefe ausgebaut. Fängt die weiße Seele der Ribeira Sacra ein. Die fast kantig wirkende Säure des Godello ist eingehüllt in die Textur der beiden anderen Partner. Anis, Aprikose, Citrus. Kann einige Jahre reifen.

Escalada

Godello vom Schiefer. Vergärung in 750-Liter-Holzfässern, Ausbau auf der Hefe im Edelstahl. Dicht, kraftvoll, lang. Die markante Säure sorgt für die nötige Balance. Fenchel, Orangenblüte. Sehr gutes Reifepotential.

Mencía Joven

Südterrassen, überwiegend junge Reben. Komplett entrappt, kein Holz, jung gefüllt. Animierende Kirschfrucht, im Hintergrund Graphit. Saftig, weich, ausgewogen. Die charmante Seite der Mencía.

Pizarra

Alte Mencía Reben, Schieferterrassen in Carballo Cobo. Crushing der ganzen Trauben mit den Füßen, lange Vergärung, Ausbau für 12 bis 18 Monate in gebrauchtem Holz. Rote Früchte, balsamischer Touch, Teeblätter. Strukturiert, markantes Tannin, zeigt die Energie des Schiefers.

Fincas

Blend aus Caíño und Sousón. Mit Stielen vergoren, in Kastanie und französischer Eiche ausgebaut. Intensive ätherische Noten, Menthol, unterlegt von Waldbeere. Robustes Tannin, zeigt Kraft und Biss, ohne schwerfällig zu sein.

Amaral

100 % Caíño. Kurze Kaltmazeration, komplett mit Stielen vergoren, 18 Monate Ausbau. Die volle Breitseite an Frucht, Brombeere, Heidelbeere, florale Untertöne. Die kraftvolle Säure balanciert Intensität und Textur aus. Urwüchsig und sehr eigenständig.

Serradelo

Brancellao von verschiedenen Schieferplots, reift über 12 Monate in mindestens fünf Jahre alten Barriques. Komplexe Nase, schwarzer Tee, Kräuter, Zwetschge. Am Gaumen sehr ätherisch, festes Tannin, packend, muskulös. Diese alte Rebsorte gilt als der zukünftige Star der Ribeira Sacra.

Risco

Merenzao vom Gneis und Schiefer. In 600-Liter-Fässern mit einem Anteil an Stielen vergoren, Ausbau über 12 Monate in französischer Eiche. Delikat und subtil. Süßkirsche, Süßholz, Muskatnuss. Moderater Alkohol, feinkörniges Tannin, elegant. Von saftiger Frucht geprägtes Finish.

nichts davon verlieren, was uns Boden und Pflanze mitgegeben haben, sehen die Bereitung des Weins eher als die Verlängerung der Arbeit im Weinberg«, beschreibt Fabio die Philosophie seines Vaters. Die einzige größere Änderung gibt es vor zwanzig Jahren, als das Holzfass für die Reifung der Weine Einzug im Keller hält. Ein Novum in der Weinbaugeschichte der Region. Vordergründig schmeckbar ist das Holz in den Algueira-Weinen nicht, sondern lässt den Komponenten der Traube alle Freiheit. Was am Ende in die Flasche kommt, ist die pure Signatur der Landschaft. Fast karg und schroff zu Beginn, erschließen sich die Weine mit Zeit und Geduld im Glas. Sie entwickeln eine enorme Kraft und Direktheit, ohne an Finesse zu verlieren.

Nach wie vor befindet sich die Ribeira Sacra in einem Findungsprozess, die Suche nach der neuen Identität ist längst noch nicht abgeschlossen. Die von Fabio erwähnte Ehrlichkeit ist für ihn unverzichtbar auf dem Weg dorthin. Er zeigt auf einen im Spalier neu angelegen Weinberg auf dem Plateau, Bestandteil eines großangelegten Investments eines kürzlich gegründeten Weinguts. »Das ist nicht die Ribeira Sacra. Mit den Bildern der spektakulären Terrassen werden später austauschbare Weine verkauft«, erklärt er. Doch ihre Vision lebt und sie wird sich durchsetzen, da ist sich Fabio sicher. Die Vision vom magischen Wein.

Die Nebelreben | Fernando Maíllo Ferrán

Viñas del Cámbrico | Sierra de Salamanca

Morgennebel liegt über der Sierra de Francia, einer wild-romantischen Region unweit der portugiesischen Grenze. Nur zögerlich gibt diese abgeschiedene Bergregion ihre Schönheit frei. Plötzlich pustet ein leichter Wind den Nebel weg. Schlicht überwältigend ist der Anblick im Licht der ersten Sonne. Es scheint, als hätte die Natur alles aufgefahren, was sie im Angebot hat. Pyrenäen-Eichen und Schwarzginster wechseln sich ab mit Olivenbäumen, Steineichen und uralten Kastanien. Eingehüllt in die letzten Nebelfetzen sind auf uralten Terrassen einige knorrige Reben zu sehen, verstecken sich zwischen Sträuchern und mediterranen Kräutern. Wie Fabelwesen stehen sie hier, die Nebelreben, und berichten von einer einst glanzvollen Zeit.

Fernando ist in Sequeros geboren, kennt jeden Winkel dieses traumhaften Landstrichs. Um die Jahrtausendwende entscheidet der gelernte Biologe, den Weinbau seiner Heimat wiederzubeleben, und gründet *Viñas del Cámbrico*. 2006 wird die neue Kellerei fertiggestellt, eine gelungene Mischung aus Design und Funktionalität. Schrittweise holt er die Reben aus dem Nebel zurück, rekultiviert die alten Terrassen, ohne jedoch in das über Jahrzehnte gewachsene Ökosystem einzugreifen. Der überwiegende Teil der Reben in den weit verstreuten Miniparzellen ist weit über 60 Jahre alt, ergänzt durch einige Neuanpflanzungen der letzten Jahre. »So viel Natur wie möglich« ist der Leitsatz, der die gesamte Arbeit im Weinberg umschreibt. Rebschnitt und im Frühjahr einmal mit Pferden pflügen, dazu Schafe in der Sommersaison, die für das »Cleaning« verantwortlich sind. Ansonsten passiert einfach nichts.

Das Klima ist kontinental, im Vergleich zu den in der Nähe gelegenen Weinbauregionen von Castilla y Léon allerdings etwas gemäßigter. Außerdem regnet es wesentlich mehr, 1.000 Millimeter im Jahr sind keine Seltenheit. Die Böden werden von Granit dominiert, hinzu

kommen etwas Schiefer und Quarz. Die Entstehungszeit der Sierra de Francia geht auf das Kambrium zurück, weshalb Fernando sein Weingut *Viñas del Cámbrico* nennt. »Als ich mit meinem Projekt startete, wusste ich wenig über den regionalen Weinbau und dessen Rebsorten«, erzählt Fernando von den Anfängen. Er kontaktiert die Universitäten, um mehr über die heimischen Reben und deren Eigenschaften zu erfahren.

Die Stars des Anbaugebiets Sierra de Salamanca sind zweifellos die rote und weiße Rufete. Mit Hilfe der modernen Genforschung sind auch die Zusammenhänge zwischen beiden geklärt. Die rote Rufete ist eine natürliche Kreuzung aus der Rufete blanca und Negramoll. Größere Vorkommen der Rufete gibt es im Norden Portugals, wo sie unter anderem auch für Portwein verwendet wird. In der Sierra de Salamanca haben sich im Laufe der Zeit eigenständige Varianten entwickelt, Fernando hat in alten Weinbergen über 40 verschiedene Klone zusammengetragen und nutzt diese für Neuanpflanzungen. Die Rufete blanca ist auch unter dem Synonym Verdejo Serrano bekannt und bis zum Einfall der Reblaus die meistangebaute weiße Rebsorte in der Sierra de Salamanca. Sie gilt danach als nahezu ausgestorben, bis Fernando einige Stöcke in alten Parzellen entdeckt. Einen halben Hektar hat er kürzlich neu angepflanzt, so dass der Fortbestand dieser historischen Sorte gesichert ist. Außerdem stehen in den Weinbergen lokale Varianten des Tempranillos und der Garnacha, letztere wird hier Calabrés genannt.

Die Erträge in den alten Parzellen sind minimal, gerade einmal 500 Gramm je Stock sind es. Aber Fernando ist es das wert. Solange es geht, möchte er diese erhalten und so werden lediglich ausgefallene Stöcke ersetzt. Die Rufete ist keine laute Rebsorte, sondern eher introvertiert. »Sie ist ein wunderbarer Erzähler. Statt sich selbst in den Vordergrund zu spielen, reflektiert die Rufete lieber Umfeld und Bedingungen, die sie prägen. Sie erzählt die Geschichte ihres Lebens.« Dies führt schließlich zur Entscheidung, die unterschiedlichen Gemeinden und Einzellagen wie El Pocito und Valleoscuro getrennt abzufüllen. Um so nah wie möglich dran zu sein, übernimmt Fernando vor einigen Jahren auch die Verantwortung im Keller. »Ich wollte keine Kompromisse mehr, sondern eine konsequente Umsetzung meiner Ideen. Ich spürte außerdem, dass ich zu weit weg war, um die Rufete voll zu verstehen. Sie braucht eine gewisse Nähe, nur dann gelingt es die sensiblen Seiten, die Zwischentöne im Wein zu zeigen«, erzählt Fernando über den wohl wichtigsten Schritt der letzten Zeit.

Nach der obligatorischen Handlese und Selektion im Weinberg erfolgt eine relative kühle Vergärung bei maximal 25 Grad in Edelstahl. Ein Teil der Trauben wird mit den Stielen vergoren, insgesamt ist die Extraktion sehr sanft. »Mehr eine Infusion«, wie es Fernando beschreibt. Vom Charakter erinnert die rote Rufete an eine Mischung aus Trousseau und Gamay, verbindet eine positiv robuste Struktur mit fein akzentuierter Frucht und floralen Nuancen. Neues Holz ist seit geraumer Zeit tabu, am liebsten mag Fernando 300 und 500 Liter Fässer ab der dritten Belegung. Spannend ist der Vergleich zwischen Granit und Schiefer, die für völlig verschiedene Weine sorgen. Der Granit ist vor allem ein Athlet und schiebt die Struktur in den Vordergrund. Mit satter Frucht kommt der Schiefer daher, verpackt das Tannin in eine weiche Textur. Die beiden Weißweine werden spontan in gebrauchten Fässern vergoren und reifen anschließend für mehrere Monate auf der Hefe. Ein besonderes Merkmal der Rufete blanca sind ungewöhnlich dicke Beerenhäute, so dass die Weine auch eine ordentliche Portion Gerbstoff mitbekommen. Trotz seiner relativen kurzen Erfahrung mit dieser Sorte – den ersten experimentellen Wein macht er 2009 – ist sich Fernando sicher, dass die weiße Rufete ein hervorragendes Alterungspotential besitzt und locker zehn bis zwölf Jahre in der Flasche verbringen kann.

Das Märchenland lebt, ist aus seinem Zauberschlaf erwacht. Es wird neue Erzählungen geben, doch die alten Legenden werden nicht vergessen. Die Nebelreben schauen stolz und selbstbewusst neuen Abenteuern entgegen.

In den Weinen von *Viñas del Cámbrico* wandern sie in die Welt hinaus, tausendfach werden jetzt ihre Geschichten erzählt. Und die Geschichte von Fernando, der einst auszog, um sie zu wecken.

Viñas del Cámbrico
37658 Villanueva del Conde
Spanien | Sierra de Salamanca
www.cambrico.com

Einzellagen: El Pocito, La Espaldera, Jamarón, Miranda, Valleoscuro
Rebsorten: Rufete Blanca, Calabrés, Rufete, Tempranillo
Rebfläche: 10 ha *Alter der Reben*: 20 bis 120 Jahre

Rufete Blanca Granito

Parzellen mit Granitböden, teilweise bis zu 110 Jahre alte Reben. Spontan vergoren im 400-Liter-Fass. Floral geprägt, Verbene, Zitronenmelisse. Festes Rückgrat, eingebundene Gerbstoffstruktur, unterlegt von einer mobilisierenden Säure.

Rufete Blanca Pizarra

Ausgewählte Parzellen mit Schieferböden. Schlank, fester Kern, viel Würze, Kräuter. Dezenter Phenolkick im Finish.

Rufete Miranda

Über 80 Jahre alte Reben, sandige Granitböden. Sechs Monate in gebrauchter französischer Eiche gereift. Wildkräuter, Waldhimbeere, ein Touch Minze. Elegant strukturiert, feinkörniges Tannin, kann einige Jahre reifen.

Rufete Villanueva

Terrassen mit 70 Jahre alten Reben, Granitböden. Komplett entrappt, spontan vergoren, Ausbau in gebrauchter Fässern aus französischer Eiche. Konzentrierte Frucht, Waldbeeren, balsamische Komponenten.

575 Uvas del Cámbrico

Drei verschiedene Plots, Blend aus Rufete, Tempranillo und Calabrés. Zwölf Monate im Holz ausgebaut, ohne Schönung und Filtration gefüllt. Mit dem »Sólo« ist auch eine ungeschwefelte Variante erhältlich. Kirschfrucht, würzige Töne, dezentes Holz. Kräftig strukturiert, dicht, robustes Tannin, zeigt Ecken und Kanten.

Rufete Jamarón

Einzellage mit 85 Jahre alten Reben, zum ersten Mal separat vinifiziert mit dem Jahrgang 2020. Sehr würzig, Lakritze, balsamische Untertöne, Olive. Besitzt viel Spannung und Energie.

Rufete El Pocito

Kleine Lage auf 800 Metern Höhe, alte Reben aus dem Jahr 1903, Granitböden. Fast Gamay-artige Nase, Veilchen. Strukturiert, kompakt, packend. Ausgeprägtes Tannin, bleibt jedoch bis zum Schluss in der Balance. Sehr lang.

Rufete Valleoscuro

Schieferhaltige Terrassen auf 700 Metern Höhe. Fast durchscheinende Frucht, Schwarzkirsche, ätherische Anklänge. Am Gaumen sehr saftig, viel Textur, das Tannin ist nur im Hintergrund spürbar. Von Frische und Frucht getragenes langes Finale.

The Flavours of Aragón | Fernando Mora MW

Bodegas Frontonio | Aragón

Stolzes Aragonien – das Land der Könige. Geprägt von einer wechselvollen Geschichte und ausgestattet mit einer wundervollen Natur. Eine faszinierende Abfolge von Bergen, Gletschern, abgelegenen Gebirgsseen und Weinbergen. Im Vorland der Sierra de Algairén, wo die Weinregionen Valdejalón und Cariñena zusammenfließen, liegt die Geburtsstätte eines wahrgewordenen Traumes. In weniger als einer Dekade hat »*Frontonio*«, das Herzensprojekt der drei Freunde Fernando Mora, Mario López und Francisco Latasa, eindrucksvoll bewiesen, welches Potential in dieser übersehenen Region steckt, deren Wein nie weitreichende Bedeutung erlangt hat.

Untrennbar ist dieser steile Aufstieg mit der Blitzkarriere von Fernando verbunden. Nach seinem Ingenieurstudium und einer Tätigkeit in der Windkraftbranche wechselt er die Seiten, studiert nochmal neu und gehört heute als einer von fünf spanischen Masters of Wine zu den bekanntesten Gesichtern des Landes. Er ist ein Träumer. Rastlos, ja manchmal ungeduldig, so beschreibt er sich selbst. Fast unrealistisch, wie in einem Zeitraffer, mutet die Entwicklung von *Frontonio* an. 2010 wird der erste Wein noch in Marios kleiner Familienkellerei in Épila vinifiziert, jetzt gehört das Weingut zu den ersten Adressen Spaniens.

Unglaubliche 65 Hektar Rebfläche hat das Team seitdem zusammengetragen, fast ausnahmslos sind es Weinberge mit alten, im traditionellen Gobelet erzogenen Reben. Nach Norden ausgerichtete und hoch gelegene Parzellen stehen dabei besonders im Fokus. »Die aromatischsten und komplexesten Trauben kommen von isolierten Berglagen, umgeben von der puren Natur«, erklärt Fernando. Oft sind diese Parzellen so abgelegen und schwierig zu bewirtschaften, dass viele von ihnen aufgegeben worden sind und nun Step by Step wieder rekultiviert werden. Ein Paukenschlag gelingt den Freunden 2016 mit dem Erwerb des elf Hektar großen Areals El Jardín de las Iguales im windigen Barrandijos Valley, ganz in der Nähe der jetzigen Kellerei in Alpartir. Ein Paradies mit kleinen Terrassen und Mikroparzellen, umsäumt von Olivenbäumen und Pinien. In der Luft liegt der Duft von mediterranen Kräutern. Die ältesten, noch produktiven Reben stammen aus der Zeit von 1898 bis 1908. An anderen Parzellen nagt der Zahn der Zeit und sie erleben nun in einem auf mehre Jahre angelegten Rekultivierungsprozess eine Renaissance.

Im Weinberg setzt *Frontonio* ausschließlich auf einheimische Rebsorten. Hauptrebsorte ist Garnacha in den Varianten rot, weiß und grau. An ihrer Seite gibt es ein gutes Dutzend anderer autochthoner Sorten wie Cribatinaja, Provechón, Robal, Cojón de Gato und Garnacha Basta – ein wahres Eldorado für Ampelographen. Die Diversität von Aragón zu erhalten, ist Fernando ein ganz besonderes Anliegen und einer der Eckpfeiler in der Philosophie des Weingutes. Das schließt konsequenterweise eine komplett ökologische Bewirtschaftung sowie einen sanften Rebschnitt ein. Seit 2018 sind alle Lagen nach dem Vorbild Burgunds klassifiziert, an der Spitze stehen die V3 Weine. Diese kommen ausschließlich aus den historischen Berglagen und sind das Pendant zu einem Grand Cru. Eine Ansage mit Selbstbewusstsein: Welt, schau her – die Weinberge Aragóns sind den berühmtesten Lagen der Erde ebenbürtig!

Die Schönheit und Vielfalt der Natur ungeschönt in die Weine zu projizieren, bestimmt auch den Prozess des Weinwerdens. Schritt für Schritt wird das Lesefenster nach vorn verscho-

Bodegas Frontonio
Camino de las bodegas 22, 50109 Alpartier
Spanien | Aragón
www.bodegasfrontonio.com

Einzellagen: El Jardín de las Iguales, La Cerqueta, La Loma, La Tejera, La Sotera, Los Santos
Rebsorten: Garnacha Blanca, Macabeo, Garnacha, Mazuela sowie rund ein Dutzend weitere lokale Rebsorten
Rebfläche: 65 ha *Alter der Reben*: 3 bis 125 Jahre

V1 Weine

Microcósmico Macabeo

Über 65 Jahre alte Reben. Sechs Monate auf der Hefe gereift, keine Battonage. Jasmin, Grapefruit. Mittlerer Körper, die kantige Säure bildet den Kontrapunkt zur seidigen Textur.

Microcósmico Garnacha

Verschiedene Plots zwischen 650 bis 700 Metern Höhe. Verkörpert perfekt den schlanken Stil der Hochlagen-Garnacha. Transparente Frucht, Himbeere, weißer Pfeffer. Moderates Tannin, erfrischend bis zum Schluß. Great Value!

V2 Weine

Telescópico Garnacha

Alte Garnacha Reben, ergänzt durch Garnacha Peluda und Mazuela. Reift für ein Jahr im großen Holz. Intensive rote Frucht, dazu die kräutrigen Komponenten der Peluda, wie alle Weine deutlich von der Frische der Höhe geprägt.

Supersónico

Nordlage auf 1.030 Metern Höhe. Über 80 Jahre alte Garnacha, dazu etwas Macabeo. Unglaublich zarte, subtile Nase. Wilde Himbeere, Lorbeer, mediterrane Kräuter. Fest und trotzdem seidig.

Psicodélico

Anarchie im Glas. Alter Field Blend mit Garnacha, Macabeo, Cribatinaja, Provechón und Robal. Schlank und fest, robustes Tannin und trotzdem mit Finesse, dazu eine surreale Aromenattacke.

V3 Weine

Frontonio Garnacha Blanca

Einzellagen La Loma und Los Santos, Kalkmergel und Schiefer. Garnacha, etwas Macabeo. Komplex, cremig, salzig. Limette, Blütennoten, Rosmarin, dezente rauchige Töne. Besitzt Tiefe und Länge.

Frontonio Garnacha

Kommt aus der kleinen Lage La Cerqueta, blauer und grauer Schiefer, über 75 Jahre alte Reben. Punch-down mit den Füßen, reift über 14 Monate im Holzfuder. Delikate Frucht, Himbeere, Thymian. Festes, jedoch elegantes Tannin, vertikal strukturiert. Burgund trifft Garnacha.

Las Alas de Frontonio

80 Jahre alte Reben auf Schiefer und Quarzit in der Lage La Tejera. Garnacha und Macabeo. Spektakuläre Nase, ein Mix aus mediterranen Kräutern, Pfeffer, Waldfrucht. Die Inkarnation der Leichtigkeit.

El Jardín de las Iguales Macabeo

Historische Einzellage auf 700 Metern Höhe in der Nähe von Alpartir. Schiefer und Kalkstein, die Reben wurden zwischen 1898 und 1908 gepflanzt. Vergärung und Ausbau im Holzfuder. Kristalline Frucht. Mango, Fenchel, Blüten, Wiesenkräuter. Linear, fast streng, nur ein Hauch Textur, vibrierende Säure. Sehr lang.

El Jardín de las Iguales Garnacha

Über einhundertjährige Reben. Extraktion mit den Füßen, ausgebaut im gebrauchten Burgunderfass. Nur einige Hundert Flaschen gibt es jedes Jahr. Der pure Kräutergarten. Eleganz, Tiefe und Länge ohne Ende. Spielt in einer eigenen Liga, gehört zu den ganz großen Weinen Europas.

ben. »Nicht ganz vollreife Trauben schmecken wesentlich akzentuierter und vielschichtiger, reflektieren besser einen ›Sense of Place‹. Warten wir zu lange, schmecken die Trauben standardisiert«, so Fernando über die Erfahrungen der letzten Jahrgänge. Im Keller setzt man auf eine lange, aber behutsame Extraktion bei moderaten Temperaturen. Wie zu früheren Zeiten werden größtenteils auch die Stiele mitvergoren, um zusätzliche Geschmacksnuancen zu erhalten. Holzaromen sind dagegen unerwünscht, die Barriques aus der Anfangszeit von *Frontonio* sind mittlerweile Geschichte. In dem beeindruckenden, auf drei Etagen aufgeteilten Untergrundkeller aus dem 17. Jahrhundert befindet sich jetzt nur noch großes Holz, ergänzt durch einige Amphoren und Betonfässer.

Weniger ist mehr. Die Rückwärtsentwicklung im Keller mit weniger Eingriffen macht sich auf fast dramatische Art und Weise bei den jüngsten Jahrgängen bemerkbar. Sie besitzen eine Tension und Leichtigkeit, die man selten mit Spanien verbindet. Filigran, verspielt, kristallin. Trotzdem robust und fest. Eine wunderbare Illustration der Herkunft: wild und kultiviert. Die kantigen Umrisse der Berge und die auflösende Weite der Landschaft verschmelzen in den *Frontonio*-Weinen zu einem surrealen Ganzen. Auf die Spitze getrieben im Psicodélico, einem irren Field Blend aus roten und weißen Sorten. Initiiert von Winzern früherer Generationen, geht es kaum eigenständiger. Wie erfrischend zeitgemäß kann die Vergangenheit schmecken?

Gedanklich ist Fernando schon bei den kommenden Jahren, beschäftigt sich mit dem weiteren Weg von *Frontonio*. Die Pläne für eine weitere Renaturierung alter Berglagen existieren bereits, nicht nur fokussiert auf die Rebe, sondern auf das ganze Umfeld. Diversität hört bei *Frontonio* nicht am Weinberg auf. Noch mehr Präzision und Ausdruck, noch mehr Identität im Wein ist ein anderes Ziel. Am Ende bündelt sich alles in einem Satz: »We want to create a flavour of Aragón.« Das ist die Vision von Fernando, Francisco und Mario. Er lebt, der Traum von Aragón.

Motor Callet | Francesc Grimalt | *4kilos Vinícola* | *Mallorca*

Mallorca, die Schöne und Hässliche. Manchmal ein Wunder, dann wieder eine Zumutung. Voller Widersprüche und Kontraste. Spektakuläre Berglandschaften und paradiesische Ruhe wechseln mit zugepflasterten Stränden und dem Lärm einer alles verschlingenden Tourismusmaschinerie. Dazwischen eingeklemmt der Wein. Genauso kontrastreich und mit vielen Facetten. Von schrill bis glamourös und von ländlich bis lebendig. Es ist noch nicht so lange her, dass nur eine Handvoll alteingesessener Betriebe den Weinbau der größten Balearen-Insel dominiert. Dann der Boom. Aussteiger, Unternehmer, Neureiche, Lebenskünstler entdecken die Insel für sich. So bunt wie die neue Szene, so unterschiedlich ist auch der jeweilige Antrieb, auf Mallorca Wein zu machen.

In der Neuzeit werden die mallorquinischen Weinberge von den globalen französischen Sorten dominiert. Francesc ist einer der ersten Winzer, die wieder auf die Autochthonen setzen. Zunächst als Mitbegründer und Weinmacher von Anima Negra, wo er Ende der 90er-Jahre den ersten Kultwein der neuen Geschichte Mallorcas produziert. Nach einer erfolgreichen Zeit braucht er Veränderung, gründet 2006 zusammen mit dem Freund und Musiker Sergio Caballero ein neues Weingut. *»4kilos«* ist der ungewöhnliche Name, der auf das Startkapital der beiden verweist, das im

Vergleich zu vielen anderen Prestige-Start-ups verschwindend gering ist. »Es braucht nicht viel, du musst kein Millionär sein. Was du brauchst, ist Leidenschaft und den Willen, hart zu arbeiten«, so Francesc. Startpunkt ist ein kleiner Schafstall auf dem Land seiner Familie, unweit von Felanitx im Südosten der Insel. Von dort aus entwickelt sich eines der faszinierendsten Projekte des neuen Mallorca und Francesc kann seine Ideen und Prinzipien noch konsequenter umsetzen.

Callet – der Verachtete, der Gesichtslose. Wenn er verwendet wird, dann bislang nur als Juniorpartner der edlen Franzosen. Als altmodisch und rustikal wird er oft bezeichnet. Francesc verpasst Callet einen modernen Look und macht ihn fit für die Zukunft. »Vom süffigen Glouglou bis zum anspruchsvollen Lagen-Cru, Callet kann alles«, erklärt er. Dabei handelt es sich um eine Rebsorte, die nicht unbedingt leicht zu handhaben ist. »Callet hat weder viel Körper, noch Säure oder Tannin. Die

4kilos Vinícola
Carretera de Manacor 168, 07209 Felanitx
Spanien | Mallorca
www.4kilos.com

Einzellagen: Albocasser, Can Marilla, Puigverd, Son Fangos, Son Mesquida, Son Oliver, Son Roig
Rebsorten: Cabernet Sauvignon, Callet, Fogoneu, Gorgollasa, Manto Negro, Monastrell, Prensal, Syrah
Rebfläche: 30 ha *Alter der Reben*: 15 bis 70 Jahre

Rosé Moteur Pistache

Syrah, Callet, Prensal. Zu einem Großteil im Stockinger Holz gereift. Kein banaler Sommer-Sonne-Rosé, sondern mit Anspruch. Saftige Frucht, das dezente Tannin sorgt für den richtigen Grip, viel Frische im Finish.

Motor Callet

Der Experimentierwein. 100 % Callet. Mix verschiedener Techniken und Materialien, von Edelstahl bis zum Ziegeltank ist alles dabei. Die zarteste Interpretation des Callet. Sehr moderater Alkohol. Seidenweich, schlank, hinreißende Frucht.

12 Volts

Das Gestern und Morgen in einem Wein. Cabernet, Syrah, Callet. Geschliffenes Tannin, saftige Frucht, ein Touch süßes Holz. Expressive Nase, Kirsche pur. Mediterrane Eleganz.

Gallinas y Focas

Manto Negro von Call Vermell Böden. Der Wein ist ein Gemeinschaftsprojekt mit Amadip Esment, einer Organisation, die sich für Menschen mit geistiger Behinderung engagiert. Semi Carbonique, im Holz ausgebaut. Backpflaume, Feige, orientalisches Gewürz. Mehr Fett und Textur im Vergleich zum Callet, aber trotzdem mit Feinheit und Frische.

4 Kilos

Der Alpha-Wein. Alte Reben vom Callet, dazu etwas Fogoneu und Manto Negro. Ausbau über 14 Monate in französischer Eiche. Faszinierende Nase, fast schwebende Frucht. Kirsche, Waldhimbeere, Graphit. Fester Kern, feinkörniges Tannin, von viel Extrakt getragenes Finale. Die Schönheit Mallorcas im Glas.

Grimalt Caballero

Die Ikone. Callet und Fogoneu von zwei kleinen Plots, 60 Jahre alte Reben. Reift im 600 Liter Holz über 14 Monate. Sinnliche, kühle Nase, fast wie ein Mountain Garnacha. Florale Noten, Kräuterwürze, Berberitze. Am Gaumen eine Mischung aus explosiv und zurückhaltend, besitzt eine irre Präzision.

Balance aller Komponenten, der Punkt, an dem alles perfekt zusammenspielt, ist schwieriger zu erreichen als bei anderen Rebsorten. Es ist ein schmaler Grat, auf dem man sich bewegt.« Am besten gedeiht er auf dem roten Call Vermell, einem kalkhaltigen Lehmboden mit hohem Eisenanteil. »Das gibt mehr Struktur und Konzentration«, beschreibt Francesc den Effekt im späteren Wein.

Diese Art von Boden findet sich über die gesamte Insel verstreut. »Diese Böden besitzen ein sehr gutes Speichervermögen für Wasser. Unverzichtbar in unserem Klima, wo es im Sommer regelmäßig sehr heiß und trocken ist.« Francesc hat sich intensiv mit den Böden und deren innerem unsichtbaren Leben auseinandergesetzt. Er ist überzeugt davon, dass nur ein lebendiges Terroir großartige Weine ergeben kann. Durch die Einsaat von Leguminosen und eine Winterbegrünung unterstützt er gezielt den Humusaufbau und die Auflockerung der Bodenstruktur. Das Regenwasser kann besser nach innen eindringen und läuft nicht einfach an der Oberfläche davon. »Außerdem begünstigt die Begrünung die Artenvielfalt im Weinberg und dadurch auch die Ansiedlung von Nützlingen, die als natürliche Barriere gegen Schädlinge wirken.« Traditionell stehen zwischen den Reben auch Oliven- und Mandelbäume, die ebenfalls zur Biodiversität beitragen. »In den letzten Jahren sind viele Bäume durch das Feuerbakterium abgestorben und wir müssen uns langfristig Gedanken machen, wie wir unsere Diversität im Weinberg erhalten«, skizziert Francesc eine der gegenwärtigen Herausforderungen.

Neben Callet baut Francesc auch die autochthonen Manto Negro, Fogoneu und Gorgollasa an. Letztere gehört zu den ältesten Rebsorten der Balearen, ist aber nur noch in Kleinstmengen existent. Sie hat eine lange Vegetations- und Reifeperiode und ihr Wein fällt nicht zu alkoholreich aus. Überhaupt zeigt sich, dass die einheimischen Rebsorten perfekt an die hiesigen Bedingungen adaptiert sind. Sie spielen insbesondere unter den veränderten klimatischen Vorzeichen ihre Vorteile gegenüber den französischen Kollegen aus und kommen besser mit der Hitze und Trockenheit zurecht. Trotz des Fokus auf die einheimischen Sorten gibt es auch einige ältere Anlagen mit Syrah und Cabernet Sauvignon. »Warum auch nicht? Für mich sind diese Reben ein Teil unserer Geschichte, zeigen eine bestimmte Phase in der Entwicklung des mallorquinischen Weinbaus. Auch wenn wir heute anders entscheiden würden, gibt es für mich keinen Grund, die Reben rauszureißen. Damit würde ich ein Stück unserer Geschichte auslöschen«, so Francesc. Im französisch-mallorquinischen Blend »12 Volts« fließen alle Gegensätze zusammen, vereinen sich die ältere und jüngere Geschichte mit der Gegenwart und gelebte Fehler mit visionärem Gedankengut. Auch das hat etwas mit Identität zu tun, die ungeschönte Akzeptanz eines zurückgelegten Weges.

Die Weine der »Motor« Range sind das Ergebnis permanenter Experimente, unterschiedlicher Techniken und Weinberge. So gleicht kein Wein dem anderen, variiert von Jahrgang zu Jahrgang. Kein Stillstand. Die Veränderung ist alles und die Bewegung die einzige Konstante. Auch jede Geste von Francesc strahlt genau das aus, zeugt von Energie und Rastlosigkeit. Zu viel gibt es noch zu entdecken, zu viel wartet noch auf ihn und sein Team. Eine Insel versucht sich zukunftsfähig zu machen, sucht ihre Identität. Im Tourismus wie im Wein. Dazu braucht es Ideen, Visionen und Energie. So wie die von Francesc, dem Senyor 100.000 Volt.

Das Valensina-Land | **Javi Revert**

Javi Revert Viticultor | Valencia

In Valencia dreht sich alles um die Apfelsine. Nur manchmal um Wein. Doch das soll sich ändern. Und es wird sich ändern, davon ist Javi überzeugt. »Die Welt hat ein völlig falsches Bild von meiner Heimat. Obwohl wir daran ja nicht unschuldig sind«, erzählt er. Wie viele spanische Gebiete ist Valencia heute von Kooperativen geprägt. Schätzungsweise zwei Drittel der Rebfläche werden von den Genossen bewirtschaftet, dazu kommen einige private Großkellereien. »Das sah vor rund 50 Jahren noch völlig anders aus. Meine beiden Großväter beispielsweise hatten jeweils ihr eigenes Weingut. Als die Genossenschaft Anfang der Siebziger in unserem Dorf gegründet wurde, gaben beide ihren Betrieb auf«, so Javi. Parallel dazu ändert sich die Struktur der Weinberge gewaltig. Die alten Parzellen in den Bergen werden zugunsten ertragreicher und effizienter zu bewirtschaftender Weinberge im Tal aufgegeben. »Fast über Nacht verloren wir damit einen Großteil unserer langen Geschichte sowie unser qualitatives Rückgrat.«

Javi ist in der Szene Spaniens längst kein Unbekannter mehr. Als Kellermeister von *Celler del Roure* erarbeitet er sich die erste Reputation für elegante und feinsinnige Weine. Beschreibungen, die es im dortigen Weinwortschatz zuvor nicht gibt. Auch die Weine seines eigenen Projekts schlagen bereits mit den ersten Jahrgängen ein wie eine Bombe, reflektieren sie doch eine völlig neue Seite des Apfelsinenlandes. »2014 begann ich nach Weinbergen Ausschau zu halten, war auf der Suche nach alten Plots mit lokalen weißen Rebsorten. Es war so, als würde ich in unsere Familiengeschichte eintauchen. Ich entdeckte dabei einen Weinberg wieder, der drei Generationen zuvor angelegt wurde.« Vicent Albero, der Urgroßvater von Javi, pflanzt diesen Plot 1948 hoch oben in den Bergen auf knapp 800 Metern Höhe. Mittendrin im Spannungsfeld des mediterranen und kontinentalen Klimas. Mit diesem Weinberg definiert Javi seine Heimat neu, sieht das Potential dieser intakten Landschaft, wo sich Rebe, Olive und Mandel eine friedliche Koexistenz aufgebaut haben.

Mit den älteren Einwohnern der umliegenden Dörfer spricht er über die seinerzeit besten Höhenlagen. Er entdeckt verlassene Terrassen, die sich die Natur mittlerweile wieder zurückgeholt hat. Im Zuge dessen denkt Javi selbst um. »Jeder in Spanien spricht heute über alte Weinberge und zu oft wird dabei nur an das Alter der Reben gedacht. Aber alte Reben sind nicht alles, viel entscheidender ist die Lage sowie deren Potential.« Auch die Weinberge in den Ebenen von Valencia sind teilweise mit alten Reben bestockt, aber qualitativ sind sie Lichtjahre weg von den aufgegebenen Lagen in den Bergen. »Für mich ist die Diskussion über das Alter der Reben oft überbewertet. Wenn die Lage passt und ich meinen Weinberg im Griff habe, kann ich genauso gute Weine mit jungen Reben machen. Da diese oft wüchsiger und ertragreicher sind, kostet es mich etwas mehr Arbeit im Laub- und Fruchtmanagement, um die Balance zu erhalten. Aber mehr auch nicht.«

Inzwischen hat Javi fünf Hektar der alten Terrassen rekultiviert und sie mit autochthonen Rebsorten bepflanzt, unter anderem mit dem lokalen Arcos. »Diese alte Sorte ist perfekt an die hier herrschenden klimatischen Bedingungen angepasst. Ein langer Reifezyklus, große und lockerbeerige Trauben, dickschalige Beeren.« Wie viele andere mediterrane Sorten ist Arcos fast verschwunden und erlebt jetzt durch Javi und einige Winzerkollegen zumindest ein kleines Comeback. Die höchsten

Terrassen des nach Norden ausgerichteten Weinbergs liegen auf fast 900 Metern Höhe, ein Großteil der Reben steht auf purem Kalkstein. »Hier habe ich alles, was ich brauche, um meinen Style umzusetzen. Weine mit purer Frucht, Frische, Eleganz und moderatem Alkohol«, erklärt Javi. In einem speziellen Stück der neuen Anlage mit ausgeprägt kalkig-sandigen Böden hofft er irgendwann einen Grand Cru zu machen, die ersten experimentellen Flaschen soll es in zwei Jahren geben.

Noch ist die Produktion mit 10.000 Flaschen übersichtlich, wird sich aber in naher Zukunft verdoppeln. Der kürzlich neu eingeweihten Keller in La Font de la Figuera ist nicht groß, aber großzügig genug, um ohne Planungsstress und logistischen Mehraufwand die künftige Menge an Trauben zu verarbeiten. Beim Equipment dominieren Holz und Terrakotta, denn Javi ist kein Freund von Edelstahl. Insgesamt ist alles sehr einfach gehalten, viel intervenieren will Javi ohnehin nicht. Die weißen Trauben werden direkt gepresst, leicht geklärt und spontan ohne Temperatursteuerung im 500 Liter Fass sowie in kleinen Demi-Johns aus Glas vergoren. »Ich mag es, einen kleinen Teil im Glas zu haben, das erhält für mich die Präzision der Frucht.« Danach erfolgt für zehn Monate der Ausbau auf der Vollhefe, bevor es ab in die Flasche geht. Das war's. Und auch die beiden Rotweine kommen ohne große Eingriffe aus. Je nach Rebsorte und Jahrgang variiert der Anteil an Ganztrauben, bei Garnacha können es schon einmal 100 Prozent mit Rappen sein. Eleganz ist der Schlüssel und entsprechend sanft ist die Extraktion. Ganz vorsichtig wird die Maische bewegt, gerade so viel, dass immer eine gute Durchmischung gegeben ist. Javi gehört zu der neuen Generation in Spanien, die das Holzmonster besiegt haben. Der Frucht in all ihren Farben gehört die Bühne und so werden die Rotweine nur in gebrauchten oder großen Holzfudern ausgebaut.

Die Diskussion über das Schwefeln hält Javi bisweilen für überzogen. »Wie immer im Leben kommt es auf das richtige Maß und den richti-

Javi Revert Viticultor
Portal de Valencia 27, 46630 La Font de la Figuera
Spanien | Valencia

Rebsorten: Arcos, Bonicaire, Garnacha, Malvasia, Merseguera, Monastrell, Tortosí, Trepadall
Einzellagen: Pla del Micalet, Simeta
Rebfläche: 10 ha *Alter der Reben*: 1 bis 80 Jahre

Micalet

Alter Mischsatz mit Trepadell, Malvasía, Merseguera und Verdil aus dem Weinberg des Urgroßvaters. Die Hälfte der Reben ist wurzelecht. Strahlt eine unglaubliche Ruhe aus. Zeigt die Kühle der Höhe und die cremige Textur des Mittelmeerraumes. Vertikal und elegant. Von dem Kaliber gibt es nicht viel im südlichen Spanien.

Sensal

Vier verschiedene Plots und Rebsorten. Junge und alte Reben. Monastrell, Bonicaire, Arcos und Garnacha. Zum Großteil in der Amphore ausgebaut. Die pure Frucht. Süßkirsche, Pflaume, getrocknete Kräuter. Saftig, weich, frisch. Ein Wein für die große Runde, bringt alle am Tisch zusammen.

Simeta

Einzellage in Südausrichtung mit 50 Jahre alten Arcos-Reben. Eisenhaltiger Kalkstein. Mit den Stielen vergoren, Ausbau im Stockinger-Fuder für 15 Monate. In der Nase eine Mischung aus Nebbiolo und Merenzao. Im Mund fast spielerisch, fließend, texturiert. Erst zum Schluss kommt das Tannin etwas durch, signalisiert das Gerüst. Großartiger Finessenwein.

gen Moment an, dann kommt man mit wenig Schwefeldioxid aus. Ganz verzichten möchte ich darauf nicht, denn es unterstützt den Ausdruck meiner Weine.« Dieser Mix aus Unvoreingenommenheit und kritischer Betrachtung ist sicher einer der Erfolgsfaktoren von Javi. Eine Balance aus Rationalität und Leidenschaft, verbunden mit einer Vision. Die gelebte Vision, dass irgendwann statt der Apfelsine die Traube auf dem Thron sitzt.

Die Priorat-Performance | Jose Mas Barberà

Costers del Priorat | Priorat

Geradezu kometenhaft ist der Aufstieg des Priorats. Als Ende der 80er-Jahre die fünf Weinmusketiere um René Barbier die nahezu verlassene Region im Hinterland von Barcelona entern, kann das noch niemand ahnen. Das Priorat wird zum Mekka des modernen Weins, jeder Weinenthusiast, der etwas auf sich hält, muss einmal im Leben dort gewesen sein. Noch vor rund 30 Jahren gibt es in der Region nicht viel mehr als eine Genossenschaft und eine Handvoll Hobbywinzer, heute sind es weit über 100 Weingüter, die sich auf den rund 2.000 Hektar Rebfläche austoben. Inzwischen sind die Pioniere von damals die heutigen Traditionalisten und eine neue Generation, inspiriert von der Vision der Musketiere, steht in der Spur, um das begonnene Werk fortzusetzen.

Jose verschlägt es 2008 in das Priorat und er wird Teil von *Costers del Priorat*, einem Projekt von vier Freunden. Das Wissen und die Erfahrung, die er mitbringt, sind gewaltig. Studiert hat er Landwirtschaft, die letzten Semester beendet er in Bordeaux und verfällt dem Rausch des Weines – natürlich sinnbildlich. Anschließend studiert er Önologie in Valencia und in der Rioja, arbeitet in der Toskana und Marlborough. »Ich hatte das Glück, alle Kontraste kennenzulernen. Große und kleine Betriebe, kühles und heißes Klima, Weißwein und Rotwein. Das formte mein ›Weltbild‹ des Weins, zeigte mir, was alles möglich ist, aber auch wo die Limits liegen«, erklärt Jose. Die Limits im Priorat definiert er schnell. Weine ohne viel Intervention, Respekt vor der wahnsinnig schönen Natur. Die Weine der Freunde sollen die Geschichte und die Landschaft reflektieren, aber um Gottes willen nicht altbacken sein. Vielleicht sogar ein Stück moderner als die der Vorbilder, eine zeitgemäße Interpretation des Priorat.

Ein schlanker und frischer Style ist das Ziel. Zwar mit der Intensität und Kraft, für die das Priorat berühmt ist, aber mit mehr Energie und einer gewissen Leichtigkeit. Ein Eiertanz unter den teils extremen Bedingungen. Temperaturen über 40 Grad und ausgedehnte Trockenphasen sind keine Seltenheit. »Einer der Schlüssel zum Erfolg im Priorat ist Diversität. Lagen in verschiedenen Ausrichtungen und Höhen. Die Kombination von Power und Frische.« Natürlich gibt es auch Einzellagen, die diese Attribute auf einem Fleck vereinen. »Aber das sind wenige Ausnahmen, prozentual im weit einstelligen Bereich«, so Jose.

Zu Beginn verfügt *Costers del Priorat* nur über Steillagen im südlichen Bellmunt, einem der wärmsten Plätze des Priorat. »Ein perfekter Platz für die Cariñena, sie braucht die Hitze.« Aber für das definierte Ziel braucht es wesentlich mehr. Kontinuierlich schauen die »*Costers*« nach weiteren Weinbergen in Steillagen, sind mittlerweile auch in Torroja, El Molar und La Vilella Baixa zu Hause. Neu hinzugekommen sind vier Hektar

Rebfläche auf 800 Metern Höhe in La Morera, der höchsten Gemeinde des Priorat. »Es sind komplett unterschiedliche Bedingungen da oben, neben den kühleren Temperaturen dominiert hier der Kalkstein statt dem sonst üblichen Schiefer. Eine völlig andere Facette des Priorat.«

Parallel zum Erwerb alter Parzellen hat Jose auch neue Weinberge angelegt. »Ausnahmslos haben wir die neuen Reben in die traditionellen Steillagen gepflanzt und praktizieren die klassische ›en vaso‹ Erziehung. Das ist zwar ein wesentlich höherer Arbeitsaufwand, aber die Vorteile liegen auf der Hand. Eine gleichmäßigere Reife, frischere Primärfrucht und mehr Säure«, erläutert Jose. Bei dieser Erziehung in Buschform liegen die Trauben geschützt unter einer Blätterfront und sind damit weniger dem Kontakt mit der Sonne ausgesetzt. Auf der anderen Seite wird das Verhältnis zwischen Blattmasse und Frucht bewusst begrenzt, damit der Zucker nicht so schnell hochschießt, während auf die Aromareife der Trauben gewartet wird. »Selbst die Geiztriebe entfernen wir nur, wenn es problematisch wird, in jedem Moment stehen Schatten und ein kühleres Mikroklima für die Traube im Vordergrund.«

Der Lesezeitpunkt und die Arbeit im Keller haben sich seit Beginn des Projekts wesentlich verändert. »Auf unserer Suche nach Frische starten wir mittlerweile etwas früher mit der Lese. Das bringt auch einen weiteren Vorteil mit sich. Die Kombination aus perfekt gesunden Trauben und einer höheren, natürlichen Säure erlaubt uns, weniger im Keller zu intervenieren, und reduziert das Risiko von Gärproblemen und damit verbundenen Fehlaromen.« Statt den in der Anfangsphase genutzten Barriques reifen die Weine mittlerweile fast ausschließlich in größeren Fässern, seit einigen Jahrgängen auch in der Amphore. »Die Nutzung von Amphoren braucht schon einige Erfahrung. Zu Beginn haben wir auch darin vergoren, aber mit Naturhefen besteht ein zu hohes Risiko, dass etwas schiefläuft. Ich nutze sie jetzt ausschließlich zum Ausbau für Cariñena. Der intensivere Kontakt mit Sauerstoff reduziert deutlich die reduktiven Noten. Für Garnatxa dagegen ist es zu viel Sauerstoff, was die Bildung oxidativer Noten beschleunigt.«

Jose arbeitet zukünftig nur mit den einheimischen Rebsorten, ein Trend, der auch bei anderen Weingütern des Priorat zu sehen ist. Spielen auch französische Rebsorten wie Cabernet und Syrah zunächst noch eine größere

Rolle, so hat sich das inzwischen insbesondere für die Weine im Spitzensegment deutlich geändert. »Das Vertrauen in Cariñena und Garnatxa ist deutlich gewachsen, das sieht man auch an der steigenden Anzahl von reinsortigen Weinen.« Die beiden Spitzenweine von Jose kommen ausschließlich aus alten Cariñena-Parzellen und beweisen wie perfekt diese bis vor kurzem noch so unterschätzte Rebsorte an die extremen Bedingungen der Region adaptiert ist. Für Jose spielt auch die weiße Garnatxa zunehmend ihr Potential aus, eine bisher fast übersehene Seite des rot dominierten Priorat. »Unser Verständnis und die Erfahrungen mit den weißen Sorten sind rasant gewachsen, auch wenn es nochmal eine ganz andere Herausforderung ist, die Frische und Balance zu erhalten. Im Priorat Weißwein zu machen, ist sicher das kompliziertere Puzzle, erfordert noch mehr Akribie im Vergleich zum Rotwein.«

Trotz aller Erfolge sieht sich Jose erst auf halber Strecke, richtet den Blick nach vorn. Noch mehr Identität in seinen Weinen zeigen, das steht ganz oben auf der Aufgabenliste. Die »charmante Seite« des Priorat ins Glas zaubern, ohne die schroffe Seite auszuradieren und den Bezug zur Tradition zu verlieren. Oder anders ausgedrückt: Das alte Priorat im modernen Gewand präsentieren.

Costers del Priorat
Finca Sant Martí, 43738 Bellmunt del Priorat
Spanien | Priorat
www.costersdelpriorat.com

Einzellagen in Bellmunt del Priorat: Finca Sant Martí, Finca dels Bancalets, Finca del Mas
Einzellagen in Torroja: Finca Mas Alsera *in El Molar*: Finca Les Solanes, Finca Mas dels Frares
Einzellagen in La Vilella Baixa: Els Plans *in La Morera*: Finca Farena, Finca Les Robines
Rebsorten: Cariñena, Cartoixà, Garnatxa, Macabeu, Muscat, Pedro Ximénez
Rebfläche: 35 ha *Alter der Reben*: 12 bis 120 Jahre

Blanc de Pissarres

Garnatxa blanca, Macabeu, Pedro Ximénez. Komplett entrappt, Maischestandzeit über drei Tage. Spontangärung in Edelstahl und gebrauchten Barriques. Ausdrucksvolle Nase. Weiße Blüten, Limettenschale, mediterrane Kräuter. Straff, linear, salzig.

Blanc de Closos

Garnatxa blanca, Cartoixà, Macabeu. Klassische Brisat-Methode, auf der Maische vergoren, Ausbau über vier Monate mit den Schalen im 600-Liter-Fass. Balsamische Noten, Orangenschale, Kräuterwürze. Strukturiert und muskulös.

Petit Pissarres

Der Einstieg in die rote Palette. Sehr moderater Holzeinsatz, kurzer Ausbau über sechs Monate. Weich, sanft, seidig. In der Nase dominiert die Garnatxa. Pflaume, süße Würze, Waldhimbeere. Das charmante Priorat.

Pissarres

Garnatxa und Cariñena von alten Parzellen. Separate Vinifikation der beiden Rebsorten, gemeinsamer Ausbau über 12 Monate in überwiegend gebrauchten 500-Liter-Fässern Kräuter, dunkle Waldfrucht, floraler Touch. Zeigt mit der Kraft und Intensität ganz klar die mediterrane Herkunft, ist aber trotzdem kein alles überrollender Blockbuster.

Clos Alzina

Cariñena von der Finca Mas Alsera in Torroja. Pflanzjahr der Reben ist 1939. Ganztrauben, sehr sanfte Pigeage mit der Hand. Ausbau im Tonneau und in Amphoren. Kühle Schieferwürze, Kräuter, Waldfrucht. Strukturiert und fest, feinkörniges Tannin, balancierende Frische. Der eleganteste Wein von Jose.

Clos Cypres

Finca Sant Martí in Bellmunt, die ältesten Reben stammen von 1934. Ausbau in Amphoren und 500-Liter-Fässern Intensive Kräuterwürze, Heidelbeere, Brombeere. Mehr Textur und Fülle im Vergleich zum Alzina, bleibt aber trotzdem vertikal. Großartiges Reifepotential.

Memòries Ranci 1870

Reflektiert eine heute fast vergessene Tradition. Oxidativ ausgebauter Grenache, das Fass geht auf 1870 zurück. Jedes Jahr kommt etwas neuer Wein hinzu, so dass im Laufe der Zeit unzählige Jahrgänge enthalten sind. Komplexe Nase. Trockenfrüchte, Tabak, Honig. Im Mund seidenweich mit cremiger Fülle. Ein Elixier.

Die andere Seite | Juan Antonio Ponce

Bodegas y Viñedos Ponce | Manchuela

Stereotype gibt es viele. Das gilt auch für Bobal. Es heißt, die rustikale Rebsorte liefere keinen feinen Wein. So steht es schwarz auf weiß, für die Ewigkeit geschrieben. Also ab in die Schattenwelt, die helle Zukunft gehört den anderen. Doch dann kommt Juan Antonio, und nichts ist mehr, wie es war. Er macht deutlich, dass es wie immer im Leben zwei Seiten gibt. Zeigt eindrucksvoll, was mit Willen und schöpferischer Auseinandersetzung möglich ist. Mit dem Blick nach innen, nicht starr fixiert auf die Oberfläche. Juan Antonio ist dabei, ein neues Kapitel in der langen Geschichte des Bobal zu schreiben. Ein Kapitel voller Orientierung, Hoffnung und mit einem neuen Selbstbewusstsein.

Früher vor allem bekannt für die Produktion von Safran, teilt die Manchuela das Schicksal der Landflucht mit vielen anderen ländlichen Regionen Europas. Zur Jahrtausendwende wandern die meisten Trauben in die Tanktürme der Genossenschaften, welche die fast menschenleeren Ortschaften säumen. Mehr und mehr verschiebt sich zudem der Fokus auf internationale Rebsorten, die kurzfristig einen größeren kommerziellen Erfolg versprechen. Vor diesem Hintergrund kommt Juan Antonio nach seinen Lehrjahren in die Heimat zurück. Mit dem festen Vorsatz, ein eigenes Weingut zu gründen und der Welt zu zeigen, dass seine Region im Reigen der Großen mitspielen kann. Das nötige Wissen dafür sammelt er beim Mastermind Telmo Rodriguez. »Ich hatte das Glück, in den verschiedensten Regionen Spaniens unterwegs zu sein, schrittweise formte sich so das Bild meines eigenen Weinguts«, erzählt Juan Antonio mit Blick auf die Anfangsjahre. Mit dem Jahrgang 2005 wird dieser Traum schließlich Realität.

Von Beginn an will er ausschließlich mit den autochthonen Sorten seiner Heimat arbeiten. Vor allem mit Bobal, die Juan Antonio als mystische Rebsorte bezeichnet. Sie ist ein Kind der Levante und perfekt an die dort herrschenden klimatischen Bedingungen angepasst. Trotz der mediterranen Wärme behält sie ihre erfrischende Säure und das nötige Maß an Energie. Nicht die schlechtesten Eigenschaften unter den Vorzeichen der globalen Erwärmung. Für Juan Antonio sind diese Charakterzüge jedoch nur ein Baustein bei der Formung eigenständiger Weine. Um die vielfältigen Seiten des Bobal zu zeigen und komplexe Weine zu erzeugen, setzt er auf eine Vielzahl unterschiedlicher Terroirs. Nicht weniger als 55 Parzellen verteilen sich auf die rund 50 Hektar große Rebfläche rund um Villanueva de la Jara, die teilweise mit bis zu 100 Jahre alten Buschreben bestockt sind.

Ein Hauptaugenmerk von Juan Antonio ist es, dass fragile Gleichgewicht in den alten Weinbergen zu erhalten. Es versteht sich von selbst, dass keine künstlichen Dünger in der auf Nachhaltigkeit angelegten Bewirtschaftung zum Einsatz kommen. Alle Weinberge sind unbewässert. Durch den gezielten Einsatz von Begrünung fördert er den Humusaufbau und damit die Wasserspeicherkapazität seiner Böden. Zusätzlich werden damit notwendige Nährstoffe für die Rebe bereitgestellt. Zum Erhalt des natürlichen Gleichgewichts gehört auch der völlige Verzicht auf Pflanzenschutzmittel. Im mediterranen Klima der Manchuela ist das Risiko für Pilzkrankheiten sehr gering, so dass Juan Antonio mit entsprechender Prävention bereits seit über zehn Jahren völlig ohne Schwefel und Kupfer auskommt. Für ihn ist es absolut unverständlich, dass viele Weinberge in seiner Region nach wie vor konventionell bewirtschaftet werden.

Angesprochen auf den Qualitätssprung in den letzten Jahren, nennt Juan Antonio die Perfektionierung des Lesezeitpunkts als wichtigsten Grund. Diesen in jeder der über fünfzig Parzellen richtig zu erwischen ist definitiv eine Herausforderung und erfordert ständige Präsenz und Beobachtung. Juan Antonio möchte die kräutrig-florale Seite des mediterranen Raums in seinen Weinen zum Ausdruck bringen, weshalb er die Trauben kurz vor dem Übergang zur Vollreife lesen muss. Der Korridor dafür ist eng, je nach Parzelle hat er nur ein bis zwei Tage Zeit. Ein positiver Nebeneffekt ist ein moderater Alkoholgehalt, der selten 12,5 bis 13,0 Volumenprozent übersteigt. Zusätzlich versucht Juan Antonio, die Balance im Wein zunehmend über einen angepassten Ertrag und die richtige Größe und Struktur der Trauben zu finden. Häufig praktizierte Maßnahmen zur Erhöhung der Konzentration sind für Juan Antonio tabu. »Konzentration ist unter den hiesigen Bedingungen nicht das Thema, ich versuche eher den Saftanteil in den Beeren zu erhöhen und damit für ein ausgewogenes Verhältnis aller Komponenten zu sorgen.«

Dass diese Herangehensweise funktioniert, zeigt sich bereits beim ersten Kennenlernen seiner Weine. Sie besitzen in der Nase eine Zartheit und Transparenz, die wohl kaum

Bodegas y Viñedos Ponce
16230 Villanueva de la Jara
Spanien | Manchuela
www.bodegasponce.es

Einzellagen: Casilla, Ensancha, Estrecha, Gallo, Gaston, Lincha, Olivares, Pajarillo, Pino
Rebsorten: Bobal, Moravia Agria, Garnacha, Monastrell, Albilla
Rebfläche: 50 ha *Alter der Weinberge*: 40 bis 100 Jahre

Reto

Der einzige Weißwein aus 100 % Albilla, einer alten Sorte, deren Herkunft im Dunkeln liegt. Wird seit mindestens 120 Jahren in der Manchuela angebaut. Ausgebaut auf der Hefe im 600-Liter-Fass. Überrascht mit knackiger Frucht und belebender Säure.

Clos Lojen

Der Einstieg in das Bobal-Universum von Juan Antonio. Kommt aus verschiedenen Lagen, alle sind mit mindestens 40 Jahre alten Reben bestockt. Saftige Frucht, geschmeidiges Tannin, gute Länge. Für unter zehn Euro vermutlich einer der besten Value Weine der iberischen Halbinsel.

Bobal P.F.

Wurzelechte »Pie Franco« Rebstöcke, für ein Jahr in französischer Eiche gereift. Subtil, floral, elegant. Ganz weit weg vom rustikalen Image des Bobal.

Buena Pinta

Ungewöhnlicher Blend aus Moravia Agria und Garnacha. Schlank, belebend, sehr moderater Alkohol. Leicht gekühlt der perfekte Begleiter für die mediterrane Küche.

La Estrecha

Kleine Einzellage mit sehr alten Reben auf 800 m Höhe. 100 % Bobal von Granitböden. Linear und elegant, bekommt mit Reife eine irre, von balsamischen Noten geprägte, Aromatik. Sehr gutes Reifepotential.

Ponce

Das Flaggschiff von Juan Antonio, kommt ausschließlich aus der Einzellage Ensancha. Blend aus Bobal und Moravia Agria. Zeigt Dimension und Tiefe. Ein Wahnsinn, wie fein Bobal sein kann. Gehört zweifellos in die erste Liga der spanischen Weine.

jemand mit Bobal in Verbindung bringt. Sie sind duftig und zeigen ein subtiles Intermezzo zwischen fruchtigen Nuancen und Kräuterwürze. Am Gaumen überzeugen alle Weine mit saftiger Frucht und fein dosiertem Tannin, was auch ein Ergebnis der maßvollen Extraktion während der Vergärung ist. Zwar besitzen sie auch einen festen Kern, aber Juan Antonios Weine sind weit weg von jeglicher Rustikalität. In der vor wenigen Jahren neu eingeweihten Kellerei kommt fast nur großes und gebrauchtes Holz zum Einsatz und lässt der Frucht den vollen Platz zur Entfaltung. In einigen Weinen ist mit Moravia Agria eine weitere autochthone Rebsorte vertreten. Diese selten gewordene Rebsorte ist früher ein gängiger Partner des Bobal gewesen, heute fristet sie mit einer geschätzten Rebfläche von rund 200 Hektar nur noch ein Schattendasein. Auf der Suche nach Unterscheidung und Eigenständigkeit spielt Moravia Agria im Weingut Ponce eine wichtige Rolle. Kein Wunder, dass sie im Spitzenwein, der schlicht und einfach den Namen des Weinguts trägt, ein unverzichtbarer Bestandteil ist.

Es ist keine Übertreibung, wenn man sagt, dass Juan Antonio ein Visionär ist, einer der Vordenker in der Manchuela. Konsequent hat er seit 2005 ein Spitzenweingut geformt, gilt für eine neue Generation in ganz Spanien als leuchtendes Beispiel. Er zeigt, was mit Enthusiasmus und Beharrlichkeit möglich ist und, dass sich Tradition und Zeitgeist nicht ausschließen. Noch lange ist er nicht am Ziel. Neben der Etablierung neuer Weinberge schreibt er bereits am nächsten Kapitel. Experimente mit länger gereiften Weinen stehen auf Juan Antonios Agenda, um zu beweisen, dass die heimischen Rebsorten auch große und entwicklungsfähige Weine erbringen können. Wieder eine neue, andere Seite des Bobal.

Ein Gefühl von Freiheit | Ramiro Ibáñez Espinar

Bodegas Cota 45 | Jerez

Ramiro ist in Sanlúcar de Barrameda aufgewachsen, studiert Önologie und tingelt danach in der Welt umher. Nach drei Jahren kommt er zurück, denn in der Heimat wartet ein Job, den er nicht ausschlagen kann. Er berät verschiedene Bodegas und taucht dabei tief ein in den traditionellen Weinbau seiner Region. 2012 fühlt er, dass der Moment gekommen ist, sein eigenes Projekt zu starten. Das Land des Sherrys durchlebt gerade recht schwierige Zeiten. Veränderungen am Markt, ein verstaubtes Image und zu wenig Innovation sind nur einige Gründe dafür. Paradoxerweise hat die Region im Süden Andalusiens viel zu bieten und besitzt eine komplexe und ausgefeilte Weinkultur, wie sie nur wenige Gebiete in ganz Spanien haben. Doch das scheint auch nicht mehr zu helfen, denn die Verkaufszahlen von Sherry purzeln rapide.

Ramiro knüpft mit seinen Weinen an die Zeit kurz vor der Goldenen Ära gegen Ende des 19. Jahrhunderts an. Endlose Schiffsladungen mit Sherry verlassen über Jahrzehnte die heimischen Häfen, die Region erlebt einen nie gekannten Aufschwung. Was in den Fässern liegt, ist meist schwer und süß, qualitativ nicht immer ein Highlight. Die Einheimischen »Jerezanos« machen einen großen Bogen um diesen Kraftmeier und trinken in der Hitze Andalusiens lieber weiter den lokalen Wein. Ungespritet, leicht, delikat. Das ist für Ramiro der wahre Sanlúcar, ein Wein mit subtilem

18
REY
2019

Ausdruck und der Fähigkeit, die verschiedenen Terroirs zu reflektieren. Ein Wein, den heute fast niemand mehr kennt. Unglücklicherweise werden in dieser Zeit auch die meisten lokalen Rebsorten ausradiert und Palomino ist mittlerweile der alleinige Superstar. Allenfalls Pedro Ximénez kann ihm mit weitem Abstand folgen. Von den damals über 100 dokumentierten Rebsorten bleibt fast nichts mehr übrig. Gemeinsam mit gleichdenkenden Kollegen formt Ramiro die Gruppe »Manifesto 119«, die sich zur Aufgabe macht, alten Sorten aber auch traditionelle Techniken und Terroirs vor dem endgültigen Vergessen zu bewahren.

Wie wichtig diese Arbeit ist, zeigt sich besonders heute. Fleißig werden Weinberge gerodet – nicht nur im Hinterland, sondern auch in den besten Lagen nahe am Meer. »Von ehemals über 100 Pagos in Sanlúcar sind mittlerweile über ein Drittel verschwunden, müssen Golfplätzen und anderen Investmentprojekten weichen«, erklärt Ramiro. Der grandiose Pago »Carrascal« ist beispielsweise auf einen Bruchteil seiner ursprünglichen Größe zusammengeschrumpft. Es ist lediglich ein schmales Band von einigen Kilometern, auf dem sich die besten Lagen von Sanlúcar befinden. »Der Startpunkt liegt bei 45 Metern Höhe über dem Meeresspiegel, ab dort wird es interessant.« Kein Wunder, dass Ramiros Weingut diese Zahl in Namen trägt. Oberflächlich betrachtet sehen die Kreideböden überall gleich aus, doch das täuscht. »Es gibt rund zwanzig verschiedene Ausprägungen des Albariza, deren Struktur und Zusammensetzung variieren teilweise enorm.«

In den Lagen von *Cota 45* sind vor allem vier verschiedene Typen vertreten. Der ultrafrische Lentejuelas nahe der Küste, der harte, fast zementartige Tosca Cerrada, der eisenhaltige braune Lustillo sowie der konzentrierte Barajuelas, am weitesten im Inland gelegen. Ramiro vinifiziert und füllt jede Lage getrennt ab. Es ist faszinierend, wie sich die unterschiedlichen Bodentypen im Wein ausdrücken. Der neutrale Listán Blanco oder Palomino ist der perfekte Botschafter, lässt bei richtiger Handhabung den Nuancen der verschiedenen Bodenprofile den vollen Freiraum. Ramiro arbeitet im Weinberg mit dem klassischen Erziehungssystem »Vara y Pulgar«, was er aber in Nuancen an die verschiedenen Lagen anpasst. »Wichtig ist, Trauben mit wenig Frucht und Konzentration, aber möglichst viel Säure zu ernten, sonst geht der Charakter unserer Weine verloren«, erklärt er. Sanlúcar ist den Augen von Ramiro die Symbiose zwischen Eleganz und nerviger Frische. Ein Feeling von Freiheit und organisiertem Chaos, das Spannungsfeld von Zerbrechlichkeit und Widerstand.

Die unterschiedlichen Bodentypen formen nicht nur den Charakter der Weine, sondern sind indirekt auch für die Ausprägung der Flor-Schicht verantwortlich, einem weißgrauen Hefeschleier, der sich nach einigen Wochen auf der Oberfläche des Weins bildet. »Konzentrierte Weine haben meist eine dünnere Hefeschicht, Phenole im Allgemeinen behindern die Entwicklung des Flor«. Faktoren wie Jahrgang oder Rebsorte und Klon sind weitere Puzzleteile im komplexen Prozess der Florbildung. »Mit dem Verlust unserer Rebsorten haben wir auch die Vielfalt der Florhefen verloren, da beides untrennbar miteinander zusammenhängt.« Und so geht es beim Erhalt der alten Sorten wie Uva del Rey oder Perruno auch darum, ein Stück der natürlichen Diversität zurückzuholen, die wiederum eine größere Spannbreite im Wein bedeutet. Und mehr Freiheit.

Mehr Diversität wird auch bei der Arbeit im Keller angestrebt. Seit Gründung des eigenen Weinguts hat Ramiro alle Lagen mehr oder weniger gleich vinifiziert. »Für mich beginnt jetzt die nächste wichtige Phase. Mit zehn Jahren Erfahrung bin ich so weit, den Prozess im Keller individuell auf jede Lage abzustimmen.« Wer die Weine von Ramiro probiert, wird sich fragen, was da noch kommen soll. Schon jetzt zählen sie zu den faszinierendsten Weinen der Region. Sie besitzen die Reinheit des Albariza, verzaubern mit einer märchenhaften Tiefe, erzeugen Gänsehaut. Wie von einem anderen Stern. Und doch sind sie direkt fassbar, überhaupt nicht weltentrückt. Nicht vorstellbar, dass das noch besser wird. Vielleicht anders? Ramiro wird es wissen. Und eines ist sicher: Die Welt wird es irgendwann erfahren und verstehen, das neue alte Sanlúcar.

Bodegas Cota 45
C/ Palma 6, 11540 Sanlúcar de Barrameda (Cádiz)
Spanien | Jerez

Rebsorten: Listán Blanco, Palomino Jerez, Palomino Pelusón, Pedro Ximénez, Perruno, Tintilla de Rota, Uva Rey
Einzellagen: Carrascal, La Charanga Maína, Las Vegas, Miraflores Alta, Miraflores Baja, Paganilla, Reyerta
Rebfläche: 5 ha *Alter der Reben*: 3 bis 118 Jahre

UBE Miraflores

Gehört zu den berühmtesten Lagen in Sanlúcar, rund sieben Kilometer von der Küste entfernt, auf 60 Metern Höhe gelegen. Ramiro hat Parzellen in den beiden Teilbereichen Alto und Bajo, die Reben sind zwischen 80 und 90 Jahre alt. Reift zwei Jahre unter Flor. Kristalline Frucht, nur ein Hauch von Floraromen. Dezente Nuss, grüner Apfel, Jod. Schwebend, energetisch, sehr lang.

UBE Las Vegas de El Carrascal

Pago mit großer Reputation, Lentejuelas Albariza. Der »Las Vegas« kommt aus einer kleinen Parzelle, die Reben wurden 1903 gepflanzt. 100 % Listán Blanco, sehr alte Klone. Reift drei Jahre in großen Holzfudern, davon ein Jahr unter Flor. An Eleganz nicht zu überbieten, alles ist fein und delikat.

UBE La Charanga Maína

Rund 40 Jahre alte Reben auf Barajuelas Albariza, der Boden besitzt einen hohen Anteil an Fossilien. Drei Jahre Ausbau, ein Jahr unter Flor. Muskulös, strukturiert, salzig. Trotzdem sehr balanciert, trägt ganz klar die Handschrift von Ramiro.

UBE Paganilla

Sehr kleiner Pago, neun Kilometer von der Küste entfernt, ein Mix aus Tosca Cerrada und Barajuelas. Reift für neun Monate in 600-Liter-Fässern, davon zwei bis drei Monate mit Flor. Der fruchtbetonteste Wein der UBE-Range. Grüner Apfel, florale Noten, Salzmandel. Großartige Frische, fast weiche Textur, kontrastreiches Finish mit einem erdig-salzigen Kick.

Agostado

Fängt die Vergangenheit ein, erinnert an die Tradition der großartigen Cortados. Blend aus Perruno, Uva Rey und Palomino. Spontan im 1000-Liter-Fass vergoren, Ausbau über 40 Monate, davon sechs Monate unter Flor. Komplex und packend. Feines Spiel von oxidativen Noten. Haselnuss, Mandel, getrocknete Früchte. Brillante Säure, konzentriert und doch sehr fein. Salzig, sehr lang.

Pandorga

Pedro Ximenez aus dem Pago de Carrascal. Die Trauben werden zunächst für einige Tage in der Sonne getrocknet, danach gepresst und spontan im kleinen Bottich vergoren. Es erfolgt kein Aufspriten, wie es heute für die PX Sherrys üblich ist. Sehr lange Vergärung, die nach Monaten oder Jahren natürlich stoppt. Knapp 500 Gramm Restzucker pro Liter, 6 Volumenprozent Alkohol. Entzieht sich fast jeder Beschreibung, ein Festival für alle Sinne.

Stille und Wissenschaft | Raül Bobet | *Castell d´Encus*

Costers del Segre

Ist es Zufall oder Schicksal, dass Raül vor zwanzig Jahren an diesen mystischen Fleck in die Berge von Lleida kommt? Er ist auf der Suche nach einem Platz für zukünftige Weinberge, denn der Klimawandel ist für ihn längst eine ernstzunehmende Realität. Schon lange trägt Raül die Idee eines Bergweines mit sich herum. Jetzt wird sie Wirklichkeit, an diesen abgeschiedenen Ort in der Höhe. Der Übergang zum Himmel ist fließend, die Konturen der Berge verlieren sich im Nichts. Raül hat sofort gespürt, dass es sich um einen besonderen Ort handelt. Die Quelle einer unsichtbaren Kraft, ein Platz voller Spiritualität.

Dabei kommt er aus einer höchst rationalen Welt. Als Wissenschaftler ist er es gewohnt, alles erklären zu können, Zusammenhänge herzustellen, Dingen auf den Grund zu gehen. Eine beeindruckende Karriere hat Raül bis zu diesem Punkt schon hingelegt, ist Chemiker, Önologe und Ernährungswissenschaftler zugleich. Zudem leitet er bereits mehrere Forschungsprojekte an den Universitäten von Bordeaux, Montpellier und Davis, ist lange Zeit technischer Direktor eines nationalen Weingiganten und entwickelt zusammen mit Sergi Ferrer-Salat eines der ambitioniertesten Projekte des neuen Priorats. 2003 pflanzt er schließlich die ersten Reben an diesen magischen Ort, mitten in den katalanischen Pyrenäen.

Die Weinberge erstrecken sich auf einer Höhe von 850 bis 1.300 Metern. In einem bis 2016 andauernden Prozess hat Raül die aus seiner Sicht passenden Sorten – dem Terroir entsprechend – ausgewählt.

»Wir haben grundsätzlich drei verschiedene Kleinklimas in Abhängigkeit von Höhe und Ausrichtung. So sind beispielsweise die nach Nordosten ausgerichteten Lagen sehr kühl und haben eine ausgeprägte Tag-Nacht Amplitude«, erklärt er. Hinzu kommen variierende Böden, in denen unter anderem schwarzer Schiefer und Kalkstein vorkommt. Aus Erfahrung weiß Raül, wie entscheidend die Auswahl der Rebe für den jeweiligen Standort ist und, dass bereits zu diesem frühen Zeitpunkt über Qualität und Stil entschieden wird. »Extreme in alle Richtungen will ich vermeiden. Wenn ich einen Wein mit Balance haben will, muss ich diese Balance auch im Weinberg herstellen.«

Dabei sind die Bedingungen in dieser Höhe für den Weinbau alles andere als einfach. Um der mediterranen Hitze zu entgehen, nimmt Raül bewusst andere Dinge in Kauf. Spätfröste, heftige Gewitter mit Hagel, aber auch lange Trockenphasen sind ständige Begleiter, dazu sind die Trauben einer hohen Strahlungsintensität und dem Risiko von Sonnenbrand ausgesetzt. Auf der anderen Seite besteht dort die Chance, einmalige Weine zu machen, die von den komplexen Bedingungen und dem Zusammenspiel der unterschiedlichen Faktoren erzählen. »Letztendlich versuchen wir eine hohe Heterogenität als einen Algorithmus zu kreieren, berücksichtigen dabei das Prinzip der Gaußschen Normalverteilung.« Jeder Jahrgang bringt neue wertvolle Erfahrungen und regelmäßig entstehen experimentelle Weine, die helfen, ein tieferes Verständnis der verschiedenen Lagen zu bekommen. »Research is our essence«, bringt es Raül auf den Punkt. Entsprechend ist auch das Portfolio von *Castell d´Encus* in den letzten Jahren kräftig gewachsen und es wird in naher Zukunft 16 verschiedene Weine geben.

Doch Wissenschaft ist nicht alles. Raül weiß, dass es mehr bedarf, um Weine zu machen, die berühren. Die Fähigkeit, die Ausstrahlung eines Ortes im Wein einzufangen, macht den Unter-

Castell d'Encus
Carretera de Tremp a Santa Engràcia km 5, 25630 Talarn
Spanien | Costers del Segre
www.castelldencus.com

Einzellagen: Castilló d'Encus, Santa Engràcia, Astell
Rebsorten: Albariño, Cabernet Sauvignon, Cabernet Franc, Chardonnay, Chenin Blanc, Garnacha, Merlot, Pinot Noir, Petit Verdot, Riesling, Syrah
Rebfläche: 29 ha *Alter der Reben*: 15 bis 20 Jahre
Mitgliedschaften: UNESCO Global Geoparks

TAÏKA

Schaumwein vom Sémillon und Sauvignon Blanc. Während der Gärung erfolgt die Abfüllung in Flaschen, keine zusätzliche Fülldosage. Reift 60 Monate in der Flasche. Komplexe Nase, Mix aus Reifenoten und fruchtigen Komponenten.

EKAM

Riesling und etwas Albariño. Sehr klare, von floralen Noten geprägt Nase, dazu Mango und Grapefruit. Schlank, seidige Textur, laserscharfe, aber perfekt balancierte Säure.

TALEIA

Sauvignon Blanc, Sémillon. Manuelle Lese in kleinen Kisten. Teilweise in französischer Eiche, teilweise im Fels vergoren. Quitte, Aprikose, Vanille Touch. Super elegant, der feste Kern und die fast salzige Säure sind eingewoben in eine weiche Textur. Zwei Jahrzehnte Reifepotential.

TALEIA BRISAT

Sauvignon Blanc, vergoren in den Felströgen aus dem 12. Jahrhundert. Kein Schwefel. Aufregende Nase. Kamille, Aprikose, Tarte tartin. Pfeilscharf, schnörkellos, ohne Fett.

ACUSP

100 % Pinot Noir. Transparente, sehr fein gearbeitete Frucht. Besitzt die Eleganz eines Burgunders und die Kühle eines Bergweins. Teilweise in den historischen Felströgen vergoren.

THALARN

Syrah, 12 Monate in französischer Eiche ausgebaut. Subtile Nase, überhaupt nicht laut oder vordergründig. Dunkle Frucht, Mispel, Pfeffer. Geschliffen, feine Textur, ätherische Frische. Ästhetik im Glas.

QUEST

Bordeaux Blend, dominiert vom Cabernet Sauvignon. Ausschließlich im Freien vergoren, reift anschließend über 16 Monate im Holz. Viel Würze, schwarzer Tee, Cassis. Markantes, aber elegantes Tannin. Kühle und saftige Frucht. Langes Finish.

SAKTIH

Petit Verdot. Ausbau für 24 Monate in Barriques. Kräuter und Gewürze prägen die Nase. Thymian, Veilchen, Leder. Meistert perfekt den Spagat zwischen Säure und Tannin, besitzt ein hohes Maß an Energie.

EKAM ESSÈNCIA

Riesling Spätlese. Grapefruit, Pfirsich. Filigran und kristallin, die dezente Textur verrät etwas Botrytis. Sehr gut integrierte Süße, endet fast trocken. Der perfekte Pirat für die Riesling-Probe.

schied und haucht ihm die Seele ein. »Wein hat eine magische Seite. Für mich kann er durchaus die Aura eines bestimmten Ortes transportieren.« Die Stille von *Castell d´Encus*. Hier oben herrscht absolute Ruhe. Nichts, was ablenkt. Fast automatisch richtet sich der Blick nach innen, zwingt zur Auseinandersetzung mit dem Selbst. Für die Johannitermönche muss es der perfekte Platz gewesen sein. Vor Jahrhunderten betreiben sie dort ein Kloster, Ruinen und eine kleine Kapelle sind noch heute in dem weitläufigen Areal zu finden. Die Mönche produzieren natürlich auch Wein. In die schroffen Felsen der Lleidaner Pyrenäen schlagen sie riesige Löcher, die sie für die Vergärung nutzen. Als Raül die Felströge entdeckt, ist ihm sofort klar, dass er sie wieder reaktivieren will. Und so vergärt ein Teil der Trauben seit dem ersten Jahrgang unter freiem Himmel. Die Vergärung wird bestimmt von Rhythmus der Natur, die Stille formt den Wein.

Beeindruckender Gegensatz zum Equipment der Mönche ist der hochmoderne Keller, in dem ausschließlich Schwerkraft und Erdwärme zur Anwendung kommen. Wie im Weinberg geht es Raül darum, den Input auch im nachfolgenden Prozess zu minimieren. Eigentlich ist es fast wie früher, als die Mönche im Einklang mit sich selbst ihren Wein hergestellt haben. Alle Arbeiten im Keller sind darauf angelegt, die Stille im Wein zu erhalten. Klare Konturen, ja fast etwas Asketisches prägt die Weine von *Castell d´Encus*. Nichts soll vom Wesentlichen ablenken, kein schmückendes Beiwerk den Blick versperren. Erreicht wird das unter anderem durch eine langsame Vergärung, moderate Extraktion bei den Rotweinen und die maßvolle Nutzung von Holz und Schwefel.

Die Weltreferenz eines Bergweins schaffen, ist Raüls Ziel. Nicht zum Selbstzweck oder zur Befriedigung eines Egos, sondern als zukunftsweisendes Projekt. Ganz im Sinne der Wissenschaft, basierend auf der ethischen Verantwortung für Mensch und Natur. Die Reduzierung von Pflanzenschutzmitteln, Strategien gegen neu auftretende Schädlinge sowie die digitale Unterstützung menschlicher Arbeit im Weinberg sind nur einige der zukünftigen Schwerpunkte für Raül. Die Vision eines einzigartigen Bergweins treibt ihn weiter an. Ein Bergwein, der beides vereint: Stille und Wissenschaft.

Die Hüter des Lichts | Roberto Santana

ENVÍNATE | *Teneriffa*

Vier Freunde. Eine Leidenschaft. Nacht für Nacht sitzen sie an der Uni in Alicante zusammen, schmieden Pläne für die Zeit danach, feilen an ihren Ideen und deren Umsetzung. 2005 ist es so weit, das gemeinsame Projekt von Laura, Alfonso, José und Roberto wird Realität. *ENVÍNATE*. Die neuformierte Gang zieht imaginäre Linien quer durch Spanien, will die Diversität ihrer Heimat einfangen. Ein magisches Dreieck, dessen Eckpunkte die unterschiedlichsten Landschaften und Kulturen verbinden. Albacete, Ribeira Sacra, Teneriffa. Einzigartige Weine wollen sie in diesen Regionen machen und doch ein gemeinsames Prinzip zu Grunde legen. Neben der Transformation des individuellen Umfelds und den Unterschieden der Jahrgänge bildet der Mensch den wichtigsten Eckpunkt in der Geometrie ihrer Weine. Die Geschichten vergangener Generationen und die Erinnerungen an die vielen Familien und Arbeiter im Weinberg müssen in ihre Weine einfließen. Sie sind das Rückgrat von *ENVÍNATE*, ohne sie fehlt die Seele, fehlt der emotionale Kern.

Und es braucht auch künftig den Menschen. Der Generationswechsel der letzten Jahrzehnte hat tiefe Spuren in vielen Regionen Spaniens hinterlassen. Die Mehrzahl der alten und nur manuell zu bewirtschaftenden Weinberge wird von älteren Winzern bestellt, deren Nachkommen haben oft wenig Interesse an einer Weiterführung. Und so sehen sich Roberto und seine Freunde als Hüter der alten Weinberge und traditioneller Techniken. Sie geben das Licht an die Jüngeren weiter, versuchen diese für das kulturelle Erbe ihrer Vorfahren zu begeistern. Sie trainieren und arbeiten mit ihnen, möglichst nichts soll verloren gehen. Ohne sie würde *ENVÍNATE* nicht funktionieren, dort ist der Punkt, wo alles zusammenfließt. Das Früher und das Morgen münden im Heute. Untrennbar. Ohne die Vergangenheit gibt es keine Zukunft, ohne die Zukunft stirbt auch die Vergangenheit.

Rund 40 Hektar Rebfläche werden heute von den vielen ENVÍNATAs bewirtschaftet, allein die Hälfte davon auf Teneriffa. Auf der größten Insel der Kanaren prallen die Gegensätze mehr als anderswo aufeinander. All-inclusive-Betonburgen im Süden, fast unberührte Natur im Norden. In diesem Spannungsfeld befindet sich der Weinbau Teneriffas, es ist ein ewiger Kampf mit der Urbanisierung. »Weinberge an der Küste mussten Hotels und schicken Villen weichen«, reflektiert Roberto die jüngsten Entwicklungen in seiner Heimat. So sind beispielsweise fast alle alten Malvasia-Reben rund um Puerto de la Cruz der Bauwut zum Opfer gefallen. Dabei ist der Weinbau auf den Kanarischen Inseln ein einzigartiges Zeitzeugnis der Conquistadores, spiegelt er doch die Rebsorten und Methoden in der Phase der Eroberung durch die Spanier und Portugiesen wider.

Insbesondere die alten Parzellen rund um Táganana im Norden von Teneriffa wirken fast archaisch. Ständig dem Einfluss des Ozeans ausgesetzt, kriechen wurzelechte Reben wie Fabelwesen auf den schmalen Steinterrassen entlang, die sich an die steil zum Atlantik abfallenden Felsen klammern. Am Ende von Europa Wein zu machen, verlangt Mensch und Rebe alles ab. Der Mittelpunkt von Táganana ist Margalagua – die Mutter des Wassers. Eine Mikroparzelle, ökologisch bewirtschaftet von José Angel Alonso. Aus diesen sehr alten, im Mischsatz bepflanzten Terrassen kommt ein Wein, der die Kulmination der Inselweine ist. Voller Kontraste, voller Tiefe. Ungeschönt, salzig wie das Meer und wärmend wie das Klima. Verschlungen wie die uralten Reben. Einfach einzigartig.

Behutsam verknüpfen Roberto und sein Team im Weinberg die alten Methoden mit neuen Erfahrungen und Erkenntnissen. Roberto erläutert das am Beispiel des traditionellen Erziehungssystems Cordon Trenzado. Jeder Rebstock ist ein mehrarmiges, lang erzogenes Geflecht aus Jahrzehnte alten verholzten Trieben, bei dem das Blattwerk in der Vergangenheit immer kurzgehalten und dementsprechend die neuen Triebe regelmäßig stark zurückgeschnitten worden sind. Roberto lässt die jungen Triebe wachsen und hat damit wesentlich mehr Blattmasse für die Assimilation zur Verfügung. »Das führt zu weniger Stress für die Rebe, außerdem erreichen wir damit ein ausgewogenes Verhältnis aller Inhaltsstoffe in der Traube«, so Roberto. In der Traubenzone wird dagegen vorsichtig entblättert, um für eine gute Belüftung zu sorgen. Für Roberto ist das ein unverzichtbarer Arbeitsschritt im feucht-warmen Klima auf der Ostseite der Insel, wo sich regelmäßig Morgennebel bildet und die Entstehung von Pilzkrankheiten begünstigt.

Die Weinberge von *ENVÍNATE* sind in unzähligen Parzellen quer über die gesamte Insel verstreut und die Assemblage findet erst kurz vor der Reife der Jungweine statt. In Abhängigkeit von Herkunft und Rebsorte werden für die Rotweine die Stiele partiell mitvergoren, für einige Weißweine präferiert Roberto ein kurzes Einmaischen der ganzen Trauben. Neues Holz

Envinate

ist im Keller tabu, je nach Stil werden Beton, Edelstahl und gebrauchte Holzfässer aus Burgund, zur Reife der Weine verwendet. Im gesamten Prozess der Weinbereitung wird auf die Verwendung von Schwefeldioxid verzichtet. Erst kurz vor der Füllung wird minimal geschwefelt. Ziel von *ENVÍNATE* ist es, die verschiedenen Terroirs Teneriffas abzubilden und so gibt es außer den beiden Einzellagenweinen Margalagua und Palo Blanco ausschließlich

ENVÍNATE
Calle Terrero 72–74, 02630 La Roda
Spanien | Teneriffa
www.envinate.com

Einzellagen in Teneriffa: Campanario, Margalagua, Montijo, Las Arenas, La Habanera, San Antonio
Rebsorten in Teneriffa: Albillo Criollo, Listán Blanco, Listán Gaucho, Listán Negro, Listán Prieto, Negramoll, Malvasia, Verdelho, Vijariego und weitere, nahezu unbekannte Rebsorten
Rebfläche Teneriffa: 20 ha *Alter der Reben*: 20 bis 200 Jahre

Benje Blanco
Wurzelechte Listán Blanco Reben. Zu einem geringen Teil auf der Maische vergoren, reift anschließend auf der Feinhefe im Beton und Holz. Rauchig und ätherisch, grüne Olive. Eine schroffe Schönheit.

Palo Blanco
Über 100-jähriger Listán Blanco von einer 1,5 Hektar großen Parzelle auf 800 Metern Höhe. Reift in zwei 2.500 Liter Fudern über 10 Monate. Keine Schönung und Filtration. Linear, präzise, salzig. Fast keine Frucht, wie ein Felsen im Glas.

Táganan Blanco
Sehr alter Field Blend mit Listán Blanco, Albillo Criollo, Marmajuelo, Gual und Malvasia. Die kleinen Terrassen werden von 15 Familien bewirtschaftet. Spontan vergoren, ausgebaut für acht Monate im Edelstahl und Holz. Das Meer im Glas. Jod, Algen, dazu frisch gehackte Kräuter. Elektrisierende Säure, großartiger Fokus. Mehr Terroir im Wein geht nicht.

Benje Red
Wurzelechter Listán Prieto auf 1.000 Metern Höhe. Extraktion je nach Parzelle zwischen 10 bis 30 Tage, reift über acht Monate in gebrauchter französischer Eiche. Wilde Nase. Chorizo, Berberitze, Thymian. Kernig, robust, urwüchsig. Frischekick im Finish.

Migan
Listán Negro von zwei Parzellen in La Habanera und San Antonio. Teilweise mit den Stielen vergoren, Extraktion mit den Füssen. Ausbau über 11 Monate in gebrauchten 600-Liter-Holzfässern. Walderdbeere, Kräuterwürze, geräucherte Paprika. Am Gaumen konzentriert, bleibt trotzdem schlank. Feinkörniges Tannin, im Hintergrund pulsiert die Atlantik-typische Säure.

Táganan Tinto
Bis zu 200 Jahre alte Terrassen, gemischt bepflanzt. Listán Negro, Listán Gaucho, Malvasia Negra, dazu einige unbekannte Rebsorten. Ein Drittel Ganztrauben, spontan vergoren. Ausbau über acht Monate im gebrauchten Holz. Dunkle Waldfrüchte, Kubebenpfeffer, rauchige Noten. Kristallin, geradlinig, fokussiert.

Táganan Parcela Margalagua
Extrem steile Terrassenlage zwischen 150 und 250 Metern Höhe. Sehr alter Field Blend mit über zehn verschiedenen Sorten. Komplett mit den Stielen im 500-Liter-Fass vergoren. Hinreißende Nase. Blutorange, florale Noten, steinige Würze. Am Gaumen eine Mischung aus Umami und Salz, eingepackt in eine feine balancierende Textur. Hält die Spannung vom ersten Sniff bis ins lange Finish.
Der flüssige Wahnsinn.

Vino de Pueblo. Einmal weiß und einmal rot für jede Subregion, darin kommt die ganze Einzigartigkeit der Weinberge mit ihren unterschiedlichen vulkanischen Böden und kleinklimatischen Bedingungen zum Ausdruck.

Im September ist gerade Lesezeit auf Teneriffa. Am Horizont geht die Sonne auf, durchbricht zunächst verhalten den Morgennebel. Langsam klettert das Licht nach oben, taucht behutsam Zeile für Zeile in einen pastellfarbenen Teint. »Für uns ist *ENVÍNATE* unser Way of life. Unsere Auseinandersetzung mit dem Leben, der Ausdruck unserer Identität. Hier auf Teneriffa und an den anderen Plätzen, an denen wir Wein machen.« Roberto zeigt auf einen neuen Trieb, der aus dem in der Erde vergrabenen Kordon der Mutterrebe sprießt. Irgendwann wird sich dieser Trieb zu einer neuen Rebe entwickeln. Eine erste kleine Traube hängt bereits daran, ein Symbol für die Zukunft. Da ist es wieder. Das Früher, das Heute und das Morgen. Und das Licht.

Die Reben am Meer | Rodrigo Méndez

Bodegas Forjas del Salnés | Rías Baixas

Die Rebe und das Meer. Nur an wenigen Spots der Welt gehen beide eine so innige Beziehung ein wie im Val do Salnés, einer Subregion der Rías Baixas. In den kleinen, wie zufällig in die Landschaft eingestreuten Weingärten am Rande des Camino de Santiago sind die Reben unmittelbar dem Einfluss des rauen Atlantikklimas ausgesetzt. Der Weinbau ist eine ständige Herausforderung und trotzdem oder gerade deswegen entstehen dort Weine, die zu den eigenständigsten Weinen des Landes gehören. Weine, die stilistisch fast mehr mit dem Nachbarn Portugal als mit dem Rest Spaniens gemeinsam haben.

Rodrigo ist ein Kind der Region, seine Familie stammt aus Meaño, einem kleinen Dörfchen am Rande der Berge von Salnés. Bereits früh kommt er in der Familie mit dem Weinbau in Berührung, zu einer Zeit, in der noch viele Dorfbewohner Wein für den eigenen Bedarf machen. Wie für andere Newcomer in Galicien wird auch für Rodrigo die Begegnung mit Raúl Pérez aus Bierzo zum Schlüsselerlebnis, wird Ausgangspunkt und Quelle seiner eigenen Inspiration. 2005 beginnt Rodrigo die ersten Weine aus den übernommenen Weingärten der Familie zu erzeugen. Es sind Weingärten von unschätzbarem kulturellen Wert, zum großen Teil bestockt mit den traditionellen roten Sorten der Region. Das Gesicht der Rías Baixas wandelt sich zu diesem Zeitpunkt bereits drastisch, vielerorts werden die roten Reben zugunsten des produktiveren und leichter zu vermarktenden Albariño gerodet.

Rodrigo verliert keine Zeit und macht sich auf die Suche nach weiteren besonderen Weinbergen. Dabei versucht er konsequent die verschiedenen Terroirs seiner Heimatregion einzufangen. Die kleinklimatischen Bedingungen des zum Meer hin offenen Tals variieren in Abhängigkeit von der Höhe und Entfernung zum Ozean sehr stark. »Der Reifeunterschied zwischen den direkt am Meer gelegenen Parzellen und den weiter entfernten Berglagen auf 200 Metern Höhe beträgt zwei bis drei Wochen. Außerdem entstehen unter diesen gegensätzlichen Bedingungen Weine, die sich grundlegend in Struktur und Aroma unterscheiden«, fasst Rodrigo die Charakteristik des Val do Salnés zusammen. In der Nähe des Meers sowie im Tal sind die Granitböden der Weingärten von einer dicken Sandschicht bedeckt, so dass es nach wie vor viele wurzelechte Reben gibt. »Val do Salnès ist die Wiege des Albariño. Hier spielt diese Sorte ihr ganzes Potential aus, erbringt einzigartige, nicht kopierbare Weine.« In kaum einer anderen Subregion gibt es noch so viele alte Parzellen, die ältesten Reben bringen es auf ein Alter von 200 Jahren. Einer dieser Weingärten ist das rund zwei Hektar große Areal der Finca Genoveva, das Rodrigo 2007 pachten kann. Die Töchter der Eigentümerin haben keine Lust, die alte Tradition fortzusetzen, und die Fläche steht seinerzeit kurz vor der Rodung. Ein Schicksal, das in den letzten zwei Jahrzehnten viele alte Weinberge in Rías Baixas ereilt hat.

Inzwischen sind es über vierzig verschiedene Einzellagen, die Rodrigo und das Team von *Forjas del Salnés* bewirtschaften. Unzählige Tanks und Fässer verschiedenster Größen stehen im Keller, jede Parzelle wird separat verarbeitet. »Es ist ein andauernder Erfahrungsprozess für uns, wie sich trotz der beträchtlichen Jahrgangsunterschiede die Charakterzüge der einzelnen Plots im Wein festmachen lassen«, so Rodrigo über den enormen Aufwand im Keller. Erst wenn sich Rodrigo sicher ist, die Persönlichkeit einer Lage erkannt zu haben, kommen die Weine als eigenständige Abfüllungen auf den Markt. Ein Beispiel dafür ist der nur 100 Meter vom Meer entfernte Weingarten Arreas de Arra. Der auf nur auf einem schmalen Streifen vorkommende Dünensand erbringt in diesem Bereich sehr eigenständige Weine. Mit dem 2017er Vintage wird nun das erste Mal ein Wein aus dieser Lage erhältlich sein.

Obwohl die Weißweine den größeren Teil der Produktion ausmachen, gehört das Herz von Rodrigo ohne Zweifel den roten Rebsorten. Die autochthonen Caiño, Espadeiro und Loureiro Tinto sind untrennbar mit der Geschichte Galiciens verbunden, auch wenn diese Rebsorten heute am Markt eine untergeordnete Rolle spielen. Sie sind die perfekten roten Botschafter des atlantischen Klimas, zeigen Biss und Struktur, aber auch viel Frische und Energie. Mit ihrer positiven Robustheit und dem floralen, würzig-ätherischen Aroma sind sie der Kontrapunkt zu den vielen polierten und auf üppige

Primärfrucht gepolten Vertretern ihres Genres. Um den Ausdruck der Lage in den Wein zu bekommen, werden die Trauben bei *Forjas del Salnés* nie überreif gelesen und anschließend sehr behutsam extrahiert. Der Ausbau findet fast ausschließlich in mehrjährig gebrauchten Fässern statt. Rodrigo ist überzeugt, dass auch die Rotweine Galiciens ein großes Entwicklungspotential besitzen, und so wird es künftig auch kleine Mengen gereifter Weine der zurückliegenden Jahrgänge im Verkauf geben.

Auf den Kultstatus angesprochen, den er in

Bodegas Forjas del Salnés
Siete Pias Parc. 36, 36630 Cambados, Pontevedra
Spanien | Rías Baixas

Einzellagen: A Telleira, Finca Genoveva, O Pradiño, O Raio da Vella, O Torno, Tras da Canda
Rebsorten: Albariño, Espadeiro, Caiño, Loureiro Tinto, Sousón
Rebfläche: 12 ha   *Alter der Reben*: 10 bis 200 Jahre

Bodegas Forjas del Salnés

Leirana Albariño

Sandige Granitböden, die Reben sind 40 bis 85 Jahre alt. Linear, schlank, schnörkellos. Trägt unverkennbar die Handschrift eines kühlen Klimas. Der perfekte Einstieg in die Welt von Rodrigo.

Leirana Finca Genoveva

Albariño vom Granit, 80 bis 200 Jahre alte Reben, zum großen Teil wurzelecht. Spontan im Holzfuder vergoren. Kristallin, fest, steinig. Kaum Frucht, eine Mischung zwischen Meer und Stein. Puristisch und kompromisslos.

Goliardo A Telleira

Albariño aus einer kleinen, 50 Jahre alten Einzellage. Feuerstein, Limettenschale. Besitzt Substanz und Kraft. Die feste Struktur ist eingepackt in eine seidenweiche Textur, erst im Finale kommt wieder die Power durch.

Goliardo Tinto

Subregion O Rosal. Blend aus Caiño, Loureiro Tinto, Espadeiro und Souson. Teilweise sehr alte Reben, bis zu 180 Jahre alt. Brillante Nase. Ätherisch, floral, Waldfrucht. Vertikal gebaut.

Goliardo Loureiro

Steiniger Sandboden, die Reben sind 50 Jahre alt. Reift 12 Monate in gebrauchten 500-Liter-Fässern. Urwüchsig und robust. Irre Kräuterwürze, Schlehe, Heidelbeere. Atlantische Frische, raue Eleganz.

Gouliardo Espadeiro

Sandböden, die Reben stehen auf 10 Metern Höhe mit den Füßen fast im Meer. Komplett entrappt, Ausbau im Tonneau. Braucht im Glas Zeit. Fester Kern, schlanker Körper, betonte Säure.

Finca Genoveva

Über 180 Jahre alte Caiño Reben auf Granit. Spontan vergoren, reift im Holzfuder für 12 Monate. Kühle Frucht. Frisch gehackte Kräuter, Waldfrucht. Fest, muskulös, substanziell. Kantige Eleganz. Eigenständiger geht es nicht.

Bodegas Rodrigo Méndez

Cies Blanco

Drei Lagen im Heimatdorf von Rodrigo, 30 bis 70 Jahre alte Albariño Reben. Wie die Eiskönigin. Kühl, glasklar, akzentuiert. Die Säure ist Riesling-like, das Finish salzig und ätherisch. Verliert trotz aller Energie nie die Balance. Great Value.

Sálvora

Albariño, über einhundert Jahre alte Reben auf Granit und Kalk. Präzise und packende Frucht. Limettenschale, Melisse, Eisenkraut. Besitzt Substanz und Tiefgang, sehr langes Finish.

Cies Tinto

Caiño, Loureiro Tinto und Espadeiro. Würzige und balsamische Noten, ein Touch Johannisbeere. Straff und fest. Säure und Tannin sind markant, jedoch balanciert. Ungeschliffen, aber trotzdem kein Raubein. Ein Unikat. Nur 1.000 Flaschen.

seiner Heimat inzwischen erlangt hat, winkt Rodrigo bescheiden ab. »Es ist keine Zauberei, was wir hier machen. Eigentlich kann das jeder. Es geht darum, die Natur zu respektieren, ihr zuzuhören. Und darum, zu verstehen, wie sich die Persönlichkeit eines Weinbergs in den Trauben widerspiegelt. Der Rest passiert dann von allein«, erklärt er. Trotz der rasanten Entwicklung in den letzten Jahren sieht sich Rodrigo noch lange nicht am Ende. Im Gegenteil. Neben dem geplanten Neubau einer Kellerei in seinem Heimatdorf Meaño ist auch die Anlage neuer Weingärten geplant. Natürlich mit alten Sorten. Die seltene Caiño blanco ist eine von ihnen. Rodrigo ist überzeugt, auch aus dieser bisher kaum erforschten Sorte irgendwann ausdrucksstarke Weine erzeugen zu können. Genauso einzigartig wie die anderen Weine, die er macht. Ein präzises Abbild der Rías Baixas, dieser besonderen Region am Rande Europas.

Work and love | Sandra Bravo

Sierra de Toloño | Rioja

Steil geht es aufwärts in die höchsten Weinberge der Sierra de Toloño, die mit ihren schroffen Felsen einen bizarren Rahmen für die Rioja Alavesa bilden. Der Blick wandert zurück in die Ebene, wo der Ebro, unbeeindruckt von dieser dramatischen Kulisse, gelassen durch ein schier endloses Rebenmeer fließt. Am gegenüberliegenden Horizont zeichnen sich die schneebedeckten Gipfel der Sierra de la Demanda ab. Dort oben, im Kreuzfeuer zwischen atlantischen und mediterranen Kräften, erschließt sich schlagartig der ganze Charakter dieser Region, zeigt, wie bruchstückhaft das Bild der Rioja oftmals ist. Wärme und Kühle. Ein Platz voller Luft zum Atmen, geprägt von der Frische der Nordwinde und dem Kräuterduft des Mittelmeerraumes. In den über 100 Jahre alten Parzellen stehen die Reben geduckt wie die Wächter einer vergangenen Epoche. Einer Zeit, in der Rebsorten wie Garnacha, Rojal oder Calagraño noch ebenbürtig neben Tempranillo in den Weinbergen stehen. Fast haben sie den Kampf verloren, müssen sich mehr und mehr der Übermacht dieses spanischen Blockbusters beugen und stehen nun vor einem glanzvollen Comeback.

Es überrascht nicht, dass Sandra Bravo ihr Herz an diese magische Landschaft verloren hat. »Work and love« ist ihr Credo, ihre DNA für die Erschaffung von Weinen mit Ausstrahlung und Seele. Sie hat einige dieser Methusalem-Weinberge vor dem Vergessen bewahrt und steht heute stellvertretend für die Avantgarde in der Rioja. Freiheit für die Frucht steht auf dem Banner dieser Bewegung. Und Freiheit für die Vielfalt. Wie zu der Zeit, als für roten Rioja oft auch weiße Trauben mitverwendet werden und Holz nur begleitende statt dominante Komponente im Wein ist.

Nach ihrer Ausbildung, während der sie zwischen der Rioja und Frankreich pendelt, entdeckt Sandra die weite Welt. Bordeaux, Toskana, Kalifornien und Priorat sind Stationen, die ihre Auffassung vom Weinmachen entscheidend formen. Insbesondere die siebenjährige Zeit im Priorat hat einen prägenden Einfluss. Sandra findet dort ihren Weg, um im Weinberg mit minimalem Input zu arbeiten. »Ich lernte

TERNUA
OUR NATURE

hier die menschliche Seite der Herstellung von Wein kennen«, erinnert sie sich. Mit klaren Vorstellungen geht es zurück in die Heimat und sie beginnt 2012 in Villabuena de Álava, unweit des pittoresken Festungsstädtchens Laguardia, ihr eigenes Weingut aufzubauen.

Die rund zehn Hektar große, ökologisch bewirtschaftete Weinbergsfläche liegt überwiegend in der Subregion Rioja Alavesa und verteilt sich auf ein gutes Dutzend Einzellagen. Kalkstein aus der Kreidezeit – teilweise gemischt mit Mergel und Sandstein – ist das verbindende Element der oberhalb von 500 Metern gelegenen Weinberge. Die Einzellage La Dula gewinnt mit 700 Metern den Höhenwettbewerb und liegt an der natürlichen Grenze des Weinbaus. Sandra

Sierra de Toloño
Calle Baños de Ebro 33, 01307 Villabuena de Álava
Spanien | Rioja
www.sierradetolono.com

Einzellagen: San Martin, Revillas, La Dula, Malpuesto, Cortinas, Camino de Santa Cruz
Rebsorten: Tempranillo, Viura, Rojal, Garnacha tinta, Garnacha blanca, Graciano, Calagraño, Mazuelo
Rebfläche: 10,5 ha *Alter der Reben*: 40 bis 105 Jahre

Sierra de Toloño tinto

Authentischer Einstieg. Tempranillo aus verschiedenen kleinen Parzellen, vereint auf unwiderstehliche Weise die atlantische Frische und mediterrane Würze.

Sierra de Toloño blanco

Alte Viura Reben von den höchsten und kühlsten Plots zwischen Rivas de Tereso und Labastida. Geradlinig und schlank. Die straffe Säure ist ummantelt von einer weichen, ausgleichenden Textur, im anhaltenden Finale spiegeln sich die kalkigen Böden wider. Great Value!

Raposo

Benannt nach den Einwohnern von Villabuena de Álava, zwei Weinberge mit Lastra (grauer Kalkstein) sind die Source für diesen Ortswein, der zu den strukturiertesten in der Range von Sandra gehört.

La Dula Garnachas de Altura

Ein Abbild der Landschaft. Transparente und unwahrscheinlich ästhetische Nase, mitreißende Frische. Garnacha in seiner feinsten Ausprägung. Kommt von den letzten verbliebenen Parzellen dieser Rebsorte in der Sierra de Toloño.

Tereseño

Von einem der höchsten Weinberge, ständig gepeitscht vom Nordwind, 75 Jahre alte Reben eines lokalen Garnacha Klons. Nur 600 Flaschen gibt es jährlich von diesem Bergwein.
Die Subkultur der Rioja.

Camino de Santa Cruz

Krasser Nasenwein. Veilchen, wilder Thymian, Waldhimbeere. Die sehr feine Tanninstruktur reflektiert den langen Gärprozess in Amphoren bei kühlen Temperaturen und moderater Extraktion.

Nahikun blanco

Vino histórico. Fünf verschiedene Mikroparzellen, alle über 80 Jahre alt und im gemischten Satz mit Viura, Malvasia, Calagraño und Rojal bepflanzt. Mini-Erträge, nur 500 Gramm je Rebe. Entzieht sich jeder rationalen Beschreibung.

Nahikun tinto

Identische Plots wie beim Blanco. Tempranillo, Graciano, Mazuelo und Garnacha. Diese von Geschichte vollgepackten Parzellen sind die spirituelle Basis für Sandra.

hält an der traditionellen Gobelet-Erziehung fest, ergänzt aber die Tradition mit eigenen Erfahrungen. Schrittweise hat sie in den letzten Jahren den Rebschnitt bis in den März hinein verschoben. Im Zuge des Klimawandels steigt auch in der Rioja kontinuierlich das Risiko von Frühjahrsfrösten. Mit einem späteren Rebschnitt und damit verzögertem Austrieb versucht sie die Gefahr zu minimieren – ein Ansatz, den Winzer in spätfrostgefährdeten Gebieten heute weltweit verfolgen. Damit gelingt es auch, die Lese in die kühlere Herbstzeit bis in den November, zu verschieben. Für Sandra ist das eine wesentliche Grundlage für die Schonung der ihr so wichtigen Frucht. Mit einer an den Standort angepassten Begrünung und zurückhaltender Bodenbearbeitung erhält sie die Balance in den über Jahrzehnte gewachsenen Weinbergen. Die Klonenvielfalt der alten Reben ist für Sandra ein wichtiger Genpool für den Ersatz ausgefallener Stöcke. So werden ausschließlich ihre eigenen Weinberge zur Selektion von Edelreisern für das Aufpfropfen neuer Setzlinge genutzt.

Im Keller haben sich von Jahrgang zu Jahrgang die Parameter hin zu einem eher intuitiven Winemaking verschoben, wie Sandra es selbst beschreibt. Die minimale Intervention im Weinberg setzt sich dort nahtlos fort und schließt den fast kompletten Verzicht auf Additive und Filtration ein. Im Mittelpunkt steht das aromatische Potential der Traube, der Erhalt aller Facetten und Nuancen. Konsequent hat Sandra in den letzten Jahren die Ausbauzeit zurückgeschraubt und ignoriert damit wie viele Winzer in Spanien das spanische Weingesetz, das die Qualität der Weine nach wie vor über die Dauer des Ausbaus definiert. Bereits nach wenigen Jahrgängen ist es Sandra gelungen, ihren Weinen eine ganz eigene Handschrift zu verpassen. Sie sind geprägt von einer Transparenz und Zartheit, wie sie bisher nur wenige Weine in der Rioja zeigen. Unverkennbar sind es Vinos de Altura, reflektieren die Energie und Frische der Höhe. Und nicht zuletzt verkörpern sie auf eine frappierende Art und Weise die Seele ihrer Macherin: geradlinig, fokussiert und offenherzig.

Sandra hat die alten Geister wieder zum Leben erweckt. Mit Wertschätzung und Gespür nutzt sie das Potential, das bereits ihre Vorfahren erkennen. Dieses zu erhalten und daraus weiter Großartiges zu schaffen, sieht sie als größte persönliche Herausforderung für die Zukunft. Sandra hat den Kopf voller Pläne, verliert jedoch nie den Blick für das Wesentliche. »Haciendo que las cosas sencillas sean grandes cosas«, sagt sie. »Mache einfache Dinge zu großen Dingen.«

COBRANA
20
26/11

Beständigkeit und Erneuerung | Verónica Ortega

Bierzo

Wie viele andere spanische Regionen tritt Bierzo im ausgehenden 20. Jahrhundert international ins Rampenlicht und ist Teil einer Wiederentdeckungswelle, die durch das ganze Land schwappt. Den Status einer offiziellen Herkunftsbezeichnung erhält das Gebiet im äußersten Nordwesten von Castilla y Léon erst 1989. Schnell erobert sich Bierzo den Ruf, dass dort Weine entstehen, die sich völlig von dem unterscheiden, was die Welt bisher aus Spanien kennt. Die Region wird zum Magnet für Stars und Newcomer, zum Schmelztiegel verschiedenster Ideen und Visionen. Verónica Ortega ist eine von ihnen und gehört zu dieser Generation, die in wenigen Jahren aus der zwischenzeitlich in den Tiefschlaf verfallenen Region einen der spannendsten Spots der iberischen Halbinsel gemacht haben.

Aufgewachsen ist Verónica im andalusischen Cádiz, wo man in der Regel schon früh mit Wein in Kontakt kommt. »Wein war in meiner Kindheit immer eng verbunden mit unserer Kultur und unseren täglichen Traditionen«, erzählt sie rückblickend. Aber erst nach einer ersten Lese in Jerez reift der Entschluss, dass der Wein ihr Lebensinhalt werden soll. Dem Studium folgen beeindruckende Lehrjahre, die von verschiedensten Persönlichkeiten begleitet werden. *Álvaro Palacios*, die *Domaine de la Romanée Conti* und *Benjamin Leroux* sind nur einige der klangvollen Adressen auf ihrem Weg zum eigenen Weingut. Sie entwickelt in diesen Jahren ein Verständnis dafür, was es braucht, um einzigartige Weine zu machen. Die Welt steht ihr anschließend offen. Sie entscheidet sich für Bierzo. »Schon lange hat Bierzo für mich eine große Anziehungskraft gehabt. Da ist eine Art Seelenverwandtschaft zu Burgund, wo ich einige Jahre verbrachte. Vor allem glaube ich an das Potential der Mencía und deren Fähigkeit genauso wie Pinot Noir, die kleinsten Unterschiede des Terroirs im Wein auszudrücken.« Noch von Frankreich aus managt Verónica ihren ersten Jahrgang, produziert im Weingut von Raúl Pérez, ihrem Mentor der ersten Jahre. 2012 siedelt sie dann endgültig nach Bierzo über.

Aufgrund des vom Atlantik beeinflussten kontinentalen Klimas profitiert die Region von eher gemäßigten Temperaturen und einer langen Wachstums- und Reifeperiode. Im Bierzo Alto liegen die Weinberge auf bis zu 900 Metern Höhe, im Bierzo Bajo geht es mit 400 bis 550 Metern nicht ganz so hoch hinaus. Qualitativ haben sich in den letzten Jahren die Weinberge rund um das kleine Dörfchen Valtuille de Abajo viel Reputation verschafft, in wohl nur wenigen Weinbauorten gibt es eine größere Anzahl an Weingütern im Verhältnis zur Einwohnerzahl. Die derzeit 16 Bodegas auf rund 50 dauerhaft im Ort lebende Einwohner sind zumindest rekordverdächtig. Auch der Keller von Verónica befindet sich in Valtuille, eingerichtet in einem mehrere Jahrhunderte alten Haus. Einem Haus voller Erinnerung. Jeder Stein im kleinen Keller atmet die Geschichte und den Geist der vergangenen Generationen, berichtet von einer langen Tradition an diesem Ort.

Mencía. Auch wenn einige alte Weinberge noch im Mischsatz bepflanzt sind, steht die Region heute vor allem für diese Rebsorte. Nicht ohne Grund, denn – vielleicht mit Ausnahme der Ribeira Sacra – läuft sie woanders kaum so zur Höchstform auf wie in Bierzo. Dabei ist Mencía eine Diva im Weinberg und aus der weinbaulichen Perspektive alles andere als einfach zu händeln. »Easy to understand, but not easy to work«, bringt Verónica ihre Erfahrungen auf den Punkt. Um elegante Weine zu erzeugen, ist im Weinberg die Beachtung des kleinsten Details erforderlich. Insbesondere das Lesedatum stellt in jedem Jahr eine Herausforderung dar. »Es gibt nur einen Korridor von zwei bis drei Tagen für den optimalen Zeitpunkt. Eine zu frühe Lese führt zu rustikalen Weinen, eine zu späte Lese resultiert in ausdrucksloser Frucht.« Am liebsten mag Verónica Mencía von den sandig-steinigen Böden im Tal, wo im Bestfall sehr delikate, sinnliche Weine entstehen.

Kein Wunder, dass von diesen sandigen Böden gleich zwei der besten Weine kommen. Der »ROC« stammt aus zwei Parzellen mit über 80 Jahre alten Reben, ein Wein mit großartiger

Verónica Ortega
24530 Valtuille de Abajo
Spanien | Bierzo

Rebsorten: Godello, Garnacha Tintorera, Mencía, Palomino, Valenciana
Rebfläche: 5,5 ha *Alter der Reben*: 40 bis 110 Jahre

CAL

Parzelle mit Kalkstein in San Juan de la Mata. 40 Jahre alte Godello Reben. Kristallin, linear, salzig. Nur ein Hauch von Frucht. Fordernde, jedoch balancierte Säure. Mit diesem Wein spielt Godello in der Champions League. Leider ist der 2020iger der letzte Jahrgang von Verónica, da der Weinberg vom Eigentümer verkauft wurde.

La Llorona

Die Hommage an Chavela Vargas. Godello von sandigen Böden. Kurze Maischestandzeit, spontan im Holz vergoren. Subtil und delikat. Wiesenblumen, Kräuter, grüne Walnuss. Klare Konturen, feine Säurestruktur, das Holz ist kaum zu spüren. Viel feiner geht es nicht.

Quite

Mencía aus verschiedenen Plots, im Durchschnitt 90 Jahre alte Reben. Kurze und sanfte Extraktion, Ausbau über acht Monate im großen Holz und Amphoren. Zeigt die sanfte Seite der Mencía. Saftige Frucht, moderates Tannin, seidenweiche Textur.

Kinki

Energie pur. Alter Mischsatz mit roten und weißen Sorten aus der Lage La Llamilla auf 750 Metern Höhe. In der Amphore und gebrauchten Barriques ausgebaut. Wilde Nase, Waldfrucht, Melisse, Thai-Basilikum. Linear, kein Gramm Fett, packende Säure. Kompromisslos, aber nicht ungehobelt.

Cobrana

Blaue Schieferböden auf 700 Metern Höhe. Mencía, dazu ein Drittel weiße Rebsorten, alle über 80 Jahre alt. Komplett mit den Stielen vergoren, sanfte Pigeage. Reift größtenteils in Amphoren. Transparente, feinsinnige Frucht, florale Noten. Fester Kern, griffiges Tannin, alles ist sehr fein und balanciert. Das schwerelose Bierzo.

ROC

Sehr alte Mencía-Reben, bis zu 100 Jahre alt. Zwei Parzellen im Tal auf sandig-steinigen Böden. Expressive Frucht, Cassis, Waldfrucht. Großartiger Fokus, vertikale Struktur. Feinkörniges Tannin, das erst im Finish etwas Druck ausübt.

VO Versíon Original

Eine Parzelle mit sehr tiefgründigem sandigen Boden, die sehr kleine Trauben mit konzentrierten Beeren erbringt. Konzentrierte Nase, Schwarzkirsche, wilde Erdbeeren, florale Töne. Feste Struktur, geschliffenes Tannin. Auch am Gaumen konzentriert und dicht, bleibt aber immer auf der eleganten Seite. Sehr lang, Potential für zwei Jahrzehnte.

Präzision und aromatischer Tiefe. Der »Versión Original«, von dem es jährlich nur rund 2.500 Flaschen gibt, kommt aus einer Einzellage und wird in der neuen Klassifikation von Bierzo künftig als Viña Clasificada eingestuft. Ein spannender Kontrast zum sandigen Charakter dieses Duos ist der »Cobrana«. Von blauem Schiefer geprägte Parzellen auf 700 Metern Höhe ergeben einen Wein mit transparenter Frucht und kernigen, aber trotzdem feinen Tanninen. Véronica vergärt die Stiele je nach Wein und Jahrgang partiell oder komplett mit, extrahiert aber im weiteren Verlauf sehr vorsichtig, um das richtige Maß zwischen Struktur und Finesse zu erhalten. Etwas Pigeage und eventuell ein oder zwei Mal Remontage – das war's. Ausgebaut werden alle Rotweine in einem Mix aus Amphoren und Holz in verschiedenen Größen. Selbstverständlich nur gebraucht, zu viel Holzeinfluss würde die feine Frucht unterdrücken.

Dass Verónica nicht nur Mencía versteht, beweist sie mit zwei Weißweinen vom Godello. Diese, vor allem im nordspanischen Raum verbreitete Rebsorte hat in den letzten Jahren eindrucksvoll gezeigt, was sie auf dem Kasten hat. Wenn Mencía das spanische Pendant zum Pinot Noir ist, dann ist Godello das Pendant zum Chardonnay. Kurioserweise hat Verónica auf ihrer Suche nach geeigneten Weinbergen eine Parzelle mit Kalkboden in San Juan de la Mata gefunden – eine absolute Seltenheit im Bierzo. Die rund 30 Jahre alten Reben ergeben mit dem »Cal« einen der spannendsten Weißweine der Region. Jeweils zur Hälfte in der Amphore und in großem Holz vergoren, zeigt der »Cal« Kraft, Salzigkeit und laserscharfe Säure. Letztendlich fließen Rot und Weiß in Verónicas ungewöhnlichstem Wein zusammen. »Kinki«, ein Field Blend aus Mencía, Garnacha Tintorera und verschiedenen weißen Sorten ist die flüssige Erinnerung an das Bierzo der alten Tage, aber mit seiner kompromisslosen Leichtigkeit und wilden ungekünstelten Frucht seiner Zeit auch weit voraus.

Die Beständigkeit der Erinnerung. Im Keller von Verónica steht ein signiertes Porträt von Salvador Dali, ein früheres Geschenk des Künstlers an ihren Vater. Wein als surreale Metapher von Raum und Zeit. Geprägt von einem Umfeld mit gelebter Kultur und Traditionen, steht für Verónica das Weinmachen in einem vielschichtigen Kontext. Ein Crossover aus ihren Vorstellungen, Wünschen und Erfahrungen, verschmolzen mit dem Geist und der Materie von Bierzo. Ihre Weine sind nicht nur beständig. Sie sind die Erneuerung einer Erinnerung.

Der Zeitenwein | Victoria Ordoñez

Sierras de Málaga

Die Wiedergeburt des Pero Ximén. Nicht mehr, aber auch nicht weniger will Victoria herbeiführen. Ihre Vision ist es, einen Wein zu machen, den die Welt seit rund 150 Jahren vergessen hat. Er ist nur noch ein Relikt, eine Geschichte in alten Büchern, die in staubigen Regalen vor sich hindämmern. Vergessen, erledigt. Bis Victoria darauf stößt. Zunächst ist es nur Interesse, später Leidenschaft, dann schon fast Besessenheit. Es ist ein faszinierendes Kapitel iberischer Weinkultur, das Victoria wieder aufschlägt. Zuvor studiert sie Medizin, jetzt hängt sie ihre Karriere als Ärztin endgültig an den Nagel und wird Winzerin.

Einst gehören die trockenen Weine aus den Bergen von Málaga zu den berühmtesten des spanischen Königreichs. Die Bezeichnung «Vino Malagueño« ist seinerzeit gleichbedeutend mit Pero Ximén oder Pedro Ximénez. Diese alte spanische Rebsorte wird das erste Mal 1540 erwähnt, ist vermutlich aber wesentlich älter. In einer kürzlich veröffentlichten Studie des Instituto de Ciencias de la Vid y del Vino wird die heute kaum noch existente Hebén als eine der Elternrebsorten von Pero Ximén identifiziert. Den Forschern gelingt es nachzuweisen, dass die nur weibliche Blüten tragende Hebén mit über 50 weiteren Rebsorten in Spanien, Portugal und Frankreich verwandt ist. Eine andere Bezeichnung für Hebén ist das arabische Synonym Gibi, was nahelegt, dass diese Rebsorte in der Epoche von Al-Andalus aus Nordafrika nach Europa gekommen ist.

Victoria zeigt auf die winzigen Parzellen, die wie ein Flickenteppich in den Naturpark der Montes de Málaga eingestreut sind. »Früher waren die ganzen Hänge mit Reben bedeckt, von den ehemals weit über 100.000 Hektar Rebfläche sind heute nur noch rund 1.000 Hektar übriggeblieben«, erklärt sie. 1878 erreicht die Reblaus mit den Bergen von Málaga das erste spanische Gebiet und macht dem Boom des »Vino Malagueño« ein jähes Ende. Davon hat sich die Region nie erholt und nur wenige Parzellen – überwiegend für den Eigenbedarf bewirtschaftet – überlebten bis in die heutige Zeit.

Im heißen und trockenen Klima Andalusiens sind die hohen und kühlen Montes de Málaga der perfekte Platz für den Weinbau. Seit einigen Jahren werden zwölf kleine Plots in einer Höhe zwischen 800 und 1.000 Metern von Victoria und ihrem Team bewirtschaftet. Die Parzellen befinden sich in extremen Steillagen und können nur manuell bewirtschaftet werden. Während der Lesezeit werden Maultiere zum Transport der Trauben eingesetzt. Die kargen, sehr steinigen Böden gehen auf das Präkambrium zurück und bestehen aus einem komplexen Gemisch aus Phyllit, Kalkstein, Sandstein, Grauwacke und Quarz. Weitere Parzellen befinden sich rund eine Stunde von Málaga entfernt in der Alta Axarquía, gelegen im Naturpark der Sierra de Tejeda. Dies ist das Land des Moscatel und Victoria hat das Glück, einige weit über 100 Jahr alte Reben zu übernehmen, von denen sie einen der wohl besten trockenen Moscatel des Landes produziert.

Traditionell hat man die Trauben direkt in den Weinbergen in den Lagares verarbeitet. Die kleinen Häuser dienen außerdem zur Übernachtung, insbesondere während der Herbstzeit. Victoria hat einen der letzten verbliebenen Lagares restauriert, auch wenn ihre Trauben seit 2015 in einer funktionalen Kellerei in Málaga verarbeitet werden. Sie präferiert eine sehr klare Stilistik, insbesondere bei Pero Ximén ist das wichtig, um subtilste Nuancen dieser eher moderat aromatischen Rebsorte zu erhalten. Dementsprechend steht ab Beginn der Lese die Kontrolle der Temperatur und des Sauerstoffs im Vordergrund. »Der Vorteil in einem eher kühlen und reduktiven Umfeld ist es, dass man sonst wenig eingreifen muss und den Weinen die nötige Zeit zur Reife geben kann«, beschreibt Victoria ihren Ansatz. Die Lese erfolgt ausschließlich in kleinen 9-Kilogramm-Kisten, um die Trauben schonend und unverletzt in die Kellerei zu transportieren. Alle Parzellen werden getrennt verarbeitet, für die beiden weißen Spitzenweine kommt ausschließlich Holz in verschiedenen Größen für die Vergärung sowie den weiteren Ausbau auf der Hefe zum Einsatz.

Diese Akribie, dieser Blick für die wichtigen Details, ist in allen Weinen sofort erkennbar. Sie zeigen eine beeindruckende Transparenz in der Nase, ja fast eine zarte Komponente. Ein verblüffender Gegensatz zur wilden Landschaft der Montes de Málaga, deren visuelle Monumentalität dann eher am Gaumen spürbar ist. Insbesondere im »Voladeros«, der von den ältesten Pero Ximén-Reben stammt, steckt viel Substanz. Tief im Inneren pulsiert eine Kraftquelle als perma-

nenter Taktgeber. Unbestritten ist dieser Wein eine sehr moderne Reinkarnation, doch das ist auch gut so. Er ist ein mehr als gelungenes Beispiel eines Zeitenweins, in den traditionelle und zeitgenössische Elemente einfließen.

Modern geprägt sind auch die beiden Rotweine, die seit kurzem die Palette an Weißweinen ergänzen. Bis auf ein paar alte Romé-Reben haben die traditionellen roten Sorten Andalusiens die Phylloxera nicht überlebt. Ende des 20. Jahrhunderts werden in einer großangelegten Initiative der Regionalregierung die Potentiale für verschiedene nationale und internationale Sorten eruiert und diese anschließend in neu angelegten Weinbergen ausgepflanzt. So landen in den Sierras de Málaga unter anderem Petit Verdot, Syrah und Tempranillo. Sicherlich ist die Auswahl der Sorten nicht unumstritten, aber das hält Victoria nicht von dem Versuch ab, Weine mit einem regionalen Fingerprint zu machen. Sie vermitteln die Fülle des Mittelmeerraumes, zeigen mit ihrem floralen Charakter und knackiger Frucht

Victoria Ordoñez
Calle Ciro Alegria 75, 29004 Málaga
Spanien | Sierras de Málaga
www.victoriaordonez.com

Einzellagen in Axarquía: Fuente Blas, Esnite, Alqueria
Einzellagen in Montes de Málaga: La Fresneda, Lo de Molina, Santo Pitar-Rovira, Santo Pitat-Verdugo, Lentisco, Serrato, Lagar de Badillo, Lo Cueva, Suanito
Rebsorten: Cabernet Sauvignon, Petit Verdot, Syrah, Tempranillo, Moscatel, Pero Ximén
Rebfläche: 20 ha *Alter der Reben*: 40 bis 150 Jahre

La Ola del Melillero

Blend aus Pero Ximén und etwas Moscatel. 30 bis 100 Jahre alten Reben. Im Edelstahl vergoren, zehn Monate auf der Hefe ausgebaut. Delikate Nase. Wiesenblumen, Melisse. Schlank, weich, fein integrierte Säure. Charmant, aber mit Anspruch.

Voladeros

Alte Pero Ximén Reben aus Santo Pitar und Lagar de Rovira. Extrem steile Lagen, sehr kleine Erträge von 900 Kilogramm pro Hektar. Nur der freiablaufende Saft wird verwendet, Vergärung und Ausbau im Holz. Kristallin und linear. Dezente Frucht, Steinfrucht, Kräutermix. Das Holz ist perfekt integriert, mehr strukturelle statt geschmackliche Komponente. Feine Textur, Frischekick im langen Finish. Ein zurückhaltender Wein, der mit Zeit seine Größe offenbart.

Monticara

Moscatel aus Axarquía. Über 100-jährige Reben, 800 Meter Höhe. Handlese in kleinen Kisten, reift zehn Monate in neuer französischer Eiche. Sehr feine, duftige Nase. Blütennoten, Mandarine, nur ein Hauch von Holz. Die pure Finesse im Mund, fast verspielt, nie aufdringlich. Der sanfte Druck vom Holz fängt alles auf, schafft das notwendige Gerüst.

Camarolos

Cabernet Sauvignon, Syrah, Tempranillo. Kaltmazeration, lange Extraktion über drei Wochen, anschließend in überwiegend neuem Holz gereift. Cassis, Fenchel, Schokolade. Saftige Frucht, poliertes Tannin, sehr gute Länge.

Marti-Aguilar

Zwei Weinberge zwischen 850 und 900 Metern Höhe, Blend aus Petit Verdot, Syrah und Tempranillo. Ausbau über 20 Monate in Barriques. Moderne Stilistik, vollgepackt mit Frucht. Feinkörniges Tannin, besitzt Eleganz. Die Säure und Energie sind der Link zur Herkunft, der florale Touch bringt zusätzliche Frische und Spannung. Kann locker 15 Jahre in der Flasche reifen.

aber auch unverkennbar den Einfluss der Höhe.

Zusammen mit ihrem Sohn Guillermo Martín hat Victoria auch in den nächsten Jahren viel vor. Konsequent feilen sie vor allem am Stil und Ausdruck der Weine. »Jedes Jahr ist ein Experiment, niemand von uns weiß, wie die Weine vor 150 Jahren geschmeckt haben. Wir versuchen uns schrittweise an das Bild heranzutasten, welches in den alten Büchern vermittelt wird, versuchen von Jahr zu Jahr eine detailgetreuere Interpretation dieser Beschreibungen zu machen.« So wird es demnächst auch eine maischevergorene Version des Pero Ximén geben. Eine Technik, die früher weit verbreitet ist. Über allem steht jedoch das Ziel, dass dieser Wein nicht noch einmal untergeht und seinen Platz in der Weinlandschaft Andalusiens auch in den kommenden Jahrzehnten behauptet. Der entschlossene Gesichtsausdruck Victorias lässt keinen Zweifel daran, dass dies gelingen wird.

Vom Ende und Anfang | Victoria Torres Pecis

La Palma

Feuer, Wasser, Erde, Luft. Im Mittelpunkt der vier Elemente, wo sich alles vermischt und wieder trennt. Ein Konzentrat an Widersprüchen. Nur an wenigen Orten liegt dies alles so eng beisammen wie auf der Feuerinsel, ist diese Abfolge von Ende und Anfang im Zusammenspiel der elementaren Kräfte so direkt spürbar. Eine Quelle der Energie, für das Heute und Jetzt. Aufgesogen von den Menschen und Pflanzen. Schon im ersten Moment des Kennenlernens ist diese Energie auch bei Victoria zu spüren. Im Ausdruck ihrer Augen, in der Kraft ihrer Bewegung und in der Leidenschaft für den Wein ihrer Insel, der seit Jahrzehnten ein integraler Bestandteil ihrer Familiengeschichte ist.

Dabei ist Victoria über Umwege wieder zurückgekommen. Nach ihrer Ausbildung verbringt sie die meiste Zeit weit weg von ihrer Heimat, ist froh der scheinbaren Enge der Insel zu entkommen. Dann erreicht sie ein Anruf von der Familie. Der Vater braucht ihre Hilfe im Weinberg und im Keller. Victoria kommt für ein paar Wochen zurück – und bleibt für immer. Sie spürt, dass sie ihre Bestimmung gefunden hat und übernimmt die familiären Weinberge. Als Autodidaktin ist sie nur mit ihrer eigenen Beobachtungsgabe und den Erfahrungswerten ihrer Familie ausgestattet. Und mit ihrer Energie. Diese braucht sie auch, denn der Weinbau auf La Palma hat seine ganz eigenen Gesetze.

La Palma hat zwei Seiten. Auf der Westseite ist es wärmer und trockner, auf der Ostseite eher windig und feucht. Aus den daraus resultierenden Ökosystemen ergeben sich unterschiedliche Bedingungen für den Weinbau. Im Westen befinden sich die höchsten Lagen auf bis zu 1.500 Metern Höhe, im kühleren Osten geht es kaum über 600 Meter hinaus. Über Jahrhunderte werden Rebsorten und die Bewirtschaftung der Weinberge perfekt an das kontrastreiche natürliche Umfeld angepasst. So werden die Reben beispielsweise auf der Ostseite durch kleine Steinwälle zwischen den Zeilen vor dem Wind geschützt. Die Unterschiede im vegetativen Wachstum und der Reife sind gewaltig und die Lesezeit dauert auf La Palma oft mehr als acht bis zehn Wochen.

Die sechs Hektar Rebfläche von Victoria verteilen sich auf die gesamte Insel und viele kleine Parzellen. Schon die Anfahrt ist oft abenteuerlich und mit viel Zeit verbunden. Aber Victoria möchte in ihren Weinen die gesamte

THE BRAT

Insel abbilden und zeigen, welch unglaubliche Diversität trotz der geringen Größe auf La Palma zu finden ist. Und sie ist weniger betroffen von den immer häufiger auftretenden klimatischen Extremen. Wie eine Feuerwalze rollt im August 2021 eine Hitzewelle über die Weinberge im Südteil der Insel. Starker Wind und Temperaturen bis zu 50 Grad Celsius verbrennen alles, was im Weg ist. Ein Totalausfall, die Arbeit eines Jahres ist zunichte. Es fällt Victoria schwer darüber zu sprechen, sichtlich bewegt erzählt sie, wie die Natur vor dieser Urgewalt förmlich kollabierte. Zum Glück bleiben die Weinberge in den anderen Teilen der Insel davon verschont.

Einen Monat später die nächste Herausforderung, erneut versinkt La Palma im Feuer. Der Cumbre Vieja bricht aus, mitten in der Lesezeit. Zum Glück sind die Weinberge und der Keller in Fuencaliente nicht direkt betroffen und die Lava sucht sich andere Wege. Aber Zufahrtsstraßen sind unterbrochen, durch den Rauch sind immer wieder einzelne Teile der Insel nicht passierbar. Es ist eine irre Leistung, unter diesen Bedingungen die Ernte einzubringen und so geraten Victoria und ihr Leseteam an ihre Grenzen. Im Hinterkopf bleibt die ständige Bedrohung durch den Vulkan, der von Tag zu Tag unberechenbarer wird. Kleine Erdstöße sind für Wochen ständige Begleiter, erinnern an das Toben der Urgewalten im Inneren der Insel. Zweifellos wird dieser Jahrgang ein ganz besonderer werden, vereint er doch die Summe aller Energien. Die der Natur und die der Menschen.

Von Beginn an setzt Victoria auf die biologische Bewirtschaftung ihrer Weinberge. Wobei das eigentlich keine neue Erfindung sei, wie sie sagt. Sie bezieht Praktiken ein, die durch die konventionelle Landwirtschaft in den Hintergrund gerückt sind, orientiert sich an den über einen langen Zeitraum erprobten Kultivierungsmaßnahmen, die an die Leistungsfähigkeit des jeweiligen Standortes angepasst sind. Noch gibt es einige alte Winzer auf der Insel, die über das Wissen vergangener Generationen verfügen. Victoria ist förmlich besessen davon, diesen Erfahrungsschatz zu bewahren und eines Tages ebenfalls weiterzugeben. »Vieles läuft auch heute über Beobachtung. Wer mit offenen Augen durch die Weinberge geht, kann sehen, wie sensibel die Reben auf kleinste Veränderungen reagieren«, erklärt sie. Für sie geht es mehr um die Unterstützung statt um die Beeinflussung eines in sich funktionierenden Systems. Das bezieht im weiteren Sinne auch alle Pflanzen und Tiere mit ein. »Erst wenn wir anhaltend in den Lebensraum von Tieren eingreifen, werden sie zu Schädlingen. Mein Ziel ist es, ein Umfeld zu schaffen, in dem alles und jeder seinen Platz hat.«

Das Prinzip der minimalen Beeinflussung prägt auch die Arbeit im Keller. »So wie ich jede Parzelle mehr und mehr verstehe, werden die Abläufe im Keller adaptiert. Auch im Keller ist es eher ein Beobachten und Fühlen, rationale Entscheidungen laufen nur im Hintergrund ab.« Grundsätzlich werden alle Weine nicht mehr filtriert, die Schwefeldioxid-Gabe ist kontinuierlich reduziert worden. Dafür gibt Victoria den Weinen mehr Zeit für ihre Entwicklung und die Entfaltung ihrer Persönlichkeit. Oft werden ihre Weine von Journalisten und Händlern als Naturweine bezeichnet. Sie selbst sieht diesen Begriff viel zu eng, als dass er die Komplexität des gesamten Prozesses vom Weinberg bis hin zur Abfüllung fassen könnte.

Einen bestimmten Wein von Victoria herauszuheben, ist schwierig und macht auch keinen Sinn. Erst durch das Probieren aller Weine erschließt sich das Wesen von La Palma, erschließen sich der Widerspruch, die Strenge, aber auch die Schönheit der Feuerinsel. »Ich verstehe meine Arbeit als Prozess. Eine Neuinterpretation und eine Konstante zugleich.« Tradition und Moderne sind eins, verlieren für Victoria ihre eigentliche Bedeutung. Zeitlos sind ihre Weine, einem ständigen Wandel unterworfen. Das Möbius-Band des Weins. Ohne Ende und Anfang.

Victoria Torres Pecis
Calle Fuencaliente de Ciudad Real
38740 Fuencaliente de La Palma
Spanien | La Palma

Rebsorten: Albillo Castellana, Criollo, Bujariego o Diego, Gual, Listán Blanco, Listán Negro, Listán Prieto, Malvasía, Marmajuelo, Negramoll, Sabro
Einzellagen: El Tion, Garome, Las Machuchuqueras, Los Llanos Negros, Los Quemados, Jerónimo, Mayata, Riveros, San Blas
Rebfläche: 6 ha *Alter der Reben*: 25 bis 140 Jahre
Mitgliedschaften: Asociación Pié Franco Europea, Asociación de Viticultores y Bodegueros de Canarias

Albillo Criollo

Alte kanarische Rebsorte. Kommt aus der Einzellage Sancho Traviesa auf 1.200 Metern Höhe. Aprikose, Anis, Fenchel. Besitzt viel Power und Intensität, die kräftige Säure balanciert alles perfekt aus. Dezente Bitternoten im langen Finish.

Malvasía Seco

Zwischen 30 und 130 Jahre alte Reben aus Los Llanos Negros in Fuencaliente. Extrem karge vulkanische Ascheböden. In der Nase intensive Zitrusfrucht, Melisse, Schalenabrieb. Zunächst cremig und rund, erst nach und nach schält sich das feste Rückgrat heraus. Eher moderate Säure, besitzt trotzdem viel Spannung und Energie. Salzig-steiniges Finish. Großartig.

Negramoll Piezas N1.

Bis zu 120 Jahre Negramoll-Reben aus verschiedenen Parzellen. Teilweise mit den Stielen vergoren, Ausbau im gebrauchten Holz und Beton. Ausgeprägte Würze, Mönchspfeffer, Kräuter. Kühle Frucht, erfrischend, festes Tannin. Reflektiert die Urwüchsigkeit der Inselweine.

Ladera

Mit Negramoll bestockte Einzellage im Süden von La Palma. Die Nase ist der Vulkan pur, intensive rauchige Würze, dazu Lakritze. Fest strukturiert, mehr Grip im Vergleich zum Piezas N1. Konzentriert, jedoch auch mit einem Hauch Leichtigkeit. Sehr lang.

Las Rosas

Über 80 Jahre alte wurzelechte Listán Negro Reben in 600 Metern Höhe. Ausbau im Beton. Kräuterwürze, Pfeffer, Strauchtomate. Schlank, fast leichtfüßig, energetisch. Besitzt Finesse, ohne jedoch den robusten Inselcharme zu verlieren.

Listán Prieto Piezas N3.

Kommt von den höchsten Lagen, die sehr alten Reben stehen auf bis zu 1.400 Metern Höhe im Westteil der Insel. Komplett entrappt, mit den Füßen getreten, im alten Holzfuder vergoren. Ätherische Nase, faszinierend vielschichtig. Vertikal strukturiert, feste Konturen. Sehr feinsinniger Wein.

Malvasía Naturalemente Dulce

Die auf La Palma vorkommende aromatische Variante ist genetisch identisch mit der griechischen Malvasía. Alte Reben in Fuencaliente, klimatisch wohl der extremste Spot auf La Palma mit fast tropischen Bedingungen. Selektive Lese und leichtes Antrocknen der vollreifen Trauben. Komplexe Nase. Honig, getrocknete Früchte, Macadamia-Nuss. Sehr gute Balance, wirkt überhaupt nicht vordergründig oder zu süß. Wird nicht in jedem Jahr produziert.

TORRES
VICTORIA

Die besten Adressen für spannende Weine in Deutschland

Gastronomie

Bar Mural | München | www.barmural.com

Bar Rix | Köln | www.bar-rix.de

Drexlers Wein & Essen | Freiburg | drexlers-restaurant.de

East Grape | Frankfurt am Main | www.eastgrape.de

Emma 2 | Essen | www.emma2.de

Eiskeller | Düsseldorf | www.eiskellerbar.de

Freiheit Vinothek | Ulm | www.freiheit-vinothek.de

Freundschaft | Berlin | www.istdeinbesterfreund.com

Glouglou | Würzburg | www.glouglou.de

Heinrich sein Enkel | Bielefeld | www.heinrichseinenkel.de

Henne | Köln | www.henne-weinbar.de

HERDER ZEHN | Freiberg | www.herder10.com

High Fidelity | Stuttgart | www.highfidelity.bar

Interieur Nr. 253 | Remagen-Rolandseck | www.interieur-no253.de

Jolandas Vinothek | München | www.jolandas.de

Ladensdorfs Weinhaus | Mainz | www.ladensdorfs-weinhaus.com

Laurenz | Mainz | www.laurenz-mainz.de

Livingroom | Bochum | www.livingroom-bochum.de

Reisers am Stein | Würzburg | www.der-reiser.de

Rheinton | Düsseldorf | www.wein-rheinton.de

Weinbar Griabig | München | www.das-griabig.de

Weinbar Weimar | Weimar | www.weinbar-weimar.de

Weinkulturbar | Dresden | www.weinkulturbar.de

Weinladen St. Pauli | Hamburg | www.weinladen.de

Weinzentrale | Dresden | www.weinzentrale.com

Winelive im Rheinhof | Meerbusch-Büderich | www.winelive-duesseldorf.de

Witwenball | Hamburg | www.witwenball.com

Weinhandel

8greenbottles | www.8greenbottles.de

Concept Riesling | conceptriesling.com

Cool climate | www.coolclimate.de

Grape Times | www.grape-times.com

Karl Kerler | www.karl-kerler.de

K+M Gutsweine | www.gutsweine.de

K&U - Die Weinhalle | www.weinhalle.de

La Vincaillerie | www.la-vincaillerie.de

Lebendige Weine | www.lebendigeweine.de

Lobenbergs Gute Weine | www.gute-weine.de

Naturweinwelt | www.naturweinwelt.de

Pinard de Pinard | www.pinard-de-picard.de

Pure Wines | www.pure-wines.de

Rohstoff | www.rohstoff-wein.de

Silkes Weinkeller | silkes-weinkeller.de

Vinaturel | www.vinaturel.de

Viniculture | www.viniculture.de

Vinisud | www.vinisud.de

Vinocentral | www.vinocentral.de

Vinoteca Maxima | www.vinoteca-maxima.de

Vin Pur | www.vinpur.de

Vins Vivants | www.vins-vivants.de

Vin Vin | www.vinvin-naturel.com

Walter & Benjamin | www.walterundbenjamin.de

Walter & Sohn Weinhandlungen | www.walterundsohn.de

Weinfurore | www.weinfurore.de

Weinkombinat | www.weinkombinat.com

Wein am Limit | www.weinamlimit.de

Weinhandlung Kreis | www.wein-kreis.de

Weinmoral | www.weinmoral.berlin

Wine & Nature | www.griechenland-weine.de

Danksagung

Viele Menschen haben dazu beigetragen, dass dieses Buch geschrieben werden konnte. Ganz besonders danken möchten wir unseren Frauen Diana und Karen, die uns über all die Monate auf wundervolle Art begleitet haben. Bei unseren Reisen durch die europäischen Weinbaugebiete haben sie ganz oft auf dem Beifahrersitz Platz genommen und für gute Laune und Inspiration gesorgt.

Allen Winzerinnen und Winzern, die uns bei unseren Besuchen vor Ort ihre Zeit geschenkt haben, sagen wir ein ganz herzliches Dankeschön. Ohne sie wäre keine einzige Zeile dieses Buches geschrieben worden.

Wir bedanken uns ausdrücklich auch bei all jenen Winzerinnen und Winzern, die wir besucht oder gesprochen haben, ohne sie in diesem Buch zu portraitieren. Viele wären es wert gewesen, sie ausführlich zu Wort kommen zu lassen.

Ein besonderes Dankeschön gilt all jenen, die unsere Recherchen durch ihre Hinweise und Empfehlungen unterstützt haben. Stellvertretend für all die vielen Ideengeber möchten wir ein paar Namen nennen: Andreas Schumann, Christian Mader, Gerhard Mayr, Guido Walter, Holger Schwarz, Katerina Ragkou, Julia Sevenich, László Romsics, Martin Kilchmann und Wolfgang Fassbender. In diesem Zusammenhang möchten wir uns besonders bei Thomas Götz für die fachliche und organisatorische Unterstützung in Spanien bedanken.

Ohne unsere Fotografin Anja wäre das Buch um vieles ärmer. Für ihre wunderbaren Fotos und die fantastische Zusammenarbeit verneigen wir uns vor ihr. Liebe Anja, die gemeinsamen Trips mit Dir sind eine der schönsten Erfahrungen im Entstehungsprozess dieses Buches gewesen.

Last but not least gebührt dem Westend Verlag ein herzliches Dankeschön für die großartige Kooperation. Dieser Dank richtet sich vor allem an Viviane Richarz, den Lektor Robin Schmerer und die Gestalterin Jasmin Zitter, die alle den Entstehungsprozess unseres Buches höchst professionell und auf sehr einfühlsame Weise begleitet haben.

Dr. Wolfgang Staudt   Janek Schumann MW

Der Autorenblog zum Buch
www.newwinewave.com

Dr. Wolfgang Staudt ist Weinprofi und Dozent. Das Diploma »Wine & Spirits« hat er 2005 mit dem Titel des »Weinakademiker« abgeschlossen. Seit 1995 ist er selbstständiger Veranstalter von Seminaren, Schulungen und Weinevents. Staudt schreibt für verschiedene Magazine und Tageszeitungen, ist Podcaster und Autor erfolgreicher Weinbücher.

Janek Schumann erlangte 2015 den »Master of Wine«, den weltweit höchsten Titel der Weinwelt. Außerdem arbeitet er als Jury-Mitglied und Verkoster für verschiedene Wettbewerbe und Weinführer.

Impressum

Mehr über unsere Autoren und Bücher:
www.westendverlag.de

Die Deutsche Nationalbibliothek verzeichnet diese Publikation in der Deutschen Nationalbibliographie; detaillierte bibliographische Daten sind im Internet unter http://dnd.d-nb.de abrufbar.

ISBN 978-3-86489-367-4

Fotos: Anja Prestel, München
Gestaltung: Jasmin Zitter, ZitterCraft, Mannheim
Druck und Bindung: Firmengruppe APPL, aprinta druck GmbH, Wemding
Printed in Germany